学科发展战略研究报告

电气科学与工程学科发展战略研究报告（2016～2020）

国家自然科学基金委员会工程与材料科学部

科学出版社
北京

内 容 简 介

“十三五”时期是我国全面建设小康社会和建设创新型国家的关键时期。为了繁荣基础研究、提升原始创新能力和服务国家创新驱动发展的战略部署，亟须深入开展学科发展战略研究，科学谋划国家自然科学基金“十三五”的发展。根据国家自然科学基金委员会的统一部署，百余位活跃在电气科学与工程领域科研一线的专家学者站在科学技术发展的高度，从国家利益出发，履行国家自然科学基金委员会“筑探索之渊，浚创新之源，延交叉之远，遂人才之愿”的战略使命，展开历时两年多的战略研讨，完成了本书。本书既瞄准国家重大战略需求，又密切结合国际科技前沿发展，立足电气科学与工程学科的基本任务，将学科的传统内涵和创新发展方向相结合，其内容具有战略性、前瞻性和引领性。

全书共16章，通过对电气科学与工程学科“全景式”地貌图的勾勒以及对学科战略地位与总体发展态势的分析，提出了学科发展布局的指导思想，部署了学科未来5年乃至10年的优先资助领域，系统地阐述了学科的研究范围、内涵、现状和发展趋势，明确了重大科学问题、重点研究领域和发展规划。

本书可为国家自然科学基金委员会工程与材料科学部工程科学五处电气科学与工程学科遴选未来5年乃至10年的优先资助方向提供重要依据，也可供高等院校、科研院所等机构从事自然科学研究工作的科研人员以及参与科技管理和科技政策研究的人员参考。

图书在版编目(CIP)数据

电气科学与工程学科发展战略研究报告：2016～2020 / 国家自然科学基金委员会工程与材料科学部编著．—北京：科学出版社，2017.6

ISBN 978-7-03-052963-3

Ⅰ.①电… Ⅱ.①国… Ⅲ.①电气工程-学科发展-研究报告-中国-2016－2020 Ⅳ.①TM11

中国版本图书馆CIP数据核字(2017)第116452号

责任编辑：刘宝莉　王　苏 / 责任校对：桂伟利

责任印制：吴兆东 / 封面设计：熙　望

科学出版社 出版

北京东黄城根北街16号

邮政编码：100717

http://www.sciencep.com

北京九州迅驰传媒文化有限公司印刷

科学出版社发行　各地新华书店经销

*

2017年6月第　一　版　开本：720×1000　1/16

2024年9月第五次印刷　印张：24 3/4

字数：500 000

定价：198.00元

（如有印装质量问题，我社负责调换）

《电气科学与工程学科发展战略研究报告(2016～2020)》组织委员会

顾问组:

组　长:周孝信

成　员:卢　强　王锡凡　余贻鑫　韩英铎　李崇坚　邱爱慈　潘　垣　雷清泉

专家组:

组　长:程时杰　马伟明

成　员:夏长亮　王成山　李盛涛　张　波[1]　肖立业　崔　翔　何怡刚　程　明　李立毅　郑　萍　郭剑波　曹一家　鞠　平　康重庆　梅生伟　孙宏斌　荣命哲　廖瑞金　梁曦东　曾　嵘　何金良　贾申利　张冠军　吴广宁　徐殿国　盛　况　李路明　王秋良　李　亮　马衍伟

秘书组:

组　长:文劲宇

成　员:王　东　胡家兵　毕天姝　邵　涛　李武华　李兴文　谢小荣　花　为　张　波[2]　史宗谦　陈皓勇

---

1) 华南理工大学

2) 清华大学

《电气科学与工程学科发展战略研究报告(2016～2020)》编著委员会

工作组:

组　长:程时杰　马伟明

成　员:夏长亮　王成山　李盛涛　张　波[1]　崔　翔　何怡刚　肖立业
王　东　杨庆新　宋　涛　唐跃进　王志峰

撰写组:

第1章:夏长亮　王成山　李盛涛　张　波[1]　肖立业　文劲宇　王　东
胡家兵　毕天姝　邵　涛　李武华　李兴文　谢小荣　花　为
张　波[2]　史宗谦

第2章:夏长亮　李立毅　郑　萍　花　为

第3章:王成山　毕天姝　陈皓勇　程浩忠　郭庆来　李　斌　吴　峰
谢小荣

第4章:李盛涛　曹云东　陈维江　成永红　崔　翔　何金良　贾申利
李成榕　李　奎　梁曦东　廖瑞金　刘文凤　卢铁兵　齐　磊
荣命哲　史宗谦　吴　锴　曾　嵘　张卫东　张冶文　邹积岩

第5章:邵　涛　章　程　戴　栋　李和平　刘定新　卢新培　罗海云
杨　勇　张冠军　严　萍　穆海宝

第6章:邱爱慈　丛培天　林福昌　李兴文　王　勐　王新新　吴　坚
章林文　邹晓兵

第7章:张　波[1]　陈恒林　胡家兵　李　虹　李武华　沙德尚　盛　况
王　俊　吴新科　杨　旭　张之梁　宁圃奇　何晋伟　陈乾宏
帅智康　蒋　栋　张永昌　朱　淼

第8章:

电磁场部分:崔　翔　李　琳　李永建　马西奎　白保东　刘国强
杨仕友　雷银照　杨庆新　赵文祥

电网络部分:何怡刚　郭静波　袁莉芬　李　斌　谢小荣　于歆杰

第9章:崔　翔　张卫东　苏东林　闻映红　谢彦召　蒋　栋　孟　进
张　波[2]

第10章:肖立业　古宏伟　李　泓　卢　磊　马衍伟　王秋良　杨庆新
张国民

第11章:王　东　陈俊全　鲁军勇　许　金　程思为　李　亮　李立毅
倪　天　韩铭宇

第12章:杨庆新　陈振茂　雷银照　李红斌　李永建　刘国强　刘素贞
闫荣格　杨文荣　张品佳

第13章：宋 涛 董秀珍 付 峰 霍小林 李路明 徐桂芝 姚陈果
张 波[2]

第14章：唐跃进 蔡 涛 惠 东 蒋 凯 李 泓 李建林 石 晶

第15章：王志峰 李 勇 罗 安 马伏军 王文静 王一波 吴 峰

第16章：肖立业 李 杰 刘 坤 卢铁兵 商克峰 张 波[2] 张若兵
张卫东 赵志斌

秘书组：

组 长：文劲宇

成 员：王 东 胡家兵 毕天姝 邵 涛 李武华 李兴文 谢小荣
花 为 张 波[2] 史宗谦 陈皓勇 蒋 栋 蒋 凯 吴 峰
赵文祥 黄兴溢 孟 进 张品佳

---

1) 华南理工大学

2) 清华大学

前　言

"电"是能量转换与输运以及信息传播的重要载体，是人类现代文明和社会发展的基础。早在公元前七八世纪，人类就用文字记载了自然界的闪电现象和天然磁石的磁现象。对电磁物理规律的一系列探索和发现，特别是19世纪建立的麦克斯韦电磁场方程组，奠定了人类利用电磁能量与电磁信息的理论基础。电能的广泛利用将人类引入了电气化时代，引发了人类的第二次工业革命，将人类社会带入了一个新的发展阶段，电气化成为20世纪最伟大的工程技术成就，而以电磁信息理论为基础的信息科学和技术，则在20世纪末又把人类带入信息化时代。人类利用电磁能量和电磁信息的实践促进了电气科学与工程学科（以下简称电工学科）的发展、拓宽与深化。电工学科是研究电（磁）能的产生、转换、传递、利用等过程中的电磁现象及其与物质相互作用规律的学科，包含电（磁）能科学及电磁场与物质相互作用两个科学领域。根据研究对象的不同，电工学科可以分为电气科学、电气工程和学科交叉三大分支。

21世纪以来，发展低碳经济、建设生态文明、实现可持续发展成为人类社会的普遍共识。世界能源发展格局因此发生重大而深刻的变化，新一轮能源革命的序幕已经拉开。发展清洁能源、保障能源安全、解决环保问题、应对气候变化，是本轮能源革命的核心内容。作为能源的重要供应环节和主要使用形式，电能对能源革命的推进至关重要，其对电机系统、电力电子、电力系统、高电压与绝缘、能源电工新技术和电能存储等电气工程及相关交叉研究提出了更高的需求，强劲地牵引着电工学科的发展。"十三五"期间，我国电工学科应如何进一步扩大研究领域、增强活力、开拓新局面，对世界科学技术的进步和我国经济与社会的发展做出更大贡献，是一个迫切需要明确回答的问题。为此，根据国家自然科学基金委员会的统一部署，我们开展了电工学科"十三五"学科发展战略专题研究。在深入分析学科面临的新形势、新机遇和新挑战，深刻认识和统筹把握国家战略需求和科学发展需求的前提下，组织电工学科相关专家与学者进行了深入调查、研究和讨论，并结合国内外电工学科发展趋势与我国今后发展的重大需求，编写了这本《电气科学与工程学科发展战略研究报告（2016～2020）》。

国家自然科学基金委员会"十三五"电气科学与工程学科发展战略研究工作始于2014年7月，受电工学科委托，程时杰院士和马伟明院士牵头进行学科发展战略研究和"十三五"规划工作，经讨论确定了参与研究工作的专家名单，成立了顾问组、专家组、秘书组，明确了电工学科所属各二级学科的战略发展研究牵头人。从

7 月下旬开始,各二级学科战略发展研究小组在牵头人的组织下开始工作,进行战略研讨,明确研究主题和研究内容,并负责撰写战略发展研究分报告初稿。9 月 17 日在华中科技大学组织召开了电工学科发展战略研究与"十三五"规划的第一次工作研讨会,与会专家依次认真审议了 5 个二级学科战略发展研究分报告初稿,并提出了进一步修改完善的意见;与会专家还对一级学科总报告的撰写思路进行了研讨,并对下一阶段的工作进行了部署。在接下来的 20 多天时间里,在各二级学科牵头人的指导下,秘书组整理完成了电工学科发展战略及"十三五"规划初稿。10 月 15 日,电工学科在武汉组织召开了初稿的审阅讨论会。10 月 26 日,秘书组根据专家组及各二级学科牵头人的建议整理完成了电工学科发展战略及"十三五"规划报告完整稿,继续在学科更大范围内征求意见。在此基础上,秘书组根据反馈意见不断完善规划报告。2015 年 5 月 30 日,在华中科技大学召开了国家自然科学基金委员会电工学科"十三五"规划及发展战略研讨会,来自高等院校、科研院所及相关企业的近 200 位电气工程领域知名专家(包括本学科几乎所有的院士、国家杰出青年基金获得者、长江学者等)参加了会议。会议对战略研究报告给予了高度评价,并就国家重大需求及学科发展方向、重大研究计划布局、学科人才队伍建设等问题进行了深入探讨,决定以战略研究报告为基础,撰写出版《电气科学与工程学科发展战略研究报告(2016～2020)》一书。

2015 年 6 月 1 日,学科组织召开了《电气科学与工程学科发展战略研究报告(2016～2020)》撰写出版讨论会,决定把向国家自然科学基金委员会提交的学科发展"十三五"规划报告作为本书第 1 章的主要内容,将 5 个二级学科进一步划分成 15 个分支方向,并确定了 15 个分支方向的主题及撰写负责人。随后,在各分支方向撰写负责人的组织下,本书的撰写工作有序开展,经多次征求意见和修改后提交顾问组和专家组审阅。2016 年 4 月 10 日,本书的出版工作会议在华中科技大学召开,确定了终稿内容并对出版物的文字风格提出了规范和统一要求,全书于 2016 年 6 月 30 日提交至科学出版社。

电工学科的发展历史较长,包含的领域宽,涉及的交叉学科和新兴生长点多,与国民经济和社会发展相关性强。我们深切体会到要写一篇好的战略研究报告实属不易。本书是我国电工学科一百多名老中青专家学者集体智慧和辛勤劳动的结晶,反映了他们对我国电气科学与工程学科未来若干年发展方向的真知灼见。在本书的写作过程中,我们注意电工学科和科学全局、前瞻性和时效性、科学前沿和我国国情的几个统一,重视与其他学科的交叉融合和相互包容,力图做到:突出学科的基础性而不止于应用层面,突出发展的战略方向而不拘泥于具体细节,并力求做到叙述严谨、评价客观、用词规范、言简意赅。科学技术的发展变化和人类的追求永无止境,绝非一份报告所能概括,更难断言。我们只希望本书能在今后的学科发展预期方面给读者一些启迪,引发更多思考。我们深知这个目标很难达到,但我们朝这个方向努力了。由于参与撰写的人员众多,认识上会有所差异,收集资料的范围和时间也有限,还有出版篇幅的限制,难免存在遗漏之处,诚请读者指正。

国家自然科学基金委员会工程与材料科学部工程科学五处主任丁立健教授负责了电工学科发展战略研究报告撰写的组织工作。在电工学科发展战略研究报告的编写、修改和评审过程中,承蒙众多大学、研究机构的许多有名望的教授、专家指点,以不同形式提出许多宝贵意见。活跃在学科前沿领域的海外专家纷纷发来电子邮件,他们提出了大量的学术性或编写性的建议和意见,这些建议对本书的最后完成起到了重要的作用。这里,谨向所有参与《电气科学与工程学科发展战略研究报告(2016～2020)》研讨、写作和评审的专家与学者表示诚挚的感谢。

作　者
2016年6月

目　录

前言
第1章　总论 …… 1
1.1　电气科学与工程学科发展战略——“全景式”的学科地貌图 …… 1
1.1.1　学科内涵与发展动力 …… 1
1.1.2　我国的研究现状 …… 4
1.1.3　对2020年的展望 …… 17
1.2　电气科学与工程学科发展战略报告 …… 20
1.2.1　学科的战略地位 …… 20
1.2.2　学科的发展规律与发展态势 …… 21
1.2.3　学科的发展现状与发展布局 …… 24
1.2.4　学科的发展目标及其实现途径 …… 33
1.3　优先发展领域 …… 37
1.3.1　高效能、高品质电机系统基础科学问题 …… 37
1.3.2　复杂电力系统规划与安全高效运行基础理论和方法 …… 38
1.3.3　先进电力设备绝缘与放电 …… 40
1.3.4　电力电子系统的可靠运行及性能综合优化 …… 41
1.3.5　极端条件下的电工装备技术 …… 43
1.3.6　高效率、低成本、大规模电能存储技术 …… 44
1.3.7　生物电磁基础及医学应用新技术 …… 45
1.4　实现“十三五”发展战略的政策措施 …… 47
第2章　电机系统 …… 49
2.1　学科内涵与研究范围 …… 49
2.1.1　电机的新材料与新工艺 …… 50
2.1.2　电机系统设计理论与分析方法 …… 52
2.1.3　电机本体新原理与新结构 …… 53
2.1.4　电机冷却技术 …… 61
2.1.5　电机驱动与控制技术 …… 62
2.1.6　电机测试与试验技术 …… 63
2.2　国内外研究现状与发展趋势 …… 65

2.2.1 电机设计新技术与分析方法的研究发展现状 …… 65
2.2.2 电机本体的研究发展 …… 67
2.2.3 电机系统冷却技术的研究发展现状 …… 68
2.2.4 电机驱动与控制技术的研究发展现状 …… 69
2.2.5 电机测试技术研究发展现状 …… 72
2.2.6 电机系统的技术发展趋势 …… 73
2.2.7 电机系统前沿技术 …… 75
2.3 今后发展目标和重点研究领域 …… 77
2.3.1 电机系统的发展方向 …… 77
2.3.2 电机系统的重点研究领域 …… 78
2.3.3 电机系统的优先研究领域 …… 79
参考文献 …… 80
第3章 电力系统及其自动化 …… 82
3.1 学科内涵与研究范围 …… 82
3.2 国内外研究现状与发展趋势 …… 83
3.2.1 电力系统规划 …… 83
3.2.2 电力系统控制 …… 87
3.2.3 电力系统保护 …… 90
3.2.4 电力系统仿真 …… 93
3.2.5 电力市场 …… 97
3.2.6 电力系统运行与调度 …… 98
3.2.7 新型输配电技术 …… 102
3.3 今后发展目标和重点研究领域 …… 104
3.3.1 电力系统规划 …… 104
3.3.2 电力系统控制 …… 105
3.3.3 电力系统保护 …… 105
3.3.4 电力系统仿真 …… 105
3.3.5 电力市场 …… 106
3.3.6 电力系统运行与调度 …… 106
3.3.7 新型输配电技术 …… 106
参考文献 …… 106
第4章 高电压与绝缘技术 …… 109
4.1 研究范围和任务 …… 109
4.1.1 先进电介质 …… 109

4.1.2　电气设备中的放电与过电压防护 …… 110
4.1.3　高压电力电子装备 …… 111
4.1.4　智能电气设备与全寿命运行特性 …… 112
4.2　国内外研究进展和发展趋势 …… 112
4.2.1　先进电介质材料 …… 112
4.2.2　电气设备中的放电与过电压防护 …… 116
4.2.3　高压电力电子装备 …… 119
4.2.4　智能电气设备与全寿命运行特性 …… 121
4.3　今后发展目标、重点研究领域和交叉研究领域 …… 124
4.3.1　先进电介质材料 …… 124
4.3.2　电气设备中的放电与过电压防护 …… 126
4.3.3　高压电力电子装备 …… 128
4.3.4　智能电气设备与全寿命运行特性 …… 129
参考文献 …… 131
第5章　气体放电与放电等离子体 …… 135
5.1　研究范围与任务 …… 135
5.2　国内外研究现状及发展趋势 …… 138
5.2.1　脉冲放电等离子体产生机理 …… 139
5.2.2　气体放电非线性动力学行为 …… 139
5.2.3　液相介质击穿 …… 140
5.2.4　高活性等离子体的产生方法 …… 141
5.2.5　等离子体在不同介质中的输运规律 …… 143
5.2.6　在生物医学和生命科学领域的应用 …… 145
5.2.7　在能源化工和材料科学领域的应用 …… 146
5.2.8　在辅助燃烧与流体动力学方面的应用 …… 149
5.3　今后发展目标、重点研究领域和交叉研究领域 …… 150
5.3.1　脉冲放电等离子体 …… 150
5.3.2　气体放电非线性动力学 …… 151
5.3.3　液相介质击穿 …… 151
5.3.4　高活性等离子体的产生方法 …… 152
5.3.5　等离子体在不同介质中的输运规律 …… 152
5.3.6　在生物医学和生命科学领域的应用 …… 153
5.3.7　在能源化工和材料科学领域的应用 …… 154
5.3.8　在燃烧学和流体动力学领域的应用 …… 155

参考文献…… 155
第6章 脉冲功率技术…… 159
6.1 研究范围与任务 …… 159
6.2 国内外研究现状及发展趋势 …… 159
6.2.1 国外研究现状 …… 159
6.2.2 国内研究现状 …… 161
6.2.3 未来发展趋势 …… 164
6.3 今后发展目标、重点研究领域和交叉研究领域…… 165
6.3.1 重频全固态脉冲功率技术…… 165
6.3.2 高功率开关技术研究 …… 166
6.3.3 超高功率电脉冲形成与传输关键物理问题…… 166
6.3.4 金属丝电爆炸放电等离子体 …… 166
参考文献…… 167
第7章 电力电子技术…… 168
7.1 学科内涵与研究范围 …… 168
7.2 国内外研究现状与发展趋势 …… 169
7.2.1 电力电子器件的研究发展现状 …… 169
7.2.2 电力电子变换器拓扑及其应用的研究发展现状 …… 173
7.2.3 电力电子建模和控制的研究发展现状 …… 181
7.2.4 电力电子电磁兼容及可靠性的研究发展现状 …… 182
7.3 今后发展目标和重点研究领域 …… 186
7.3.1 电力电子器件及应用的重点研究领域 …… 187
7.3.2 电力电子变换器拓扑及其应用的重点研究领域 …… 187
7.3.3 电力电子建模和控制的重点研究领域 …… 187
7.3.4 电力电子电磁兼容及可靠性的重点研究领域 …… 188
参考文献…… 188
第8章 电磁场与电网络…… 191
8.1 电磁场 …… 191
8.1.1 学科内涵与研究范围 …… 191
8.1.2 国内外研究现状及发展趋势 …… 192
8.1.3 今后发展目标和重点研究领域 …… 195
8.2 电网络 …… 196
8.2.1 学科内涵与研究范围 …… 196
8.2.2 国内外研究现状和发展趋势 …… 197

8.2.3　今后发展目标和重点研究领域 …… 199

参考文献 …… 201

第 9 章　电磁兼容学科发展战略 …… 205

9.1　学科内涵与研究范围 …… 205

9.1.1　电力系统的电磁兼容 …… 205

9.1.2　轨道交通系统的电磁兼容 …… 206

9.1.3　航空航天系统的电磁兼容 …… 206

9.1.4　高功率电磁脉冲效应与防护 …… 206

9.1.5　舰船系统的电磁兼容 …… 207

9.2　国内外研究现状与发展趋势 …… 207

9.2.1　电力系统的电磁兼容 …… 207

9.2.2　轨道交通系统的电磁兼容 …… 210

9.2.3　航空航天系统的电磁兼容 …… 212

9.2.4　高功率电磁脉冲效应与防护 …… 214

9.2.5　舰船系统的电磁兼容 …… 216

9.3　今后发展目标和重点研究领域 …… 218

9.3.1　发展目标 …… 218

9.3.2　重点研究领域 …… 219

参考文献 …… 220

第 10 章　先进电工材料及其应用 …… 227

10.1　研究范围与任务 …… 228

10.1.1　超导材料及其应用 …… 228

10.1.2　新型导电材料及其应用 …… 231

10.1.3　先进电工磁性材料及其应用 …… 231

10.1.4　其他新型电磁功能材料 …… 233

10.2　国内外研究现状及发展趋势 …… 233

10.2.1　超导材料及其应用研究现状与发展趋势 …… 233

10.2.2　新型导电材料的研究进展与发展趋势 …… 244

10.2.3　先进电工磁性材料研究现状及发展趋势 …… 248

10.3　今后发展目标、重点研究领域和交叉研究领域 …… 250

10.3.1　发展目标 …… 250

10.3.2　重点研究领域与交叉研究领域 …… 251

参考文献 …… 253

第 11 章　极端条件下的电工装备基础 …… 255

11.1 科学内涵与研究范围…… 255
11.1.1 深空电工装备的科学内涵与研究范围 …… 255
11.1.2 深海电工装备的科学内涵与研究范围 …… 256
11.1.3 极端试验条件下电工装备的科学内涵与研究范围…… 257
11.1.4 电磁发射电工装备的科学内涵与研究范围 …… 258
11.2 国内外研究现状和发展趋势…… 260
11.2.1 深空电工装备的国内外研究现状和发展趋势 …… 260
11.2.2 深海电工装备的国内外研究现状和发展趋势 …… 261
11.2.3 极端试验条件下电工装备的国内外研究现状和发展趋势 …… 263
11.2.4 电磁发射电工装备的国内外研究现状和发展趋势…… 266
11.3 今后发展目标与重点研究领域…… 268
11.3.1 深空电工装备的今后发展目标与重点研究领域 …… 268
11.3.2 深海电工装备的今后发展目标与重点研究领域 …… 270
11.3.3 极端试验条件下电工装备的今后发展目标与重点研究领域 …… 270
11.3.4 电磁发射电工装备的今后发展目标与重点研究领域…… 272
参考文献…… 272
第12章 电磁测量与传感技术 …… 275
12.1 研究范围与任务…… 275
12.2 国内外研究现状及发展趋势…… 276
12.2.1 基于智能材料的传感器技术 …… 276
12.2.2 电工磁性材料的磁特性精细测量技术 …… 279
12.2.3 电磁探测与成像技术 …… 281
12.2.4 脉冲功率电量精确测量技术 …… 285
12.3 今后发展目标、重点研究领域和交叉研究领域 …… 286
12.3.1 基于智能材料的传感器技术 …… 287
12.3.2 电工磁性材料的磁特性精细测量技术 …… 287
12.3.3 电磁探测与成像技术 …… 288
12.3.4 脉冲功率精密测量技术 …… 290
参考文献…… 290
第13章 生物电磁学 …… 296
13.1 研究范围与任务…… 296
13.2 国内外研究现状及发展趋势…… 297
13.2.1 生物电磁特性与电磁信息检测技术 …… 297
13.2.2 生物电磁干预技术 …… 300

13.2.3　生物医学中的电工技术 …… 302
13.3　今后发展目标、重点研究领域和交叉研究领域 …… 303
13.3.1　生物电磁特性与电磁信息检测技术 …… 303
13.3.2　生物电磁调控技术 …… 304
13.3.3　生物医学中的电工技术领域 …… 304
参考文献…… 305
第14章　电能存储与应用 …… 307
14.1　学科内涵…… 307
14.2　研究范围与任务…… 308
14.2.1　可直接输出电能的存储技术 …… 308
14.2.2　非直接输出电能的存储技术 …… 311
14.2.3　电能存储的系统应用技术 …… 313
14.3　国内外研究现状及发展趋势…… 313
14.3.1　可直接输出电能的储能器件及单元集成技术 …… 313
14.3.2　非直接输出电能的储能单元技术…… 319
14.3.3　储能系统应用技术 …… 323
14.4　今后发展目标、重点研究领域和交叉研究领域 …… 332
14.4.1　发展目标 …… 332
14.4.2　重点研究领域 …… 333
14.4.3　交叉研究领域 …… 333
参考文献…… 334
第15章　能源电工新技术 …… 336
15.1　学科内涵与研究范围…… 336
15.1.1　新能源发电 …… 336
15.1.2　无线电能传输 …… 341
15.1.3　电气节能 …… 343
15.2　国内外研究现状及发展趋势…… 345
15.2.1　新能源发电 …… 345
15.2.2　无线电能传输 …… 349
15.2.3　电气节能 …… 352
15.3　今后发展目标和重点研究领域…… 357
15.3.1　发展目标 …… 357
15.3.2　重点研究领域 …… 360
参考文献…… 363

第 16 章　环境电工新技术 …… 365
16.1　研究范围和任务 …… 365
16.2　国内外研究现状和发展趋势 …… 366
16.2.1　电磁环境研究 …… 366
16.2.2　环保电工技术研究 …… 368
16.3　今后发展目标、重点研究领域和交叉研究领域 …… 374
16.3.1　电磁环境方面 …… 374
16.3.2　环保电工技术方面 …… 374
参考文献 …… 375

第1章　总　论

1.1　电气科学与工程学科发展战略——"全景式"的学科地貌图

1.1.1　学科内涵与发展动力

1. 学科的定义

电气科学与工程是研究电(磁)能的产生、转换、传递、利用等过程中的电磁现象及其与物质相互作用的学科,包含电(磁)能科学和电磁场与物质相互作用的科学两个领域。根据研究对象的不同,电气科学与工程学科可以分为电气科学、电气工程和学科交叉三大研究分支。图1.1表示了学科的内涵与分支。

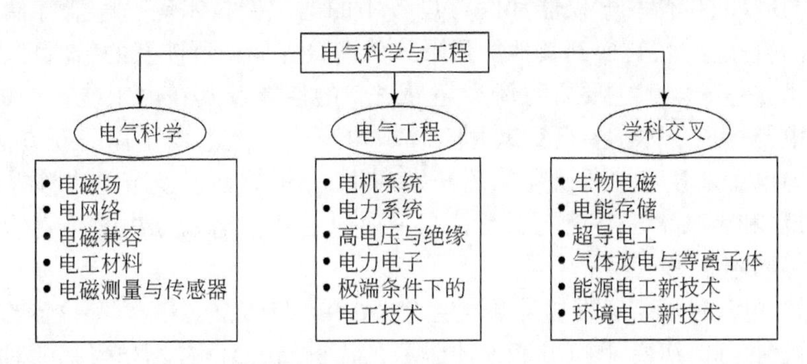

图1.1　电气科学与工程学科的内涵与分支

电气科学分支包含电磁场、电网络、电磁兼容、电工材料、电磁测量与传感器5个研究方向。电磁场主要研究电磁现象及其过程中的理论和计算问题,包括计算电磁学、电磁场与其他物理场的耦合、电磁装置的优化设计、电磁探测与成像、电磁无损检测等内容。电网络主要研究复杂电网络分析、综合与诊断等内容。电磁兼容主要研究电磁干扰的产生、影响评估与防护技术、电气设备与系统的电磁兼容、电磁辐射与防护。电工材料主要研究各种电工材料多物理场作用下的本构关系与特性调控方法。电磁测量与传感器主要研究材料、元件、设备及系统电磁参数及电磁特性测量的原理、方法及其与信息化结合的技术。

电气工程分支包含电机系统、电力系统、高电压与绝缘、电力电子、极端条件下的电工技术等5个研究方向。电机系统主要研究机电能转换装置与系统的基础理论、设计制造与集成、计算机分析与仿真、性能测试、运行控制、故障诊断、可靠性等理论、方法与技术。电力系统主要研究电力系统的规划设计、特性分析、运行管理、控制保护等理论和方法,以及新型发电与输配电形式、电力市场等内容。高电压与绝缘主要研究高电压的产生、测量和控制,电介质放电与绝缘击穿,过电压及其防护,极端环境下的绝缘特性与理论,电接触与电弧理论,高性能开关电器理论与技术等内容。电力电子主要研究基于电力电子器件的电能变换装置与系统的拓扑结构、建模与仿真、控制、系统集成应用的理论、方法和技术。极端条件下的电工技术主要研究极端条件的产生及其对物质和生命的效应等,研究范围包括各种复杂电磁装置与系统,涵盖深海、深地、深空等特殊环境,强磁场、短时超大电流、超高速等运行条件下的电气设备。

电气科学与工程学科和其他工程科学、物理科学、环境科学、材料科学、生命科学等学科的广泛交叉,形成了许多新的研究分支,如生物电磁、电能存储、超导电工、气体放电与等离子体、能源电工新技术、环境电工新技术等。生物电磁主要研究生物电磁特性及应用、电磁场的生物学效益与生物物理机制、生物电磁信息检测与利用、生命科学仪器和医疗设备中的电工新技术等。电能存储主要研究电能的直接存储、转换到其他能量形式的间接存储中所涉及的新原理、新方法和新技术。超导电工主要研究新型超导材料的性能及其在电工装备中的应用。气体放电与等离子体主要研究利用气体放电产生人造等离子体的新方法、新技术。能源电工新技术主要研究能源开发利用、能量转换以及节电中涉及的新原理、新方法和新技术。环境电工新技术主要研究基于电磁方法的环境治理与废物处理等内容。

当然,电气科学与工程学科自诞生始就处在不断发展之中,学科内涵与分支也会新陈代谢、逐时演变,图1.1仅是本学科的当前“快照”,并不妨碍其随时间推移而动态变化。

2. 学科的特点

纵观电气科学与工程学科的发展,其具有以下三个特点:

(1)历史悠久,活力恒新。早在公元前七八世纪,人们就用文字记载了自然界的闪电现象和天然磁石的磁现象。近代,一系列对电磁现象及其规律的探索和发现以及19世纪建立的麦克斯韦电磁场方程组,奠定了人类利用电、磁能量与信息的理论基础,引发了第二次产业革命,促进了电气化的实现。20世纪,电气科学技术的发展将电和磁相互依存、相互作用的规律研究得非常深入,并将研究的关注点逐渐转向电磁与物质相互作用的新现象和新原理,衍生出不少新兴技术。今后相当长的时期内，电磁与物质相互作用的新现象、新原理和新应用研究将有更大的扩展和深化，电气科学与工程学科的活力正与日俱增。

(2)交叉面广，渗透性强。在近百年的发展中，从电气学科萌生、分化及交叉产生出不少新兴学科，如电子、信息、计算机、自动控制等。电磁与物质相互作用涉及物质的多种特性，从而涉及多个相关学科，使电气学科的发展必然伴随着很强的交叉性和渗透性。交叉面涉及数学、物理学、化学、生命科学、环境科学、材料科学以及工程类科学中的相关学科等。21世纪以来，随着新科技革命的迅猛发展，方兴未艾的信息科学和技术、迅猛发展的生命科学和生物技术、重新升温的能源科学和技术、接踵而至的纳米科学和技术，都与电气科学与工程学科有着密切的交叉渗透关系，是电气学科开放开拓、培植创新生长点的重要对象。

(3)研究对象的时空跨度大。在空间上，从微观、介观到宏观，从研究电子在电磁场中的运动到分析数百万平方公里范围内超大规模电力系统的运行；在时间上，从探索皮秒、纳秒级的快脉冲功率到研究月、年长度的电力系统经济调度。不同时空尺度下的电磁现象及其与物质相互作用产生的现象呈现出多样性和复杂性，为本学科的发展提供了广阔的创新空间。

3. 学科发展的动力

电气科学与工程发展的动力来自三方面：社会发展需求的巨大牵引力，由学科内涵所蕴藏的创新潜能发出的膨胀力、萌生力、拓展力，以及由交叉学科提供的新理论、新方法、新材料对本学科的"催化"和"嫁接"作用所形成的创新推动力。

进入21世纪以来，发展低碳经济、建设生态文明、实现可持续发展，成为人类社会的普遍共识，世界能源发展格局因此发生重大而深刻的变化，新一轮能源革命的序幕已经拉开。发展清洁能源、保障能源安全、解决环保问题、应对气候变化，是本轮能源革命的核心内容。作为能源的重要供应环节和主要使用形式，电能对于清洁能源的发展至关重要，其对电机系统、电力电子、电力系统、高电压与绝缘、能源电工新技术和电能存储等电气工程及交叉研究提出了更高的需求，强劲地牵引着电气科学与工程学科的发展。

我国一次能源的分布禀赋决定了在未来较长时期内必须采取在西部地区建设大型能源(火电、水电、风电、太阳能发电等)基地并采用远距离大容量的送电方式，所形成的跨越多种复杂环境和地域的超大规模电力系统的建设和运行给电能科学提出了许多必须解决的新问题。我国能源消耗大但利用效率偏低，环境污染问题严重，可持续发展对电能的高效转换与输配、可再生能源发电、节电等新技术、新方法提出了迫切的需求。电动汽车、全电舰船、多电飞机等特种独立电源系统提出的新问题，以及以电磁炮、激光武器、高功率微波武器、电磁脉冲武器为代表的新概念电磁武器的实现,都给电(磁)能科学提出新的需求,对电(磁)能科学领域的需求牵引力,也形成了对支撑电(磁)能科学的电磁场与电网络理论、先进电工材料与电磁测量等电气科学基础的需求牵引力,以及对环境电工、超导电工等电磁场与物质相互作用领域中的相关分支学科的需求牵引力。同时,新理论(如博弈论、随机控制理论、鲁棒控制理论等)、新技术(如互联网、物联网、大数据技术等)、新材料(如压电材料、永磁材料、微纳米材料、超导材料、石墨烯等)、新器件(如碳化硅半导体、光电互感器、各种新型传感器等)等交叉学科新思路和新成果的引进,对电(磁)能科学领域的发展起着巨大的推动作用。

电磁场与物质相互作用科学领域涉及电磁场与各种物质及物质形态的作用,而且作用产生的效应涉及微观的分子组成和介观结构,宏观的力、声、热、电、磁、光、生物等效应,内涵特别丰富,包含的学科分支多,内涵蕴藏的创新潜能大,领域内的互动及创新萌发力、向外拓展力都很强。发现新现象、提出新理论、建立新模型、开发新应用是本领域内涵萌发的特点。和电磁场与物质相互作用科学领域有着密切关系的交叉学科数量多,涉及面广,交叉学科对本领域发展的推动作用非常大。有些新现象、新应用最初是从交叉学科的相关发现、相关应用渗透过来,而在本领域内生长并开花结果的。对本领域发展的需求牵引大多来自高科技产业及高科技研发的需求,如新材料制备和表面处理、电子器件的微细加工对电磁场、电介质、放电等离子体技术的需求,生物医学中的电磁诱变、电磁诊断和电磁治疗技术的需求,环境保护方面对用静电技术、高电压技术、脉冲功率技术、放电等离子体技术处理废气、废水、废渣和放射性废弃物的需求,对电磁环境防护的需求,未来能源的受控核聚变研究对脉冲功率技术和等离子体技术的需求,国防高科技如电磁发射、高功率激光、高功率微波等对脉冲功率技术、放电与等离子体技术、电磁兼容技术等的需求等。

1.1.2 我国的研究现状

1. 电气科学

1)电磁场

我国在电磁场理论领域开展了长期的研究工作,取得了许多有影响力的研究成果。特别是计算电磁学、电磁材料的模拟与测试、电磁装置的优化设计、电磁无损检测等领域的研究成果为我国大型装备制造做出了重要贡献。重要研究成果有:结合计算数学领域的最新成果,发展了稳态问题、时变场问题、非线性问题、运动介质问题的有限元法;发展了电磁场-电路-运动系统耦合计算方法以及与其他物理场的耦合分析方法;发展了表面响应模型与随机类优化算法相结合的高效电磁场逆问题算法;开展了电工磁性材料的三维磁特性检测和电磁特性模拟技术研究,突破了一维和二维技术的局限;电磁无损检测技术在核电领域的应用取得了重要进展,提出了非线性、履历性磁性材料电磁检测信号的高效高精度数值模拟、复杂缺陷信号反演重构方法。

我国在电磁场领域取得的成果十分显著,但就整体研究水平而言,与国外仍存在很大的差距,多为跟踪性研究,共性科学问题提炼不足,缺乏自主创新,特别是在与前沿学科的交叉创新方面有待进一步加强。我国学者大多侧重于利用商业软件进行电磁装置的单场计算,对于计算过程则知之甚少。多物理场耦合分析也大多局限于单向的载荷传递,没有考虑材料性能随物理场的变化。对电磁装置涉及的电磁学与热力学、结构力学以及其他学科交叉研究不足,多场分析软件开发难度较大、投入较少,在多物理场分析过程中主要依赖国外商用软件,在一定程度上制约了我国电气装备分析、设计等基础理论的发展。

2)电网络

我国在电网络理论领域开展了长期的研究工作,取得了许多有影响力的研究成果。特别是在复杂电网络分析综合与诊断等领域坚持长期探索研究,为我国超特高压输配电工程建设做出了重要贡献。我国主要针对复杂电网络开展了分析、综合与诊断研究,包括电网络元件的建模及其参数辨识,非线性电网络的演化特性及其运行稳定性,电网络的故障定位与保护、数模电路的故障诊断;电气化铁道牵引网的统一链式电路模型;电压源换流器(voltage sourced converter,vsc)高压直流输电(high-voltage direct current,HVDC)的动态等效电路模型;中性点不接地系统小电流接地故障暂态等值电路模型;电力电子变换器主电路拓扑辨识与故障诊断;超声电机双电感双电容谐振电路模型及其优化;集成门极可关断晶闸管(integrated gate commutated thyristor,IGCT)逆变电路建模;n 阶谐振开关电容变换器潜电路图论分析法等。

虽然在电网络领域所取得的成果比较显著,但总体来看,国内从事电网络基础理论研究的力量比较薄弱,共性科学问题提炼不够,原始创新能力不足,特别是在与前沿学科的交叉创新方面存在较多空白。随着新型元器件不断涌现,电网络的复杂度和行为的多样化大大增加,模数混合电路芯片、存储器、处理器及各种可编程器件(如 FPGA、DSP、CPLD)在各种电网络中普遍使用,突破了传统的电网络理论框架,给电网络的分析、综合和诊断带来了全新的挑战。由于缺乏有效分析的手段和方法,相关瓶颈没有得到突破。电力电子系统由过去的分立器件逐步过渡到集成网络系统,使得相应电力电子系统的复杂度大大提高,系统的可靠性设计及测试性设计有待探索。智能电网技术的发展对物联网技术提出了新的挑战,例如,信号的实时感知、高安全传输与快速处理,均要求相应的硬件电路具备高集成度、低功耗与高可靠性。同时,多端口芯片的诞生及其在电工领域的应用,使得原来基于二端口的各种分析方法不再适用,包含复杂芯片的多端口电路中实施系统性的分析方法对电路分析理论提出了新的挑战。

3)电磁兼容

随着大规模集成电路、电力电子技术的快速发展,各种电气、电子设备或系统的电磁兼容成为一个普遍关注的问题。电磁兼容性学科也逐渐发展成为一个涉及电工、电子、信息、生物和环境等多学科交叉的边缘学科。

我国电磁兼容研究工作起步较晚,1986年以后才逐步得到重视,参考国外标准,陆续建立了电磁兼容的军用标准、行业标准和国家标准,通过试验摸索,提高了我国电子、电气设备的电磁兼容水平。近年来,我国对电磁兼容性的研究十分重视。加强理论研究、科学实践与工程应用的结合,研究水平得到了大幅提高,形成了独立电力系统电磁兼容等优势研究方向。在理论研究方面,"十五"以来,在国家自然科学基金委员会创新研究群体科学基金的资助下,中国人民解放军海军工程大学(简称海军工程大学)系统地研究了电力电子装置的电磁干扰产生机理、传播途径、测试方法、抑制措施、影响因素等内容,构建了独立电力系统传导电磁干扰预测理论,提高了传统电磁兼容分析方法的通用性、精确性和实用性,解决了集成化机电能量转换与变换中的电磁不兼容问题,提出了抑制共址天线辐射干扰的自适应对消方法,消除了大功率短波发射引起的阻塞干扰问题,这些研究为舰船等独立电力系统的电磁兼容设计奠定了基础。在电磁兼容测试与试验方面,我国已在不同行业的许多单位建立或改造了电磁兼容性实验室,引进了大量功能先进的电磁敏感度和电磁干扰发射等测量和试验设备,具备了电磁兼容性研究过程中的各种测量和试验能力。

我国电磁兼容性研究在总体上与国际相比仍存在一定的差距。主要表现在:电磁兼容性标准的更新相对滞后,尤其是对于高压大电流设备和系统的电磁兼容标准尚未形成;缺乏自主知识产权的大型电磁兼容性仿真软件;缺乏大尺寸/吨位、高压大电流强电设备电磁兼容试验环境;高功率电磁脉冲对微电子器件及相关电子设备的效应研究深度不够;高功率电磁脉冲模拟手段不够完备,除核电磁脉冲模拟器外,其他几种电磁脉冲模拟器刚刚开始研制和建立。

4)电工材料

电工材料是所有电力设备、电气装备、电子器件的基础材料,这些材料均具有特定的电学或磁学性能,包括导电材料、磁性材料、半导体材料、绝缘材料和其他电介质材料等。其主要研究各种电工材料的设计与制备、材料的介电性能、介电材料的测量与表征、材料性能演变与破坏规律、复合电介质材料、纳米电介质材料等。

我国学者在材料的电磁损耗方面进行了大量细致的研究。用于验证变压器附加损耗的 TEAM Problem 21 Family 模型,是唯一由中国人提出并得到国际计算电磁学会认可的计算电磁场标准测试模型。近年来,我国学者对材料在磁场中的各向异性、非线性进行了精细建模，为精确分析电磁产品的电磁场分布与损耗打下了基础；对直流偏磁条件下的材料性能、多维旋转磁化等问题进行了深入研究；研究了电磁、温度、流体、应力等多场耦合作用下电磁材料性能参数的变化规律与影响机理，为电机、变压器等电力设备的优化设计与分析提供了技术支撑。在电磁材料的高频损耗特性的计算与测量方法、变压器绕组的高频损耗与绝缘特性的计算理论与测试方法方面开展了卓有成效的研究。

我国在绝缘材料诊断技术和电力设备老化机理研究方面处于国际先进水平。系统地研究了发电机、变压器、电缆等关键电力设备绝缘在多物理场(电、热、力)下的老化破坏规律，建立了绝缘老化寿命模型，提出了关键电力设备绝缘状态表征的特征参量组，研制出变电站全部高压设备多参量综合在线监测系统，为智能电网关键电力设备的检测提供了国际先进的解决方案。

但是，现有的基础理论研究尚不足以支撑科学技术发展的需求。总体上，我国非常重视高电压绝缘领域的基础研究，但目前原创的、有重大影响的基础理论成果非常少，亟待加强，特别是工程电介质中的空间电荷产生与输运规律、绝缘放电与电弧烧蚀机理、极端环境(极端高低温、高功率脉冲、太空辐照、紫外等)下电介质材料损伤破坏机理、脉冲放电等离子体机理、电介质材料的太赫兹波谱特性等方面的基础研究亟待加强。

在新型电工材料(如纳米电介质材料、高介电常数材料、新型绝缘材料、高分子导电材料、碳纤维材料、新型磁性材料、新型压敏材料等)方面，国内起步相对较晚。虽然也在材料改性方面做出了有益的工作，但总体上还比较薄弱。在其他新材料如液态金属材料、金属-绝缘相变材料、磁致伸缩材料、磁制冷材料、巨磁阻材料、热电材料、形状记忆合金等新材料的电工学应用研究方面，我国已经有了布局，但总体上仍处于跟踪状态，而恰恰是这些新材料的应用将给电工学带来崭新的面貌，值得高度关注。

5)电磁测量与传感

能源与电网的物联网、大数据等技术研究在国内外均处于起步阶段，大部分研究处于框架设计阶段，尚无有影响力的原始创新技术。由于能源、电网与信息涉及学科范围较大，各自的方向体系比较庞杂，国内多学科交叉合作概念较淡薄，基础研究力量比较薄弱，而大数据研究将为能源与电网带来崭新的面貌，值得高度关注。电力传感器方面的研究开展较多，特别是在传感器能量供给方面取得了较好的研究进展。我国在能源、电气、信息等领域均有良好的研究基础和成果。经济飞速发展、能源变革以及智能电网发展的需求，对能源、电气、信息等领域的研究也引起了国内外同行越来越多的关注，各领域充分利用各自掌握的研究成果、计算平台、数据等优势资源共同进行交叉探索的趋势日益显著。

2. 电气工程

1)电机系统

近年来，我国在特种电机的研究中取得了突出的进展，涌现了多种采用新结构和新原理的特种电机，如定子永磁电机、无刷双馈电机、多机械端口电机、混合励磁交流电机、横向磁通电机、游标电机、平面电机、直线电机等。这些特种电机的结构和原理与常规电机有很大的区别，在不同的应用领域具有各自的优势，具有很好的应用前景。随着我国国民经济和国防建设的高速发展，装备制造、交通运输、能源动力、国防等领域对电机的性能指标、极端工况适应能力提出了更高的需求。电机系统学科在解决高端需求问题的过程中，其理论和技术不断拓宽与深化，促进了相关研究领域和产业的发展与进步。近年来，国家相继出台了一系列指导政策加强高效电机系统的发展力度，给电机系统的研究和设计注入了新鲜活力。预计到2018年，仅高效节能电机系统市场将达到914.6亿美元，复合增长率为19.67%。电机系统及其控制技术逐渐成为我国装备制造产业升级、节能减排、可持续发展战略中的重要一环。目前，我国电机系统学科的研究广度、电机产品的种类和电机系统的应用领域都是世界上最大、最全的，学科综合实力处于国际先进地位。在国家创新驱动发展、可再生能源利用、军工装备优先发展等战略政策的引领下，我国电机系统学科已取得一系列标志性成果。在大容量直驱式稀土永磁发电机系统方面，我国自主研制成功的大型风力发电系统采用额定功率为5MW、额定转速为18r/min的直接驱动永磁风力发电机，技术指标世界领先。在大型/巨型发电机系统方面，我国首创的双水内冷汽轮发电机的单机容量最大已经达到660MW。水轮发电机蒸发冷却技术是拥有自主知识产权的创新技术，已先后应用于400MW蒸发冷却水轮发电机和三峡地下电站700MW水轮发电机。其中，400MW蒸发冷却水轮发电机在2000年的国际大电网会议上被评为旋转电机领域的四项新进展之一。此外，基于多回路分析与继电保护相结合的大型发电机组内部故障保护配置方案的定量化设计技术，开辟了我国主保护设计的新局面，为我国电力系统的安全可靠运行奠定了坚实的基础。大容量高转矩密度多相电机系统、超高功率/转矩密度/高可靠性的军用装备电机等在舰船动力、油气勘探及输送等高端领域具有独特的优势，形成了技术较为成熟和部分国际领先水平的成果，有力地支撑了我国全电舰船、载人航天、深空探测等重大科学工程的跨越式发展。

作为电动汽车核心部件之一的电机及其驱动系统一直是国内外学者与工业界关注的焦点问题，其性能的优劣直接决定了整车的动力性能、效率、安全性能等。当前，在电动汽车上成功得到实际应用的电机主要有以下几种类型：永磁同步电机、感应电机、开关磁阻电机、无刷直流电机等。其中，永磁同步电机以其高功率密度、高效率、正弦波驱动等优势，成为目前国内电动汽车驱动电机生产厂家的首选方案。目前，我国在定子永磁型电机及基于定子永磁型电机衍变而成的混合励磁型电机方面的研究居于国际领先地位。此外，在集中式分数槽绕组电机、双机械端口电机、记忆式永磁电机、横向磁通电机等新型结构电机方面的研究接近国际先进水平。然而，这些新型电机结构在电动汽车上的实际应用还比较有限。

目前，我国电机系统学科的发展还存在薄弱环节，主要表现如下。第一，电机系统的驱动控制技术水平相对落后。我国在电机驱动控制的硬件方面处于劣势，对高性能、高精度电机控制方法和控制策略的研究不够深入，电机与控制的结合度不够，制约了电机系统整体水平的提升。第二，电机系统基础理论与其他学科交叉研究水平不够深入，尤其是复杂约束条件下电机系统分析理论、设计方法、精确测试手段、高效控制策略等方面和国外先进水平相比存在明显的差距。电机内部基本电磁场理论与热力学、结构力学以及其他学科交叉研究的水平较低，在开展电机系统多物理场分析过程中主要依赖国外商用软件，自主知识产权的计算机辅助设计能力不强，在一定程度上制约了高品质电机系统的发展。第三，对电机材料服役特性、关键部件的生产制造工艺设计关注较少。电机系统是电与机有机结合的集成化系统。我国电机系统的基础与创新性研究主要集中在高等院校和科研院所，基础研究与实际应用联系有待加强。研究设计过程中，对电机系统中使用的电工材料、永磁材料、结构材料、绝缘材料和其他辅助部件(轴承、减速机)等服役特性和规律认识比较欠缺，在一定程度上影响了我国电机系统的实际性能水平和使用品质。例如，电机的发热、冷却、振动与噪声问题，甚至电机功率密度、转矩密度等性能提升能力有限，在一定程度上都是电机结构设计和材料应用水平不足导致的。另外，对电机结构工艺的研究也较少，基础研究性基金在这方面给予的支持不多，也制约着如超高速电机、超精密电机、生物医学领域的微/纳电机、超导电机等电机系统可靠性和应用水平的进一步提高。

2)电力电子

近年来，我国电力电子学科有了飞跃的发展，体现在电力电子器件研制与生产、变换装置研发与制造，以及规模化的工业应用，如变频调速、工业电源、新能源发电、电力牵引、输配电和绿色照明等方面，发展势头强劲，国际竞争力不断增长。

我国在电力电子应用基础研究方面已经走在世界前列。在国际著名的电力电子期刊和会议上，国内学者发表的论文占例已达20%～30%。近五年来，我国深入研究了大功率器件开关瞬态建模与应用特性、分布杂散参数的提取及影响、电磁脉冲过渡过程、系统瞬态能量平衡关系等问题；在电磁能量变换、瞬态换流回路以及系统可靠性的新视角提出了大容量电力电子变换系统电磁瞬态分析方法，为大容量电力电子变换系统设计、分析和控制提供了新思路。

与此相应的装置研发和应用技术有了很大的提高。规模化应用在世界处于领先地位,如特高压直流输电工程、多端柔性直流输电工程、高压大容量的可控串补技术、静止同步补偿技术、高铁机车传动技术等。同时,国内变频器技术有了长足的发展,取得了显著的节能效果;高压大功率变频器技术基本成熟,开始应用于南水北调、西气东输等 8MW 以上的超大功率场合;以变频器为核心的交流调速系统也取得了重要突破,晶闸管国产交-交变频调速系统已形成产业化,全面扭转了大功率交流变频传动装备长期依赖进口的局面;研制成功基于分布式拓扑结构、光纤环网控制的 20MW 级船用电力推进变频器,解决了我国自主研制全电船舶的瓶颈问题;采用 IGCT 等新型电力电子器件的大功率变频器开始研制,开发的 7.5MW 大功率 IGCT 交-直-交变频调速系统,成功应用于国产高速磁悬浮试验线。国产光伏并网逆变器已经成为主流。2013 年,我国自主生产的光伏逆变器突破 13GW,占全球市场的 26%。

作为电力电子应用的基础,电力电子器件研发及其产业在我国已有 50 年的发展历史。目前,晶闸管类器件技术已达到国际先进水平;部分等级的金属氧化物半导体/绝缘栅双极型晶体管(metallic oxide semiconductor,MOS/insulated gate bipolar transistor,IGBT)器件具有自主知识产权,实现了产业化;碳化硅、氮化镓等新型电力电子器件的研究取得了初步进展。

晶闸管类器件仍然是高压、大电流电能变换技术及应用的主要器件。我国晶闸管器件的发展沿着引进、消化、跟踪、创新的技术路线,研发能力和产品质量已达到世界先进水平。5in(1in=2.54cm)7200V/3000A 电控晶闸管已实现产业化,为国际大公司的 5in 7500V/3125A 光控晶闸管、6in 8500V/4000～4750A 电控晶闸管提供芯片;成功研制了 6in 晶闸管和 4500V/4000A 高压 IGCT。

MOS/IGBT 器件的研发和产业化进程速度加快。目前,200V/100A 的金属-氧化物半导体场效应晶体管(metal-oxide-semiconductor field-effect transistor,MOSFET)已可以批量生产。通过控股国外半导体公司获得 IGBT 器件的制造技术,我国可以生产 600～3300V/100～2400A 的 IGBT 器件,并建立了 8in IGBT 芯片生产线。采用国产 IGBT 器件所制造的装置,替代进口,已在动车组的变频器、风力发电的逆变器、高压风机水泵的变频器、不间断电源、静止无功补偿器、高频电焊机等方面得到了广泛应用。

宽禁带半导体材料 SiC 和 GaN 器件已进入产品化阶段。目前已研制出 1200V/20A 和 1200V/50A 的 SiC 肖特基二极管芯片和场效应单管芯片;成功开发了 200V/25A、600V/10A 的 GaN 二极管芯片、场效应模块和 1200V/5A 场效应单管芯片。但与国外相比差距较大,国外已实现 600～1700V/50A SiC 二极管、1200V 及 1700V/单管电流 20A、模块电流 100A 以上 SiC JFET(junction field-effect transistor)器件的产品化,并成功研制了 1200V SiC MOSFET、13kV 的 SiC IGBT 器件。

与国外相比，我国电力电子学科在原创性研究、高端和关键性技术提升方面还有待加强，尚未真正成为一个电力电子技术强国。具体表现为：有显著影响力的原创性的电力电子变换器拓扑较少，局部性、扩展性的改进较多；电力电子专业人才队伍规模不大，难以有效形成综合性、交叉性、多学科攻关的研究体系。

此外，电力电子器件的整体研究和制造水平有待加强。以IGBT为代表的第二代电力电子器件芯片主要依赖进口。当前国际上以SiC、GaN为代表的第三代器件的研究进展迅速，我国对宽禁带电力电子器件的基础研究亟须进一步加强。

3)高电压与绝缘

在高电压绝缘学科领域，我国的研究方向最全，研究团队整体最强，研究条件达到了国际先进水平，产出的科研成果很多达到世界领先水平。

以特高压为标志，我国高电压绝缘走在世界前列，制定了世界上首个完整的高海拔750kV交流、1000kV交流、±800kV特高压直流输电工程电力设备技术规范和验收试验标准，标志着我国在该领域处于世界领先地位。特高压电力设备制造基本实现自主，并在特高压套管绝缘材料、SF_6自能灭弧机理和喷口设计等基础研究方面取得突破，研制出特高压1100kV交流套管和±800kV直流套管，研制出1000kV特高压套管、1100kV双断口SF_6断路器、1100kV GIS(gas insulated switchgear)特高压成套开关设备，标志着我国特高压关键电力设备设计、制造达到了国际领先水平。

我国在开关电器理论与自主研发方面达到了国际领先水平。在电接触、低压空气开关电弧、中压真空开关电弧、高压SF_6开关电弧等方面已形成较为完整的理论体系，实现了以高压真空开关、SF_6断路器、GIS设备为主导的产品无油化的更新换代，自主开发研制了具有国际先进水平的550kV/63kA单断口SF_6断路器、160kA发电机出口断路器成套装置等。

近年来，高压试验技术得到了快速提升，建成了具有世界领先水平的交/直流特高压、大容量实验室，具备了交/直流特高压设备试验检测能力，为我国交/直流超、特高压装备的自行研制、自主开发提供了试验检测保障。

我国高电压绝缘学科的优势方向有：①复合电介质材料介电性能及其应用；②特高压电力设备绝缘基础理论与应用；③电力设备绝缘状态评估与综合监测技术；④电弧、电接触理论及应用。

我国高电压与绝缘学科的发展也存在薄弱之处，具体表现如下：

现有电力设备设计、制造关键技术研究水平尚待提高。我国电力制造工业取得了长足进步，但与世界装备制造强国相比，大而不强的矛盾依然十分突出，仍不能回避高端装备市场占有率不高、节能减排意识不强、核心共性技术积累不足、产业基础理论和材料研究不足、产品结构性短缺等问题。需要加强研究，着重解决：特高压直流输电技术装备的全套自主设计、制造技术，超高压直流电缆用绝缘材料及其电缆制造技术,各级电网技术装备的智能化技术,在一些特殊场合应用的重要开关设备(如旁路开关、超导开关等)的设计制造技术等。

一些新兴学科方向的研究亟待加强,一些学术制高点需要抢占。高电压绝缘学科一直努力创新,不断拓展学科的研究方向,如近年新发展的脉冲功率技术等,但研究条件还很薄弱,研究多跟踪国外,原创研究少,研究水平与国际先进水平尚有差距,基础研究与应用技术研究之间存在脱节现象,应用技术水平不高,研究亟待进一步加强。此外,从抢占国际学术制高点的角度,我国有机会开创一些新的研究方向,如电介质材料的分子设计、微纳尺度的放电机理、基于微纳尺度介电性能的电力设备跨尺度设计、直流输配电装备等,使我国能够在起步阶段就走在国际前沿。

4)电力系统

“十二五”期间,我国智能电网技术快速发展,多次被写入国务院政府工作报告,给电力系统学科带来了前所未有的发展机遇。国家自然科学基金委员会、中华人民共和国科学技术部(简称科技部)、国家电网公司等均设立了多个与智能电网相关的重大、重点项目,取得了一批有影响力的成果,多项成果处于国际领先水平。已建成并投运两条世界最高电压等级 1000kV 交流特高压输电线路和 3 条±800kV直流特高压输电线路,输电全长超过 8000km,总输电容量超过 8000 万 kW;在国际上率先建成了基于电压源逆变器的三端和五端柔性直流输电系统,实现了大规模风电接入系统的技术突破;在国际上率先实现了船舶中压直流综合电力系统,促进了船舶综合电力系统的技术进步;建成了大电网一体化安全调度优化控制系统,为大电网的安全、可靠运行提供了保证。此外,我国在大电网超实时仿真、大电网无功控制优化、大规模储能系统应用、智能变电站、配电系统自愈控制、微电网规划与运行优化、电动汽车充放电等领域都处于国际前沿研究阶段,取得了一批具有国际影响力的研究成果。在各种大型电力系统国际会议上,以及在各种高水平国际期刊中,我国研究成果的显示度明显提升,国际地位也显著提高。

目前,电力系统的发展呈现两极化趋势,一是以“特高压”技术为代表,建设新一代超大规模电力系统,保障大电网安全,预防大面积停电事故,是本学科研究的永恒主题;二是以新能源和微电网技术为代表,构建就地发电就地消费的智能化供电单元,发展智能配电系统和新型独立电力系统,与欧美发达国家相比,我国在此领域的研究和实践还相对落后。

在特高压技术方面,需要进一步加强电力系统稳定控制与信息化的研究,适应系统复杂度的增加,深化对电力系统特性的认识和理解。研究新的电力系统安全稳定分析和监控手段、新的控制理论和方法在电力系统中的应用,将信息技术、智能技术和经济理论引入电力系统的运行管理,构建新的电力系统控制框架和实施体系;引入新的计算机技术实现超大规模电网并行计算或网格计算,研究实现更形象化、更先进的电力系统运行监测可视化技术。同时,加强柔性输电技术的深度应用，深入开展大容量电力电子技术在电力系统中的应用研究。

在新能源和微电网技术方面，需要重点研究用户侧就地供电技术，满足用户多样化的电能质量要求，避免电力的远距离传输，使其成为超大规模电网发展的有力补充。同时，开展有助于大规模分布式电源接入、电动汽车发展、负荷需求侧响应实施，可满足用户更高可靠性和电能质量需求的智能配电系统相关领域的研究十分迫切；开展以分布式电源、新型输配电网络、高密度储能装置、高效电能变换装置为主要组成设备的独立电力系统研究也具有重要的军事和社会效益。

此外，提升电网接纳大规模可再生能源的能力仍然是电力系统的重点研究领域之一。与风电、太阳能发电装机迅猛发展不相称的是，许多支撑大容量可再生能源并网的电力系统关键技术尚需突破：缺乏描述大容量可再生能源发电基地的分析手段，使得可再生能源发电基地与大电网的交互作用机理尚不明确；缺乏大容量可再生能源基地的有效规划技术；缺乏大容量可再生能源基地的有效监控手段等。上述关键技术的缺失，导致我国在建设大规模可再生能源发电基地时，面临诸多困难。因此，研究和突破大规模集中式可再生能源发电并网技术势在必行。

5)极端条件下的电工技术

长久以来，我国各行各业，尤其是科学研究对极端电磁条件需求迫切，但国内在该方面一直远远落后于国外。在大型电工装备、高精度仪器、医疗装备及特种国防装备方面，缺乏基础与技术支撑，长期依赖国外进口。近年来，随着国家对基础和高技术研究的重视，在一些高精尖的领域已经获得了不同程度的突破。在脉冲强磁场技术方面，华中科技大学建设的国家重大科技基础设施脉冲强磁场试验装置，目前已经实现 90.6T 峰值磁场，为亚洲第一、世界第三，实现了一系列特殊波形磁场，为科学试验提供了极端试验条件。在高场超导磁体技术方面，在科学研究的高精密仪器、生物医学工程和国家重大科学设施及特种电磁装备等的带动下，我国超导磁体技术近年来有了长足的进展。中国科学院合肥物质科学研究院先进试验超导托卡马克(experimental advanced superconducting Tokamak，EAST)成功运行，并正在研究和发展 40T 的高场稳态磁体。中国科学院电工研究所(简称中科院电工所)实现了磁场为 10～25T 的高磁场磁体系统。在高功率脉冲技术方面，以“神龙”系列直线感应加速器和 Z 箍缩试验平台为代表的脉冲功率装置的成功研制，表明我国的脉冲功率技术达到世界先进水平；中国科学院高能物理研究所(简称中科院高能所)、中国科学院近代物理研究所开展了加速器磁体的系列研究工作，未来计划建造更大的加速器，标志着我国磁体技术已达到国际先进水平。

在应用方面，已经开展了极端电磁条件在大型永磁设备整体充磁、电磁成形、物质科学、生物医学工程、材料加工、电力及工业等方面应用基础的研究，并进一步开拓新的应用领域。重点鼓励开展极端电磁条件产生的基础科学问题,以及与物质科学、信息科学、能源科学、空间科学、生命科学、地球科学和环境科学等交叉与应用的研究。

我国在极端电磁条件研究与应用方面都取得了很大进展,但与国际先进水平相比,我国原创性的研究成果还较少,应用研究大多处于试验研究阶段。同时,受经费与条件限制,试验手段相对落后。因此,在制定学科发展战略研究时,对具有前沿性、原创性和应用前景的课题将予以重点支持。

3. 学科交叉研究

1)生物电磁

经过多年的努力,我国在生物电磁领域取得了许多有影响的研究成果。①在生物电磁信息检测技术领域,目前我国共有 20 余支研究团队从事本领域的研究,主要分布在重点院校和国家级科研院所,如中国人民解放军第四军医大学(简称第四军医大学)、中科院电工所、天津大学、重庆大学、中国医学科学院等。其中,颅脑电阻抗动态成像技术和电阻抗扫描乳腺癌检测技术已率先进入临床研究,为临床重大疾病的诊断提供新的成像方法,在国际上处于领先地位。②在神经电磁干预技术领域,清华大学、中科院电工所、中国医学科学院、西安交通大学、上海交通大学、中国人民解放军总医院(简称解放军总医院)、天津大学、华中科技大学、东南大学和重庆大学等机构近年来都在开展神经电磁干预研究工作,技术涉及植入神经电刺激和经皮脉冲磁刺激等。由清华大学研发的进而研制成功通过电磁耦合充电的植入可充电脑起搏器,已经超过 600 人植入清华大学研制的脑起搏器。在细胞电磁场处理方面,重庆大学、第四军医大学、浙江大学等机构长期从事电磁场干预治疗肿瘤领域的基础及临床应用研究,取得了一批具有国际影响力的研究成果。③在生物医学中的电工技术领域,其核心是电磁装置的设计和研制、电磁检测技术和电磁场综合问题。国内从事相关研究的人员较多,中国科学院生物物理研究所、中科院电工所、中科院高能所等多家研究所合作开展超高场磁共振成像(magnetic resonance imaging,MRI)系统研究;中科院电工所、华中科技大学、解放军总医院、天津大学等机构开展了磁性纳米药物磁场作用下的定向分布趋向;还包括人工心脏、磁定位、磁导航、磁标记与磁分离技术、医用特种电源和电机技术等。目前,国内研制的医疗仪器还是以模仿、跟踪为主。

2)电能存储

近年来,我国在电能存储和脉冲储能技术的研发和应用方面发展迅速,截至 2013 年,总装机容量(不含抽水蓄能和热储能)达到 64.9MW。多个重大电能存储项目的落地大大推动了储能材料、储能系统及其规划、设计、控制理论与技术的发展。

国家风光储输示范工程一期项目,2013 年在张北县建成投产,每年可提供近 3 亿kW 的清洁能源。该工程全部建成时将设有 110MW 储能电站、500MW 风电厂和 100MW 光伏发电站,总投资近 120 亿元,是目前世界上规模最大的集风电、光伏发电、储能、智能电网“四位一体”的新能源利用平台。此工程的一大亮点是建成了世界上规模最大的锂电池储能电站,由 9 个储能单元构成,共计 1402 个电池柜,单体电池 27.4568 万节。电站内所有各种型号的电池均为国产,同时实现多类型电池监控系统的集中管理、统一协调、实时调控,实现锂电池、液流电池、钠硫电池的统一监控,实现储能系统的平滑出力、跟踪计划、削峰填谷、调频等四大功能。

国内海军工程大学于 2009 年提出了化学储能和物理储能的两次能量转化新型混合储能方式,充分利用化学储能的高能量密度和物理储能的高功率密度来实现功率的急剧增大(如将 5.6MW 放大至 20GW),已取得了突破性进展,而国外在 2010 年才提出类似的技术路线。

在理论研究方面,以华中科技大学为代表,开展了基于储能技术的新型电力系统安全运行基础理论与方法研究。针对特大型风电场(百万至千万千瓦)难以并入大电网的问题,综合考虑我国风电和核电的发展规划,提出通过高压大容量远距离输电和多元储能来平滑不同时间跨度风电功率波动与扰动的解决方案。

电能存储作为潜在的颠覆性技术和智能电网关键支撑,虽然在近年得到了广泛的关注和迅速的发展,但是与人们对电能存储技术的期望而言,仍存在一定的差距。主要制约因素体现在效率、成本、规模和安全性等方面,而要摆脱这些因素的束缚,需要在电能存储的上游——储能材料、储能本体,中游——储能生产系统及其应用,下游——储能市场机制与模式等各个环节取得实质性的突破。与国际最先进的研发相比,我国在电能存储研究方向的薄弱之处主要体现在:①在储能技术基础研究(如材料、本体)的深度和广度上跟美国、日本等有一定的差距,大多为跟随性研究,导致原创性成果较少;②在储能系统与应用方面,我国虽然开展了各种单一储能技术的工程示范,但在多元复合储能技术及其系统应用方面的工作才刚刚起步,需要大力加强;③在示范工程方面,欧美等地多是综合性示范,除了技术集成,还非常重视商业模式和政策试验,但我国大多仅为技术性示范,缺乏有生命力的市场机制和商业模式,这在一定程度上制约了储能技术的推广应用。

3)超导电工

超导电工研究在我国已经有较长的历史,取得了一系列令人瞩目的研究成果,总体上已经达到国际先进水平,部分研究成果处于国际领先地位,属于有一定优势的领域。到目前为止,我国已经在超导电工所涉及的核心关键材料、超导电力应用基础和关键技术、超导磁体技术、超导磁悬浮技术等方面取得了系统性的建树。

在低温超导材料研究方面,我国已突破了 NbTi 和 Nb_3Sn 导线制备技术,其性能指标已经满足国际热核聚变试验堆计划的技术要求,成为国际热核聚变试验堆计划的合格供应方。在高温超导材料制备方面,我国已能小批量生产长度达 100～400m、临界电流(77K、自场)达到 100A 的 Bi-系超导带材,处于国际先进行列。在铁基高温超导材料的制备方面,中科院电工所一直走在世界前列,目前已经研制出临界电流密度超过 $1000A/mm^2$(4.2K、10T)的超导带材样品。在超导电力应用基础和关键技术方面,中科院电工所于 2011 年研制成世界首座全超导变电站示范系统(电压 10kV,包含超导电缆、超导变压器、超导限流器和超导储能系统)并投入电网试验运行;2013 年,研制成功的高温超导直流输电电缆示范系统是世界上运行电流最大而且是首根并网示范运行的高温超导直流电缆(360m/10kA)。

4)气体放电与等离子体

等离子体被称为物质的第四态,而气体(或真空)中的放电是产生等离子体的主要方式。等离子体由于其独特的性质,在能源、国防、材料加工及处理和改性、环保、医学等领域都有着非常重要的应用。尽管我国在气体放电与等离子体方面开展研究比国外晚,但目前在这一领域已具有一定的国际影响力。

在低温等离子体领域,以华中科技大学为代表,取得了一系列突破性的研究成果:实现了世界上最长(11cm)的常温大气压等离子体射流(atmospheric-pressure plasma jet,APPJ),在临床医学方面具有重要的应用前景;首次在大气压下实现单脉冲两次均匀放电,为在大气压下实现大面积均匀放电提供了新的思路;在大气压下的空气中产生了稳定的辉光放电,并且等离子体参数满足了军事领域中等离子体隐身的要求;在国际上首次研制出能够放入牙齿根管的新型等离子体射流装置,它将给牙齿根管的治疗带来革命性的突破。

在高温等离子体领域,在中国科学院合肥物质科学研究院建成了国际首台全超导非圆截面托卡马克装置——EAST。目前,EAST 的高温等离子体磁约束水平已达到千万度和 100s 量级,使我国磁约束核聚变研究达到世界领先水平,在国际热核聚变试验堆计划中有了举足轻重的话语权。中国工程物理研究院研制的电流峰值 9～10MA,前沿 90ns 的初级实验平台(Z 箍缩试验平台)则标志着我国在 Z 箍缩高温等离子体研究领域已处于世界前列。

与世界同类研究相比,我国在气体放电与等离子体领域仍存在一些薄弱之处。一方面,我国在等离子体基本的热力学参数和输运参数的理论研究方面不足,一些参数仍需从国外文献或数据库有限地获取,如高温高密等离子体的状态方程、电导率数据,对长期发展不利。另一方面,我国在高温等离子体的精密诊断方面与国外也存在一定的差距。

5)能源电工新技术

能源电工新技术在未来能源生产、转化、输送与分配、利用等各环节发挥着极其关键的作用,是未来能源领域不可或缺的基础共性科技之一。现有的新能源发电技术(光伏发电、光热发电、海洋能发电等)和电能传输技术在能源科技中发挥着重要的作用。我国在能源电工新技术领域的发展势头良好,以太阳能热发电为例,建成了亚洲首个具有完全自主知识产权的兆瓦级塔式热发电站,编制并发布了第一部太阳能热发电的国家标准。许多有特色的研究工作正在开展,如纳米偶极子电池、纳米天线接收太阳能技术、热光伏发电技术、液态金属磁流体海洋能发电技术等。在电能传输技术方面,无线电能传输技术可以有效地解决电源的便捷、安全接入问题,国内多家科研单位开展了谐振式无线电能传输基础研究、电动汽车无线充电技术、轨道机车的无线充电技术和医用植入设备的无线供电等。在一次能源勘探、开采中也涉及大量的电工技术,如电磁探测技术、核原料提取的高速电机离心技术、石油机械中的特种电机及控制技术等,相关的探索研究正在陆续展开和深入。

相对而言,我国在一些基于新原理的发电技术的基础和前沿探索方面还比较薄弱,主要体现在:①更多的是跟踪性研究,缺乏独立思考,难以取得原创的科研成果;②许多新型发电技术的前端在材料、热物理、水利、光学等学科,后端才是电能转换,涉及学科范围大,方向体系庞杂,国内多学科交叉合作概念较淡薄;③缺乏挑战颠覆性技术的勇气,很少有学者触碰真空能和暗能量利用等具有挑战性的前沿问题。

6)环境电工新技术

进入21世纪,我国高度重视环境电磁学的科学研究。"十二五"期间,在电磁环境、电磁兼容、环境电磁治理的科研经费投入明显增加,特别是在特高压直流和交流输电系统的电磁环境和电磁兼容方面,取得了显著的进展,特高压直流和交流输电系统的电磁环境指标限值、预测计算方法和调控方法等研究成果分别应用于我国自主建设的世界上电压等级最高、输送容量最大的±800kV直流输电工程以及1000kV同塔单回和同塔双回交流输电工程,引领了国内外技术的发展潮流,在国内外学术界和工业界产生了重要影响。同时,电磁兼容和环境电磁治理等方面的研究也取得了明显的进展,突破了独立电力系统及其电力电子装置的传导电磁干扰精确定量预测技术等。

与国际同类研究相比,我国环境电磁学的研究还存在许多薄弱之处,发展也不均衡。主要表现在以下几个方面:①先进输变电装备的电磁兼容;②广域不同电磁系统之间的电磁兼容;③近距大功率无线电能传输的电磁环境与防护;④空天器件与装备以及极端电磁条件的电磁环境与防护;⑤采用电磁方法的环境治理与废物处理技术等。

1.1.3　对2020年的展望

1. 可能取得的里程碑意义的成果

综合考虑国家重大需求和国际学术前沿的牵引,以及我国电气科学与工程学科相关领域的实力，预计 2020 年在以下方面可能取得里程碑意义的成果。

可再生能源大规模集中式并网及远距离输送、大规模分布式并网及利用关键技术取得突破，解决我国三北地区大规模风电、太阳能发电基地的电力外送问题，以及东部地区风电(包括东部沿海风电)的利用问题。将可能形成包含十多条特高压交直流输电线路以及上百条超高压交直流输电线路的超大规模全国互联电网，将是全世界最庞大和最复杂的电网，解决西部能源电力基地的西电东送问题，由此必将在超大规模电网安全运行关键技术上取得里程碑意义的成果。陆上柔性直流电网可能初具雏形，并在高压直流断路器、高压大功率直流变压器等直流电网装备上取得重大突破。

同时，我国有望在风电装备、太阳能发电装备、高效能电机及系统、微纳尺度绝缘放电特性研究、IGBT 器件、碳化硅电力电子器件、船舶中压直流综合电力系统、植入式脑深部刺激器等方面取得里程碑意义的研究成果。

2. 可能形成的引领性的研究方向

电气科学与工程学科作为我国的传统优势学科，到 2020 年，将可能形成多个引领性的研究方向，并在多个热点研究领域占有一席之地。

1)电气科学研究领域

在电磁场与电网络方面，将引领复杂电磁场逆问题的求解及工程优化计算理论，含生物介质的复杂电网络理论分析与综合方法，复杂电网络的故障诊断与自修复、大规模、多尺度、非线性介质中复杂工程电磁场问题的精细模拟等方向的研究。在多物理场耦合分析与计算方面，将有望提出电、磁、热、运动、流体等多物理场耦合计算方法，突破大规模工程电磁场计算的困境，在合理的计算时间内获得复杂多物理场分布的精确计算结果。

电工磁性材料高频非线性电磁特性分析与测试、三维磁特性检测技术和张量磁滞模型的研究等可能成为在国际上有引领性的研究方向，在全球研究热点中占有一席之地。

在电磁兼容方面，独立电力系统电磁兼容可能成为国际上有引领性的研究方向。

2)电气工程研究领域

在电机系统方面，有望在大容量/巨容量电机系统的设计与冷却技术、永磁电机系统的设计理论与控制技术、多相电机系统的分析设计理论与方法、电机系统容错控制与可靠运行理论、电机系统的状态监测与故障诊断技术、直线电机系统，以及以新兴材料为基础的超导电机系统等方向形成引领。

在电力电子方面，有望在系统的电力电子分析和工程设计方法、高性能电力电子变换器拓扑、电力电子混杂系统分析理论、电力电子可靠性分析理论等形成引领，在模块化多电平换流器(modular multilevel converter，MMC)研究、电力电子变压器、无线电能传输等热点研究领域中占有一席之地。在电力电子器件方面,将在大容量电力电子器件的动态结温提取、电力电子器件与大容量电气装备的耦合机制、高频/超高频 SiC、GaN 器件与无源元件的系统集成等国际前沿研究领域有较大的突破。

在高电压与绝缘方面,有望在大容量、超/特高压电力设备的设计、电力设备智能化、基于智能电网构架的电力设备绝缘状态监测等方向引领世界,在绿色环保绝缘与灭弧介质及其应用、多端直流输电技术、脉冲放电特性与机理、先进避雷器技术、深度限制电网络过电压技术等方面达到世界先进水平。

在电力系统方面,在智能电网经济调度与安全监控、基于广域信息的保护与控制、配电系统智能化规划与运行、微电网运行优化与控制、储能技术应用、智能用电等领域将可能形成一批具有引领性的研究方向,在全球研究热点中占据重要的位置;在船舶中压直流综合电力系统、柔性直流输电系统等技术方向达到世界领先地位。

在极端条件电工技术方面,在脉冲强磁场、零磁/弱磁环境、超导磁体、混合磁体等领域将占有一席之地,形成具有适应工程应用的大型整体充磁、电磁成形、极端物理设施和特殊工业应用装备,且达到产业化。

3)学科交叉研究领域

在能源电工新技术方面,在聚光型太阳能热发电技术和无线电能传输技术等领域可能形成引领性的研究方向。

在电能存储方面,在风光储输一体化新能源利用平台领域有望继续保持一定的优势。

在环境电工方面,特高压交直流输电线路的电磁环境可能成为在国际上有引领性的研究方向,在全球研究热点中占有一席之地。

在超导电工方面,输电电压等级的超导电力设备和特种用途的超导磁体技术领域可望继续保持一定的优势。

在生物电磁方面,在高频微(纳)秒脉冲治疗肿瘤的临床应用的基础理论、医学电阻抗成像及其在人类相关重大疾病的动态图像监测等形成引领,在闭环神经电磁调控及其可视化研究、复合波形特征的脉冲电场消融肿瘤、医学电阻抗动态图像监测技术和人体活性组织介电特性研究,以及超高场磁共振系统中的超导磁体技术等全球研究热点中占有一席之地。

在气体放电与等离子体领域,目前,EAST 正向着一亿度和 1000s 量级进展。基于 EAST 所不断取得的突破性进展,我国已提出了中国聚变工程试验堆的初步总体设计目标和方案,有望在高温等离子体的磁约束,以及磁约束核聚变领域取得突破性进展。此外还有望在数十兆安电流驱动的高功率 Z 箍缩技术、电弧等离子体及其应用、等离子体生物医学等全球热点研究领域中占有一席之地。

3. 可能形成的有国际影响力的科学家和研究中心

我国电力工业近十多年的高速发展,特高压输电引领输电技术的发展,可再生能源发电并网异军突起,使得中国成为全世界电力工作者关注的中心之一。本学科的电力系统、电机系统、高电压与绝缘、电力电子等分支学科在国际上具有举足轻重的地位。一方面,我国在本领域国际学术组织任职的人数逐年增长,在我国主办的本领域高级别国际会议逐年增加,我国在国际标准制定上的话语权显著增强;另一方面,一批本领域国际顶尖学者(如国外的院士、IEEE Fellow)来我国长期工作,一批"千人计划"学者全职回国工作,一批国际知名大企业将制造中心放到了我国,研发的重心正在向我国转移。

在国家人才战略的布局下,本学科已形成了比较完善的人才梯队。20多位两院(中国科学院、中国工程院)院士,28位国家杰出青年基金获得者,17位国家优秀青年基金获得者,数十位教育部长江学者特聘教授,一批IEEE Fellow、IET Fellow和国家"千人计划"学者已在国际学术界具有较大影响力。本学科拥有4支国家自然科学基金委员会创新团队(海军工程大学、西安交通大学、重庆大学、清华大学)。随着我国大学和科研机构的国际化水平日益提高,一批有国际影响力的科学家正在涌现,预计到2020年,我国这样的科学家将达到数十人,重点分布在以清华大学为首的一批具有电气工程强势学科的院校以及以中国电力科学研究院、中科院电工所为首的一批研究机构中。

目前,我国在清华大学、西安交通大学、华中科技大学、重庆大学、华北电力大学、浙江大学、海军工程大学、东南大学、上海交通大学、沈阳工业大学、第四军医大学、湖南大学、中国电力科学研究院、南方电网科学研究院、中车株洲电力机车研究所等建有国家/国防重点实验室、国家科学中心(筹)、国家工程技术研究中心或国家级试验基地,在天津大学、哈尔滨工业大学、南京航空航天大学、中科院电工所、合肥工业大学等建有省部级重点实验室。这些基地都有各自的特色研究方向,且近年成果丰富,它们大多已经成为国际上有吸引力的研究中心。今后,这些基地的研究水平和国际影响力将会进一步得到提升。

1.2 电气科学与工程学科发展战略报告

1.2.1 学科的战略地位

1. 学科的地位与特点

电是能量转换与输运以及信息传播的重要载体,现代人类社会的生存和发展一刻也离不开电。电是一种最方便和高效地传输、分配和控制,最便于实现与其他能量相互转换，最便于实现能量时空分布变换(时间分布：恒定、交变、脉冲，空间分布：集中、分散)的能量，因此，在现代人类生产生活和科研活动中使用的能量，许多情况是先将初始能转换成电能再转换成需要的能量形式，电已经成为能量转换的载体。不仅能量转换以电为载体，信息的处理和传输也依靠电，计算机、通信网、无线电、互联网无不以电作为信息的载体。现代高科技的发展离不开电，从探索物质粒子的加速器，到探索宇宙天体的飞船和卫星，从研究可在人体血管里爬行的电机，到研究可作为未来能源的受控核聚变装置，都需要电气科学与工程的支撑。现代社会生活、经济发展、国防安全等都需要电气化做支撑。电气化已被列为20世纪最伟大的工程技术成就。作为电气化科学基础的电气科学与工程学科，在21世纪的人类社会发展进程中正发挥着越来越重要的作用。

2. 学科的定义与范围

电气科学与工程是研究电(磁)能的产生、转换、传递、利用等过程中的电磁现象及其与物质相互作用的学科，包含电(磁)能科学及电磁场与物质相互作用的科学两个领域。根据研究对象的不同，电气科学与工程学科可以分为电气科学、电气工程和学科交叉三大分支。图1.1表示了学科的内涵与分支。

1.2.2 学科的发展规律与发展态势

电气科学与工程学科发展的动力来自三方面：社会发展需求的巨大牵引力，由学科内涵所蕴藏的创新潜能发出的膨胀力、萌生力、拓展力，以及由交叉学科提供的新理论、新方法、新材料对本学科的“催化”和“嫁接”作用所形成的创新推动力。在这些因素的推动之下，电气科学与工程学科正呈现出同时向纵深发展和向新领域扩展的旺盛发展态势，其主要特点如下。

(1)电能转换、传输、应用向着高效、灵活、安全、可靠、环境友好方向发展。

电能转换的规模、容量不断增长，单机容量不断增大，适用于特种用途的超高速电机、超低速电机、高性能伺服电机等的研究日趋活跃；功能材料、超导材料、永磁材料、绝缘材料的进展不断催生电能转换新原理、新技术的出现；温差电池、光伏电池、燃料电池等直接将其他能量转换为电能的技术不断进展，转换效率不断提高；基于新功能材料的新执行器件不断涌现；电能转换与电力电子、信息、控制技术的结合日趋紧密；电能转换与控制系统向着集成化和信息化方向发展。

电能输送距离和容量不断增大，大规模集中式与分布式可再生能源接入系统规模逐渐加大，用户对电网的供电可靠性与电能质量要求日益提高，电力系统从规划建设到运行管理都面临着许多新的挑战，大数据、物联网、云计算、能源互联网等新技术为电力系统运行与管理水平的提高创造了新的机遇，更高的供电可靠性、更优质的电能质量、更好的兼容性、更强的互动能力、更高的电网资产利用率、更加集成化的信息系统，是电力系统不断追求的目标，21 世纪的电力系统智能化水平将会有巨大的提升。

输电电压等级的不断提高、单机容量的不断增大、设备使用寿命的不断增加，使得进一步研究输电线路的电晕抑制、过电压的防护、新型绝缘材料的应用、电力设备的绝缘老化规律、电力设备绝缘检测与诊断等技术成为高电压与绝缘方向的重要内容。而且随着电介质材料及装备使用环境、电介质材料介电性能研究尺度的变化，需要更关注复杂多因子、非常规、极端环境下的环境友好型材料与装备性能，以及微纳尺度放电与绝缘性能。

利用电力电子对电能进行变换和控制以实现高效可靠地传输、储存及应用，已成为电能科学领域中非常活跃的一个方面。电力电子器件的发展主要集中在新器件结构、宽带隙半导体、集成芯片和集成模块三个方向。电力电子变换、控制及应用等技术的发展已进入集成化阶段，从模块集成到子系统集成再到应用系统的集成，解决集成中的方法论、稳定性、可靠性、电磁兼容性等成为研究关注的热点问题。

(2)电磁场与物质相互作用的新现象、新原理、新模型、新应用已成为高新技术和现代国防的重要基础和创新源头，正展现出向两个方向发展的势头，一是向超常环境、极端条件下的相互作用方向发展，二是向将特殊条件下才能出现的现象和特性在常态或接近常态条件下实现的方向发展。

随着电气设备应用领域的不断拓宽和人类对客观事物认识的不断深入，高电压与绝缘学科正朝着三个极端发展，即电介质材料与装置的运行环境极端化、性能使用极限化和研究尺度的微纳化，这为高压设备和绝缘材料的运行性能和可靠性等研究提出了新的挑战。高电压工程与物理、电介质绝缘、带电粒子束、等离子体等科学的高度交叉与融合，不断衍生出新的研究方向，带动了物理、化学、冶金、材料、环境、生物医学等学科的共同发展。

将电磁能量在时间和空间上压缩形成脉冲功率，可产生强电磁场对物质的冲击作用，引发出常态下不易产生的新现象，在高科技和国防领域有着广阔的应用需求，已成为电磁场与物质相互作用领域中很有活力的分支之一。高储能密度、高功率密度、高重复频率脉冲功率源，强脉冲放电下的介质效应，超高能量密度下超常物质状态的产生技术，脉冲功率在国防、新能源开发、航空航天、生物医疗、环境保护等方面的应用，是该分支的研究热点和发展趋势。极弱磁场是深空环境的重要特征，是人类探知磁环境与生命、物质相关作用及相互影响的必要试验条件，也是磁探测、磁导航开发的必备环境，势必将引领和推动生物电磁、深空探测及国防应用的发展，已经成为极端电磁环境的热点之一。

(3)电气科学与环境科学、生命科学、信息科学等的交叉催生了生物电磁、电能存储、超导电工、气体放电与等离子体、能源电工新技术、环境电工新技术等新兴研究分支,已成为电气科学与工程学科中的创新活跃区。

生物电磁是运用电气科学与工程的原理和方法,研究生命活动本身产生的电磁现象、特征及规律,外电磁场对生物体作用产生的反应及规律,并将这些规律应用于生物、医疗诊断和治疗技术中。生物电磁当前的发展重点主要有以下几个方面:对生物体产生的电磁现象及规律的认识与调控,电磁场生物效应及其机制的研究,生物电磁信息的检测与利用技术,与人体健康有关的电磁效应、电磁诊断设备与电磁治疗手段的研究等。

电能存储是将电能转化成其他形式的能量存储起来并在必要时再将其转化回电能的技术统称。它被认为是能对电能应用形态产生颠覆性变革的重大技术之一。对于我国来说,它通过支撑可再生能源和电动汽车等的发展而对于“推动能源供给革命、建立多元供应体系”和防治大气污染、缓解资源环境压力具有重大战略意义。电能存储的发展规律是不断提升效率、降低成本、增大规模和改善综合应用性能。它是当前的热门和前沿领域之一,发展态势良好:储能技术持续改进,推动储能应用不断丰富,储能产业迅速扩展。

超导电工是实现超导在电气科学与工程中的应用,是学科发展的前沿之一。高温超导的兴起,使我国在高温超导研究方面进入世界先进行列,促使超导应用的研究吸引了更多研究者的注意。超导变压器、超导储能线圈、超导电缆、超导限流器及其在电力系统中的应用,超导磁悬浮在高速铁道中的应用,超导强磁体在高科技领域、未来能源开发领域及生物医疗领域中的应用,已成为超导电工发展的趋势。

气体放电与等离子体是电磁场与物质相互作用领域生长出来的一个非常活跃的分支,其中气体放电侧重于研究气体由不导电状态转变为等离子体态所用的方法以及其过程或逆过程,等离子体侧重于其特性及应用。气体放电与等离子体这门学科虽然已经具有百年的发展历史,但随着持续的需求被赋予了新的研究活力,在社会经济发展和国防领域中有着广泛的应用。一方面,高压输变电设备以及脉冲功率装置等各类强电装备,都面临着高电压、强电场下电气绝缘的放电破坏问题,其绝缘部件往往是这类设备最薄弱的环节,制约其整体性能,需要从抑制放电角度来研究放电特性;另一方面,等离子体作为放电的产物,因其具有特殊的电、热、光及化学活性等性能而具有潜在的应用前景,需要从利用放电角度而研究放电等离子体特性。

能源电工新技术是为实现不同种类能源的综合利用,有必要深入研究不同形式的能量在电能转换、输运与存储的新原理、新方法与新技术。研究范围主要包括新型发电技术,新型电能转换技术,新型电能传输技术,一次能源勘探、开采中的电工新技术等。随着化石能源的严重污染和逐渐枯竭以及可再生能源与智能电网等的迅速发展,多种能源形式的综合利用已成为发展的趋势。在实际工程中,不同形式的能量在电能转换、输运、利用与存储等环节中必然存在能量损失,因而有必要通过新材料、新方法与新技术提高能效,研究面向用户需求的用电方式,实现节电。能源电工新技术在未来能源生产、转换、输送与分配、利用等各环节发挥着极其关键的作用,是未来能源领域不可或缺的基础共性科技之一。

环境电工新技术涉及的领域极为宽泛,其核心理论是电磁场理论,其发展规律始终是伴随电工技术的发展超前或同步发展,实践性非常强。依赖于理论和试验相结合的研究方法,同时具有明显的学科交叉特点。室外环境中的高压输电线、工作环境中的电磁设备、家庭环境中的家用电器,使现代人无法回避电磁环境问题,研究电磁环境的产生、危害评估及防护技术成为环境保护中的一个新问题。先进输变电装备、广域电磁系统、近距大功率无线电能传输以及极端电磁条件、空间电站试验等电磁环境问题已成为新的研究热点。此外,现代工业中产生的大量废气、废水、废渣,用传统方法往往难以处理,这给电气科学与工程学科在环境废物处理方面提供了用武之地。研究利用放电产生的低温等离子体进行烟气脱硫脱硝、处理有毒有害气体、净化污水,利用放电产生的热等离子体处理医用垃圾、放射性废弃物,研究新的电除尘技术以克服现有电除尘技术中效率不够高的问题等,是国内外研究者十分关注的研究内容,新原理、新方法、新技术不断被提出。

1.2.3 学科的发展现状与发展布局

1. 电气科学基础

1)电磁场与电网络

“十二五”期间,我国在计算电磁、电磁材料高频非线性电磁特性的精细模拟与测试,电磁装置中电、磁、热、运动和流体等多物理场的精细模拟与优化设计,电磁无损检测,超大规模电网和交直流混合电网的分析等领域开展了大量研究工作,为我国大型装备制造、超/特高压输变电工程建设做出重要贡献。

“十三五”期间,一方面,持续布局电、磁、热、运动和流体等多物理场的精细模拟与优化设计方法,电磁材料高频非线性电磁特性的精细模拟与测试方法,大型电磁装备多尺度、非线性介质中电磁场正逆问题,电磁探测与成像,电磁无损检测等研究工作,解决研究队伍不能获得持续稳定的支持导致研究方向萎缩的不利局面;另一方面,对于“十二五”已经取得了较好的科研进展的方向,继续布局和持续支持诸如材料的三维精细模拟、大规模工程涡流场快速计算、核电电磁无损检测、复杂电网络分析综合与诊断等研究。加强多物理场耦合理论及分析方法的研究,着重布局研究电机内部的电、磁、热、应力、光、声等物理量及物理场的动态规律,建立多约束条件、多变量、多峰值、多优化目标组成的电机系统非线性规划问题的理论基础。重点关注电机系统内部电-磁-力-热-流体多物理场交叉耦合与演化作用机理研究,多物理因素综合作用下电机“结构-制造-性能-材料服役行为”的耦合规律和综合分析方法研究;电机系统精确物理模型研究,包括电磁场、温度场与流体场的精确模型和基于集中热参数的热网络模型等;基于电路、电磁场、温度场、流体场、机械动力学等多场、多平台、多目标综合仿真分析方法与精确优化设计技术。

2)电磁兼容

"十二五"期间,我国高度重视电磁兼容方向的科学研究,在输变电网络、全电化船舶等大型复杂系统和电力电子等电工装置方面开展了全面的研究工作,为我国电工装备制造、超/特高压输变电工程建设做出重要贡献。在输变电系统,对雷击、操作、工频、换流阀开断等各种骚扰源的特性进行大量实测研究,建立了相应的骚扰传播传导模型和辐射模型,并提出了防护措施,大大提高了交直流输变电系统运行的可靠性。我国对船舶等狭窄空间中的传导电磁骚扰、共地耦合等问题进行了精细建模,突破了独立电力系统及其电力电子装置的传导电磁干扰精确定量预测技术,并开展了射频辐射电磁干扰的对消技术研究,为全电化船舶提供了有力的技术支撑。对大功率电力电子器件的电磁兼容研究促进了我国直流输电、高速牵引机车关键设备的国产化水平。

"十三五"期间,一方面,持续研究输变电系统的电磁兼容问题,针对电网和电工装备的智能化趋势,着重研究智能设备的电磁兼容性和防护措施;另一方面,针对船舶、飞行器等大型复杂系统,研究各种复杂工作环境下非线性、大尺度系统中宽频电磁过程的计算方法,狭窄空间瞬态电磁过程的检测技术,并研究相应的防护措施。重点关注电力电子器件和设备集成的电磁兼容问题,研究电力电子器件的传导、辐射电磁骚扰的特性、建模方法和抑制措施,研究换流器、逆变器、电机等电力电子集成装备的电磁兼容性问题,不断提高设备的可靠性。同时,积极鼓励新型输变电技术装备和用电设备的电磁兼容研究。

3)电工材料

新材料的发展突飞猛进,借助材料科技的发展来解决电气学科中的问题或创新电工技术,不仅是学科发展的需求,也将催生出一系列新产业。由于电气工程在国民经济和各行业发展中具有基础性作用,电工材料的创新和突破也必将推动整个国民经济与各行业的重大进步。在电工材料如纳米电介质材料、高介电常数材料、新型绝缘材料、高分子导电材料、碳纤维材料、新型磁性材料、新型压敏材料等方面,国内起步相对较晚,虽然也在材料改性方面做出了有益的工作,但总体上还比较薄弱。在其他新材料如液态金属材料、金属-绝缘相变材料、磁致伸缩材料、磁制冷材料、巨磁阻材料、热电材料、形状记忆合金等新材料的电工应用研究方面,我国已经有了布局,但总体上仍然处于跟踪状态,而恰恰是这些新材料的应用将对电气科学带来崭新的面貌,值得高度关注。

4)电磁测量与传感

"十二五"期间,在电磁材料的高频损耗特性的计算与测量方法、变压器绕组的高频损耗与绝缘特性的计算理论与测试方法方面开展了卓有成效的研究。而在生物医学中的电工技术领域,电磁检测技术也得到较快发展,多家研究所合作开展超高场磁共振成像系统的研究,开展了磁性纳米药物磁场作用下的定向分布趋向,还包括人工心脏、磁定位、磁导航、磁标记与磁分离技术、医用特种电源和电机技术等。

“十三五”期间,一方面,持续布局电磁材料高频非线性电磁特性的精细模拟与测试方法、电磁探测与成像、电磁无损检测等研究工作;另一方面,对于“十二五”已经取得较好科研进展的方向,继续布局和持续支持诸如电工磁性材料高频非线性电磁特性分析与测试、三维磁特性检测技术和张量磁致模型的研究、生物电磁信息检测技术、基于新材料的微型能源与微型传感器技术。从电网的实际需求出发,开展新型传感器技术、传感器的杂散能捕获发电供电技术。

2. 电气工程

1)电机系统

“十三五”期间,继续加强在大容量/巨容量发电机系统及其相关技术、大容量高力能指标多相电机系统、大容量永磁同步电机系统等优势方向的科研投入力度。继续扶持和强化我国电机系统控制技术、深入探讨电机系统材料服役性能,不断引入和提高新材料技术的应用水平,鼓励和支持企业、研究所和高校联合针对电机系统的设计工艺、结构工艺、制造工艺开展应用基础研究,解决电机产业化过程中的基础技术问题,重视电机系统试验测试原理和实现技术,提高我国电机系统测试的精确度和评价体系水平。同时,鼓励电机学科与电力电子、机械、材料、生物电磁等学科的交叉融合,拓展研究和应用边界,进一步促进基于新型电工材料的电机系统(如超导电机)、基于新型功能材料的物性型电机系统(如超声波电机、超磁致伸缩电机)等前沿方向发展。

2)电力系统

“十二五”期间,我国的电力系统发展很快,特高压工程的实施、大规模风电场与光伏电站的投入运行、高水平智能配电与用电系统的建设,使我国电力系统的发展水平已经进入国际先进行列,电力系统学科的国际影响力也获得了显著提升,一批有影响力的成果获得了国际认可。例如,在大规模间歇式能源并网与储能方面,发展了风电场、光伏电站集群控制策略,掌握了适用于大规模风电场并网的柔性直流输电工程关键技术、大规模储能系统运行控制;在智能配电与用电方面,发展了配电网自愈控制与微电网技术,建设了一批智能配用电示范园区;在电网智能调度方面,实现了多数据信息源的综合智能预警和安全、经济、节能环保大电网的优化调度;在智能输变电方面,发展了智能组件集成测量、控制和监测。同时,大数据、物联网、云计算等在电网中获得了探索性应用。总之,这一期间,我国电力系统学科的研究工作涵盖智能电网的各个方面,在大批国家级项目的支持下,高等学校、研究单位、电网企业等共同合作，在很多领域取得了重大进展。在各种大型电力系统国际会议以及各种高水平国际期刊中，我国研究成果的显示度明显提升，国际地位也显著提高。

未来电力系统的发展将更加强调电网本身安全与经济效能的提升、电网与各种电源之间的协调发展、电网与用户间的良性互动。以风电、光伏发电为代表的可再生能源发电侧，以特高压交直流输电、柔性直流输电、高度智能化配电系统为重点的电网侧，由智能用电、微电网、电动汽车、分布式储能等构成的用电侧，将构成未来学科研究与发展的关键领域，而各种信息与传感技术、数据分析与计算技术、新材料与电力电子等的应用将会为学科的发展带来良好的机遇。

3)高电压与绝缘

我国高电压与绝缘研究在国际上具有举足轻重的地位，全球都在关注中国的电力工业发展，围绕中国的特高压、智能电网等开展合作研究。“十二五”期间，在高电压与绝缘领域，我国的研究方向最全，研究团队整体最强，研究条件达到了国际先进水平，很多科研成果达到世界领先水平。我国制定了世界首个完整的高海拔 750kV 交流、1000kV 特高压交流、±800kV 特高压直流输电工程电力设备技术规范和验收试验标准；在特高压套管绝缘材料与绝缘结构，特高压 SF_6 断路器灭弧机理和优化设计方法，特高压系统快速瞬态过电压测量、特性试验及仿真技术，GIS 设备快速瞬态过电压绝缘特性等方面的基础研究取得突破，基本实现了特高压关键电力设备的自主化设计与制造。同时，我国在高电压试验技术上得到了快速提升，建成了具有世界领先水平的交直流特高压、大容量实验室，具备了交直流特高压设备试验检测能力，为我国交直流超/特高压装备的自行研制、自主开发提供了试验检测保障。我国在复合电介质材料介电性能及其应用，特高压电力设备绝缘、电力设备绝缘状态评估与综合监测，电弧、电接触理论及应用等领域具有一定的优势。

未来，我国高电压与绝缘的发展从抢占国际学术制高点的角度看，我国有机会开创一些新的研究方向，如电介质材料的分子设计、微纳尺度的放电机理、基于微纳尺度介电性能的电力设备跨尺度设计、直流输配电装备、智能电网分布式实时全景信息感知系统及电网故障主动自愈理论和方法等，使我国能够在起步阶段就走在国际前沿。

4)电力电子

“十二五”期间，我国电力电子学科取得了飞跃的发展。大功率器件/装置的动态开关特性测试与建模、分布杂散参数的提取及影响机理、瞬态能量的综合控制等方面的研究取得突破性进展，建立了大容量电力电子系统电磁瞬态分析理论和方法。±800kV 特高压直流输电光控晶闸管换流阀和电控晶闸管换流阀技术达到世界领先水平，±500kV 超高压直流输电换流阀技术达到国际先进水平，基于模块化多电平技术的±160kV多端柔性直流输电示范工程顺利投运，拥有自主知识产权的风电变流器和光伏逆变器的市场占有率大幅上升，国产大功率晶闸管交-交变频装备已形成产业化，并应用于南水北调、西气东输等超大功率场合。电力电子节能技术广泛应用，并取得了显著的成果。电力电子器件的研发取得了新的突破，5in 7200V/3000A电控晶闸管完全产业化，4500V/4000A高压IGCT开发成功，MOS/IGBT器件研发和产业化进程快速推进，200V/100A的MOSFET已实现批量生产，600～3300V/100～2400A的IGBT器件已实现了产业化，新一代宽禁带半导体器件的研发取得了新进展，SiC和GaN等新型电力电子器件的基础理论研究有了较快发展，已成功研制出1200V/20A和1200V/50A的SiC肖特基二极管芯片。

"十三五"期间，我国继续加强在大容量功率器件的组合特性、大功率电能变换装置的尽限运行和系统的综合控制等前沿领域的科研投入力度。继续扶持和强化我国高性能变换器拓扑形成理论和演化方法方面的研究。深入探讨器件层-拓扑层-控制层的多层互动研究，不断提升我国大容量电力电子变换装置的运行可靠性。深入探讨高频/超高频电力电子混杂系统的集成理论和方法。同时，鼓励电力电子与电机、电力系统、环境工程等学科的交叉融合，进一步推动MMC、电力电子变压器、无线电能传输等热点研究。继续加强在更高电压、更大容量、更高效能的电力电子器件的基础研究，并推动与电力机车、直流输配电、新能源接入等国家应用需求的结合。继续扶持和强化大容量电力电子器件应用工况再现的动态测试、结温提取、失效机理研究，深入探讨高频/超高频SiC、GaN器件与无源元件的系统集成等国际前沿研究。鼓励和支撑高校、研究所和工业界针对大容量电力电子器件的基础理论和核心技术开展联合攻关，解决器件设计、工艺、测试和应用中的基础问题。

5)极端条件下的电工技术

我国各行各业，尤其是科学研究对极端电磁条件需求迫切，但国内在该方面一直远落后于国外。在大型电工装备、高精度仪器、医疗装备及特种国防装备方面，缺乏基础与技术支撑，长期依赖国外进口。近年来，随着国家对基础和高技术研究的重视，在一些高精尖的领域已经获得了不同程度的突破。其中，在脉冲强磁方面，我国建设脉冲强磁场试验装置，目前已经实现90.6T峰值磁场和一系列特殊波形磁场，为科学试验提供了极端试验条件。在高场超导磁体方面，在科学研究的高精密仪器、生物医学工程和国家重大科学设施及特种电磁装备等的带动下，我国超导磁体近年来有了长足的发展。我国正在研究和发展40T的高场稳态磁体，实现了磁场10～25T的高磁场磁体系统，并通过加速器计划的发展进一步带动了高磁场磁体的发展，标志着我国磁体技术已达到国际先进水平。在脉冲功率方面，以"神龙"系列直线感应加速器和Z箍缩试验平台为代表的脉冲功率装置的成功研制，表明我国的脉冲功率不断接近世界先进国家水平。在应用方面，我国已经开展了极端电磁条件在大型永磁设备整体充磁、电磁成形、物质科学、生物医学工程、材料加工、电力及工业、聚变能源等方面的应用基础研究，并进一步开拓新型的应用领域。

需重点鼓励开展极端电磁条件产生的基础科学问题，以及与物质科学、信息科学、能源科学、空间科学、生命科学、地球科学和环境科学等的交叉与应用研究。我国在极端电磁条件与应用方面都取得了很大进展。但与国际先进水平相比，我国原创性的研究成果还较少，应用研究大多处于试验研究阶段。

3. 学科交叉研究

1)生物电磁

生物电磁涉及电气工程、生物学、医学、电子和信息学等多个学科领域。我国近年来在生物电磁领域的发展迅速，无论是基础性理论研究还是应用型医学诊疗设备研发都取得了很多突破性进展。基于生物组织电磁特性理论研究的深入与检测技术的完善，我国颅脑电阻抗动态成像技术和电阻抗扫描乳腺癌检测技术已率先进入临床研究，在国际上处于领先地位。在电磁场干预治疗领域，我国研制的对大脑中枢进行电刺激的全植入脑起搏器产品已经获得生产许可，使我国成为全球第二个成功研发生产并临床应用脑起搏器的国家，研究成果入选 2012 年度"中国高校十大科技进展"，这也为脑科学研究提供了很好的研究工具。在细胞电磁场处理方面，我国已开展了窄脉冲电磁场干预治疗肿瘤领域的基础及临床应用研究，取得了一批具有国际影响力的研究成果。与此同时，基于磁性纳米材料的发展，我国在磁靶向给药和磁靶向热疗方面也开展了有创新性的研究工作。在大型医学影像设备方面，我国生产的低场永磁型磁共振成像已经临床应用多年，超导型高场及超高场磁共振成像磁体技术正日趋完善。

我国生物电磁在今后几年的发展中应加强基础性问题的研究，加快新型电磁技术在生物医学诊断、治疗、监测等方面的转化应用，要特别强调和国家重大研究计划的结合，如脑计划、重大疾病研究计划。在生物电磁特性基础研究方面，重点开展新型生物组织电磁特性在线检测方法的研究，以获得更加精细的人体组织电磁特性分布参数，为新型电磁成像、电磁干预、电磁调控及电磁靶向治疗提供坚实的理论基础。在电磁场干预治疗方面，加强和生命等学科的交叉，从生物电磁角度研究阐述干预机制，为干预研究提供理论支撑。在生物电磁转化应用研究方面，着力研发基于生物电磁的医疗设备与新型生命科学仪器，推进我国疾病诊断和治疗方法、生物电磁效应机理以及环境电磁场标准制定等领域的深入研究。

2)电能存储

电能存储技术作为潜在的颠覆性技术和智能电网关键支撑，在近年来得到广泛的关注和迅速的发展。各种储能技术,如抽水蓄能、压缩空气储能、惯性储能、超导储能、超级电容储能以及种类繁多的电池储能等都得到了长足的发展,尤其是锂电池储能技术发展迅猛,2014 年已成为装机比例最高的电化学电池。储能产业持续增长,2014 年储能总装机容量已达到 184GW(美国能源部国际储能数据库),而我国的储能总装机容量(不含抽水蓄能和热储能)从“十一五”末的 11.9MW 增加到 2013 年的 64.9MW,增长率达 445.7%(2014 年储能产业研究白皮书中数据)。储能应用领域日益广泛,涵盖发、输、配、用电各个环节和能源、交通、制造、信息、军工等各产业领域。“十二五”期间,我国多个重大电能存储项目落地,如张北风光储输一体化示范项目、南方电网光储一体化储能电站等,大大推动了储能材料、储能系统及其规划、设计、控制理论与技术的发展。但是,对于人们对电能存储技术的期望而言,由于受制于效率、成本、规模化和安全性等因素,电能存储的总装机容量尚达不到对现代电网进行有效调控的目标,大规模商业化运行尚需时日。

电能存储的未来发展应重点布局在四方面:一是结合材料技术进步发展更高效、经济的储能原材料及组件;二是突破大容量、高功率密度电能存储系统的理论与关键技术,不断地增强和提高储能密度、储能功率、响应时间、储能效率、设备寿命、经济性、安全性和环保性等要素和指标;三是开展多元复合储能技术研究,综合应用多元储能技术,通过系统集成、复合或阶梯储能方式,兼顾功率型与容量型储能需求,大幅提升储能系统整体的规模、效率和经济性;四是大力推广储能系统应用,解决储能在电力、舰船、高性能武器等系统中高效应用的规划、分析、控制等关键技术问题。

3)超导电工

超导电工是本学科发展的前沿之一,我国在高温超导研究方面进入世界先进行列,特别是在超导电工所涉及的核心关键材料、超导电力应用基础和关键技术、超导磁体、超导磁悬浮等方面取得了系统性的建树,成为国际上超导电工研究的少数几个重要国家之一。我国研制成世界首座全超导变电站示范系统(电压 10kV,包含超导电缆、超导变压器、超导限流器和超导储能系统)并投入电网试验运行。在超导磁体方面,我国研制成世界首个超导核聚变试验装置,突破了大型超导磁体的关键技术。在通用超导磁体(如核磁共振谱仪和成像用超导磁体、科学仪器用超导磁体和基于 G-M(Gifford-McMahon)制冷机的超导磁体等)方面取得了一系列研究成果,提升了超导磁体的国产化能力;已经成功研制 7T 的动物成像系统;我国已经具备 1.5T、3T 人体成像系统的生产能力,开始了批量化生产。在超导块材的电磁特性、磁悬浮特性和磁悬浮试验车的关键技术方面取得了代表性的研究成果,受到了国际同行的关注。

未来,提高材料的电磁性能是发展超导电工的基础。从超导磁体和超导电力应用出发,着重研究新型实用高温超导体的体材、带材、膜材及电缆的电、磁、热和机械的物理特性;研究进一步提高实用超导材料的载流能力、降低交流损耗以及实现各种特殊的实用导线。结合世界范围内的技术发展态势,超导电工的总体发展趋势将是:向更高电压等级和更大容量以及原理多样化和功能集成化方向发展,作为战略性新兴产业服务并推动新能源和智能电网产业的发展。

4)气体放电与等离子体

气体放电与等离子体是电磁场与物质相互作用领域生长出来的一个非常活跃的分支。我国目前已在磁约束高温等离子体、Z箍缩高温等离子体、大气压低温等离子体领域具有了一定的国际影响力。其中,高温等离子体的研究一直以作为未来能源的受控核聚变为研究背景,特别是我国建成的国际首台全超导非圆截面托卡马克装置——EAST,其高温等离子体磁约束水平已达到千万度和100s量级,使我国磁约束核聚变研究达到世界领先水平。但我国在等离子体基本的热力学参数和输运参数的理论研究,以及高温等离子体的精密诊断方面仍与国外存在一定的差距。低温等离子体涉及面非常广,特别是产生低温等离子体的各种放电方法的研究,以及低温等离子体在材料制备、表面处理、微细加工、生物医疗、环境废物处理等方面的应用研究十分活跃。近年来,大气压辉光放电、多相体放电、冷等离子体射流等成为研究的热点。放电等离子体应用领域广阔,相关应用领域涵盖电气电子工程、物理学、化学、材料科学、绿色化工、航空航天、生物医学、新能源、国防等多个方面。

"十三五"期间,从国际上这一研究领域的快速发展和我国在能源、国防领域的重要和迫切的需求来看,仍需加强科研院所和高校的合作,充分发挥各单位在工程应用及基础研究方面各自的优势,推动高温等离子体研究方向的快速发展。对于低温等离子体,将会继续加强基于气体放电的等离子体应用研究,在深入理解放电机理的基础上,发展产生高反应效率活性粒子的等离子体,同时推进放电等离子体在材料合成及改性、环境污染治理、航空航天及国防等领域的应用。等离子体生物医学是新兴的交叉学科研究领域,其发展必将有利于等离子体向更深、更广层面突破,为人类健康事业做出重要贡献。

5)能源电工新技术

在新型发电技术方面,一方面是基于现有的新能源发电技术的改进,另一方面是基于新材料、新原理的发电技术。目前,光伏发电相对比较成熟,但在新型光电转换材料和电池结构方面的探索也是热点。热光伏发电可直接将高温物体的近红外热辐射转换成电能,可望成为太空等特殊战略领域中电能的供应方式之一。此外,海洋能发电、人体能发电等也受到广泛关注。

在新型电能传输技术方面,无线电能传输是研究的热点。无线电能传输具有较长的发展历史,随着半导体、磁性材料、电力电子等技术的进步,近些年得到了较快发展。基础理论研究侧重于不同传输方式及原理、各种理论模型、线圈结构、空间电磁场分布与耦合设计、电路拓扑、电磁兼容性等方面。应用研究则主要集中在医用植入设备的无线供电、消费电子产品无线充电、电动汽车无线充电系统、矿井等恶劣环境下的无线供电、无人机供电、轨道机车供电以及各种新型应用等方面。

在其他能源科技中所涉及的电工新技术方面,目前关注较多的是电磁探测技术和高功率电脉冲压裂技术。基于多物理场耦合的电磁探测技术在一次能源的勘探方面可能会发挥独特的优势。高功率电脉冲压裂技术是指采用高电压大电流在井下脉冲放电产生强大的冲击波在储层中造出一定长度的裂缝,从而提高油气井产量的技术,可用于致密气、油页岩储层及煤层气的油气增产。

6)环境电工新技术

"十二五"期间,伴随着我国特高压交直流输电技术的广泛应用以及智能电网的工程实践,我国大力支持并推进特高压交直流输电线路的电磁环境研究,取得了一批具有国际影响力的研究成果,研究成果直接应用和支撑了我国特高压交直流输电工程的建设和智能电网的发展。在特高压直流和交流输电线路的电磁环境研究方面,我国对特高压直流输电线路的电晕特性及其产生的合成电场、离子流密度、无线电干扰与可听噪声,以及特高压交流线路的电晕特性及其产生的无线电干扰与可听噪声,进行了全面深入的试验研究和理论研究,形成了我国特高压直流和交流输电工程的电磁环境技术标准,并提出了特高压直流和交流输电线路电磁环境参数的预测计算方法和高海拔修正公式。在特高压直流和交流输电线路与其他物理系统的电磁兼容研究方面,研究了特高压直流和交流输电线路对各类无线电台站、地震观测台站、输油输气管线、直流接地极对邻近变电站等的电磁耦合机理、影响指标限值、预测计算方法和电磁防护措施等,直接应用于特高压交流输电线路对西气东输工程输气管线的电磁影响与防护、特高压交流输电线路的电磁影响防护以及特高压直流换流站直流接地极的电磁影响控制等。此外,直流接地极的电磁环境限值及对邻近变电站等影响的研究成果被写入国际电工委员会(International Electrote-chnical Commission,IEC)直流接地极标准,修改了国家和行业输变电线路对各类无线电台站的防护距离标准,制定了输变电线路对输油、输气管线的腐蚀限值和防护技术的行业标准等。

"十三五"期间,我国将会继续布局和持续支持特高压交直流输电线路的电磁环境的基础及应用基础研究。此外,随着近距大功率无线电能传输技术的日益成熟和应用、空间电站试验工程的推进、电磁武器的发展、环境保护与环境治理的日益加强,我国还会在近距大功率无线电能传输的电磁环境、未来空间电站太空及地面电磁环境、环境治理的电磁技术、废物处理的磁分离技术等的基础和应用基础研究进行布局和重点支持。

1.2.4 学科的发展目标及其实现途径

1. 学科的发展目标

1)应加强电力系统、高电压与绝缘、电力电子、电机系统等优势学科方向的发展

在电力系统方向上,面对信息化、大数据、云计算等新的研究手段,应进一步加强研究保障我国复杂大电网安全与可靠运行问题;更大力度地支持未来分布式电源、电动汽车、负荷侧响应、与用户双向互动、需求柔性化的主动配电网等新的研究方向;需要开展由于直流电网、电能存储、超导电力装备等技术需求带来的跨学科的交叉研究工作;突破学科的限制,结合热能、化学能、生物质能等多元化的综合能源系统,扶持相关的多学科融合的电力系统研究方向。

在电机系统方向上,面向国家重大需求,加强对高效能、高品质电机系统的研究。高效能、高品质电机系统的内涵包括三个层面:"高效能"是指在有限增加或不增加材料、体积、成本等的前提下,较为显著地提高系统的功率、效率、功率因数、功率密度或转矩密度,改善转矩平稳性、转速或转角控制精度、动态响应等性能指标;"高品质"是在同样的性能指标下,电机系统实现轻量化、高集成化,极力追求高精度、高频特性、低噪声振动特性,高稳定、高安全、高可靠性等性能指标,以及兼具高效能和高品质的电机系统。

在高电压与绝缘方向上,有望在大容量超/特高压电力设备的设计、电力设备智能化、基于智能电网构架的电力设备绝缘状态监测等方向引领世界,在绿色环保绝缘与灭弧介质及其应用、多端直流输电技术、深度限制电网络过电压技术等热点研究领域中占有一席之地。

在电力电子方向上,有望在高性能变换器拓扑理论和调制、电力电子系统集成、大容量电力电子系统的可靠性理论等方向上引领发展,在可再生能源接入、直流输配电换流与控制、特种电源、电力电子变压器和无线电能传输等全球热点研究中取得突破性进展。在电力电子器件方向上,应进一步加强新一代宽禁带功率器件的基础理论研究,特别是大尺寸高质量 SiC 单晶衬底和高质量快速厚外延材料的生长机理、高压大容量 SiC 功率器件基础设计理论等。更大力度地支持大容量功率器件的动态测试、结温提取、失效机理研究,深入探讨高频/超高频 SiC、GaN 器件与无源元件的系统集成等国际前沿研究。

2)扶持电磁场、电网络、电磁兼容、电工材料、电磁测量与传感等电气科学基础研究方向的发展

在电磁场与电网络方向上,紧密结合国际学术前沿和电气科学的实际需求,以及与其他学科的交叉、渗透和融合,为电气工程各分支学科提供重要支撑。重点研究多尺度下,或各向异性、高度非线性介质,或极高场源激励下,或极端环境下的电

磁场边值问题的建立及其数值计算方法。针对复杂电磁多物理场系统,发展高效数值计算方法、电磁场并行计算、云计算和集群处理技术;重点研究具有微尺度特征、极低功耗、可控性与高可靠性的单端口及多端口电网络建模、分析、设计与实现理论方法。在多物理场分析与计算方向上,多物理场耦合理论及分析方法将成为研究电机内部电、磁、热、力、光、声等物理量及物理场动态规律的必要条件,是精确描述电机系统运行特性模型的重要手段,也是解决多约束条件、多变量、多峰值、多优化目标的电机系统非线性规划问题的理论基础。有望提出多物理场耦合计算方法,在合理的计算时间内获得复杂多物理场分布的精确计算结果。

在电磁兼容方向上,新型电工装备的迅速发展为电磁兼容发展提供了新的机遇,紧密结合输、配、用电技术装备的技术发展需求,一方面,加强电磁兼容机理研究,获得大型系统和小型装置中不同电磁骚扰源的机理和特性,获得电磁骚扰的传播途径,为电磁兼容分析和防护研究提供理论支撑;另一方面,深入开展电磁兼容预测技术研究,提出复杂工作环境下非线性系统中宽频电磁过程的计算方法,建立起系统级的电磁兼容全过程仿真手段,研究高精度、小尺寸电磁测量装置,解决狭窄空间瞬态电磁过程的检测难题;最后积极开展防护措施研究,不断提高输变电技术装备和用电设备的电磁兼容水平。

在电工材料方向上,要进一步加强先进电工材料的制备研究,着力改善电工材料的性能,总体提升我国电工装备制造的水平,使我国成为电工装备制造业的强国。同时要重点支持开展新材料的电气应用研究,提升我国电工装备的创新能力。如前所述,电气科学与工程的重大技术创新和变革往往来自材料技术的发展。目前,新材料技术日新月异,各种新材料的电气应用有待于拓展,这是电气科学与工程的重要基础前沿领域。

在电磁测量与传感上,要进一步加强电磁材料高频非线性电磁特性的精细模拟与测试方法,继续加强支持三维磁特性检测技术和张量磁致模型的研究、生物电磁信息检测技术、基于新材料的微型能源与微型传感器技术。从电网的实际需求出发,开展新型传感器技术、传感器的杂散能捕获发电供电技术。

3)鼓励生物电磁、电能存储、超导电工、气体放电与等离子体、能源电工新技术、环境电工新技术、极端条件下的电工技术等交叉学科方向的发展

在生物电磁方向上,生命科学和临床医学的迅猛发展为生物电磁的发展提供了难得的发展机遇,也提出了许多重大挑战。作为电气科学与工程和生命、医学等学科的交叉研究领域,力争通过和不同学科的融合在重大工程和重大科学问题的研究方面取得突破。基础研究方面,结合国家重大科学研究计划,如正在筹备的脑计划,在生物组织电磁特性测量、基于生物电磁场的检测方法、成像方法、电磁干预治疗方法、机制等方面取得突破。应用基础方面,结合国家重大工程研究计划,如重大疾病治疗,通过鼓励支持工程研究和临床研究的交叉融合为创新国家建设服

务，力争在医学检测仪器、干预治疗设备，以及基于生物电磁新技术的医疗设备与新型生命科学仪器方面取得突破。

在电能存储方面，应着重发展兼具高效率、低成本和大规模特性的电能存储技术及其综合应用系统；在上游——储能原材料及组件环节取得实质性进展，大幅提高储能材料的高效性和经济性，在中游——储能生产系统环节突破大容量、高功率密度电能存储的系统理论与核心技术，解决储能在电力、舰船、高性能武器等系统中高效应用的规划、分析、控制等关键问题，在下游——储能市场环节形成有生命力的市场机制和商业模式；总体上推动技术水平大幅提高、产业化取得重大进展、应用领域显著扩大。

在超导电工方面，应进一步加强超导电工的研究，强化其发展优势。这是因为，超导材料是一种非常特殊的新型电工材料，其应用发展可望对传统电工产生变革性的影响。一方面，要进一步重视新型超导材料制备的研究，着力提高超导材料的性能；另一方面，要侧重研究新型超导电工装备的原理与关键技术，使我国超导材料制备技术和应用创新研究总体处于国际前列。

在气体放电与等离子体方面，一方面，继续加强优势方向的资助，如脉冲放电等离子体机理、大气压气体放电微观过程等方向；另一方面，根据新兴的交叉学科的需求，重点培育一些优势放电等离子体应用领域，如等离子体生物医学、等离子体环境治理、等离子体点火助燃、主动流动控制、Z箍缩和磁约束等离子体，促进放电等离子体与生物医学、环境科学与工程、航空航天、飞行器等方面的前沿交叉。此外，应注意加强对高温等离子体基本热力学参数和输运参数的理论研究，以及相关的精密诊断技术研究。

在能源电工新技术方面，重点支持新型电能转换技术研究，探索可大规模应用的新型发电和储能的原理，突破新材料、新工艺、关键设备制造等问题，优化新型发电与储能集成和应用系统，提升我国新型电能转换技术的国际竞争力和在能源体系中的作用。同时加强无线电能传输及其应用相关的基础理论探索和关键技术研究，探索节电技术中涉及的新原理、新方法和新技术。

在环境电工新技术方面，继续加强特高压交直流输电线路的电磁环境和广域电磁系统电磁兼容等优势方向的科研投入，加强近距大功率无线电能传输的电磁环境与防护等新方向的科研投入，积极支持环境治理电磁技术与废物处理的磁分离技术等我国相对薄弱的研究，有选择地持续支持空天器件与装备以及极端电磁条件的电磁环境与防护研究。

在极端条件下的电工技术方面，极端电磁条件及应用下，脉冲磁场有望接近100T和60T(15ms平顶)的水平，超导磁体可望达到30T的水平，混合磁体的稳态场可望超过45T。同时有必要加快高功率密度和能量密度储能、高功率大能量固态开关、新型脉冲形成等关键技术的研究和高梯度强场下的绝缘等关键问题的研究,部署脉冲功率新原理和新方法的探索,以适应需求的发展。

2. 目标实现途径

1)加强电气科学的共性基础理论研究,积极探索电气科学的内涵

基础理论是科技进步的原动力,必然是电气科学与工程学科保持长期生命力的必要条件。认清本学科发展的技术瓶颈,确保学科基础理论研究的前沿性、实用性。重视与相关学科的交叉研究,通过交叉学科提供的新理论、新方法、新材料对本学科的"催化"和"嫁接"作用,进而形成学科的创新推动力,培养电气科学与工程学科新的生长点。

2)在电气工程领域,聚焦国家重大需求,实现跨学科协同攻关,突破特种应用的技术瓶颈

要大力支持高性能电机系统的相关研究。高性能电机是提高其他能源转换为电能的转化率、提高电动机效率,进而减缓不可再生资源枯竭的重要手段之一,当然也是满足各领域(如高档数控机床、高端精密仪器系统等)对电机系统高性能的迫切需求的唯一途径,应鼓励并支持新型电机拓扑结构、电机系统新的分析、设计方法、智能控制策略及系统综合优化方法的研究。世界范围内,电力系统发展已经有 100 多年的历史,传统的电力系统理论已经相对成熟,必须结合新的形势走多学科交叉发展的道路。电力系统与电力电子、信息控制、热能动力、经济管理等不同学科交叉融合,可能带来理论上的新突破。此外,电力系统必须紧密结合国家重大需求,解决工程中亟待解决的关键科学问题。在高电压与绝缘领域建议加强在纳米电介质和微纳尺度介电系统性能、环境友好输配电装备、直流输配电装备等方面的研究,促进工程电介质材料介观分子结构形态与宏观特性的数值仿真、电介质材料太赫兹波谱特性及其测量方法等方面的前沿基础研究。极端条件下的电工技术领域除了在依托相关的国家重大科技基础设施和国防科学技术领域的应用外,也要积极拓展极端条件下的电工技术在民用领域的应用和发展。

3)依托电气科学与工程基础,积极发展交叉学科,拓展电气科学与工程学科的研究边界

气体放电与等离子体前沿交叉应用领域广阔,但往往导致研究不够集中,布局分散,因此建议提炼若干重点发展的方向,优先支持发展。例如,环境电工新技术需要与电磁场理论、电磁兼容技术、环境工程等密切结合,针对发展新型绿色输电技术和电工装备的需求,开展电磁环境产生、危害评估及防护技术研究,同时积极开拓利用电工技术改善自然环境的新领域。

4)加强高端人才培养

人才队伍是科技进步的源头,是提高生产力和加快国民经济增长速度的重要基石。人才的培养要体现前瞻性、时效性及高端性,鼓励源头创新,推动学科均衡、

协调和可持续发展。培养和造就一批具有国际影响力的杰出科学家与创新团队，是电气科学与工程学科保持永恒活力的关键。

1.3 优先发展领域

1.3.1 高效能、高品质电机系统基础科学问题

1. 该领域的科学意义与国家战略需求

面向国家战略性新兴产业发展和低碳经济可持续发展的国家重大需求，高效能、高品质电机系统科学技术是电机系统领域的国际化核心竞争力和未来技术发展亮点。高效能、高品质电机系统的内涵包括三个层面：高效能是指在有限增加或不增加材料、体积、成本等的前提下，较为显著地提高系统功率、效率、功率因数、功率密度或转矩密度，改善转矩平稳性、转速或转角控制精度、动态响应等性能指标；高品质是在同样的性能指标下，电机系统实现轻量化、高集成化，极力追求高精高刚高频响特性、低噪声振动特性，高稳定、高安全、高可靠性等性能指标，以及兼具高效能和高品质的电机系统；高效能、高品质的实现，离不开电机系统的优化设计、精密加工与新材料的应用，以及电力电子装置及控制算法的系统化应用，甚至需要相应传动装置及负载进行更高层级的系统优化。

2. 该领域的国际发展态势与我国发展优势

目前，我国已经研制出一系列超高性能指标的电机系统，总体处于国际先进水平，如超大容量电机系统（核电 1000MW 机组、三峡 700MW 水轮发电机机组）、超高速电机系统（电机转速 300000r/min 以上）、超低速电机系统（电机转速 1 转/天）、超高功率密度电机系统（功率密度 7kW/kg 以上）、大容量高转矩密度多相电机系统（数十兆瓦、转矩密度 12.5N·m/kg 以上）等。这些高效能、高品质电机系统研究的突破，为我国多个领域的重大基础设施装备和重要战略体系的建设提供了核心理论基础，逐渐成为促进我国新能源、高端装备、交通运输、航空航天等高技术产业竞争力提升、国民经济发展和国防体系现代化的战略基础装备。同时，高效能、高品质电机系统所涉及的科学问题、设计理论与方法以及系统集成技术也可以推动和牵引新型电工材料、功率器件、控制方法、加工制造等多个学科和相关技术的发展，具有较高的研究价值。

从国际发展态势来看，高新技术领域对高性能电机系统的需求旺盛，电机系统应用边际不断拓展，性能指标要求不断提高。尤其是为满足某一应用领域和背景需求，综合考虑复杂环境和负载工况条件下，专用化的兼具多种高性能指标的电机系统是重点研究发展方向。我国电机设计理论与技术水平处于世界前列，在大、

中、小各功率等级各种类型电机系统研究方面的基础较好。

3. 该领域的发展目标

我国中长期科技发展战略规划中的多个重点研究领域都涉及高性能电机系统的研究内容,明确了对电机系统的研究需求、发展目标和重点研究内容,例如,①电动汽车、全电/多电飞机、全电/多电舰船、高铁、磁悬浮列车等交通运输和军事装备系统都要求电机系统具有高效率、高功率密度、高转矩密度、高可靠等性能;②风力发电、燃气涡轮发电、波浪发电等分布式新能源领域要求电机系统具有高能量转换效率、高可靠等性能;③光刻机、高档数控机床、高端科学仪器等高端装备中要求电机系统具有高加速度、高位置伺服精度、高稳定性、高平稳性等性能;④大规模电力系统与超大容量电机系统之间存在交叉耦合,要求电机系统具备高稳定性和高可靠性运行能力;⑤国防领域中要求电机系统在特殊环境下具有高动态响应、高转矩过载、高功率过载、高可靠性等极限性能等,不再逐一列举。简而言之就是“兼具高效能和高品质的电机系统”。

4. 该领域的关键科学问题与主要研究方向

为了实现高效能和高品质的电机系统,兼具多种高效能、高品质指标的特种电机系统设计理论、制造工艺、运行控制方法、测试与评价方法成为亟待研究发展的重点内容。具体科学问题和研究方向如下。

(1)电机系统内部电-磁-力-热-流体多物理场交叉耦合与演化作用机理研究,多物理因素综合作用下电机“结构-制造-性能-材料服役行为”的耦合规律和综合分析方法研究;电机系统精确物理模型研究,包括电磁场、温度场与流体场的精确模型和基于集中热参数的热网络模型等;基于电路、电磁场、温度场、流体场、机械动力学等多场、多平台、多目标综合仿真分析方法与精确优化设计方法;以及电机系统高效能特性综合测试和高品质特性的综合评价方法等。

(2)复杂环境和工况需求等多约束条件下高效能、高品质的电机系统及其驱动控制研究,包括超大或微纳型电机系统及其相关技术研究;少稀土或无稀土型、多相绕组、基于新型功能电工材料等高效能、高品质电机系统的新型拓扑结构、设计理论与方法、制造工艺、控制策略研究;复杂约束条件下电机系统热问题、动力学问题研究;高可靠性、多冗余度与容错技术研究;集状态监测、故障诊断、远程通信、实时控制于一体的智能化电机系统设计理论与方法等。

1.3.2 复杂电力系统规划与安全高效运行基础理论和方法

1. 该领域的科学意义与国家战略需求

能源是人类赖以生存和发展的物质基础。面对世界范围内节能减排、环境保护和可持续发展的迫切要求，电力系统将在能源电力的传输分配中发挥更加重要的作用。这主要体现在：接收大规模集中式和分布式可再生能源电力，成为新能源电力的输送和分配网络；与分布式电源、储能装置、能源综合高效利用系统有机融合、双向互动，提高终端能源利用效率，成为灵活、高效的智能能源网络；具有极高的供电可靠性，基本排除大面积停电风险，成为安全、可靠的能源电力供应系统；与信息通信系统广泛结合，成为集能源、电力、信息为一体的综合服务体系。此外，面向我国偏远地区、海岛等和船舶、飞机、特种车辆等的供电问题，固定/移动平台独立电力系统的需求也逐步显现。因此，深入研究复杂电力系统规划与安全高效运行的基础理论和方法，提升系统接纳大规模新能源及输电能力，提高电网的安全性、经济性，加强环境友好性，对于保障我国经济社会发展，推动电力系统学科发展具有至关重要的意义。

2. 该领域的国际发展态势与我国的发展优势

美国面临能源消费巨大、电网设备老化、飓风等极端条件下电网安全性等问题，研究主要关注电网结构形态变化，与信息产业相结合、利用相量测量装置等技术保证大电网极端条件下的安全可靠运行，以及如何在市场条件下提高电网经济性和终端能源利用效率。受到环境问题、电网安全以及新技术的驱动，欧洲则重点关注可再生能源和分布式能源以及多段远距离输电的发展，探索海上风电与多端直流接入技术，并尝试可再生能源的综合利用，带动整个行业发展模式的转变。

我国在国际上率先建成了基于电压源逆变器的三端和五端柔性直流系统，实现了大规模风电接入系统的关键问题突破；我国建成大电网一体化安全调度优化控制系统，为大电网的安全、可靠运行提供了保证。此外，我国在大电网超实时仿真、大电网无功控制优化、大规模储能系统应用、智能变电站、配电系统自愈控制、微电网规划与运行优化、电动汽车充放电等领域都处于国际前沿研究领域。然而，面对电源多元化、电网多层次、负荷多类型的复杂电力系统，尚有一系列基础理论问题需要系统深入的研究。

3. 该领域的发展目标

安全性、经济性和环境友好性一直是电力系统发展的主要目标。安全性的重点任务是如何保障我国电网在飞速发展的同时，避免大停电事故，保障电网安全运行。所谓经济性，在智能电网理念下具有多方面的含义，既包括电源侧的节煤降耗和机组优化运行，也包括网损下降，还包括通过鼓励用户与系统的互动运行来优化配置资源从而实现能效的提升。而环境友好性则主要体现在最大限度地接纳新能源电力、有效节约电气设备及系统占用土地资源等方面。

4. 该领域的关键科学问题与主要研究方向

该领域的研究工作将重点解决三个关键科学问题:①未来电网结构形态及优化规划理论方法;②复杂电力系统时空多尺度动力学特性与分析方法;③大时间尺度紧密耦合且具有强随机性电力系统控制理论与方法。具体涉及下述几个研究方向:①面向新一代电网的电力系统规划理论与方法;②多端直流输电和直流输电网的基础研究;③电力系统运行特性与新型控制保护基础理论与方法;④智能电网中能量流与信息流相互作用机理和信息安全;⑤电动汽车广泛随机接入对电网影响及其调控理论方法;⑥以智能电网为基础的综合能源系统;⑦独立电力系统电网结构优化与运行控制基础理论。

1.3.3 先进电力设备绝缘与放电

1. 该领域的科学意义与国家战略需求

特高压电网和智能电网建设以及可再生能源的规模利用,已成为带动整个世界电力设备及电力技术革新的强劲动力,深入研究电力设备绝缘与放电基础理论,对解决高性能、高参数、高可靠性电力设备的关键技术问题有着非常重要的意义。特别是对电力设备中微纳尺度绝缘与放电复杂过程认识不足、理论匮乏,严重制约了我国输变电设备的制造水平,已成为制约国家电力能源调控的主要瓶颈。

2. 该领域的国际发展态势与我国的发展优势

在纳米电介质和微纳尺度介电系统性能方面:纳米电介质作为第三代电介质材料,优异的短时击穿性能和长时抗损伤特性使之可广泛应用于超/特高压电力设备、高储能器件和设备、航空航天等领域,是电气绝缘材料的发展方向。欧美及日本等发达地区的相关成果已在实际中得到初步应用,如日本已开发出 500kV 的海底直流电缆,其所用的绝缘料就是纳米电介质材料 MgO-XLPE。我国在纳米电介质方面也开展了大量的研究,并在 2009 年 6 月召开了主题为“纳米电介质的多层次结构及其宏观性能”的纳米香山科学会议,提出了我国纳米电介质基础研究应重点研究多层次结构及其与宏观性能的关联。

介电系统工作环境也从单一环境发展到复杂多场协同的环境,由此带来了很多新的介电效应,产生了一系列新的介电系统破坏特性。国际上的研究朝着两个重要方向发展,即:从宏观尺度向微纳尺度研究方向发展;从常规环境、单一因子向极端环境、多场协同作用研究方向发展。我国微纳尺度放电特性、宏观介电系统多因子老化破坏研究方面已经处于国际先进水平,为开展这方面研究奠定了基础。

在直流电力设备方面,高压直流开断已成为限制多端直流输电技术发展的瓶颈问题,而高压直流开断中的电弧特性及其控制是重中之重。国外已在高压直流开断装置的研发方面开展了大量的工作,也有基于不同原理的单元样机问世。我国也正在开展相关的基础和关键技术研究。2015 年研制出 110kV 纯机械式高压真空直流断路器样机,额定电流为 2kA,开断电流为 12kA,开断时间小于 5ms,在机械式直流断路器领域达到国际领先水平。

在直流电力设备绝缘设计方面,直流输电设备绝缘中的电场分布由电导率决定,与温度、湿度关系密切,且随材料老化变化显著。国外直流设备绝缘设计制造的关键技术由 ABB、东芝、西门子等大型公司掌握,我国直流绝缘的设计制造方法还不成熟,现有绝缘设计裕度较大。同时,国际上现有直流绝缘状态监测方法均是沿用交流电压下的方法,尚未研究其在直流电压下的有效性。

3. 该领域的发展目标

该领域的发展目标是完善复合场作用和极端条件下电力设备绝缘与放电理论体系,解决电力设备设计制造中的关键难题,引领本领域的理论创新与技术进步,提升我国相关产业的水平。

4. 该领域的关键科学问题与主要研究方向

该领域的研究工作将重点解决的关键科学问题是:①纳米电介质的微观和介观结构与宏观性能的关联关系;②多物理场下微纳尺度间隙和复合介电系统的介电效应与损伤破坏规律;③大容量直流电弧物理及特性控制;④直流绝缘结构的优化设计原则和方法。包括的主要研究方向是:①纳米电介质的多层次结构及其宏观性能;②多物理场下的微纳尺度介电系统性能;③高压直流短路电流的开断;④直流绝缘长期可靠性与结构优化设计方法以及直流绝缘的状态表征与寿命评价技术。

1.3.4 电力电子系统的可靠运行及性能综合优化

1. 该领域的科学意义与国家战略需求

由功率开关器件、变换器拓扑和控制单元等构成的电力电子装置和系统,是工业节能、可再生能源低成本规模化利用、大规模输配电工程、高速交通运输工程和国防军事装备等国家科技战略中的重点研究领域与基础性技术。为此,高可靠和性能综合优化的电力电子装置与系统是未来的发展趋势,体现在:一是对大容量、高电压和大电流电能变换的迫切需求,极大地推动了新型电力电子器件主要以宽禁带材料为代表的器件的发展,以提升功率开关器件的电压、功率处理能力和安全运行能力;二是针对日益复杂的运行工况、极端自然和电磁环境,进一步促进了电力电子变换器拓扑和控制的发展，以提高电力电子系统的运行可靠性；三是对要求日益提高的电力电子系统的变换效率、功率密度，亟须开展电力电子系统的性能综合优化理论和设计方法的研究，以突破空间、成本和性能的约束。

2. 该领域的国际发展态势与我国的发展优势

在新型电力电子器件方面，发达国家的宽禁带 SiC、GaN 功率开关器件的产业发展主要采用政府投入为先导、大型跨国巨头公司跟进的发展模式。近年来，国际上 SiC 和 GaN 的尺寸越来越大，产品质量不断提高，技术领先国家和国际大型企业纷纷投入 SiC 和 GaN 产品的研发与产业化中。而国内虽然经过多年跟踪发展，在 SiC 和 GaN 材料技术及器件研究上已有一定的基础，但由于起步较晚及技术力量不足，其产业化水平还相对较弱，加大对我国具有自主知识产权的 SiC 和 GaN 半导体材料及器件基础与应用研究的支持已成当务之急。

在电力电子装置和系统综合研究方面，美国成立了多个电力电子国家研究和产业化研究中心，力图通过电力电子技术革新以及多学科交叉互动，建立能源互联网，为未来新能源的规模化接入提供理论基础。在欧洲，丹麦奥尔堡大学则成立了电力电子技术可靠性研究中心，重点研究大功率电力电子装置及其系统可靠性。我国多年来在高校和企业也建立了多个国家级的电力电子技术及应用工程研究中心，在大功率交流机车拖动、高压直流输电工程、大型企业节能技术方面取得了令人瞩目的工程应用成果。在功率器件瞬态开关特性表征与分布杂散参数的提取、多时间尺度、多物理场电能变换过程分析中也取得一些突破性的进展，为进一步开展高可靠性电力电子系统特性的综合优化分析、设计和控制奠定了较好的基础。

3. 该领域的发展目标

在电力电子器件方面，研究包括宽禁带功率器件在内的新型电力电子器件的封装结构和可靠运行机理，掌握系列具有自主知识产权的关键技术，突破新型功率器件的应用瓶颈。在电力电子装置和系统方面，开展多尺度系统建模、新型拓扑形成规律、综合控制方法和电磁兼容理论研究，为实现电力电子系统的高效率、高可靠和高功率密度运行提供理论基础，并为电力电子装置和系统的规模化应用提供技术支撑，使我国成为电力电子基础和应用研究强国。

4. 该领域的关键科学问题与主要研究方向

该领域的关键科学问题包括：①高压大容量新型电力电子器件的结构、封装、集成和组合运行机理；②电力电子装置和系统的可靠运行机制与综合优化策略。主要研究方向包括：①高性能功率半导体的新结构和新机理研究；②新型功率器件的封装材料和结构及其多物理层仿真与建模；③大容量电力电子元器件、组件、装置的在线检测、失效分析和健康管理;④电力电子装置和系统的多尺度建模、稳定性分析及可靠性技术;⑤电力电子装置和系统的综合优化控制策略;⑥交流、直流、混合微网和输配电换流技术等。

1.3.5 极端条件下的电工装备技术

1. 该领域的科学意义与国家战略需求

极端条件下的电工装备技术是电气科学与工程学科的一个新发展方向。近年来,电工装备技术已越来越多地应用于资源开发、国防建设和高新技术基础研究。为了赢得未来发展的战略主动权、抢占国际科技竞争制高点,我国积极拓展资源开发领域,探索极端环境条件(高海拔、低温、强辐射、空气稀薄等)下的资源开发技术与装备,如三极(南极、北极、青藏高原)、三深(深空、深海、深地)装备等;更新武器装备发展思路和科学研究试验手段,研制极端使用条件(超高速、高压、大电流、小型化、短时脉冲工作等)下的新概念武器装备,如电磁炮、强激光、微波装备等,研究极端试验条件(强磁场、零磁空间等)下的物质与生命的效应。为适应国家发展战略转型,电工装备技术应加强极端环境条件下的适应性、极端使用和试验条件下的运行可靠性基础研究,满足不同行业的发展需求。

2. 该领域的国际发展态势与我国的发展优势

国外在极端条件下的电工装备研究起步较早,技术水平和应用程度领先我国。近年来,我国积极开展该领域的探索研究,取得了诸如极地船舶、青藏铁路、神州系列载人飞船、天宫一号目标飞行器、“蛟龙号”深潜器等标志性技术成果,使我国在三极、三深装备技术领域达到了国际先进水平;形成了百特斯拉级峰值脉冲强磁场、40T级高磁场稳态磁体系统,为科学试验研究提供了技术支撑。

3. 该领域的发展目标

在“十三五”期间,针对交通运输、冶金化工、航空航天等应用环境以及深海、深地、深空等特殊自然环境的苛刻要求,探索极端条件下特种电工装备特性交互作用机理与智能控制策略,提高特种电工装备的环境适应性,满足重大技术装备和重要基础装备的战略需求。

4. 该领域的关键科学问题与主要研究方向

该领域的研究工作重点是解决两个关键科学问题:①深空、深海、深地,零磁、强磁,高速、超高速等极端环境对特种电工装备的影响机理;②极端条件下的特种电工装备用新型电工材料。主要研究方向包括:①特种电工装备高效、高可靠性拓扑结构;②新型电工材料应用于特种电工装备的新原理和新方法;③极端条件下电工装备的失效机理;④特种电工装备用新型高精度电磁测量与传感。

1.3.6 高效率、低成本、大规模电能存储技术

1. 该领域的科学意义与国家战略需求

电能存储是将电能转化成其他形式的能量存储起来并在必要时再将其转化回电能的技术统称。电能是迄今最便于生产、输送、分配和利用的一种能量形式,但它不便于经济性地大规模存储,从而要求电能生产与消费之间随时保持大体平衡;而一旦电能存储技术突破当前效率、成本和规模的瓶颈,将对电能当前的应用形态产生颠覆性的改变,意义深远。首先,它将打破现有电能产销实时平衡的制约,极大地"松弛"电力系统的稳定性约束,提升其安全可靠性和资产利用率。其次,它与风、光等可再生能源发电技术相结合,可克服后者大规模应用导致的随机性强、波动性大等矛盾,极大地推动可再生能源的应用发展,有利于化解化石能源日渐枯竭、环保压力日趋严峻的全球危机。再次,它将对采用"电"作为动力的诸多产业带来革命性的变化,推动如电动汽车、综合电力舰船、大功率电磁发射等技术的突飞猛进。对于我国来说,高效大规模电能存储技术是推动能源供给革命、建立多元供应体系的重要支撑,是防治大气污染、缓解资源环境压力的核心动力,是推动产业结构调整、经济发展方式转变的新兴产业,也是国防军工领域亟须突破的关键技术,具有重大的战略意义。

2. 该领域的国际发展态势与我国的发展优势

电能存储的国际发展态势可概括为:①储能方式日新月异、竞相突破,抽水蓄能、压缩空气储能、惯性储能、超导储能、超级电容储能以及种类繁多的电池储能等都得以持续发展,锂电池进展尤其迅猛,2014 年已成为装机比例最高的电化学电池;②储能产业持续增长,2014 年储能总装机容量已达到 184GW(美国能源部国际储能数据库);③储能应用领域日益广泛,涵盖发、输、配、用电各个环节和能源、交通、制造、信息、军工等各产业领域;④对储能技术创新的重视度持续上升,已成为多个国家智能电网战略的核心要素。

我国发展电能存储的优势包括:需求巨大,动力强力;储能技术、方式齐全,起点较高;近年来国家产业政策和民间资本联合推动,发展迅猛,总装机容量(不含抽水蓄能、热储能)从"十一五"末的 11.9MW 增加到 2013 年的 64.9MW,增长率达 445.7%(2014 年储能产业研究白皮书中的数据),为储能技术和产业的发展奠定了坚实的基础。

3. 该领域的发展目标

“十三五”期间应着重发展兼具高效率、低成本和大规模特性的电能存储技术及其综合应用系统，推动技术水平大幅提高、产业化取得重大进展、应用领域显著扩大。

4. 该领域的关键科学问题与主要研究方向

电能存储大体上分为(上游)储能原材料及组件、(中游)储能生产系统及(下游)储能市场三个环节。该领域主要关注中游环节，它进一步细分为储能本体系统、功率转换系统(power conversion system，PCS)和应用集成服务三个部分，对应的科学问题与主要研究方向包括：

(1)大容量、高功率密度电能存储系统的基础理论，在储能的容量、密度、效率、寿命、经济性、安全性和环保性等综合指标上取得突破。

(2)多元复合电能存储技术，综合应用多元储能技术，通过系统集成、复合或阶梯储能方式，兼顾功率型与容量型储能需求，大幅提升储能系统整体的规模、效率和经济性。

(3)高效转换技术，结合储能本体、电力电子器件、拓扑的最新进展，研发电能与其他能源形式之间大规模、低损耗和经济性的正反向转换关键技术与系统。

(4)储能应用系统关键技术，包括储能在电力、舰船、高性能武器等系统中高效应用的规划、分析、控制理论与方法。

1.3.7 生物电磁基础及医学应用新技术

1. 该领域的科学意义与国家战略需求

研究生命活动本身所产生的电磁场和外加电磁场对生物体的作用规律是生物电磁技术发展和应用的基础。对生物组织电磁特性及生命活动过程中的各种电磁现象开展研究是生物电磁这一新兴交叉学科的重要使命。以生命活动过程中各种电磁现象为基础的生物电磁检测和监测新技术将为人类在新时期应对重大慢性病和传染病的挑战，提高健康水平提供重大技术支撑。同样，针对生命过程中异常的电磁现象，发展各种新型的电磁成像、电磁记录、电磁干预以及电磁调控等技术不仅可以满足临床重大疾病诊断与治疗的迫切需求，也是促进我国神经科学深入发展的重要任务。新型磁性材料的发展以及各种磁性靶向装备的研发也将极大地推进我国临床靶向治疗的开展。

2. 该领域国际发展态势与我国发展优势

生物电磁学作为一个交叉学科在全球生命科学的热潮中一直是一个热点，从心电、脑电、肌电的测量及其大量的临床应用到电阻抗成像、核磁影像等成像技术，从最初的电刺激治疗疼痛，到今年获得拉斯克奖的脑神经电刺激，从研究电磁场的生物效应到利用不同频段电磁场来治疗疾病，生物电磁学古老又历久弥新，焕发出旺盛的生命力。

总结过去的研究工作，我国在阻抗成像技术、神经电磁调控、电磁场治疗技术以及磁性纳米颗粒的医学应用等方面已经发展多年，有的已形成了具有自主知识产权的特色产品，开始具备国际竞争力。

阻抗成像技术是生物电磁技术临床应用的典型范例。国内在颅脑电阻抗动态图像监测方面已取得领先。在活性人体组织介电特性研究方面，英国 Gabriel 和意大利应用物理学会在网站上提供 55 种人体组织介电特性，为全球研究者提供参考。国内在人体组织介电特性研究方面取得突破并处于领先，发现实测活性人体组织介电特性与国际网站估算有很大差异，同时发现人体组织在体、离体、失活过程中介电特性变化与组织活性丧失密切相关。

神经电磁调控同步信息采集又可分为体内采集和体外采集两大部分。目前，国际上还没有可进行体内电、化学信号采集的植入式脑起搏器，而且国际上的脑起搏器研发主要是由公司主导，因此我国在此方面的研究将具备先发优势。在体外采集方面，国际上也没有磁共振兼容的脑起搏器，经颅磁刺激器在进行过一定改进后已经可以与磁共振(3.0T)同时进行，结合中科院正在进行 9.4T 超高场磁共振成像系统用于电磁调控设备的电磁兼容性研究也具备先发优势。

国内开展基于磁性纳米颗粒的生物医学应用研究的队伍较多，主要以磁性颗粒的制备和生物修饰技术为研究重点，也有一些医学研究人员从事应用方面的探索。

3. 该领域的发展目标

生物电磁基础及医学应用新技术的发展目标是：提出新型生物组织电磁特性在线检测方法，获得更加精细的人体组织电磁特性分布参数，为新型电磁成像、电磁干预、电磁调控及电磁靶向治疗提供坚实的理论基础。研发基于生物电磁新技术的医疗设备与新型生命科学仪器，推动对诸如生命活动中电磁现象的深刻本质和电磁场对生物体起作用的内在机理、疾病诊断和治疗以及环境保护等问题的深入研究。

4. 该领域的关键科学问题与主要研究方向

该领域的研究工作将重点解决五个关键科学问题：①生理及病理条件下人体活性组织电磁特性参数的变化规律；②新型电磁动态图像变化的病理生理基础及与临床表征的对应关系、磁声成像、磁共振电阻抗成像等耦合成像新方法；③神经电磁调控的神经生物学机理;④神经电磁调控设备的闭环控制方法;⑤磁性纳米颗粒功能修饰及其靶向控制方法。主要研究方向包括:①人体活性组织介电特性研究;②生物电磁信息检测与监测方法;③生物电磁干预与调控理论与方法;④生物医学中的电工新技术。

1.4 实现"十三五"发展战略的政策措施

1. 完善评审评价机制

针对高风险、创新性强的研究项目以及学科交叉研究项目,积极探索建立有别于传统同行评审的评审机制以及特别项目甄别与评价管理模式,试点实施,及时资助具有潜在深远影响力、高创新价值或具有变革意义的研究,提升原始创新能力。

加强评审专家库建设,建立专家信誉评价机制,保障评审质量。开发建立面向项目评审的专家选派信息数据库,探索与实现评审专家智能选派,辅助提高管理效率。推进评审制度化和规范化建设,开展同行评审手册编制工作。落实项目定位,针对不同二级学科特点,完善项目评审标准和评价体系。建立对同行评审发展状况定期跟踪监测与评价的制度,完善同行评审监测体系。

2. 加强人才队伍建设

人才队伍建设需体现前瞻性、时代性和高端性。针对电气科学与工程学科多学科、多领域交叉的特点,围绕国民经济、国防武器与前沿基础科学研究等重大需求和优先发展领域,适时构建青年学者创新群体资助计划,重点攻克若干大型多二级学科甚至多一级学科交叉的综合性发展难题和复杂性科技挑战,鼓励源头交叉创新,并积极考虑实行连续滚动支持方式,培育具有国际影响力的新一代学科领军人才和创新团队,推动电气科学与工程学科均衡、协调和可持续发展。

3. 强化绩效管理体系

建立以源头创新为导向的绩效管理体系,完善成果管理机制,引导电气科学与工程学科的科研工作者勇于开创具有里程碑意义的工作。

4. 拓展国际化交流视野

围绕电气科学与工程学科国际合作交流项目,一方面,促进既有合作项目计划的资助经费强度达到与合作对象大范围等同体量;另一方面,积极拓展与其他主要创新型国家的合作范围,探讨能够提高"以我为主"国际合作比例的举措。

在实现科技论文总量并行和影响力并行的基础上,建立高水平、高影响力的电气科学与工程学科国际性学术期刊，传播我国学者的创新性研究成果，吸引国外知名学者关注，促进国内外学术交流，开拓学者的国际学术视野，增强学科国际影响力。

5. 探索科学研究中心资助模式

研究并借鉴创新型国家已有卓越研究中心计划的建设经验，结合国家需求和电气科学与工程学科多学科交叉等特点，依托国家已有较强基础投入并形成较高研究水平的物理设施平台(如我国电力系统架构、电机及系统产业、电工材料等)，探索出形成兼具中国特色与国际影响力研究中心的建设思路与资助模式，着力解决中华民族及未来人类在本学科及相关领域所面临的综合性发展难题和复杂性科技挑战。

6. 发展政产学研用结合机制

面向国家需求和产业发展，针对电气科学与工程学科应用基础研究的特点，以高校或科研机构为主导，适时适当发展高校-研究机构-企业专项联合基金，引导并加强高校、科研机构以及企业之间的合作力度，加速高校与科研机构新理论、新技术的产业化推广及应用。

第2章　电机系统

2.1　学科内涵与研究范围

电机是一种基于电与磁的相互作用原理实现能量转换和传递的电磁机械装置。按其能量转换方式来分，电机主要包括发电机和电动机。发电机将机械能转换为电能，而电动机则将电能转换为机械能，分别用以实现机械系统与电系统之间的机电能量转换[1]。

电能便于传输、控制和应用，成为现代社会能源应用的重要方式，自然化石能源(煤、石油和天然气)和可再生能源(生物质能、太阳能、水能、风能等)大多先转换为电能，然后供给国民经济各部门和城乡居民。电力机械是电能利用的重要方式，世界上90%以上的电能是经发电机转换而来的，同时，60%以上的电能又是由电动机消耗掉的。因此，如何提高电能生产(发电机)与电力机械(电动机)的设计、制造和运行控制技术水平，对国民经济具有重要的意义。在工农业生产和人们日常生活中，电机扮演着实现电能高效生产和利用的重要角色，在世界能源生产和节能降耗领域发挥着不可替代的作用[2]。

电机的种类很多，有不同的分类方法。按功能分类，电机可分为发电机和电动机两种基本类型以及具有某些特殊结构和功能的特种电机；按供电方式分类，电机可分为直流电机和交流电机，交流电机又可分为同步电机和感应电机；按结构和运行原理来分，可以分成感应电机、电励磁同步电机、永磁电机和特种电机等。此外，电机还可以按容量、相数、转速、结构、运动方式和励磁方式等进行分类。多年来，人们习惯将电机分为直流电机、感应电机和同步电机三大类。

近年来，在国家重大科技专项、国家自然科学基金、国家“973”计划、国家“863”计划的研究基金持续大力支持下，我国对特殊电机的研究也取得了突破性的进展，涌现了多种采用新结构和新原理的特种电机，如包括双转子在内的多机械口电机、双电口单机械口的无刷双馈电机、定子永磁电机等，这些特种电机与常规意义上的电机相比在结构和原理上具有很大区别，在不同的应用领域具有各自的优势，具有很好的应用前景[3]。在国家可再生能源利用、军工装备优先发展和节能减排政策的引领下，大型风力发电系统用兆瓦以上级直驱和半直驱风力发电机、取消变速箱的大功率高速电机和超低速电机、超高精度数控机械驱动电机、超高功率/转矩密度的军用装备电机，以及适应特殊环境(超静音、超高温等)要求的特殊电机等，其发展速度很快,成果比较突出,在某些方面已经达到了世界先进水平[4]。

总体来看,电机学科的研究范围包括电机的新材料与新工艺、电机系统设计理论与分析方法、电机本体新原理与新结构、电机冷却技术、电机驱动与控制技术、电机测试与试验技术等。

2.1.1 电机的新材料与新工艺

材料与工艺特性决定着电机的运行性能和使用寿命。近年来,电机领域新材料与新工艺的应用进展主要体现在以下几个方面。

1. 新材料的应用

1)导磁材料

传统的硅钢片已经难以满足高效率、高功率密度电机的需求,新型软磁材料得到关注。铁钴钒合金的饱和磁通密度已达到2.5T,比硅钢片提高了25%以上,其单位质量下的损耗略高于传统硅钢片。软磁铁粉具有制造成本低、涡流损耗小和磁性能各向同性等优点,适用于结构复杂的低成本高效永磁电机,材料强度、饱和磁密等关键指标还有待进一步提高。非晶、纳米晶材料的饱和磁通密度已接近硅钢片,高频损耗只有硅钢片的1/10,非常适合在高频变压器、高速电机系统中应用,成为最有前景的软磁合金材料之一。

2)导电材料

单晶铜是一种高纯度无氧铜,其电阻率接近纯银导线,价格却只有纯银导线的1/5,是一种较理想的电机绕组导电材料。

超导线材提高了绕组电流密度和电机功率密度,高温超导材料降低了维持低温环境的难度,提高了超导电机制造的可行性。目前具有代表性的第二代高温超导材料YBCO(Y-Ba-Cu-O),其临界温度为98K,电流密度可以达到25kA/mm^2,可采用液氮冷却,是目前应用前景最广泛的超导材料。2014年,一个国际团队合作发现,当YBCO被红外激光脉冲照亮时,在很短的一瞬间,它会暂时在室温下变成超导体。这项成果将有望帮助现有低温超导材料在高得多的温度条件下实现超导性,因此拥有广泛的应用前景。此外,新型导线还有可抑制高频电流集肤效应的利兹(Litz)导线和铜包铝漆包线,以及航天领域需要的耐高温和防辐射导线等。目前,聚酰亚胺绝缘漆包线耐温等级已经达到280℃,采用镀镍铜丝能够耐受−232～538℃的温度。

3)永磁材料

钕铁硼是目前应用最多的稀土永磁材料,最大磁能积超过474kJ/m^3,其不足之处是居里温度较低,在高温下容易失磁。近年来已研制出超高矫顽力耐高温的钕铁硼永磁材料,如TH系列烧结钕铁硼永磁材料的最高工作温度可达250℃。目前已研制出新型稀土永磁材料，如钐铁氮。其磁粉的最大磁能积可达320kJ/m^3，相比钕铁硼，钐铁氮不仅价格低廉，且具有更好的抗蚀性和导磁性，但尚处于实验室研制阶段。

超导块材可进一步提高永磁体的磁性能，通过人为磁化，超导块材自动俘获一定磁通，在低温环境下维持永磁状态。目前已经研制出YBCO和稀土RE(Sm,Eu,Gd,Nd)BCO超导块材、铋系超导块材、铊系超导块材等。其中以YBCO块材的制造工艺较为成熟，性能较好。通过中子辐照，在29K时，超导块材的俘获磁场可以达到17T，远高于常规永磁体。

4)绝缘材料

随着电机各种冷却方式及结构的出现，改善绕组绝缘材料的导热性成为提高电机性能的重要途径。某些无机非金属材料，如金属氧化物Al_2O_3、MgO、ZnO、NiO，金属氮化物AlN、Si_3N_4、BN，以及SiC陶瓷等既具有高导热性，又具有良好的绝缘性能、力学性能、耐高温和耐化学腐蚀性能等，可用作电机中的高散热界面材料。

5)其他材料

随着材料行业的发展，一些高强度、低密度、耐高温、低损耗的新型材料在电机领域逐步得到应用，如碳化硅、石墨烯、氧化铝、氮化铝陶瓷、铝镁合金和工程塑料等。

碳纤维复合材料是以碳纤维(织物)或碳化硅等陶瓷纤维(织物)为增强体，以碳为基体的复合材料的总称。具有质量轻、高刚性、热传导性高、热膨胀系数低、非磁性、吸振性好、耐高温、耐热冲击、抗腐蚀与辐射性能等优点，是表贴式高速永磁电机转子护套的理想材料。此外，使用碳纤维复合材料生产的传动轴，在大幅减轻结构自重的同时，可以提高固有频率，减少噪声，降低传动系统能量损失，提高抗震性能。

2. 新工艺的应用

1)铸铜转子

人们对节能越来越重视，从而对电动机的效率提出了更高的要求。感应电机的用量最大，用铸铜转子取代铸铝转子是提高感应电机效率的重要途径。铸铜转子感应电机运行效率已达到IEC的超高效电机的IE3指标。

2)真空灌封

真空灌封工艺是将电机电气部件在真空灌封室中进行真空脱气和灌封，利用树脂的流动、渗透实现对电气部件的浸润，然后在室温或加热条件下固化成型。这种先进工艺已在电机制造中广泛采用。

3)磁流体密封

磁流体密封技术以润滑剂与铁粉混合物作为密封介质，通过外加磁场使密封介质充满在转轴和导磁钢的间隙,从而起到密封的作用,适合于大直径低速转轴密封。

4)模块化结构

为了实现电机自动化加工作业,将电机铁心分割成单元化、模块化,便于实现电机绕组的自动化绕制,提高电机制造效率。

2.1.2 电机系统设计理论与分析方法

现代电机的设计过程存在多个变量和性能指标之间的关联与制约,电机内部的电、磁、热、力等物理量和相关物理场之间的耦合影响及演化关系也更加突出,电机的分析与设计方法需要由常规的理论与技术向发掘电机极限性能的精细化、全局化设计转变。

1. 电机分析方法

集中参数电路理论和分布参数电磁场理论是现代电机分析的基础。简单磁路法多用于电机的定性分析;变结构磁网络法适用于电机的初始设计[5];有限元法是目前广泛应用的一种高精度数值分析方法;有限元-磁网络结合法可用于电机的多物理场分析。电磁场解析、基于参数化建模的电磁场、场路结合等方法在电机分析中得到应用。

近年来,在电机设计与特性分析中,考虑电机复杂结构、磁路饱和、空间和时间谐波影响的较精确数学模型得到了较好的应用。清华大学完成的“交流电机系统的多回路分析技术及应用”研究成果获得 2012 年国家技术发明二等奖。

2. 电机的优化设计方法

电机的优化设计是有约束、多目标、多变量、多峰值的复杂非线性规划问题,多目标优化是电机优化理论和应用中的重要研究内容。现代启发式算法如模拟退火算法、遗传算法、禁忌搜索算法、神经网络算法和粒子群算法,以其能适用于连续和离散目标函数、易于编程、搜索范围广等优点,在电机优化设计中获得了广泛应用。天津大学等机构完成的“复杂约束下高效能电机智能化综合设计关键技术及其应用”研究成果获得 2011 年国家科技进步二等奖。

3. 多物理场综合分析

传统的电机设计与分析手段如等效磁路、等效磁网络、电磁场解析、电磁场数值计算、场路结合法等单一或联合求解问题的适用范围有限,已难以满足现代电机设计分析的复杂要求。随着各物理场理论、数值算法、计算机模拟技术的快速发展,多物理场耦合分析方法成为研究电机内部电、磁、热、应力等物理量及物理场动态规律的重要手段[6]。

2.1.3 电机本体新原理与新结构

1. 感应电机

感应电机具有结构简单、运行可靠、维修方便等固有优点。随着电力电子与控制技术的进步,传统感应电机的结构和运行方式发生了重大变化。

1)变频调速运行

笼型转子感应电机采用变频器矢量控制,能够实现软起动、无级调速和功率因数可调,可满足不同类型负载机械的高性能调速要求。绕线转子感应电机的转子绕组电流采用变频器矢量控制,可以进行低于和高于同步转速的双馈调速运行,并可实现变速恒频恒压控制的发电运行方式。双馈式感应电机在变速恒频风力发电系统中得到广泛应用,目前已成为并网型风电机组的主要机型。

2)多相多绕组感应电机

(1)双绕组感应发电机。

笼型转子感应发电机结构简单、成本低廉,但实现稳压和无功调节比较困难。双绕组感应电机定子的一套绕组用于发电,另一套用于励磁,通过电力电子变流装置实现对发电机输出电压与有功和无功功率的控制。

(2)多相多绕组感应电机。

近几年,我国在多相非正弦供电感应电机的研究上取得了进展。采用多相供电模式,在不提高每相变频器功率等级的情况下可提高电机总容量,而且在某相发生故障时通过改变控制策略实现容错运行,提高电机运行的可靠性。此外,多相供电还便于实现对电压电流波形的优化控制,提高电机的转矩密度和效率。

3)无刷双馈电机

绕线转子双馈电机的控制绕组放在转子上,需要通过滑环和电刷供电,从而限制了其应用。将控制绕组置于定子的无刷双馈电机,成为近年来国内外的研究热点之一。目前,我国对于不同转子结构(笼型转子、绕线转子、磁阻转子和复合转子等)无刷双馈电机及其控制技术的研究取得了重大进展,开始由应用基础研究进入推广应用阶段。

2. 大型同步电机

1)水轮发电机

由于大型水轮机的转速较低,水力发电采用多极低速的凸极同步发电机。目前,我国水电设备制造业总体步入世界先进行列,水轮发电机的单机容量已达到700MW(三峡电站)和800MW(向家坝电站)。凸极同步发电机的冷却难度随电机容量的增大逐渐增大,冷却技术成为重点关注的问题。目前,大型水轮发电机的冷却方式有全空气冷却、水内冷冷却和蒸发冷却三种,已投入运行的最大的全空冷水轮发电机容量为800MW。

近年来,抽水蓄能电机得到了大量应用。抽水蓄能电机通常为可逆运行的凸极同步电机(又称发电电动机),在电力系统用电低谷时作为电动机运行抽水蓄能,把多余的电能转换为高库区的水位能,而在用电高峰时作为发电机运行,将水位能转换为电能,以解决系统的用电紧张。目前,我国抽水蓄能发电电动机的最大容量为300MW(宝泉电站)。

2)汽轮发电机

火力发电在电力工业中占据的比重最大,采用的是由汽轮机驱动的隐极同步发电机,故称汽轮发电机。冷却方式有全空冷、全氢冷和氢水冷等。目前,火电站汽轮发电机的最大单机容量达到1000MW。截至2015年9月,我国已建成投产单机容量1000MW的火力发电机组有82台。

核能发电与火力发电相似,只是以核反应堆及蒸汽发生器来代替火力发电的锅炉,采用的也是汽轮发电机。目前,我国运行核电机组21台,装机容量为19020MW,在建核电机组有27台,装机容量为29530MW,居世界在建机组数首位。我国已制造出世界单机容量最大的1750MW核能发电机(台山核电1号)。

3)风力发电机

并网型风力发电机主要有两种类型:一种是采用交流励磁的双馈感应电机,针对风力机转速的变化,实时调节励磁绕组电流的频率、幅值、相位和相序,实现恒频恒压输出;另一种是无交流励磁的发电机,如电励磁同步电机、永磁电机或磁阻电机等,在发电机的输出端采用电力电子功率变换器,将频率和幅值变化的交流电转变为频率和幅值恒定的交流电。

近年来,我国风力发电获得了快速发展,截至2014年年底,我国新增装机、累计装机容量均为世界第一。我国双馈电机及其控制技术的研究与应用取得了重大进展,沈阳工业大学等机构完成的“兆瓦级变速恒频风电机组”成果获得2010年国家科技进步二等奖。目前,1.5MW双馈式变速恒频风力发电机已成为我国风电机组的主流机型。由于高效率和高可靠性的优势,直驱永磁风力发电机备受关注,我国已自主研发了1.5MW、3MW和5MW的直驱永磁风力发电机组,并已获得推广应用,并正在研发10MW的永磁风力发电机组[7,8]。目前,我国已成为风力发电设备的最大生产国和风力发电机新增装机容量最多的国家。

4)同步电动机

同步电动机在冶金、化工、矿山、石油、机车、船舶等领域得到了广泛应用。与感应电动机相比,同步电动机具有效率和功率因数高、控制精准、调节方便等优点,在大容量驱动领域占据了主导地位。

起动和调速性能是大型同步电动机重点关注的问题。在矿山球磨机、矿井提升机等应用场合，同步电动机通常采用直接起动（即异步起动）方式。直接起动的同步电动机最大容量达到 7.2MW（36 极）。冶金系统初轧机采用同步电动机变频调速驱动，最大容量达到 9.5MW（18 极、40r/min）。对于一些大容量、高转速的同步电动机，由于转子强度的限制，可采用实心磁极转子同步电动机，其最大容量已达到 8MW（4 极或 6 极）。

3. 永磁电机

永磁电机是不需要电励磁的同步电机，除了永磁体置于转子表面的径向磁极结构和永磁体嵌入转子铁心的切向磁极结构外，近年来出现了多种新型磁极拓扑结构的永磁电机。

1）永磁同步电机

（1）径向与切向磁极结构永磁电机。

永磁电机多采用永磁体置于转子表面的径向磁极结构（永磁体磁化方向为径向）、永磁体嵌入转子铁心的切向磁极结构（永磁体磁化方向为切向）以及径向和切向相结合的混合式转子磁极结构。径向和切向永磁结构的永磁电机已在各领域获得了广泛应用，近几年在直驱风力发电系统及大功率多极低速直接驱动系统中的应用尤为显著。我国已研制成功额定功率为 5MW、额定转速为 18r/min 的直接驱动永磁风力发电机[9]。

（2）永磁无刷直流电机。

永磁无刷直流电机是永磁同步电机的一种，其性能与恒定励磁电流的他励直流电动机相似，可以由改变电枢电压来方便地调速。采用方波/梯形波，其基本结构由永磁电机本体、功率驱动电路和转子位置传感器三部分组成。永磁无刷直流电机的设计、制造和控制技术日趋成熟，已逐渐取代传统的有刷直流电机，在国民经济的各个领域得到广泛的应用。近年来，我国在永磁无刷直流电机的转矩波动抑制、无位置传感器控制、弱磁调速技术等方面进行了深入的研究[10]。

（3）磁体阵列永磁电机。

采用不同磁化方向而相同高度和宽度永磁体组成的 Halbach 磁体阵列，可使转子轭部磁场减弱而气隙磁场增强，从而提高电机转矩密度并可获得正弦分布的气隙磁场；采用径向磁化等高不等宽磁体阵列，磁体宽度及间隔按照所需的脉宽调制（pulse width modulation，PWM）规则选取，可以获得正弦分布的气隙磁场，并可用以消除特定次数的气隙磁场谐波分量[11]。

2）轴向磁通盘式永磁电机

盘式永磁电机呈扁平状，轴向尺寸较短，在相同体积和转速下，与传统结构电机相比具有较大的功率密度。为了抵消单边磁拉力,一般采用单转子双定子或单定子双转子的轴向磁场对称结构,采用多盘式结构以进一步提高电机的转矩,特别适用于大转矩直接驱动装置。

3)横向磁通永磁电机

横向磁通永磁电机同时具备横向磁通电机的高转矩密度和永磁电机的高效率的特点,它的磁路是三维的,其特点是定子铁心和绕组空间相互垂直,电磁负荷空间解耦,可获得较高的转矩密度。缺点是结构复杂和漏磁较大,功率因数较低。近年来,由于风力发电、电动车、舰船电力等低速大转矩直接驱动的需求,推动了横向磁通永磁电机的研究,成为永磁电机的研究热点之一。目前仍处于应用基础研究阶段,实际产品中的应用不多。

4)爪极永磁电机

爪极永磁电机也是一种具有三维磁路的电机,其转子通常由两个带爪的法兰盘和一个轴向充磁的圆环或圆柱形永磁体组成,特别适合用于极数较多或频率较高的中频发电机;而爪极永磁电动机,已广泛用于家用电器和自动化仪表中作为定时器、程控器和时间继电器等的驱动元件。近几年出现的一种分段式外永磁转子爪极电机受到人们的关注,采用轴向分段结构,便于构成磁路相互独立的单相、两相、三相及多相电机。爪极结构的内定子铁心采用软磁复合材料,涡流损耗较小,易于加工成复杂形状,而环形绕组提高了绕组利用率,故可提高功率密度和加工效率。

5)可变磁通永磁电机

永磁电机的优点是高转矩/功率密度和高效率,其缺点之一是永磁体磁通不可调节,从而限制了其低速过载能力和高速运行范围。可变磁通永磁电机是近年来研究的热点之一。可变磁通永磁电机可分为下述不同的类型。

(1)机械调节式可变磁通永磁电机。

在永磁转子上增加辅助磁路,采用执行器或者转矩/速度受控机构,通过机械方式调节进入电枢绕组的磁通量。

(2)混合励磁永磁电机。

混合励磁永磁电机是在永磁电机中增加直流励磁绕组,通过控制励磁电流的大小和方向,改变电机的磁通。根据励磁绕组和永磁体的磁通路径,可分为串联式和并联式混合励磁结构。根据永磁体和励磁绕组在电机中的位置,又有多种不同结构,如混合励磁永磁同步电机,其永磁体和励磁绕组都在转子,是一种传统电励磁同步电机与永磁电机的结合。磁极交替排列的永磁电机,具有磁极交替排列的双永磁转子,励磁绕组置于定子,励磁绕组电流产生的磁通穿过交替排列永磁体之间的导磁极靴,用以进行对永磁体磁通的增磁或去磁调节。采用弱磁控制的混合励磁电机能实现低速恒转矩和高速恒功率的优良输出特性,特别适用于主轴和拖动等应用场合。

(3)可变磁通记忆电机。

可变磁通记忆电机采用低矫顽力的永磁体、导磁铁心和非导磁隔层及转轴组成的具有特殊磁路结构的转子。永磁体的磁化强度可以通过在定子绕组中通入脉冲电流改变。该种可变磁通永磁电机具有结构简单、起动转矩大和调速范围宽等优点,目前尚处于应用基础研究阶段。

4. 直流电机

1)直流发电机

直流发电机目前多作为电解、电镀、电冶炼、充电以及交流发电机励磁等的直流电源。换向问题一直制约着直流电机的发展。一般用途的直流电源,可通过整流装置由交流电源获得,不需要采用直流发电机。

2)直流电动机

传统直流电动机正在逐渐被采用电子换向器的无刷直流电机取代。微型直流电动机由于结构简单,起动转矩大和机械特性较硬,多用于电动玩具、电动工具、音响设备、汽车电器等场合。

5. 定子励磁无刷电机[12]

近年来,以定子永磁电机为代表的定子励磁无刷电机的性能不断提高,已在多种领域得到应用。为了提高转矩密度和改善性能,永磁电机正在与磁阻电机相结合,这类电机的平均电磁转矩只有永磁转矩,磁阻转矩的平均值近似为零。双凸极永磁电机和开关磁通永磁电机等就是其例。

1)双凸极永磁电机

双凸极永磁电机是随着功率电子学和微电子学的飞速发展而出现的一种新型调速电机。双凸极永磁电机具有结构简单、高效、转子无绕组、功率密度高、效率高等优点,从而得到越来越多的关注和研究。双凸极结构电机按励磁源可分为开关磁阻电机、永磁双凸极电机、电励磁双凸极电机和混合励磁双凸极电机等。

2)混合励磁双凸极永磁电机

混合励磁双凸极永磁电机采用凸极的磁阻转子,永磁体和励磁绕组都放在定子,永磁体置于定子轭部铁心之中,电枢反应磁通与永磁磁通共用磁路,故可通过绕组电流调节总磁通。然而,由于该种结构的电机绕组磁链是单极性的,与双极性磁路结构相比,其转矩密度相对较低。

3)磁通反向永磁电机

磁通反向永磁电机与双凸极永磁电机相似,也采用凸极磁阻转子,永磁体和励磁绕组都在定子,但永磁体不是置于定子轭部而是定子齿的表面。该种电机永磁体和绕组电流产生的磁通是串联方式,定子铁心的涡流损耗较大,永磁体需要具有较强的承受去磁能力。

4)磁通切换永磁电机[13]

磁通切换永磁电机也是一种具有凸极磁阻转子,永磁体和励磁绕组都在定子上的永磁电机。与双凸极和磁通反向永磁电机不同,切向磁化永磁体置于各定子齿之间,具有聚磁作用,可采用低成本的永磁材料,是一种并联磁路结构,可产生双极性磁链和正弦波反电动势,具有高转矩密度和良好的特性,是近几年受到关注的一种新型永磁电机,其缺点是永磁体用量较多且占用了绕组空间,磁路饱和程度较高,影响了过载能力。

6. 多气隙结构电机

多气隙结构电机采用单定子多转子、多定子单转子或多定子多转子结构,与传统电机结构相比,其显著特点是存在多层物理气隙。常见的单定子双转子永磁电机,可采用径向磁通、轴向或横向磁通结构,两转子可以放在定子的同侧或异侧,两转子可以有相同和不同的转向和转速,分别构成具有不同功能的单机械和双机械端口。

双转子电机可以实现两个机械轴能量的独立传递,减小设备的体积和重量,提高了工作效率,能很好地满足节能和调速的要求,有着优越的运行性能,因此在混合动力汽车等领域有着很好的应用前景。目前应用理论较成熟的双转子电机主要有四种:双转子同-异步电机、笼型双转子电机、双转子永磁电机、双转子磁阻型电机。

1)单机械端口双转子永磁电机

采用同轴双转子结构,可以有效利用空间,减小电机的体积和重量。据计算,一台 2.5MW 的直驱永磁风力发电机,采用盘式无铁心定子和双转子结构,可将电机重量由传统结构的 55t 降至 28t,降幅约 50%。

2)双机械端口永磁电机

双转子具有独立的转速和转矩构成双机械端口的永磁电机,在电动车辆等领域具有良好的应用前景。内外转子转向可以相同,也可以相反,可用于鱼雷的驱动,双向旋转可保持鱼雷行进中的稳定性。

3)磁性齿轮永磁电机

磁性齿轮永磁电机是将磁性齿轮与永磁电机集成为一体的双机械端口电机,利用定子铁心对内外转子永磁体磁场的调制作用,使内外永磁转子以不同的转速旋转。磁性齿轮永磁电机同时完成了增速和机电能量转换的功能,成为近几年研究的热点之一。

7. 多自由度电机

1)平面电机与球形电机

平面电机可实现二维直接驱动，是现代精密、超精密加工装备迫切需要的一种电机[14]。球形电机结构可在空间任意点处进行定位和工作，在仿人机器人的运动控制、智能仪表中的三维空间测量和工业控制中的多维空间等高精度场合有着重要的作用[15]。

2)直线旋转电机

直线旋转永磁电机是一种具有直线与旋转两个自由度运动的新型机构，可用于航空航天、电动汽车、数控机床、柔性制造等领域。

3)无轴承电机

无轴承电机将电机与轴承功能融为一体，利用定转子之间的电磁耦合作用同时产生电磁转矩和支撑转子的磁悬浮力，具有无摩擦、无磨损、无须润滑和密封等优点，特别适合于高转速、免维护、无污染及有毒害气体或液体的应用场合。该电机需要5个自由度的实时控制，技术比较复杂。近年来，我国对不同结构的无轴承电机进行了应用基础研究。

8. 直线电机

直线电机虽然从原理上说与旋转电机并无太大差异，但在近年来作为一种较新的结构而得到了很快的发展与广泛的应用。传统的直线运动需要旋转电机和机械变换装置来实现，而采用直线电机则可实现直接驱动，因此，在系统效率、可靠性、响应等诸多方面具有优势。直线电机按工作原理可以分为感应电机、开关磁阻电机、电励磁同步电机、永磁同步/无刷直流电机等。传统的直线感应电机向大容量发展，被广泛应用于地铁、磁悬浮等交通运输领域；高速高精度的永磁直线伺服电机系统在制造装备业、自动化设备等领域得到应用。近年来，电磁弹射在飞机助推和航天器助推系统中得到了很大发展和广泛关注，我国开展了用于电磁弹射系统的直线感应电机和直线永磁电机的研究。

1)音圈电机

在纳米运动控制领域，音圈电机系统以其超精定位、超高频响等优异性能而备受关注。音圈电机是一种非换流型动力装置，其定位精度取决于反馈及控制系统。

2)多气隙平板直线电机

多层气隙结构直线电机推力密度高，与脉冲功率电源相结合，可在较短的距离达到每秒数十米的速度。

3)圆筒形直线电机

圆筒形直线电机是一种外形如旋转电机的圆柱形直线电机，具有绕组利用率高、无横向端部效应、不存在单边磁拉力、利于隔磁防护等特点。

9. 高速电机

高速电机具有体积小、重量轻、效率高等特点。高速发电机是微型燃气轮机分布式发电系统的关键设备。高速电动机可用于直接驱动高速离心压缩机、鼓风机、泵类负载机械及飞轮储能装置,取消齿轮增速装置,减小设备体积和重量及提高系统效率。近年来,高效节能减排的需求推动了我国高速电机的研发,目前处于应用基础研究向产业化的过渡阶段。

1)高速永磁电机[16]

永磁电机转矩密度和效率高,是高速电机的首选,然而,高速永磁电机的设计、制造和控制技术比较复杂。现正在研制 60000r/min、100kW 微型燃气轮机驱动高速永磁发电机分布式发电产品。磁悬浮永磁电机直接驱动离心式鼓风机被列入国家级重点新产品,兆瓦级高速永磁电机直接驱动离心压缩机正在研制中。

2)高速感应电机

感应电机结构简单,运行可靠,在直接驱动高速风机、泵类负载机械中得到广泛应用。目前,400kW、20000r/min 以下的高速感应电机已有产品。

3)磁悬浮高速飞轮储能

飞轮储能技术是解决风能、太阳能等新能源分布式发电难以充分接入和电力系统调峰困难的有效途径之一,高速电动/发电机是飞轮储能系统的关键设备。大容量飞轮储能系统具有高功率密度、高能量密度、高可靠性、长寿命等特性,并且能够实现较长时间小功率存储能量,较短时间大功率向负载释放能量的功能。近年来,国内开展了大容量磁悬浮高速飞轮储能技术的研究。

10. 控制电机

控制电机是构成开环与闭环控制、同步联结和机电模拟解算装置等系统的基础元件,主要包括自整角机、旋转变压器、交直流伺服电动机、交直流测速发电机等类别。随着新材料和新工艺的发展,近年来涌现出诸多新型的传感类电机,如霍尔效应自整角机、磁阻类旋转变压器、霍尔无刷直流测速发电机。

11. 非电磁型电机

现代电机的发展与新材料技术息息相关,并由此催生出采用新型电工材料的新原理电机的开发。如采用稀土材料制成磁致伸缩材料,开发出适合于精密直线驱动的弹性波电机;利用压电陶瓷材料的逆压电效应,开发出的微位移驱动器和旋转电机,压电直线步进电动机;基于“介质极化”的驻极体电机,以及利用“磁性体的自旋再排列”的光电机;还有电介质电动机、静电电动机、集成电路电动机等。利用镍钛合金材料的温度特性,开发出形状记忆合金驱动元件等。值得一提的是,近年,我国超声波电机和压电电机的研究进展较大。基于新型电工材料的新原理电机促使基于传统电磁原理的电机技术向微、轻、薄、高效率化的方向发展,以满足电机应用向小型化、微型化、精密化、高效率化方向发展的需求。

2.1.4 电机冷却技术

按结构划分,电机的冷却方式可分为表面冷却和内部冷却。表面冷却是指冷却介质仅通过铁心和机壳的表面,冷却系统结构简单,多在中小型电机中采用,以自然冷却和自扇冷却为主。内部冷却是将冷却介质通入空心导体内部,直接带走机体热量的冷却方式,多用于大型电机。按冷却介质划分电机的冷却方式可分为气体冷却、气液冷却和液体冷却三大类。气体冷却介质主要包括空气和氢气;液体冷却介质有水、油、氟利昂类介质及新型无污染化合物类氟碳介质。

1. 空冷技术

目前,空冷发电机采用闭路循环通风系统,定子铁心有轴向通风、径向通风和轴向-径向混合通风系统;转子通风结构分为气隙取气斜流通风、副槽进风的轴向-径向混合通风、副槽进风的全径向通风等方式。按照风扇对冷却气体的作用分类,有逆流通风方式和正向通风方式。逆流通风结构的冷却效果较好。目前空冷汽轮发电机的容量已经达到 400MW,空冷水轮发电机的容量已经达到 800MW。

2. 氢冷技术

按照转子绕组、定子绕组和定子铁心的冷却方式,氢冷系统有氢-氢-氢、氢-氢内-氢、氢内-氢内-氢三种。氢气的密度为空气的 1/14,而导热系数为空气的 7 倍。在相同温度和流速下,放热系数为空气的 1.4～1.5 倍。在相同气压下,氢气冷却的通风损耗、风摩耗均为空气的 1/10,且通风噪声较小。但是氢气必须保持规定的纯度,需要专用供氢装置,氢冷系统安装维护技术比较复杂。

3. 水冷技术

电机水冷方式有半水内冷(定子绕组水内冷、转子绕组及定子铁心气冷)、双水内冷(定、转子绕组采用水内冷)、全水内冷(定、转子绕组和定子铁心均采用水内冷)。目前,定子绕组水冷已相当普遍,在汽轮发电机中应用较多,容量为 200～1200MW。全水冷电机效率高、体积小、材料消耗少,但技术复杂,容量在 1000MW 以上时经济效果才比较明显,是大型汽轮发电机的发展趋势。目前,1200～1400MW 核电汽轮发电机基本采用水-氢-氢冷却方式。

4. 蒸发冷却技术[17]

蒸发冷却是利用流体沸腾时气化潜热的冷却方式，主要分为密闭蒸发自循环内冷系统和强迫循环蒸发冷却。蒸发冷却技术是我国开创的一项具有完全自主知识产权的电力装备冷却技术。2011 年 12 月，首台 700MW 蒸发冷却机组——三峡地下电站 28 号机组完成 72h 试运行，标志着蒸发冷却技术在大型发电机组中获得了实际应用。目前我国的蒸发冷却电机技术处于世界领先地位。

5. 空调冷却技术

空调冷却是从机外吸入新鲜空气，经过专门的空调洗涤室喷雾水洗、降温、去湿后进入电机内，冷却后热空气经管道排出。由于可控制较低的冷风温度，电机运行温度稳定，可缓解热变形及延长绝缘寿命。目前，空调冷却方式尚处于应用基础研究阶段。

6. 浸泡冷却技术

浸泡式冷却方式是一种将电机中的热源直接浸泡在冷却液中，冷却效果较好，并且可对热源的热量散失起到屏蔽作用。出于结构强度及密封性的考虑，目前该项冷却技术主要用于小型电机。

2.1.5 电机驱动与控制技术

1. 矢量控制

近年来，交流电机变频调速系统已广泛采用基于转子磁场定向或定子磁场定向的矢量控制。为了克服由于电机参数变化等对磁场定向精度的影响，提出了多种参数辨识、磁链补偿和智能控制策略。

2. 现代控制理论的应用

电机模型和参数在运行过程中的变化和不确定性影响到矢量控制的精度，应用现代控制理论能够在电机模型或参数变化时仍可保持良好的控制性能。目前流行的控制策略有模型参考自适应控制、自校正自适应控制、滑模变结构控制等。

3. 无位置传感器控制

无位置传感器控制是近年来交流电机控制的研究热点之一。随着永磁电机的推广应用，永磁同步电机的无位置传感器控制成为研究的重要内容，提出了多种转子磁链位置的估算和观测以及确定转子初始位置的方法。目前,无位置传感器控制技术已在某些驱动系统中得到应用[18,19]。

4. 最大功率跟踪与效率优化

在变桨距风力发电系统中,为了最大限度地利用风能,在额定风速以下风力发电机多采用最大功率跟踪控制。为了实现高效节能,电动汽车等交流调速系统中,开展了效率优化控制技术的研究。

5."开绕组"与冗余控制

"开绕组"突破了交流电机传统三相绕组的Y形或△形联结方式,每相或每个绕组都有独立的出线端子(即开绕组结构),便于构成不同相数和接线方式的功率变换电路拓扑结构,通过变流器的柔性控制,可实现电机绕组或变流器发生局部故障时的冗余运行。

6. 谐波注入与非正弦供电

在电机有效材料相同时,气隙磁场为120°电角度波顶宽的方波电机,理论上可比正弦波电机提高出力10%以上。方波(实际上是梯形波)不仅广泛用于永磁无刷直流电机,而且可用于其他电机,包括感应电机。通过在正弦波电压中注入谐波获得平顶的近似梯形波,可以提高电机的转矩密度,减小转矩脉动。

2.1.6 电机测试与试验技术

1. 电机在线检测技术

电机运行状态监测与故障诊断,主要包括温度、绝缘、振动、噪声的监测与故障诊断,涉及传感器、数据采集、信号处理、诊断理论与方法、电机寿命预测等多项技术。近年来,小波分析在故障特征提取和奇异点检测中的应用,粗糙集理论和支持向量基等方法在电机状态监测和故障诊断系统中的应用研究取得了较大进展,在电机定子绕组局部放电及转子绕组断条故障在线检测中得到应用。

2. 电机测试技术

电机测试系统可分为参数测试和性能测试两种类型。电机测试的难点之一是对被测电机测试过程中的精确加载,特别是对于大转矩/功率电机的动态特性测试。直线电机加载测试是在实验室条件下模拟直线电机正常工作时所受的负载力,采用的加载方式有机械加载、液压加载、气动加载、气动肌肉加载等。转矩波动的准确测试是分析和抑制永磁电机转矩波动的重要手段。目前,测试转矩波动的方法有静测法、直接法、间接法和平衡式直接测量法等。

从电机学科的研究范围来看现代电机技术的发展,其特点是电机与控制系统的紧密结合,极大地冲击了传统电机的理论、分类和应用范围。相关领域的飞速发展对现代电机系统及控制技术提出了新要求,不仅要求提高电机系统的能量转换效率和质量,而且对电机及其控制系统的集成化和可靠性提出了更高的要求,对采用新原理、新结构和新材料的电机系统创新有了越来越多的需求。目前,随着电力电子技术、计算机技术、控制技术等相关学科与电机学科的日益交融,电机已经由传统的单机装置拓展成为电机系统,决定电机系统正常运行的控制方式也认为是系统的重要组成部分。

电机学科作为一门传统学科,对于装备制造、交通、能源及国防等领域是不可或缺的支撑学科。世界范围内多家专业工程协会所评选出的最具影响力的20项最伟大的工程技术中,“电气化”位列首位,而电机系统作为“电气化”的重要组成部分之一,是重要的使能技术,其性能的提高将带动相关产业、相关科学技术水平的进步。在我国,围绕国家发展目标,筛选若干重大战略产品、关键共性技术或重大工程,在《国家中长期科学和技术发展规划纲要》中提出了16个国家科技重大专项。电机系统是其中5个国家重大专项领域研究中的关键研究内容,包括:极大规模集成电路制造装备与成套工艺专项、高档数控机床与基础制造装备专项、大型先进压水堆及高温气冷堆核电站专项以及两个与国防领域相关的重大专项等。可以看出,电机学科在我国中长期科技发展战略中具有举足轻重的地位。

电机学科的特点是一门以背景应用需求导向为目标的实践性较强的工程科学。广泛且强烈的背景应用需求是推动电机学科向前发展的原动力。电机学科的资助范围应包括面向能源、交通、运输、装备制造、加工、航空航天、军事等所有军民应用领域的发电机系统、电动机系统、与电机系统相关的功率变换装置和驱动控制装置,以及其他电磁能量转换装置等。这些研究方向所涉及的基础理论、数学模型、新型拓扑结构、新型控制算法与控制策略等都是电机学科研究的范畴。

电机系统是支撑国民经济发展和国防建设重要的能源动力装备,也是航天航空、交通运输、冶金化工、工程材料等重大基础装备的关键部件,对我国生产制造业发展和国防建设起到重要的支撑作用。科技的进步对电机系统及其控制技术注入了新的活力,国力增强与国防现代化需求是牵引电机系统前行的动力,国民经济的快速发展是电机学科壮大的物质资助,其他学科的壮大为电机学科提供了技术支持。总之,电机系统及控制技术体现了一个国家在生产制造业方面的整体水平与综合实力,其发展的成熟程度对国民经济结构的提升速度和质量至关重要。

2.2 国内外研究现状与发展趋势

随着我国国民经济和国防建设的高速发展，装备制造、交通运输、能源动力、国防等领域对电机的性能指标、极端工况适应能力提出了更高的需求。电机系统学科在解决高端需求问题的过程中，其理论和技术不断拓宽和深化，促进了相关研究领域和产业的发展和进步。近年来，国家相继出台了一系列指导政策加强高效电机系统的发展力度，给电机系统的研究和设计注入了新鲜活力。预计到2018年，仅高效节能电机系统市场将达到914.6亿美元，复合增长率为19.67%。电机系统及其控制技术逐渐成为我国装备制造产业升级、节能减排、可持续发展战略中的重要一环。目前，我国电机系统学科的研究广度、电机产品的种类和电机系统的应用领域都是世界上最大、最全的，学科综合实力处于国际先进行列。在国家创新驱动发展、可再生能源利用、军工装备优先发展等战略政策的引领下，我国电机系统学科已取得了一系列标志性成果。在大容量直驱式稀土永磁发电机系统方面，我国自主研制成功的大型风力发电系统用额定功率为5MW、额定转速为18r/min的直接驱动永磁风力发电机，其技术指标世界领先。在大型/巨型发电机系统方面，我国首创的双水内冷汽轮发电机技术应用单机容量最大已经达到660MW。水轮发电机蒸发冷却技术是拥有自主知识产权的创新技术，已先后应用于400MW蒸发冷却水轮发电机和三峡地下电站700MW水轮发电机。其中，400MW蒸发冷却水轮发电机在2000年的国际大电网会议上被评价为旋转电机领域的四项新进展之一。此外，基于多回路分析与继电保护相结合的大型发电机组内部故障保护配置方案的定量化设计技术，开辟了我国主保护设计的新局面，为我国电力系统的安全可靠运行奠定了坚实的基础；大容量高转矩密度多相电机系统、超高功率/转矩密度/高可靠性的军用装备电机等在舰船动力、油气勘探及输送等高端领域具有独特的优势，形成了技术较为成熟和部分国际领先水平的成果，有力地支撑了我国全电舰船、载人航天、深空探测等重大科学工程的跨越式发展。

2.2.1 电机设计新技术与分析方法的研究发展现状

现代电机的应用领域不断拓展，技术指标越来越苛刻。由于设计过程存在多个设计变量和性能指标之间的关联和制约，电机内部的电、磁、热、力等物理量和相关物理场之间的耦合影响及演化关系也更加突出，这就需要电机的分析设计方法由常规的理论与技术向发掘电机极限性能的精细化、全局化设计转变，这些趋势对电机的基础理论完善和技术实现提出了更高的要求，因而不断推动着电机设计分析领域新理论、新方法的涌现。

1. 电机优化理论及方法的研究进展

集中参数的电路理论和分布参数的电磁场理论是现代电机优化设计的基础方法。当前一维稳态求解方法如等效磁路、等效磁网络等在简化与假设过程中已逐步融入多种非理想化因素的考虑,求解精度方面获得了较大的提升。而电磁场解析、基于参数化建模的电磁场、场路结合等方法也实现了进一步的精密化、微型化、复杂化。

另外,由于电机的优化设计是有约束、多目标、多变量、多峰值的复杂非线性规划问题,多目标优化一直是电机优化理论和应用中的重要方面。近年来,寻找一种具有较强的全局搜索能力同时兼顾局域搜索能力的优化算法成为研究的热点。针对多目标问题改进基本的求解单目标问题的优化算法,使多个优化目标同时达到最优。但是有关多目标优化问题收敛性和多样性保持的理论还不是很成熟,需要进一步研究。

2. 多物理场分析设计方法的兴起与进展

传统的电机设计与分析手段如等效磁路、等效磁网络、电磁场解析、电磁场数值计算、场路结合法等单一或联合方法求解问题的适用范围有限,而面对现代电机系统中电、磁、热、力等显著的耦合效应,上述研究方法显然已不能满足其设计分析的复杂要求。随着各物理场理论、数值算法、计算机模拟技术的快速发展,多物理场耦合分析方法成为研究电机内部的电、磁、热、应力等物理量及物理场的动态规律的重要手段。通过该方法来揭示特种电机及电磁装置系统内部各物理参量相互作用的物理机制,进而实现特种电机及电磁装置的精确设计分析,持续推动特种电机与电磁装置研究领域的创新与应用。

通过对分析电机不同物理场的描述和求解方法可以看出,各物理场分析等都可归结为在给定单值性条件下求解其常微分、偏微分方程的控制问题。由于各物理场内在规律具有相似性,方程和边值条件相似,因此可通过类比关系获得耦合问题的相似解。由 EI 工程索引及 SCI 科学引文索引等文献数据库检索可知,多物理场耦合系统动态特性、多场边界处理、多场建模和计算方法、场路耦合方法、分网误差分析等成为多物理场耦合分析备受关注的研究方向。目前对电机内多场问题的研究仍处于初步认识阶段,各物理场内部作用机理尚未清晰地阐述,综合电磁热力等的全局耦合模型也尚未建立,对多场耦合的通用分析方法及多目标优化的研究也很少。因此,电机内的多物理场耦合分析方法和相关基础理论可进一步展开讨论的空间巨大。

3. 仿真计算工具软件的进步

随着计算机和软件编程技术的发展,国际上能够用于常规和特种电机设计的大型商用分析软件功能越来越强大,计算速度也越来越快,不仅能够用于电机的电磁分析,而且可以实现电磁场、温度场、应力场等多物理场耦合计算,很好地满足了现代电机设计与研发的需要。但国内在这方面的发展相对比较落后,目前所用软件大多为价格昂贵的进口软件,国内具有自主知识产权的商用软件不多,另外,商用软件完善的功能也使研究人员在电机分析设计理论方面的研究缺乏动力,在一定程度上制约了电机分析设计理论的发展。

2.2.2 电机本体的研究发展

1. 高转矩密度与高功率密度电机技术

航空、航天等领域的日渐发展,对电动执行部件的体积和质量提出了更高的要求。在新材料、新工艺手段的推动下,提高电机系统的功率密度、转矩密度成为国际上研究的热点问题。目前,国内外对于高转矩与高功率密度电机的研究集中于各种新类型电机,如横向磁通电机、高温超导电机、各向异性磁阻同步电机、混合励磁电机和双凸极电机。由于这些电机结构较为复杂,传统的二维电磁分析软件较难对此进行分析,而三维分析软件的分析需要高额的硬件和大量时间的支持;此外,由于电机的高功率密度和高转矩密度与电机的可靠性是相互矛盾的设计指标,国际上的专家、学者尝试利用电磁场与温度场联合优化的方法对电机进行设计,但是目前计算的手段、精度和准确度方面还难以满足设计要求。

2. 高速大功率电机设计技术

高速大功率电机具有体积小、效率高、功率密度高、惯量小、振动噪声小、加减速时间短等优点,被广泛用于高速机床、飞轮储能、涡流分子泵、压缩机等领域,目前已成为国际电工领域的研究热点。目前,国内外对于高速大功率电机的研究集中于转子结构多参数优化、转子涡流损耗和温升计算、电磁激励和机电耦联振动及其引起的自激振动和非线性振动、高动态的控制策略以及无速度传感器控制策略。针对超高速电机这个多变量非线性强耦合系统,目前使用的矢量解耦控制中存在计算复杂、控制性能受参数变化影响大等问题。许多学者对于现代控制理论、智能控制理论的应用展开研究,如神经网络等,期望解决线性系统中所存在的耦合问题,但是目前还有很多缺点需要去解决,如运算量大、局部极点小、结构和类型设计依赖于专家经验等。

3. 超高效电机技术

节能降耗成为目前国际社会发展所面临的一项极为紧迫的任务,而电动机作为各种设备的动力,被广泛应用于钢铁、冶金、油田、煤炭等行业,因此实现电机行业的节能降耗在整个节能降耗工程中具有举足轻重的地位。然而,与发达国家相比,我国能源利用率仍存在较大差距,主要体现在我国市场上现行使用的电动机的平均效率仅为87%,该效率水平相当于IEC能效标准的最低一级。降低超高效电机各类损耗的关键技术研究的主要途径就在于大幅度降低电机各项损耗,这就要求对电机各类损耗产生的机理进行极其深入细致的研究。这就需要基于传统电机设计模型建立更为精确的数学物理模型,并综合考虑工艺、材料、加工精度、结构、性价比等各种因素进行研究,进而提出解决降低电机各种损耗的关键工艺和设计技术,包括超高效电机的结构设计及制造工艺、转子工艺参数,降低铜耗的绕组技术,降低风磨损耗的风路元件、通风系统和轴承系统的设计,电机制造工艺的研究以及降低附加损耗的研究等。

4. 容错电机及容错驱动技术(高可靠性)

在极端工况、极端环境和极致使用的条件下,对大功率电机系统的可靠性有着极高的要求,因此电机系统的多余度以及容错技术成为近五年电机领域的一个研究热点。目前,在容错电机本体方面,研究工作更多的是放在多相化电机以及容错电机的设计上。在容错电机驱动领域,故障重构技术一直成为研究的重点和难点。容错电机驱动技术要求容错电机在故障发生时有快速的故障隔离并保证系统不损失或者极少损失机械特性的能力,而目前的故障重构算法和技术手段还远不能够达到大功率容错电机系统的要求。

2.2.3 电机系统冷却技术的研究发展现状

现代电机的冷却方式主要有自然冷却、空气冷却、水冷却、蒸发冷却和热管冷却等。空气冷却结构简单,由于空气的导热性低,设计合理的通风管路以强化冷却效果、降低风磨损耗和增大电机效率是主要的研究难题。目前研究采用氢气作为冷却系统的传导介质,在同一温度和流速下,放热系数为空气的1.4～1.5倍,通风损耗、风磨损耗均为空气的1/10,但密封防爆是氢气冷却电机安全运行的突出问题。水冷却的散热能力远大于空气冷却,存在的问题主要是设计合理冷却结构、提高水的净化程度、密封防冷却液渗漏、防金属腐蚀等。

国内民用领域百兆瓦级高速汽轮发电机多采用氢冷或水内冷等冷却方式,冷却装置需要复杂的辅助设备。由于其应用场合的特殊性,船用大功率高速电机与民用电机的设计思路不同,欧美发达国家研究的船用大功率高速电机均采用高效风冷或油冷技术。

蒸发冷却是利用流体沸腾时气化潜热的冷却方式，分为自循环蒸发冷却、强迫蒸发冷却。将传统蒸发冷却技术引入集成化机电能量转换与变换装置的过程中，提出了两种新型的蒸发冷却方式。一种是壁挂式蒸发冷却方式，传统蒸发冷却需要将发热体浸泡在冷却介质中散热，但对于电能变换装置，考虑到维修性问题，无法采用该方法，为此提出了壁挂式蒸发冷却方式，可满足电力电子装置与电机集成系统散热的需要。另一种是强迫式蒸发冷却方式，传统浸润式蒸发冷却用于大功率低速推进电机时，所需冷却介质量大，会明显增加电机的总重量。强迫式蒸发冷却方式使电机定子铁心段采用浸泡式蒸发冷却，而定子端部采用喷淋式冷却，该方式在保留蒸发冷却技术散热优势的同时大大减小了冷却介质的使用量。蒸发冷却技术已在大型发电机组中获得了实际应用。目前存在的技术问题有：①新型冷却介质的选择，由于氟利昂类介质破坏环境，目前研究集中于氟碳环醚类介质和氟碳氮类等介质；②蒸发冷却电机的电磁设计；③汽液两相流体的传热计算及场协同优化问题。热管冷却是利用冷却介质物态变化时的热效应原理，即冷却介质由液态变为气态时需要吸收热量，由气态变成液态时需要释放热量。热管冷却换热效率高，相应的冷却器重量轻、造价低，由于不用水介质，不存在管道堵塞和漏水引起的电机故障问题，提高了电机的运行可靠性，为电机的冷却开辟了新的途径。

浸泡式水冷作为新的研究方向，使电机绕组完全浸泡于冷却液中强制散热，冷却效果较好，但需要解决线圈的绝缘和铜导线的腐蚀等问题。目前，浸泡式水冷已应用于音圈电机、无槽直线电机中。

2.2.4　电机驱动与控制技术的研究发展现状

随着各种应用背景对电机性能要求的日益提高，比例-积分-微分(proportion-integration-differentiation，PID)反馈控制等传统的控制策略已经不能满足在某些场合中对电机系统动静态响应、精度和抗干扰能力的要求。

现代控制理论发展对电机控制系统性能的提升起到极大的促进作用。现代电机控制策略主要分为以下几类：滑模变结构控制、自适应控制、预测控制、鲁棒控制。这些现代控制技术能够解决控制对象参数变化、非线性和外部干扰等问题，提高电机控制系统的鲁棒性。上述现代控制技术都是基于电机模型的控制策略。当建立模型不准确或模型参数发生变化时，会影响电机的控制效果，当前有大量学者将智能控制应用于电机控制系统中，如人工智能方法、遗传算法、人工神经网络、粒子群算法、最大似然估计法。这些智能控制并不基于电机模型，为电机控制领域开辟了新的方向。为了克服单一控制算法的缺陷，相关学者将多种控制技术结合到一起，形成了复合型控制技术，如模糊 PID 控制、模糊神经网络控制、自适应模糊控制、直接转矩滑模变结构控制等。复合型控制技术能够起到取长补短的作用，从而得到广泛的关注。总体来说,目前电机控制技术研究热点主要集中于高精度电机及超高速电机驱动控制技术。

1. 高精、超精电机控制技术

电机的高精、超精控制技术主要包括三方面:精确的电机模型,准确的系统参数,对转矩(推力)脉动及噪声信号的有效抑制。

系统建模领域中较新颖的方法有:①机理建模(白箱建模),通过系统结构、运动规律、已知定律和原理描述系统模型;②系统辨识建模(黑箱建模),根据试验过程中的所得数据,利用系统的输入和输出数据进行辨识;③机理分析和系统辨识相结合的建模(灰箱建模),适用于非完全未知的情况。电机系统参数辨识有状态观测器法、扩展卡尔曼滤波、模型参考自适应进化策略、基于灰度模型的参数辨识方法等。

抑制由于电流换相引起转矩脉动的方法主要有滞环电流法、重叠换相法、电流预测控制法、PWM 法等。电磁因素引起的转矩脉动的抑制方法主要有最佳开通角法、转矩闭环控制法和谐波消去法等。

2. 高速电机无位置传感器控制技术

在高速电机控制领域中,目前采用基于无位置/速度传感器算法来估算转子/动子位置是研究的热点。当前较为流行的是高频信号注入法和基于观测反电势的方法,提出了多种基于无传感器技术的电机智能控制方法,如利用李雅普诺夫定理、波波夫超稳定理论及龙伯格观测器等方法对传统的无传感器算法进行改造,可提高系统的稳定性和收敛速度,使观测精度和系统鲁棒性得到改善。

3. 永磁电机与混合励磁电机及其控制技术

由于具有优良的性能指标,包括特种永磁电机在内的永磁电机及其控制技术的研究依然是国际电机同行的研究热点。但随着永磁材料价格的大幅度上涨与波动,永磁电机在常规工业场合的应用受到一定制约。为了降低制造成本和保留永磁电机的优良性能,并使励磁可以调节,大功率混合励磁电机的研究,也是目前国际上的研究热点。

4. 超高速与超低速电机及其控制技术

国际电机界的研究热点,从容量和体积上来看主要是超大电机和超微电机两个方向,而从运行转速来看,则向着取消变速箱的超高速和超低速直驱电机方向发展。高速电机主要应用在高速压缩机、风机水泵的节能调速和分布式发电等场合,而低速电机主要用于大型风力发电、船舶和舰艇推进系统的直接驱动,这些应用对电机可靠性和转换效率的要求较高。取消机械变速机构，可以提高系统效率和运行可靠性，同时降低系统的振动和噪声。因此各种拓扑结构的超高速与超低速电机及其控制技术也是国际电机界的研究热点。

5. 高可靠、高效调速节能电机及其控制技术

研究设计不同结构形式和不同运行原理的高效率、高可靠通用电机一直是国际电机界追求的目标。无刷双馈电机既可作为异步和同步电机运行，也可作为变频调速电机双馈运行，不仅无刷可靠免维护，而且可以用低压小容量的变频器控制高压大容量电机，系统成本大大降低，作为变频调速电动机和变速恒频发电机运行，前景非常广阔，一直是新型电机的国际研究热点。

6. 新型电机控制技术

反推控制、能量整形控制等新型控制技术也有望在电机控制中得到应用。

1)反推控制

反推控制是一种算法简单、易于实现的非线性控制技术。国内外将反推控制应用于线性和非线性系统中，并取得了很多研究成果，如沈阳工业大学将反推控制应用在直线电机控制中，提出一种基于鲁棒控制的反推滑模控制策略，设计反推滑模控制器，实现对电机位置的准确跟踪。

2)能量整形控制

能量整形控制是利用对系统能量进行修改整形，使控制系统按照预期设计目标运行。Ortega将哈密顿系统能量整形理论用于非线性控制方法。浙江大学在平缝机智能控制器设计中，利用基于端口受控耗散哈密顿方法，建立了永磁同步电动机哈密顿数学模型，用互联和阻尼配置方式设计了电机速度控制器。

7. 新型电力电子器件

随着电力电子器件的不断更新与升级换代，人们得以实现对于电能更加精确的控制和变换。电力电子技术的不断发展推动了电机控制技术的进步。电力电子器件经过晶闸管、门极可关断晶闸管、IGCT、场效应管关断晶闸管、IGBT、各种改进型的IGBT以及Cool MOS的发展历程，目前应用碳化硅和氮化镓材料的功率器件工在迅速发展，一些器件有望在不远的将来实现商品化。

1)碳化硅

碳化硅材料具有远比硅材料优良的综合特性。碳化硅器件已经在诸如高电压整流器以及射频功率放大器等领域有了商业应用。在过去的15年中，碳化硅器件在材料和器件质量方面均取得了较快发展，然而材料存在的缺陷依然制约着这些器件商业化的大量生产。三菱电机在2010年首先推出采用碳化硅器件、搭载驱动

电路和保护电路的全碳化硅智能功率模块,与采用硅材料的智能功率模块相比,器件体积减小 50%而功耗减少 70%。另外,搭载碳化硅二极管的功率器件已开始用于家用空调。

2)氮化镓

氮化镓是一种新型的复合半导体材料,主要用在高频微波电路和系统中。近年来,美国提出了在大尺寸(如 6in)硅晶片衬底上生长氮化镓的方法,为制造较大面积的平面型功率器件提供了可能,对降低器件成本起到关键性的作用。氮化镓器件在实际电力电子电路中的应用尚需投入大量研发工作。

2.2.5 电机测试技术研究发展现状

电机性能检测是保证电机质量的重要环节,为此必须在各生产工序进行检查性试验。

1. 自动检测仪器的研究新进展

传统电机检测多依据国家标准,试验项目比较多,依赖人工读取仪器耗时较多且易发生误报现象。因此,近年来结合电子、控制、计算机与信息等技术在传统电机检测技术基础上发展而成的自动测试系统成为研究的热点。

在以计算机为核心的第三代自动测试系统——虚拟仪器自动测试系统中,仪器与仪器、仪器与计算机之间通过内部总线进行连接。内部总线使仪器的构成灵活方便、结构紧凑,仪器可以利用计算机扩展各方面的功能。第三代自动测试系统的出现给测试技术带来了革命性的冲击,在测量原理、仪器设计等很多方面都产生了重大影响。第三代自动测试系统虽然还处于初始阶段,且存在工作频率不够高等缺点,其应用还不够普遍。利用计算机的软硬件资源代替测量系统中的大量硬件,是电机自动测试技术发展的方向。

2. 特殊试验项目的研究新进展

(1)高速电机加载测试。对于转速为 60000～100000r/min 的高速电机,目前多采用电机对拖方式加载方法进行测试。对于转速高于 60000r/min 的电机,由于采用对拖方式测试同心度难以保证,传统联轴器难以满足要求,目前多采用柔性联轴器或非接触式方式。

(2)动态刚度测试。目前多采用机械接触式加载方法,滚动轴承结构将主轴的高速转动与静态加载相结合,这样可使静动刚度加载方便,测量精度高。

(3)模态测试。模态测试主要包括电动机的模态测试和发电机的模态测试。采用锤击法来进行发电机定子铁心模态试验,测试结果分辨率为 0.5Hz。而采用振动台正弦激振方法测试的扫频范围为 50～1000Hz,力锤冲击激振试验的振动信号采样频率为10kHz。

(4)温升测试。热电阻法与热电偶法成为应用较广的测试方法,而红外测温法较适用于旋转体的非接触测温,如电机转子表面和外露元件(如集电环、换向器等)温度的测量。红外测温简单,但测试精度稍差,并易受测点周围环境温度的影响。

(5)故障诊断测试。电机故障诊断技术发展至今已与数理分析、信号处理、智能算法等成功结合起来。电机故障的数学建模分析方法主要有理论分析、仿真研究等。小波分析在信号时域和频域具有用多重分辨率刻画信号局部特征的能力,适用于检测正常信号中夹带的瞬态反常现象,在电机故障特征提取和奇异点检测等方面具有重要的意义。近年来,人们不断探索新的智能诊断方法,粗糙集理论、支持向量基等方法在设备故障诊断系统中的应用都取得了进展。

3. 特种电机测试平台的建设情况

特种电机的测试平台可实现其动静态参数的测试,目前国内关于该方面的研究比较少,多参照旋转电机的测试方法,没有系统的规范与标准。在各类特种电机测试中,目前亟须解决的技术难点主要是高稳定度负载控制方法、系统测试误差修正、多转矩类型和快速响应型等测试内容。

在国内直线电机测试平台建设方面,哈尔滨工业大学提出了一种采用直线电磁阻尼器加载的直线电机系统测试方案,从原理上消除了加载力波动,提高了加载力精度。浙江大学与上海南洋电机有限公司共同开发了一种静态试验平台,能测试直线感应电机起动时的推力与法向力,同时研发一种动态试验平台,能测量不同负载、不同速度情况下直线感应电机的推力与法向力。北京交通大学提出一种采用互馈试验技术的直线感应电机试验系统,由两套“变流机组-直线感应电机”组成,两台电机的能量在直流侧互馈,能对变流器、直线感应电机等部件进行各类测试。清华大学提出了一种直线电机运动系统综合试验装置,功能包括直线电机驱动机床进给系统的动刚度测试、推力系数测定、温升试验和低速运动特性试验等。东南大学提出了一种直线电机电磁推力及推力波动测试装置,通过一种磁悬浮、无齿槽结构的直线电机对待测直线电机加载,实现动态性能的测试。

2.2.6 电机系统的技术发展趋势

从国际发展态势来看,高新技术领域对高性能电机系统的需求旺盛,电机系统应用边际不断拓展,性能指标要求不断提高。尤其是为满足某一应用领域和背景需求,综合考虑复杂环境和负载工况条件下,满足多种高性能指标的专用化电机系统是重点研究发展方向。我国电机设计理论与技术水平处于世界前列,在大、中、小各功率等级各种类型电机系统研究方面的基础较好。

1. 能源领域用电机

单机容量大型化是风电机组的必然发展趋势，特别是近年来海上风电的兴起，兆瓦级风力发电机技术成为研究的热点。机型主要包括低速直驱型、中速半直驱型和高速永磁或双馈型等。大型直驱发电机的重量和成本问题尤为突出，主要从先进拓扑结构、新材料和新原理等方面进行解决。中速半直驱采用永磁发电机与齿轮箱集成的紧凑型传动链，两者的集成和匹配设计是技术难点。此外，国内外开始尝试将超导电机、定子永磁型电机和盘式永磁电机等新型拓扑结构应用于风力发电机。

作为可再生能源的海洋能源(如波浪能、潮流能、潮汐能)，同样成为新型开发能源。潮汐发电机一般采用灯泡式结构，目前单机容量最大为 26MW，在韩国始华湖电站运行。潮流能具有蕴藏量大，周期性强，能量密度大，无须建设堤坝、围堰，对周围生态环境影响较小等特点，是一种被人们普遍看好的新能源。潮流发电依靠潮流对叶轮式机械的冲击而发电，目前潮流能发电机组单机最大容量已达到 1.2MW(英国)。波浪能及潮汐能发电的难点在于波浪能及潮汐能具有不稳定性和能量密度较低，波浪能发电机设计方法、结构及材料选择成为研究的热点。

高速发电机结合微型燃气轮机组成的分布式发电系统，其特点在于功率密度高、体积小、便于携带，可用于军队作战、不间断供电等特殊场合。但是，高速发电机的机械结构设计、损耗与噪声抑制、轴承及转子动力学等存在技术难点，成为高速电机的研究热点。

2. 交通领域用电机

电驱动系统是电动车辆、全电飞机、全电船舶及电力机车的核心与关键部件，包括电机及其控制器。其优势在于：动力系统布置更具灵活性；可满足交通工具中的用电需求；降低系统噪声使得乘坐变得舒适、在军事领域中应用具有更高的隐蔽性。目前发展较快的是电动轿车和电动客车，要求电动机及其控制器具有高功率密度、高效率、宽调速范围、质量轻和很强的环境适应性。插电式混合电动车是当前电动车辆的一大发展趋势，其增程器需要高性能的发电机与内燃机相配套。

目前主流的牵引电机为感应电机，但永磁牵引电机已成为国际上机车牵引电机技术开发的主题方向之一。与目前感应电机牵引传动系统相比，其具有效率高、体积小、重量轻、噪声低等优点。中国已研制成功 700kW 高速动车组用稀土永磁同步牵引电机，在现有动车组装配条件下，使高速动车组单轴(动力轴)牵引功率由 560kW 提高到 700kW，减少能耗 15%，有望近期装备高铁。

3. 装备领域用电机

装备领域用电机主要分为交流伺服电机、力矩电机、高速电机及直线电机。该类电机具有位置和速度控制精度高、动态响应能力强、高动态刚度、高速度、高功率密度和加速度等优势。其难点在于减小电机的体积和重量，并提高电机的稳定性。对于直驱低速大转矩电机需要采用新型拓扑结构和冷却技术提高转矩密度。

4. 国防领域用电机

在国防领域中，除舰船推进、全电（或多电）飞机采用高功率电机外，电磁弹射直线电机可用于航空母舰舰载机短行程起飞，舵用旋转或直线电机用于导弹导向系统，而高速发电机为部队野外作业提供分布式供电系统，均成为国防领域的全电化发展趋势。军事领域对电机的高功率体积比、高功率重量比、抗冲击性能强、可靠性高及维护性好等指标的极致要求，是电机对其极限性能探索的动力。

5. 可变速水轮发电机

可变速水轮发电机采用双馈电机，通过变速恒频技术实现电网与水轮机系统的柔性连接。可变速机组可以随着电站工作水头的变幅而调整发电机的转速，特别适用于水头变化较大的常规水电机组和抽水蓄能机组。目前日本已在葛野川电站建成475MV·A的抽水蓄能发电/电动机组。

2.2.7　电机系统前沿技术

1. 超导电机技术

高温超导材料的发展促进了超导电机技术的提高。目前，研究最多的是超导励磁同步电机和单极直流电机，美国、日本、德国和英国的超导电机技术处于领先地位。超导电机技术在直驱风力发电机、舰船推进电动机和机载发电机等领域具有良好的应用前景。

2. 极端工况电机

极端工况电机包括高速或超高速电机（如高速直驱和飞轮储能应用场合）、超低速电机、极端环境（如核反应堆高温环境、航空航天等真空和低温环境）使用的电机。

3. 高效、高功率密度电机

由于特殊领域的需求（如军事领域、高集成化装配制造业领域、航空航天领域),将高效率及高功率密度在同一个电机系统中共存已成为一项前沿技术,对电机材料、结构设计、冷却方法及优化设计方法提出了巨大的挑战。

4. 超精密运动控制电机

随着位置检测技术的发展,以及市场对装配制造业性能需求的不断提高,运动控制电机的精度已上升到纳米级的水平,并有进一步提升的趋势。减小电机转矩/推力波动,以及多物理场综合分析、设计成为该类电机的技术难点。

5. 电机多目标综合优化设计技术

将反应面算法、差分进化算法、粒子群算法、模拟退火算法、遗传算法等寻优算法引入电机设计中,实现电机的多目标综合优化。

6. 多物理场耦合分析技术

电机在电磁、热、机械、流体、电力电子等学科领域存在强耦合关系,单一物理场的仿真无法获得精确的符合实际的结果。有限元分析的主要趋势是多物理场耦合仿真分析。多物理场耦合分析技术已开始用于各种高性能电机的设计。

7. 纳米材料绝缘技术

研究表明,在环氧云母对地绝缘中使用经过特殊处理的球状 SiO_2 纳米颗粒,绝缘系统的性能可以得到明显改善,抵抗局部放电腐蚀和电树枝形成的能力大幅提升,可延长电气击穿前的寿命时间,显著提高定子绕组的机械和热性能。含有纳米成分的绝缘系统绝缘材料可以更薄、槽满率更高、热交换效果更好。发展新型纳米绝缘系统为设计更高效的定子绕组提供了依据,具有良好的应用前景。

8. 故障诊断技术

大型汽轮或水轮发电机、风力发电机、电动车电机等必须具备状态监测、故障预警等功能,故障诊断和辨识技术可有效降低故障率,提高运行的可靠性。智能诊断系统和远程虚拟仪器技术是大型电机状态检测与诊断的重要发展趋势。

9. 高性能控制技术

高性能控制技术包括无位置传感器控制、多相空间矢量 PWM 控制、无刷直流电机的直接转矩控制、容错运行控制、智能控制等。

目前,我国电机系统学科的发展还存在薄弱环节,主要表现如下:第一,电机系统的驱动控制技术水平相对落后。我国在电机驱动控制的硬件方面处于劣势,对高性能、高精度电机控制方法和控制策略的研究不够深入,电机与控制的结合度不够,制约了电机系统整体水平的提升。第二,电机系统基础理论与其他学科交叉研究不够深入,尤其是在复杂约束条件下电机系统分析理论、设计方法、精确测试手段、高效控制策略等方面和国外先进水平相比存在明显差距。电机内部电磁场理论与热力学、结构力学以及其他学科交叉,研究水平较低,在开展电机系统多物理场分析过程中主要依赖国外商用软件,自主知识产权的计算机辅助设计能力不强,在一定程度上制约了高品质电机系统的发展。第三,对电机材料服役特性、关键部件的生产制造工艺设计关注较少。电机系统是电与机有机结合的集成化系统。我国电机系统的基础与创新性研究主要集中在高校和科研院所,基础研究与实际应用联系有待加强。研究设计过程中,对电机系统中使用的电工材料、永磁材料、结构材料、绝缘材料和其他辅助部件(轴承、减速机)等服役特性和规律认识比较欠缺,一定程度上影响了我国电机系统的实际性能水平和使用品质。例如,电机的发热、冷却、振动与噪声问题,甚至电机功率密度、转矩密度等性能提升能力有限,在一定程度上都是电机结构设计和材料应用水平不足导致的。另外,对电机结构工艺的研究也较少,基础研究性基金在这方面给予的支持不多,也制约着如超高速电机、超精密电机、生物医学领域的微/纳电机、超导电机等电机系统可靠性和应用水平的进一步提高。

2.3 今后发展目标和重点研究领域

2.3.1 电机系统的发展方向

电机学科发展到21世纪,其设计理论与分析方法已经形成了一套相对完善的体系。但随着各个领域对电机系统功能、适应性等需求的增加,其指标变得更加苛刻、约束条件变得更加复杂,使得现有理论适应性不足,现有方法在一定程度上失去了准确性。应该说电机学科始终呈现一种需求牵引学科发展的规律。随着应用领域的不断拓展,电机学科的外延和内涵也随之不断发展。电机系统的通用性逐渐向专用性方向发展,打破了过去同样的电机系统分别用于不同负载类型、不同使用场合的局面。电机系统正向专用性、特殊性、个性化方向发展。

1. 电机系统向着高性能的方向发展

多种应用领域对电机系统的需求更为多样化,电机系统的精度、转速、功率和效率等性能指标要求越来越高,现有的通用化电机及其驱动系统的性能越来越不能满足应用领域的苛刻需求。多样化、高性能的需求将引领电机系统的相关技术向指标极限化方向发展,超高速大功率、超低速大功率、高效高功率密度、超高精度、超高可靠性等理论和技术要求成为研究的热点。

随着电机行业的不断发展,电机产品的外延和内涵也不断拓展,电机产品广泛应用于冶金、电力、石化、煤炭、矿山、建材、造纸、市政、水利、造船、港口装卸等各个领域。电机的通用性逐渐向专用性方向发展,打破了过去同样的电机分别用于不同负载类型、不同使用场合的局面。电机正向专用性、特殊性、个性化方向发展。

2. 电磁场与其他物理场之间相互作用的耦合理论、数学模型、分析方法是目前电机系统理论创新的热点

尽管电机作为一门成熟学科,已经形成了其自身的设计理论、方法,但随着其性能指标需求的提升(如更高的转速、更高的功率密度、更高的转矩密度等),以及工况的复杂性,传统的设计理论与分析方法不足以指导电机系统的高效、精确设计,复杂约束条件下的多物理场因素综合分析与多目标优化方法已经成为该领域的研究热点。

电机传统的设计与分析手段如电磁场解析法、电磁场数值计算及场路结合法等单一或联合求解问题的适用范围有限,也无法精确计算多物理场之间的耦合关系,难以满足现代电机设计分析的复杂要求。随着各物理场理论、数值计算方法、计算机模拟技术的快速发展,多物理场耦合理论及分析方法将成为研究电机内部的电、磁、热、应力、光、声等物理量及物理场的动态规律的必要条件,是更加精确描述电机系统运行特性模型的重要手段,也是解决多约束条件、多变量、多峰值、多优化目标组成的电机系统非线性规划问题的理论基础。

3. 电机学科与机械、信息、能源、生物等学科相互交叉成为电机学科发展的新源头

多种高性能指标的共存,将打破传统电机系统电、磁、热三因素系统中设计、制造的比重,而所涉及的学科也在不断扩充,包括材料、结构动力、电子、计算机科学及数学等学科。因此,这类行业的特殊性能需求势必牵引电机系统相关技术的前行。电机学科与其他学科交叉的发展主要体现在:机械结构及动力学特性对电磁场的影响规律的认识、控制系统对电机损耗影响规律研究、电机测试技术与在线监测系统的研究、可变能源系统与传热规律对电机系统的影响规律研究、电机系统的辐射与生物电磁场之间相互影响规律的研究、生命维持装置用微型电机的理论研究。

2.3.2　电机系统的重点研究领域

我国电机系统的重点研究领域包括大容量、巨容量电机系统的设计与冷却技术,永磁电机系统的设计理论与控制技术,多相电机系统的分析设计理论与方法,电机系统容错控制与可靠运行理论,电机系统的状态监测与故障诊断技术,直线电机系统,以及以新兴材料为基础的超导电机系统等。

2.3.3 电机系统的优先研究领域

电机系统优先研究领域是高效能、高品质电机系统基础科学问题。

1. 开展高效能、高品质电机系统研究的科学意义

高效能、高品质电机系统科学技术是电机系统领域的国际化核心竞争力和未来技术发展亮点，对国家战略性新兴产业和可持续性低碳经济模式的发展具有重要意义。高效能的目标是在有限增加或不增加材料、体积、成本等的前提下，较为显著地提高系统功率、效率、功率因数、功率密度或转矩密度，改善转矩平稳性、转速或转角控制精度、动态响应等性能指标；而高品质的目标是在同样的性能指标下电机系统实现轻量化、高集成化，极力追求高精高刚高频响特性、低噪声振动特性，高稳定高安全高可靠性等性能指标，以及兼具高效能和高品质的电机系统。高效能、高品质电机系统研究的突破，为我国多个领域的重大基础设施装备和重要战略体系的建设提供了核心理论基础，逐渐成为促进我国新能源、高端装备、交通运输、航空航天等高技术产业竞争力提升、国民经济发展和国防体系现代化的战略基础装备。同时，高效能、高品质电机系统所涉及的科学问题、设计理论与方法以及系统集成技术也可以推动和牵引新型电工材料、功率器件、控制方法、加工制造等多个学科和相关技术的发展，具有较高的研究价值。

2. 我国在该领域的研究现状和发展方向

要实现高效能、高品质的目标，离不开电机系统的优化设计、精密加工与新材料的应用，以及电力电子装置及控制算法的系统化应用，甚至需要相应传动装置及负载进行更高层级的系统优化。目前，我国已经研制出一系列超高性能指标的电机系统，总体处于国际先进水平，例如，以三峡 700MW 水轮发电机机组为代表的超大容量电机系统、电机转速达 300000r/min 以上超高速电机系统、电机转速为 1 转/天的超低速电机系统、功率密度在 7kW/kg 以上的超高功率密度电机系统、转矩密度在 12.5N·m/kg 以上的大容量高转矩密度多相电机系统等。我国中长期科技发展战略规划中明确了对电机系统的发展目标和重点研究内容，简而言之就是“兼具高效能和高品质的电机系统”，以下面的重点研究领域为例来说明：①交通运输和军事装备系统要求电机系统具有高效率、高功率密度、高转矩密度、高可靠等性能，如电动汽车、全电/多电飞机、全电/多电舰船、高速铁路、磁悬浮列车等为代表。②等分布式新能源领域要求电机系统具有高能量转换效率、高可靠等性能，如风力发电、燃气轮机发电、波浪发电。③高端装备中要求电机系统具有高加速度、高位置伺服精度、高稳定性、高平稳性等性能，如光刻机、高档数控机床、高端科学仪器等。④大规模电力系统与超大容量电机系统之间存在交叉耦合，要求电

机系统具备高稳定性和高可靠性运行能力。⑤国防领域中要求电机系统在特殊环境下具有高动态响应、高转矩过载、高功率过载、高可靠性等极限性能等。不再逐一列举。

3. 该领域的关键科学问题与主要研究方向

为了实现高效能和高品质的电机系统，兼具多种高效能、高品质指标的特种电机系统设计理论、制造工艺、运行控制方法、测试与评价方法成为亟待研究发展的重点内容，具体科学问题和研究方向包括：

(1)电机系统内部多物理场交叉耦合与演化作用机理。针对电机内部的电-磁-力-热-流体多物理场的分析，首先要建立电机系统的精确物理模型，包括电磁场、温度场与流体场的精确模型和基于集中热参数的热网络模型等；其次是基于电路、电磁场、温度场、流体场、机械动力学等多场、多平台、多目标综合仿真分析方法与精确优化设计方法，多物理因素综合作用下电机“结构-制造-性能-材料服役行为”的耦合规律和综合分析方法研究；以及电机系统高效能特性综合测试和高品质特性的综合评价方法等。

(2)多约束条件下高效能、高品质的电机系统设计、分析与控制理论。少稀土或无稀土型、多相绕组、基于新型功能电工材料等高效能、高品质电机系统的新型拓扑结构、设计理论与方法、制造工艺、控制策略研究；复杂环境和工况需求等约束条件下电机系统热问题、动力学问题研究；高可靠性、多冗余度与容错技术研究；集状态监测、故障诊断、远程通信、实时控制于一体的智能化电机系统设计理论与方法等。同时，上述研究内容应包括超大或微纳型电机系统。

参考文献

[1] 唐任远，顾国彪，秦和，等. 中国电气工程大典第9卷电机工程. 北京：中国电力出版社，2008:16869.

[2] 国家自然科学基金委员会，中国科学院. 未来10年中国学科发展战略·能源科学. 北京：科学出版社，2012:490.

[3] 中国电工技术学会. 2012—2013电气工程学科发展报告. 北京：科学出版社，2014.

[4] 马伟明，王东，程思为，等. 高性能电机系统的共性基础科学问题与技术发展前沿. 中国电机工程学报，2016，36(8):2025－2035.

[5] 张淦，花为，程明. 磁通切换型永磁电机非线性磁网络分析. 电工技术学报，2015，30(2):34－42.

[6] 张凤阁，杜光辉，王天煜，等. 基于多物理场的高速永磁电机转子护套研究. 电机与控制学报，2014，18(6):15－21.

[7] 王凤翔. 永磁电机在风力发电系统中的应用及其发展趋向. 电工技术学报，2012，27(3):12－24.

[8] 夏长亮. 永磁风力发电系统及其功率变换技术. 电工技术学报，2012，27(11):1－13.

[9] 沈建新,缪冬敏. 变速永磁同步发电机系统及控制策略. 电工技术学报,2013,28(3):1—8.

[10] 夏长亮,方红伟. 永磁无刷直流电机及其控制. 电工技术学报,2012,27(3):25—34.

[11] 范坚坚,吴建华,李创平,等. 分块式 Halbach 型磁钢的永磁同步电机解析. 电工技术学报,2013,28(3):35—42.

[12] 程明,张淦,花为. 定子永磁型无刷电机系统及其关键技术综述. 中国电机工程学报,2014,34(29):5204—5220.

[13] 诸自强. Novel switched flux permanent magnet machine topologies. 电工技术学报(英文),2012,27(7):1—16.

[14] 寇宝泉,张鲁,邢丰,等. 高性能永磁同步平面电机及其关键技术发展综述. 中国电机工程学报,2013,33(9):79—87.

[15] 李争,孙克军,王群京,等. 一种多自由度电机三维磁场分析及永磁体设计. 电机与控制学报,2012,16(7):65—71.

[16] 董剑宁,黄允凯,金龙,等. 高速永磁电机设计与分析技术综述. 中国电机工程学报,2014,34(27):4640—4653.

[17] 顾国彪,阮琳,刘斐辉,等. 蒸发冷却技术的发展、应用和展望. 电工技术学报,2015,30(11):1—6.

[18] 王高林,张国强,贵献国,等. 永磁同步电机无位置传感器混合控制策略. 中国电机工程学报,2012,32(24):103—109.

[19] 涂小涛,辜承林. 新型横向磁通永磁电机无位置传感器磁链自适应直接转矩控制. 中国电机工程学报,2013,33(9):97—103.

第 3 章　电力系统及其自动化

3.1　学科内涵与研究范围

电力系统及其自动化学科是研究电力系统规划设计、特性分析、运行管理以及控制保护等理论和方法的学科。

我国电力系统已经建成世界上服务人口最多、覆盖范围最广、输电电压等级最高、容纳可再生能源最多的超大规模复杂互联电网，这使得电力系统规划设计、分析与仿真、运行与调度、控制与保护等均面临新的挑战。这主要体现在以下四个方面：

(1)高比例可再生能源消纳压力大。根据国家能源局的统计，截至 2015 年年底，我国并网风电累计装机达到 1.29 亿 kW，同比增长 34.2%，占全部发电装机容量的 8.6%；太阳能光伏发电累计并网容量达到 4158 万 kW，同比增长 67.3%，约占全球的 1/5，超过德国成为世界光伏第一大国。预计到 2030 年，我国风力发电装机与太阳能发电装机均将超过 4 亿 kW。

然而，风电、太阳能发电区别于传统发电的一个重要特征在于它的随机波动性。由于产生电力的一次能源来自自然界空气的流动与太阳光的辐射，不仅不可储存，而且受到季节、气候和时空等的影响，具有很强的随机波动性和间歇性，因此，高比例可再生能源接入电网后，系统的随机性明显增强，适应高比例可再生能源的规划、分析与控制面临挑战。

风、光等可再生能源的另外一个重要特征在于它的能量密度低。这一方面导致风电、光电通过电力电子设备并网，使得系统中电力电子设备的比例明显升高，改变系统运行和响应特性；另一方面，大量的小容量发电机组接入电网，使电力系统受控发电单元呈爆炸性增长的趋势，改变了系统运行控制的方式。按照我国风电装机 2030 年将超过 4 亿 kW 的规划，以目前风电的平均单机装机容量来计算，到时需要并入电网的风电机组数量将超过 28 万台。

(2)大容量远距离输电需求在未来一段时间内仍将存在，需要发展先进的大容量输电技术。在我国，76%的煤炭资源、2/3 的可开发水电资源、90%以上陆地风能资源分布在西部地区，太阳能资源丰富地区主要分布在西藏、青海、新疆等西北省(自治区)，而我国经济发展和能源消费需求的重心一直在东中部地区。能源资源和用电需求在空间分布上的差异决定了我国必须通过大规模“西电东送”保障全国电力供应，需要发展先进大容量输电技术提供强大支撑。

(3)我国复杂电力系统安全稳定运行面临新的挑战。电力系统容量和规模的巨大发展在满足国民经济电力需求的同时，也带来大面积停电的风险。国内外电网大停电事故的教训表明，电网的安全和供电的可靠性始终是电网要关注的第一位问题。大量可再生能源电力并网和电力电子装备的使用为电网安全带来很多新问题。

(4)分布式能源和电动汽车的普及应用正在推动能源生产与消费方式的变革，促使电网转变为能源交互平台。我国目前的电能消费模式较为粗放，服务质量和满足多样化用电需求的能力不高，具有巨大的提质增效空间。一方面，我国能源的利用效率和能源系统的资产利用效率还不高，用户侧巨大的调节资源没有调动和发挥。随着电力市场的成熟完善，用户将可以根据电价信号灵活调整用电行为，参与系统调峰，有利于电力系统接纳更多的可再生能源。另一方面，随着分布式能源、电动汽车的普及利用，用户对用电便捷性、选择性、扩展性的要求更加突出，将从单纯电力消费转变为消费、生产、存储多位一体，并从单一消费电能的需求扩展至对冷/热/电等多种能源及不同供能品质的多元化需求。必须转变传统的以供定用的服务模式，建立多种发电和用电设备之间的交互平台，并进一步发展微网、综合能源系统及能源互联网等新型多能源供需互动技术。

紧密结合当前我国电力系统面临的挑战，本章从电力系统规划、控制、保护、仿真、电力市场、电力系统运行与调度及新型输配电技术方面梳理国内外研究现状与发展趋势，阐述近期发展目标和重点研究领域。

3.2　国内外研究现状与发展趋势

3.2.1　电力系统规划

传统的电力系统规划理论与方法是过去50年来逐步发展建立起来的，一般以满足负荷峰值供应为规划基础，在我国主要采用确定性的安全准则。随着智能电网的发展，电力系统规划工作面临多方面新的挑战。

(1)大量不确定性因素的增加使规划工作难度更大。大规模间歇式可再生能源广泛接入，用户侧需求响应措施日益丰富，电动汽车充电设施的广泛配置等，导致发电侧的不确定性显著加强，负荷需求更加难以预测[1]。相对于设备故障等传统不确定因素，新型不确定因素的不确定性程度更高，对电力系统规划工作的影响也更加明显[2]。这些不确定性因素将有可能直接导致电力系统的安全稳定问题，也直接影响系统的运行经济性。面对当前能源生产与消费变革的新形势，亟须研究适应多重不确定性因素的电力系统规划新方法，以综合权衡规划期内不确定性规划方案呈现出来的成本、效益和风险。

(2)电力建设与运营主体的多元化需要更加科学的协调规划方法。随着我国电力市场化进程的加快,电力系统建设的主体将发生很大变化,多投资主体之间的矛盾将日益突出。国家层面的能源电力规划与地方层面的能源电力规划、电网规划与电源规划、输电规划与配电规划、调峰调频电源规划与常规电厂规划、新型电能存储设施与电源和电网的协调规划等使规划问题更加复杂,需要建立考虑多元投资主体并存、符合市场化原则,电源-电网-负荷协调发展、满足低碳经济需求的电力系统新型规划模型与方法[3]。

(3)电力新技术的快速发展使规划工作更具挑战性。近年来,电力新技术发展迅速,特高压交流输电技术、特高压直流输电技术、柔性交流输电技术、电压源型直流输电技术、大型风电场和光伏电站并网运行技术、大规模电池储能技术、智能配电网控制技术[1]、微电网与分布式电源技术等正在改变着传统电力系统的物理形态[4],电力系统的电力电子化趋势将使电力系统的运行特性发生重大变化,必须在系统控制灵活性、运行可靠性、建设与运行经济性等诸多方面进行更好的权衡,电力新技术的应用将使电力系统规划问题更加复杂化。

做好电力系统规划工作,对于电网接纳大规模可再生能源、实现能源跨区域大范围优化配置、提高电网与负荷用户的互动能力意义重大,也是提高电力系统运行的安全性、可靠性与经济性的重要手段,需要不断探索新的规划理论和方法,以满足新形势下电力系统的发展需求。面对电力系统发展的新形势和新要求,近年来在电源规划、输电系统规划、配电系统规划、微电网规划等方面都取得了一定的进展。

(1)电源规划。目的是根据将来某一时期的负荷需求预测,在满足一定可靠性水平的条件下寻求一个最经济的电源开发方案。目前针对传统电源的实用化规划软件很多,包括我国学者开发的 JASP(Jiaotong automatic system planning package)等。典型规划方法是将电源规划问题分解为电源投资和生产优化决策两部分,采用随机生产模拟的方法进行生产优化并计算系统可靠性指标。随机生产模拟需要考虑规划期内可能存在的诸如各机组的非计划强迫停运、未来电力负荷的随机波动、水电厂来水的不确定等因素。通过随机生产模拟,可获得方案中各机组的期望生产电能、生产费用及电源可靠性指标,为电源规划的决策提供准确的反馈信息。近年来,随着可再生能源的快速发展以及人们对碳排放量的日益关注,在电源规划中考虑这些因素的影响成为研究的热点。例如,将绿色证书交易机制和碳交易机制引入电源规划模型中,考虑规划期内的系统收益、投资成本以及运行成本,并在传统规划约束条件基础上,增加了可再生能源配额、出售或购买绿色证书数量和碳交易量等约束条件,从而建立了以规划期内系统净收益最大为目标的低碳经济电源规划模型等。但总体上讲,考虑新的影响因素而开展的研究工作主要停留在理论研究层面，获得普遍认可、满足新的电力发展形势需求的电源规划软件还很缺乏。特别是在我国，多年来经济高水平增长，未来负荷的不确定程度高，电源规划基本沿用传统的规划思路和方法，该领域的研究进展和实际需求之间还有较大的差距。

(2)输电网规划。规划的目的是确定何时、何地、建设何种类型的线路或者变电站以满足未来负荷增长和电源发展的要求。相关研究工作已经开展了很多年，实用化的方法主要是基于确定性模型获得的。近年来，对如何考虑不确定因素的影响已成为重要的关注点，也已取得了一些成果[2]。方法主要分为两类：基于多场景技术的电网规划方法和基于不确定理论的电网规划方法。前者属于早期研究不确定规划问题的常用方法，将规划水平年的不确定因素转化为多个确定性场景，计算相对简单；后者相对比较复杂，可在规划过程中较好地模拟不确定因素的影响，具有较为严格的数学理论基础，是输电网不确定规划领域比较令人关注的研究方向。提高输电网接纳大规模可再生能源的能力，满足能源远距离跨区域合理配置的要求，综合考虑交直流新型输电技术的影响，在满足可靠性要求的前提下规划好输电网，目前还有很多工作要做。

(3)配电网规划。我国配电网近十年的建设投资规模一直很大，年投资在千亿元以上。面对大规模的建设投资，电网公司非常重视配电网的规划工作。目前，国家电网公司和南方电网公司都在组织实施配电网规划系统的全面布置，以便为规划工作者提供一个常态化规划的工作平台。同时，在规划理论上也取得了一定的进展，例如，发展了以配电网最大负荷供电能力作为系统资产利用率的评价手段，尽可能防止系统过度投资建设，实现多电压级配电网协调规划；构建了以可靠性提升为目标的规划方法体系，尽可能提高投资对可靠性指标提升的效益等，这些工作对提高我国配电网的建设水平发挥了很好的作用，但主要规划对象是常规配电网。随着智能配电网的发展，配电网规划工作出现了许多新的需求，特别是分布式电源的广泛接入、负荷需求侧响应措施的实施等，配电网已成为有源网络，配电网的控制也更加主动，这些使配电网规划工作在理论和方法上都发生了很大的变化[1]。目前，针对智能配电网规划的理论方法很多，重点是考虑分布式电源等新因素的影响，包括综合考虑社会、配电网运营商以及分布式电源投资商等多方利益影响下的规划方法等。虽然针对智能配电网规划的研究工作很多，但基本属于理论探索阶段，规划工具主要采用针对典型运行场景的仿真分析工具。

(4)微电网规划[4]。微电网的建设需要进行充分的技术、经济和环境效益分析。技术可行性分析决定了微电网能否建立；经济可行性分析则是微电网是否具备建设和运行经济性的关键；环境效益分析则是从保护环境的角度考虑微电网接入带来的好处。相对于传统电网，微电网建设运行更为复杂，需要考虑风、光、气、冷、热、电等不同形式能源的合理配置与科学调度，这使得微电网规划设计的不确定性和复杂度都大大增加,尤其是目前微电网还面临着分布式电源成本高、技术经验不足、行政政策不确定性以及市场机制不健全等一系列挑战,只有合理确定微电网的结构与容量配置,才能保证微电网以较低的成本取得最大的效益,进而达到示范、推广的目的。研究和发展合理可行的微电网规划设计方法对保证其顺利建设与运行至关重要。为了便于实际微电网规划设计的应用研究,已有多种微电网规划设计软件可供使用,例如,美国国家再生能源实验室开发的 HOMER(hybrid optimization model for electric renewable),美国劳伦斯伯克利国家实验室开发的 DER-CAM(distributed energy resources-customer adoption model),天津大学开发的 PDMG(planning and designing of micro-grid),这些软件都具备满足微电网设备选型与定容需求的规划功能,但各软件的侧重点有所不同,在解决规划中的不确定性问题、运行策略对规划结果的影响、项目建设的风险评估等方面还有较大的改进余地。

在能源变革的新形势下,需要满足经济可持续发展要求的电力系统规划理论与方法,以便形成适应电力能源特点和负荷特性的电力系统结构体系。未来的规划方法将需要更加关注下述几个方面:

(1)可再生能源出力及电力需求预测方法。电力系统规划中存在许多不确定性因素,例如,可再生能源出力固有的随机性、波动性;需求侧管理措施对负荷需求的影响;电动汽车充电负荷的时空分布特征等。这些不确定性因素使传统预测方法无法满足新形势下的电力系统规划要求,需要研究更加准确的可再生能源的出力和电力需求预测方法。通过揭示可再生能源的出力特征、不同需求侧管理措施下的负荷响应特性、电动汽车负荷集群效应等,最终发展出可再生能源出力预测模型和新型电力需求预测模型。

(2)电源规划理论与方法。同传统电源规划中仅考虑大型电厂不同,由于可再生能源发电系统可以以集中式或分布式模式接入电网,所以新形势下的电源规划还需要考虑分布式电源的应用模式,需要揭示可再生能源出力、规模化储能、电动汽车群体的随机时空特性及其与电力系统的交互作用机理,建立描述大规模可再生能源出力、规模化储能、电动汽车与弹性负荷群体特征的随机数学模型,从电源组合、源网协调等方面研究电力电量平衡方程和随机生产模拟方法,研究大规模集中式和分布式电源规划方法,协调不同利益主体的多目标电源规划理论和方法等。

(3)输电网规划理论与方法。以可再生能源发电系统、灵活交流输电(flexible alternative current transmission system,FACTS)设备、储能系统和输电网为对象,结合可再生能源出力调控、灵活交流输电设备控制策略、储能优化运行模式、新型调频运行控制手段,研究输电网规划中不确定因素的随机多时空特性,探索表征新型运行场景下的输电系统风险、效益、效率的指标,建立将网架优化与发、储、用随机多时空特征相结合的输电网规划模型,发展新型电力市场机制下,可有效提高输电系统抗风险能力、大规模接纳可再生能源能力、具有良好建设和运行经济性的规划理论和规划方法。

(4)智能配电网规划理论和方法。微电网、分布式电源、储能系统、电动汽车充电设施、用户需求侧响应、智能电表、各种新型电力电子系统、交直流混合配电模式等将对配电网的形态产生重大影响,使以传统负荷预测为基础的配电网规划在方法和理念上发生重大变化。其难点在于负荷预测的不确定性更强,运行控制与规划问题高度耦合,系统中的投资主体更加多元化,配电网由无源系统发展为有源系统,配电侧的市场化水平显著提高,同时以智能电表为基础的高级量测系统为规划工作提供了更加多样化的数据来源。为此,基于大数据分析的配电网负荷特性分析,多元投资主体参与下的博弈规划方法,考虑运行问题深度影响的规划策略,以及各种新技术对规划问题的影响等都是需要深入研究的主题。

3.2.2 电力系统控制

近年来,电力系统发、输、变、配、用电以及控制调度等环节都在发生着深刻的变化。这些变化给现代电网的发展带来了新的机遇,也给电力系统控制带来了全新的挑战。

(1)风光等新型可再生能源发电的渗透率不断提高,正悄然改变电力系统的动态行为特性,并产生新的稳定控制问题,如风、光发电等逆变器并网型发电机的有功/无功功率控制,与传统同步发电机之间的高效协调控制问题;集群型风、光发电通过弱交流电网输电的电压稳定性问题;新能源电力电子控制器与电网相互作用引发的次同步振荡问题;随机性强、惯性小、单机容量有限而数目庞大的可再生能源电源的高效调频、调压问题等。

(2)特高压交流和直流、柔性交流和直流等新型输电技术使得更大规模、更广地域的交直流混联复杂输电系统成为可能,将有效提升输电容量和资源配置能力。同时,电网规模的持续增长、交直流系统之间的复杂耦合将导致多种动态行为交织,增加了对现代大规模电网动态行为与稳定性的监控难度。例如,多重故障和连锁扰动将造成电网功率大范围转移,多重稳定性现象同时或相继出现进而引起大电网安全恶化的风险增加,防控的难度急剧上升;由于超大规模功率采用远距离特高压交流或直流输送,一旦输送通道发生故障,电网将面临送、受端功率不平衡而导致严重的稳定性事故或大量切机、切负荷的风险;含多直流馈入的受端电网,其直流线路间的相互影响以及受端电网的电压稳定性问题,正成为制约电网安全稳定运行的新瓶颈;大区电网的互联、同步电网规模的扩大,导致区间功率振荡的频率向超低范围(0.1~0.2Hz)发展并向阻尼特性恶化,而传统的局部反馈控制难以提供足够的阻尼,因而引发严重的功率振荡问题。

(3)分布式能源发电、新型交直流配电设备和先进信息与控制技术在配电网中的应用,推动了传统配电网向主动配电网阶段发展,但能量流的双向流动、电力电子元件的广泛应用使配电网的重构与控制面临新的挑战。作为一种包含分布式发电(或称为微源)、能够实现自我控制、保护和管理的小型自治电网,微电网独特的运行特性面临众多的控制难题需要解决,如微源的"即插即用"、微源的协调控制、微电网运行模式的无缝切换等。

面对电力系统发展的新形势和新要求,近年来在可再生能源并网运行控制、交直流复杂输电系统稳定控制、智能配/微电网控制、储能技术在电力系统稳定控制中的应用等方面都取得了一定的进展。

(1)风、光等可再生能源并网运行控制。近年来,风、光等可再生能源发电得到了迅猛发展,提高发电效率和运行稳定性一直是相关控制领域的重要目标。我国在这一领域的研究工作广泛而深入,所取得的成果涉及多个方面,例如:①风、光并网发电系统最大功率跟踪控制、调频/调压控制、低电压穿越控制;②大规模可再生能源发电基地的有功控制、无功电压控制;③含大规模可再生能源电网的智能调控系统在线安全稳定预警与控制,静态、暂态、动态安全稳定评估;④针对由双馈风机构成的风电场机组侧附加阻尼控制和电网侧主动能耗阻尼控制,以及机网协调控制等,很多成果已经在实际工程中获得了成功应用。

(2)交直流复杂输电系统的稳定控制。针对电力系统的稳定性问题,我国很早就建立了基于三道防线的稳定控制总体思路。近年来,虽然电网的规模、复杂度显著增加,稳定控制在总体上仍沿用该思路,同时针对新的问题和挑战,借助信息、控制技术的进步,扩展了稳定控制理论与方法,提升了其适应性和可靠性。具体的技术进步可概括为控制决策的在线化与智能化、控制信息的广域化与实时化、控制目标的时空协调性与自适应性[5]。例如:①在基于在线预决策的安全稳定紧急控制方面,为了克服传统离线安稳控制策略适应性差、存在失配风险以及难以满足大型交直流混联电网需求的问题,发展了基于即时电网状态和在线预决策的稳定控制系统,并采用分布式、集群式乃至云计算等高性能计算技术,从而实现故障的自动、高速和全覆盖扫描,提升控制决策的效率和实时性,以满足复杂电网的智能化控制决策需求;②在(超)低频区间功率振荡广域阻尼控制方面,由于区域电网互联导致的(超)低频功率振荡涉及范围广、频率低、阻尼弱,其是限制输电容量的关键性瓶颈,广域阻尼控制技术为解决这一问题提供了有效手段[6],基于异地信息反馈的广域控制系统,可实现高效抑制(超)低频功率振荡的目的,方法已经在南方电网实现了工程应用[6];③在基于广域测量系统的三道防线协调控制方面,在广域动态测量系统的支撑下,构建了时空协调的全局性防御控制架构,实现了包括广域测量与数据挖掘、动态分析与即时辨识、在线稳定分析与控制决策、三道防线多重控制的优化与协调等功能[5];④在柔性输配电系统控制方面,高压大功率静止同步(无功)补偿器已经投运,基于 MMC 的两端和多端基于电压源换流器的直流输配电技术已在南方电网涠洲岛、浙江舟山柔直工程成功应用,研发的发电机附加励磁阻尼控制、网侧机端次同步阻尼控制、静止无功补偿器和高压直流输电附加次同步阻尼控制等解决了大型火电基地外送系统的次同步谐振/振荡问题。

(3)智能配/微电网控制。进入21世纪以来,在集中发电、远距离输电的大型互联网络系统蓬勃发展的同时,将分布式发电系统以智能配/微电网的形式接入大电网并网运行,与大电网互为支撑,已逐渐成为电网新的发展方向。智能配/微电网的运行方式灵活多变,提供优质的供电服务离不开高效而稳定的控制系统,智能配/微电网的控制策略对分布式电源接入电网及改善智能配/微电网系统特性具有举足轻重的意义。目前,国内外学者在该领域开展了大量研究[7],包括:①智能配电网的自愈控制,目的是实现配电网的智能化故障定位、控制决策、故障隔离、网络重构、供电恢复以及故障诊断等功能;②各种分布式电源在不同运行方式下的控制模式与控制策略,以实现高效利用可再生能源、即插即用和协调分配功率的目标;③微电网的综合协调控制,目的是避免微电网运行模式变化时导致电压和频率大幅波动,实现微电网的平滑过渡,降低运行模式变化给微电网或配电网带来的冲击等。

(4)储能技术在电力系统稳定控制中的应用。储能被认为是将来可能改变电力系统的颠覆性技术,在发、输、配、用各个领域都有很好的应用前景,相关控制技术已得到广泛深入的研究,取得了一些重要的成果[8],例如:①基于超导磁储能系统或飞轮储能的电力系统稳定控制器装置;②电池、大规模压缩空气等储能技术与风光波动性电源的协调控制,以提升可再生能源效率与稳定性;③电池等储能系统接入输配电网或电厂,辅助电力系统稳定控制和/或调频、调压控制;④应用储能控制来改善微电网的稳定性和切换平滑性。但目前由于储能的整体投资偏高、相对容量偏小,其大规模推广应用仍需进一步发展储能本体技术和进一步降低成本。

未来电力系统控制的发展趋势将主要体现在以下几方面:

(1)我国风、光等新型可再生能源发电的规模会持续扩张,并将中西部大规模集群并网外送和就地分散式接入两种形态并行发展,大规模新能源的渗透率和运行效率将稳步提升,电力系统的动态特性和控制策略也将随之改变。

(2)能源资源大范围优化配置需求的不断加强,会进一步推动远距离大容量输电技术(如柔性交直流)的发展与应用,我国电网的规模和复杂性也将持续增长,同时,电力系统的电力电子化发展将引入新的稳定性问题,大电网的非常规安全性(如灾变气候、磁暴、网络攻击)也日益引起关注,而新兴信息技术、计算手段、控制方法和电力电子等技术的发展,将为大电网的安全稳定控制提供新的手段,进而推动复杂交直流互联电网控制技术的进步。

(3)分布式发电、需求响应的发展将改变传统配电网和用户的行为特性,微电网的发展将提供一种新的有生命力的电网形态,电网控制的对象和目标也将因此改变;智能化、互动式配/微电网的发展,将不断提升用户参与电网互动的效用和体验。

(4)储能技术的发展并逐渐渗透入发电、输电、配电和用电等各个领域,将给电力系统控制带来新的手段,推动对应控制理论和方法的发展。

总之,电力系统控制的发展趋势将是更加智能化、更加具有全局优化特征,同时具备更好的适应性和鲁棒性,能够满足多目标的要求。

3.2.3 电力系统保护

随着特高压交直流输电线路的建成投运、新能源的大规模接入、微电网和新型综合能源系统的发展,电力系统保护将面临新的挑战。

(1)特高压交直流混联电网对系统级保护控制提出了新的需求。"十二五"期间,大容量远距离输电技术得到长足发展,已建成并投运两条世界最高电压等级1000kV交流特高压输电线路和3条±800kV直流特高压输电线路,输电全长超过8000km,总输电容量超过8000万kW。未来我国西电东送大规模远距离输电的需求仍然存在,预计到2020年,特高压及跨区、跨国电网输送容量将达到4.1亿kW。由于特高压交直流输电通道输送容量大,一旦发生故障易发生连锁事件,严重影响系统的稳定运行,这就对电力系统的保护性能提出了更高的要求。电网结构日趋复杂的同时,智能变电站、相量测量装置等新技术也得到了快速发展,这为系统级保护控制技术的发展创造了条件。

(2)大规模新能源集中接入电网对电力系统保护提出了新的挑战。以风电、光伏为代表的新能源电源在运行机理、控制方式和并网拓扑等方面与同步发电机存在本质的差异,这导致以传统同步电机为基础的故障分析计算模型及继电保护技术面临新的挑战:一是新能源电源故障特性与电力电子变换器控制策略密切相关,呈现复杂性与特殊性,传统的短路电流计算模型和保护原理不再适用;二是新能源电源提供的短路电流小,且各整次、非整次谐波含量丰富,保护配置整定原则和保护算法也需要进一步研究。

(3)配电网结构形态变化对电力系统保护提出了新的问题。目前,我国中低压配电网主要是单电源辐射型供电网络,新能源电源分布式接入将促使配电网结构形态发生根本变化,由单电源网络转变为多电源网络,同时也使配电网故障电流幅值与暂态特征发生变化,此外,分布式发电供能系统和微电网运行方式灵活多变,既可孤岛运行又可并网运行,为配电网和微电网保护提出了新的要求。现有保护配置、整定配合以及重合闸难以支撑分布式电源和微电网的发展。近中期配电网会向可接纳更多分布式电源的主动配电网和微电网方向发展,远期可能向接纳分布式电源效率更高的直流电网方向发展。直流电网作为新兴输配电技术,保护是其面临的关键科学技术问题,如何快速识别、隔离直流系统的故障以及快速恢复非故障网络的正常运行是直流电网保护面临的重要挑战。

面对电力系统发展的新形势和新要求，近年来在大规模新能源集中接入的电网保护、特高压交直流系统保护、广域保护、直流电网保护、含分布式供能的配电网及微电网保护等方面都取得了一定的进展。

(1)大规模新能源集中接入的电网保护。大规模新能源集中接入的电网保护问题是目前研究的热点。在故障暂态特性方面，受电力电子器件及其控制策略的影响，外部发生短路故障后新能源电源短路电流特征各异。对于以双馈型风力发电机为主的风电场来说，其故障暂态可能包含丰富的非周期分量、工频分量和转子转速频率分量。而对于以永磁直驱风力发电机为主的风电场或光伏电站来说，其故障暂态可能包含丰富的高次谐波分量，且受换流器控制限制，其短路电流幅值偏小。在故障等值计算方面，外部电网发生短路故障后，新能源电源内电势受控制策略影响而不断变化，新能源场站表现为等值正、负序阻抗不相等且不稳定；同时由于风电场或光伏电站内部主接线方式的差异，电网发生故障后新能源侧表现出较典型的弱馈特征[9]。同时，风电场无功动态控制与调节，风机高、低电压穿越控制策略都对电网保护产生了一定的影响。以保证电网安全、风电场运行可靠性为根本目的的保护控制方法仍有待研究。在保护适应性方面，新能源电源不同于同步发电机的故障特性，导致广泛应用于高压输电线路的基于工频量的纵联保护、距离保护等保护性能降低，亟须深入探讨和工程实践传统工频量保护的适应性问题。同时，送出系统新能源电源侧新的故障识别方法及保护原理也是未来研究的重点。

(2)特高压交直流系统保护。工程应用上，特高压交流输电线路主保护配置纵联分相电流差动保护、纵联方向保护，后备保护配置距离保护、零序保护。特高压变压器及可控并联电抗器主保护配置差动保护。关于特高压交流系统保护的研究主要集中在线路分布电容、同杆并架以及串补对线路保护的影响及对策。特高压变压器及可控电抗器等主要设备的保护新原理也是关注的内容之一。特高压直流输电系统保护可分为换流器保护、直流母线保护、直流滤波器保护、接地极保护以及直流线路保护。未来特高压直流系统发生故障后，如何实现快速故障隔离并进一步恢复正常运行控制以保障系统的安全运行是一个亟待研究解决的问题。交直流混联系统中，交直流之间的相互影响不可避免，尤其是特高压直流接入背景下交直流电网继电保护动作性能及相互影响将是未来研究的重点。

(3)广域保护。广域保护是利用广域范围内采集的各种信息，应用各种保护原理来丰富保护功能和提高保护性能，防止发生大范围长时间停电事故的电网保护系统。1995年，日本学者Serizawa等提出将广域概念和继电保护相结合。1997年，国际上就开展了关于广域保护的相关研究和讨论。目前，北美、法国、罗马尼亚、西班牙等国家或地区均就广域保护开展了研究及应用探讨。国内多家单位也已开展了广域保护构成模式及新原理的研究，并已有110kV电压等级的广域保护系统进入试验运行阶段。目前,国内外提出的广域保护原理主要可分为广域电流差动保护、广域方向比较保护以及基于广域信息的自适应继电保护。广域继电保护系统结构可分为分散式、集中式和分层区域式三种系统结构。分层区域式的保护系统由三层构成:位于最底层的本地测量单元、位于中间层的区域决策层和位于最顶层的系统监控中心[10]。分层区域式的保护系统理论上能解决集中式广域保护中心计算量大的弊端,对通信系统要求相应降低,还可实现全局最优的效果。

(4)直流电网保护。直流电网是未来的重要发展方向之一,保护技术是直流电网的关键技术。从保护设备角度看,目前的多端直流示范工程都是采用交流断路器隔离直流故障,也有研究提出具有故障电流自清除能力的换流器拓扑。然而,基于交流断路器和换流器的保护方案需使整个直流电网退出运行,系统重启配合复杂、恢复时间较长,降低了直流电网的供电可靠性,这违背了发展直流电网的初衷。可快速隔离直流故障电流的直流断路器是未来直流电网发展的关键设备。另外,具有故障自清除能力的换流器实现技术也是直流故障隔离的发展方向之一,但考虑到故障自愈以及供电的可靠性问题,如何提高换流器的故障穿越能力也是必须研究解决的关键科学技术问题。从保护原理角度看,目前的多端直流示范工程多是借鉴传统特高压直流的保护原理,直流故障时整个直流系统退出运行,难以满足直流电网保护选择性的要求[11]。有文献提出了握手法保护原理可有选择性地隔离直流故障,但这种方法会断开非故障线路降低直流电网的供电可靠性。还有文献研究了行波测距保护、暂态量保护、过流保护、距离保护等保护原理。总体来说,直流电网保护尚处于探索、研究阶段,目前还没有一个被广泛接受的系统保护方案。未来直流电网保护应与控制系统协调配合,快速、有选择性地识别并隔离故障部分,尽快恢复非故障部分的正常运行,保证设备安全,提高系统的供电可靠性。

(5)含分布式电源的配电网及微电网保护。分布式电源接入配电网,可能引起继电保护装置的误动或拒动,国内外对含分布式电源配电网保护方案的研究可分为:①故障时退出分布式电源;②限制分布式电源的接入位置和接入容量;③限制分布式电源的接入点故障电流;④对原有保护方案的改进;⑤采用新型配电网保护方案。对原有保护的改进主要包括加装保护方向元件、改进保护原理、提出自适应保护方法[12]。新型配电网保护方案主要包括广域配电网保护、基于多代理技术的保护、基于神经网络以及遗传技术等智能算法的保护。关于含分布式电源配电网故障定位的研究多是基于专家系统、神经网络、Petri 网络等人工智能算法。关于含分布式电源配电网供电恢复的研究主要是采用人工智能与数值计算相结合的方法。微电网具有灵活的运行方式和可控性,其保护研究的难点在于并网和孤网两种运行情况下的短路电流存在很大差异。微电网保护研究从技术上可分为无通道保护和集成保护,从对象上可分为公共连接点保护、内部线路保护和微源保护。孤岛检测是为了避免电网中出现非意向性孤岛而设置,可分为基于通信和基于本地信息两类。基于本地信息的孤岛检测从扰动获取方法上可分为主动式孤岛检测和被动式孤岛检测，从检测量上主要可归纳为频率检测法、电压检测法和阻抗检测法等。含分布式电源的配电网及微电网保护应更加智能，以适应分布式电源在配电网及微电网中“即插即用”的目标。

3.2.4　电力系统仿真

电力系统仿真是电力系统计算、分析与控制的基本工具，也是电力生产部门用于指导电网运行的基本依据。随着电力系统的发展、新能源的大规模接入、特高压直流输电线路的建成投运等，电力系统的计算与仿真面临新的挑战。

(1)可再生能源的广泛接入。可再生能源快速发展，可再生能源发电系统大规模集中并入电网运行。其数量多、容量小的特点，使电网仿真系统中电源的规模急剧增加，显著降低了电力系统仿真的效率。亟须建立可再生能源发电场等效模型，其中对于具有随机波动特性的可再生能源，以及响应速度快、控制灵活的电力电子变换器的等效，是建立等效模型的关键[13,14]。另外，近年来分布式可再生能源发展迅速，大量的分布式可再生能源发电接入配电网，其对电力系统整体动态特性的影响日益显著，输配电网的协调建模与仿真是电力系统整体动态分析的基础。

(2)电网交直流混联。随着电力电子设备在电网中的应用，多条直流输电线路投入运行，大多数的可再生能源通过电力电子变换器并入电网运行，电力系统越来越体现出交直流混联的特点。直流输电线路和可再生能源发电系统的动态特性主要取决于电力电子变换器的控制系统，具有控制灵活、动态过程短的特点。其快速的暂态过程对电力系统机电暂态过程的影响越来越大，使得相互独立的电磁暂态的仿真和机电暂态的仿真不再适应现代电力系统对仿真的要求，需要进行跨时间尺度的混合仿真[15]。

(3)物理信息系统的融合与交互。电力系统自动化水平的不断提高，先进的信息通信技术在电力系统中得到广泛应用。信息与通信系统和物理电力系统相互耦合、相互影响，形成了物理信息融合的电力系统[16]。物理信息融合电力系统是一个连续动态和离散事件耦合的混成系统，其中，物理电力系统是一个连续系统，信息与通信系统是一个离散事件系统。同时，智能电网要求的高效性、自愈性和可靠性需要信息网和电网之间能量和信息流的双向传递。因此，需要将连续的电力系统和离散事件的信息系统的动态仿真结合起来，实现电力系统和信息耦合系统的联合仿真。

面对电力系统发展的新形势和新要求，近年来，在电力系统建模、电力系统数字仿真、物理信息系统联合仿真等方面都取得了一定的进展。

(1)电力系统建模。电力系统建模最主要是确定“四大参数”，即励磁系统及其调节器参数、原动机及其调节器参数、同步发电机参数、电力负荷参数。前3个均与同步发电机相关,2001 年 7 月我国颁布执行的《电力系统安全稳定导则》中明确要求电网计算中发电机参数要采用实测值,进一步推动了同步发电机参数的实测工作。电力负荷作为电力系统中能量的消耗者,在电力系统稳态和动态过程中具有重要的影响。由于负荷具有时变性、随机性、分布性、多样性及非连续性等特点,再加上获得的有效的实测数据还比较少,所以,实测的典型负荷模型参数还没能推广应用。随着可再生能源发电的快速发展,风力发电系统建模等方兴未艾,其模型形式、模型参数辨识方法的研究也取得了重要进展。由于风力发电和光伏发电设备制造厂家众多、设备类型丰富,因此通用模型及其参数辨识方法的研究受到了重视。IEEE 的工作组已经提出了风力发电设备的通用模型,并已应用于 PSCAD (power systems computer aided design)软件中,但其通用性和参数辨识技术尚需进一步验证与研究。近年来,海洋能发电技术也快速发展,目前尚未有大批量商业生产的海洋能发电设备,仅有个别试验机组,因此海洋能发电设备的建模目前还处于模型的构建层面。可再生能源的能量密度较低并且高度分散,单个发电设备的容量比较小,普遍以发电场的形式并网。发电场的建模需要考虑多时间尺度的问题。在各类动态模型方面,现有研究主要采用基于单机模型聚合的机理建模方法,但受制于单机模型验证的进展,较少见这类等效建模方法的实测验证。鉴于机理建模方法的不足,有学者提出了只关注发电场外特性的非机理等效建模方法,但目前对于非机理模型的适应性还缺乏实测数据验证。另外,可再生能源与传统一次能源最显著的区别在于其随机波动性,建立可再生能源的波动模型具有重要的意义。风能的波动性和随机性最强,早期建立的模型主要是基于实测数据的概率分布模型。近来有学者注意到概率模型的不足,提出了兼顾风速波动性的综合模型,能使所生成风速序列更接近真实风速的特性。同时有不少研究关注于同一风带内多个风电场风速的相关性模型。太阳能的波动性和随机性较弱,但受气象因素的影响较大。总体来说,一次能源波动性和随机性的影响因素众多,建模难度较大。

(2)电力系统数字仿真。电力系统仿真可以分为物理仿真、数字仿真和数模混合仿真三种。物理仿真采用模拟的电力系统元件,搭建一个与实际电力系统运行目标一致的小规模仿真系统,其运行结果直观、可信度高,但是适应性、可扩充性和经济性较差。在国内外,主要的科研院所和部分的大学建立了物理模拟实验室,主要用于电气一次、二次设备的开发,以及数字计算结果的校验。数字仿真技术是以计算机为工具,应用计算机语言,建立电力系统的元件及其电气连接的数学模型,再采用数值计算方法对其进行求解分析,以达到研究的目的。数字仿真具有开放性好、灵活性强、适用性广、可适用于大规模电力系统仿真,仍然是当前和未来电力系统仿真技术的主要手段。按照仿真动态过程的时间尺度不同可以将数字仿真分为电磁暂态过程仿真、机电暂态过程仿真和中长期动态过程仿真三种。电磁暂态过程仿真主要关注故障或操作后微秒到数秒之间电力系统的动态,其计算步长很短，仿真速度比较慢，所以其仿真规模受到较大限制，通常不超过几百个节点，应用比较广泛的电磁暂态仿真软件主要有 EMTP 和 PSCAD/EMTDC，中国电力科学研究院在 EMTP 的基础上开发了 EMTPE。机电暂态过程仿真主要关注电网遭受到大扰动后几秒到数十秒内的动态变化，仿真规模较大，可以进行上万节点的仿真计算，商业化的机电暂态分析软件比较丰富，广泛采用的主要有中国版 BPA、PSASP、PSS/E、SIMPOW、TSAT/VSAT/IPFLOW，以及 DigSilent，另外，西门子公司开发的 NETOMAC 具有电磁暂态仿真和机电暂态仿真的功能。中长期动态仿真主要关注系统扰动之后十几秒、几分钟甚至几小时的动态行为，由于各个元件的动态响应时间差别较大，所以，仿真中需要采用变阶、变步长的计算方法。常用的中长期动态仿真软件主要有 EUROSTAG、LTSP 和 EXTAB。以上所涉及的各种仿真软件都是离线、非实时的仿真软件。为了能够接入实际的物理装置进行开发和性能测试，需要进行实时仿真。实时仿真是指实时的模拟电网的动态，在一个仿真步长内计算的动态与实际电网在这一时段内的动态响应相当，全数字式的实时动态仿真是当前电力系统仿真的发展方向。目前，应用最广泛的全数字实时仿真设备是 RTDS(real- time- digital- simulator)，但是价格高昂，使得其仿真规模受到限制。中国电力科学研究院基于高性能计算机群和网络并行计算开发的 ADPSS 功能强大，但是用于工程实践的时间还比较短，还处于推广和自我完善的阶段。数模混合仿真对系统中需要着重研究的部分采用物理模型，剩余部分采用数字仿真进行分析。这种方式扩大了物理仿真的应用范围，数值稳定性好，缺点是数模接口设计复杂，可扩展性较差。

(3)物理信息系统联合仿真。电力系统已经发展成为一个连续动态和离散事件耦合的物理信息混成系统。从 2003 年全球范围内发生的大停电事故，尤其是美加大停电和意大利大停电可以看出，电网信息层和物理层之间的耦合关系会扩大单一层面故障影响的深度和广度。近年来，国内外的学者在物理信息系统的联合仿真方面开展了广泛的研究。物理信息系统的联合仿真主要有两种方法。一种是采用不同的仿真软件对物理和信息系统分别进行仿真，通过两个软件之间的通信来实现信息的交互，例如，使用 MATLAB 以及其中的 Simulink 来描述物理系统，借助 Enterprise Architect (EA)及 Visual Studio (VS)来描述信息系统，通过动态链接库来实现工具层面上的融合，该方法已经成功应用在光伏储能电池协调控制的仿真中。另一种是试图通过异质模型融合技术实现计算系统和物理系统的融合。异质模型融合技术主要有两个途径：一个途径是提供统一的建模元素，实现原异质模型的统一新模型，这方面的工作包括在 UML、Modelica 及 Simulink 等建模语言基础上进行的建模元素的扩展，具体为 UMLprofile、Modelica 扩展、Simulink S 函数定义的用户新模块；另一个途径则是对现有异质模型，在保持其精确的语义基础上，实现一种模型向另一种模型形式上的转换，已有的模型转换工作主要包括

AADL 与 UML 转换和 Simulink 向 UML 转换，以及基于 Rhap4sody 的 UML 和 Simulink 的代码级模型融合等。

未来电力系统仿真的发展趋势将主要体现在以下几方面：

(1)以往电力系统建模方法基本上是针对一个元件(如发电机)或者节点(如负荷节点)，选择其中一些具有代表性的建立其模型，而将这些模型推广到其他元件或节点，并连接起来形成仿真系统。这一系统是否能够反映电网整体的动态特性是问题的关键。因此，研究广域电力系统的建模对能够准确地反映电力系统的动态具有重要的意义，并且，目前所有电网都有数据采集与监控系统，大部分电网已经安装了故障信息系统和相量测量装置/广域测量系统，这些系统所采集的数据为开展广域电力系统的模型校核提供了有利条件。另外，随着电网发展的规模越来越大，其仿真系统的规模也逐渐变大，仿真分析的效率降低，这种情况下必须限制仿真系统的规模，分布式建模和仿真是将电网按照一定的判据分割成若干组成部分，分别进行建模和仿真，然后将各个部分的计算结果拼接到一起，这样能够有效地限制仿真规模，进而提高建模和仿真效率。随着可再生能源的大量接入，研究可再生能源发电场的等效建模方法，也对降低仿真系统的规模具有重要的意义。

(2)传统的电力系统动态仿真将电力系统的动态在不同的时间框架上划分为电磁暂态、机电暂态以及中长期动态，对于不同时间框架上动态的仿真在一定假设基础上是各自独立进行的。随着高压直流输电和灵活交流输电等电力电子设备不断接入电力系统，其快速的动态特性对电网的机电暂态产生越来越重要的影响。目前，仿真高压直流输电和灵活交流输电动态主要采用的是电磁暂态分析软件，其仿真规模比较小；在研究电网机电暂态时，高压直流输电和灵活交流输电采用的是准稳态模型，不能够真实地反映其动态行为对电网机电暂态的影响。另外，电力系统中长期动态与电力系统机电暂态过程也是相互交织、相互影响的。因此，相互独立的电力系统仿真分析已经不能满足现代电力系统的要求，必须进行电力系统的全过程仿真。另外，随着电力系统运行的稳定性和经济性的不断提高，要求对电力系统进行在线实时的分析、决策和控制，因此，电力系统在线实时仿真计算也是电力系统仿真的发展趋势。

(3)物理信息融合系统中的物理层和信息层在运行中都可划分为动态过程和静态过程。电力系统侧用代数方程描述其静态过程，依靠微分状态方程描述其动态过程；与之对应，信息层用节点和通信支路的信息处理量和信息承载量描述其静态过程，用最优理论和路由策略进行阻塞控制，使信息层过渡到新的状态。由于信息层和物理层对动态和静态描述的数学模型和建模方式的割裂，难以建立统一的建模和一体化仿真。物理信息融合电力系统仿真的发展趋势是通过一定的通信和协同方式，通过对已有的建模仿真工具联合使用，实现联合仿真。对微分方程可以通过龙格-库塔方法对其在时间轴上求取离散点的状态量。信息层的事件可以表示为同一时间轴上的离散事件。这为信息层和物理层联合仿真提供了两套思路，一套是拓展物理层仿真平台，将同一时间轴下的信息层事件导入物理层仿真平台。另一套是拓展信息层仿真平台，将同一时间轴下的物理层离散状态量导入信息层仿真平台。通过拓展仿真系统，使信息系统和物理系统既能独立仿真，又可以联合仿真，实现对信息物理电力系统的整体分析。

3.2.5　电力市场

自 20 世纪 90 年代开始，世界掀起了电力市场化改革的热潮，大多数国家陆续进行了电力市场化改革。20 年来，各国结合国情和电力行业发展实际，对电力市场建设思路和模式不断进行调整和完善。近年来，国际金融危机导致欧美经济持续低迷，能源电力企业发展放缓；日本核事故迫使各国重新审视核电，部分国家重新调整能源发展战略；全球气候变化问题日益严峻，发展可再生能源、促进节能减排成为各国电力发展的重要任务；清洁能源的发展和老旧电力设备的升级改造，造成电力基础设施投资需求激增。面对这些新形势和挑战，欧美国家不断对电力市场机制和有关配套政策进行优化调整，以促进电力工业和社会的低碳转型，实现能源安全高效供应、公平服务和环境友好目标的综合平衡。

我国从 2002 年正式开始电力市场化改革，至今已破除了独家办电的体制束缚，从根本上改变了指令性计划体制和政企不分、厂网不分等问题，初步形成了电力市场主体多元化竞争格局。为了进一步解决制约电力行业科学发展的突出矛盾和深层次问题，促进电力行业又好又快发展，推动结构转型和产业升级，2015 年 3 月 15 日，中共中央和国务院联合发表《关于进一步深化电力体制改革的若干意见》，肯定了过去 13 年的发展成果，并提出了推进电力体制改革的重点任务，中国电力市场由此进入新的发展阶段。经过多年的努力探索，我国在电力市场结构、电力市场交易机制、电力市场模拟交易平台、发电公司报价策略、需求侧管理、双边合同以及电力金融市场等方面都取得了一定的研究进展和应用成果，初步形成了多元化市场体系，电价形成机制逐步完善，积极探索了电力市场化交易和监管模式。这些工作促进了电力行业的发展，提高了电力服务水平。同时，我国电力市场在运行和实践中还存在多方面问题，例如，交易机制不完善，资源利用效率不高；价格关系没有理顺，市场化定价机制尚未完全形成；政府职能转变不到位，各类规划协调机制不完善；发展机制不健全，新能源和可再生能源开发利用面临困难；立法修法工作相对滞后，制约电力市场化和健康发展等。

面对电力系统发展的新形势和新要求，电力市场的研究工作应特别关注以下几个方面：

(1)动态优化调整市场模式。电力市场建设是逐步推进、动态调整的过程，各国的市场模式选择均充分结合了本国的经济、政治、地理、资源禀赋、发展阶段、制度安排等具体国情,并根据实际情况的变化对市场模式、建设思路不断进行调整和完善[17,18]。

(2)兼顾安全、清洁、高效、公平等综合目标。2013 年 10 月,第二十二届世界能源大会发布报告指出世界各国都在寻求能源安全、社会公平和保护环境之间的平衡。在此大背景下,许多国家电力市场化改革的重点逐步由促进竞争、降低电价,转向促进能源的安全、清洁、高效和可持续发展。

(3)构建跨区跨国大范围电力市场。市场范围扩大会带来市场主体增多和供应增加,使竞争更加充分、配置资源的效率更高,这已经成为各国电力市场建设的重要经验。同时,随着可再生能源的发展,清洁电力大范围消纳的需求也进一步推动了交易范围的扩大。

(4)加强电力基础设施投资激励。过去欧美国家电力市场建设,更关注于提高效率、降低成本,对电力基础设施的长期投资激励机制缺乏深入考虑。电力投资不足已成为许多国家面临的突出问题,电力行业可持续发展和供电安全面临挑战。近年来,随着风电和光伏发电的大规模发展,欧美各国都迫切需要新建大量基础设施。同时,这些国家的电力基础设施也进入大规模退役期,需要大量投资用于基础设施的更换和升级。

(5)大力促进可再生能源发展。可再生能源作为低碳环保能源,发展初期技术经济性不如传统能源,面临着如何与常规电源进行竞争、如何收回投资等挑战。各国一般通过建立政府补贴与市场竞争相结合的机制,使得可再生能源可以部分参与市场竞争,并通过竞争促进运行效率的提升。采取的激励措施主要包固定电价、可再生能源配额、绿色电量认购、溢价电价制度等。

(6)积极引导需求侧资源参与。在国际上追求低碳节能的大背景下,随着智能电网建设的推进,国外电力市场逐渐加大需求侧资源参与市场机制的建设力度,力图基于智能电网技术的物理基础,通过市场手段激励用户积极参与市场,充分发挥用户侧灵活调整市场平衡的能力,从而提高市场运行的稳定性和经济性[19]。

(7)进一步强化有效监管。近年来,受到能源结构转型调整、电力基础设施投资增加等因素的影响,许多国家面临着电价飙升、民众负担加重等问题,为此,各国政府不断加强监管力度、改进监管方式,以保障市场公平竞争,促进电网合理投资,维护用户利益。

此外,电力市场仿真与试验研究等问题也值得进一步深入研究[20]。

3.2.6 电力系统运行与调度

近年来,智能电网建设已成为世界各国能源工业可持续发展的重大战略举措之一。在全球气候变化和能源危机的大背景下,能源清洁化变革是全球智能电网发展的共性驱动力。智能电网的调度与运行主要面临三项亟须解决的重大挑战。

(1)大规模间歇式可再生能源消纳。到2014年年底,我国风电累计装机达到11476万kW,居世界首位。同时,风电也是我国乃至世界上增长最快的发电形式,我国风电2013年的发电量为1371亿度,成为我国第三大电源。2014年我国光伏新增装机容量13GW,发展速度遥遥领先于世界其他地区,累计装机容量达到32.9GW,仅次于德国,位居世界第二。与常规电源不同,可再生能源发电具有强间歇性和随机波动性,难以预测、调度和控制。目前,风电渗透率较高的内蒙古电网、吉林电网、甘肃电网等普遍存在大规模的弃风问题,近年来各主要风电基地弃风电量占风电总发电量的比重达10%~30%。如何提高风、光发电的消纳能力已经成为当前制约我国可再生能源大规模开发利用的重大瓶颈问题,亟待解决。

(2)大电网安全可靠运行。目前我国已经初步形成了特高压与超高压交直流混联网络,无论是电网规模还是特性复杂程度都超过其他国家。如何保证这个复杂对象的安全可靠运行是一个重大的挑战,仍有许多重要问题亟须完善,如在发生较大规模扰动时,交直流系统相互影响的安全稳定机理与紧急控制策略等。而随着风光等间歇式可再生能源和随机性主动负荷的大规模接入,电网运行特性也发生了重大变化,波动性和不确定性显著增强,电网运行的安全风险显著增大。为了驾驭这个日益复杂的巨型电网,在建模、仿真、分析与控制等诸多环节都迫切需要理论与技术突破。

(3)负荷新型调控技术。随着智能电网的发展,负荷侧也发生了深远变化。分布式电源、电动汽车、储能、微电网等元素的日益增加使得电网能流量由传统的单向变成双向,而且不确定性增强,对电力系统的影响更加多样化和难以预测,如果任由其无序发展,将对电网安全运行产生了较大的负面影响。同时,需求侧响应、虚拟电厂等概念与技术的不断涌现也彻底改变了传统负荷仅作为能量使用者的角色,智能电网中出现了全新的、不可忽视的可调节手段,充分利用这种新手段可以进一步提高智能电网的安全性与经济性,这同时也要求现有的电网运行与调度模式发生比较大的变革。

面对电力系统发展的新形势和新要求,近年来在新一代的电网能量管理系统及调度运行技术、支撑大规模可再生能源消纳的调度运行技术、智能用电及需求侧响应技术等方面都取得了一定的进展。

(1)新一代的电网能量管理系统及调度运行技术。为了应对日益复杂与庞大的输电网,新一代的电网能量管理系统及调度运行技术已具雏形。国际上,PJM(Pennsylvania-New Jersey-Maryland)电网从2007年开始建设先进控制中心,通过开放、模块化的软件架构实现了电网运行与电力市场运营技术支持系统。在国内,以智能电网技术支撑系统D5000为代表[21],将以往独立建设的十余套应用系统,集成整合为一体化平台支撑的四大类应用,实现了国家电网范围内省级以上电网的实时工况共享和业务协同,在大电网实时监控和安全协调控制、多级调度协同的电网故障综合分析与告警、全网联合在线安全预警、智能电网全维度快速仿真等关键技术方面取得重要进展,有效支撑了大电网调度的一体化协调运行。清华大学在三维协调的新一代能量管理系统技术框架基础上,进一步开展了源网荷协同的智能电网能量管理与运行控制技术研究[22],提出了分布自治-集中协同的架构,在变电站-控制中心两级网络建模与状态估计、基于主从迭代的输配全局调度、基于软分区的自动电压控制等技术方面取得了重要突破。作为电网运行的重要分支,国内外在运行可靠性理论与实践方面也取得了重要进展,计及设备自身健康状况、外部环境条件、系统运行条件和系统运行行为的影响,建立了基于条件相依的元件运行可靠性模型,提出了电力系统运行可靠性快速评估方法,可有效支持电力系统的在线运行可靠性评估、连锁故障风险评估和阻断策略决策。在配网能量管理技术方面,传统配电自动化技术提升为智能配电网自愈控制技术,实现了配电网的自我感知、自我诊断、自我决策和自我恢复,可以在不进行人工干预或者较少人工干预的前提下,实现对配电网故障的响应、处理和快速恢复。智能配电网自愈控制技术充分体现了分布式控制的思想,是新一代配网能量管理与运行控制技术的核心,也是促进分布式可再生能源可靠接入的关键。我国已经开展了分布式电源接入环境下的配电自动化及配电网自愈系统研究,并在佛山等地实现了工程示范。

(2)支撑大规模可再生能源消纳的调度运行技术。从运行层面看,支撑大规模可再生能源消纳的主要技术是有功调度技术与电压控制技术[23,24]。从有功调度技术来看,主要技术路线为确定性方法和不确定性方法两种。确定性方法根据时间尺度越短、预测精度越高的特点,通过时间分级模型预测控制逐级减小风电不确定性的影响,将消纳风电的有功调度过程划分为日前级的短期预调度、小时级的滚动调度、分钟级的实时调度和实时控制(自动发电控制),充分计及不同机组调节速度,保证快速可调的自动发电量控制机组可控能力最大化,从而更好应对可再生能源发电出力的不确定性。而在不确定性方法方面,学术界和工业界开展了基于随机优化、鲁棒优化、区间优化等方法的研究并取得大量新进展。从电压控制技术来看,主要需要解决的挑战是由于间歇式发电引起的电压波动以及大规模风光基地的电压诱导型连锁脱网问题。目前的主要研究成果是提出了自律-协同的两级电压控制架构,在风电场、光伏电站实现自律电压控制,通过模型预测控制等理论实现对场内不同时间常数无功调节设备的协调,而在可再生能源发电汇集区域层面实现计及安全约束最优潮流的协同电压控制,保证汇集区域工作在正常且安全的状态,从而斩断连锁脱网的蔓延路径。

(3)智能用电及需求侧响应技术[25]。高级测量体系是智能用电与负荷侧调度的核心技术,是用于测量、收集、储存、分析和运用用户用电信息的完整网络和系统,主要由智能电表、通信网络、量测数据管理系统三部分组成,是实现电力用户与电力企业双向信息流通的基础。各国智能电网发展的重点都包括通过开发和实施AMI(advanced metering infrastructure)来满足与用户双向可靠信息采集与传输，是智能电网产业升级的关键一环。2013年年底，中国各行业累计安装了3.7亿只智能电表，到2015年，这个数字已经接近5亿。用户通过需求侧响应实现与电力企业的双向互动是智能电网的重要特征之一。欧美地区由于有较完善的电力市场体系，因此已经建立起基于市场价格信号和激励机制的用户互动体系。我国在用户需求侧响应方面也开展了相应的试点示范，但主要是通过传统营销业务体系，应用场景包括有序用电、可中断负荷响应等负荷控制技术，尚无法适应未来灵活多变的互动用电场景。

未来电力系统运行与调度的发展趋势将主要体现在以下几方面：

(1)调度模式可能发生变革，将在集中与分布之间寻找新的平衡点。随着网际交直流线路的不断建设，大电网之间的耦合日益加剧，相互影响难以忽视。目前，我国工业界的一个技术趋势是利用强大的计算与通信能力，构建逻辑上高度一体化的大电网调度控制系统平台，即将物理分布的各级电网模型统一拼接为全局大模型，每个分布的区域控制中心都可以对互联的完整大电网进行监控与决策，实现多级调度协同运作和大电网整体协调控制。随着智能电网的发展，未来电网涉及不同层级、多种形式的能源相互作用和耦合，尤其是随着海量分散用户参与到需求侧调度，更具有多主体、信息不对称、自主决策等特点，这些都给大集中的调度与运行模式带来挑战。因此，国内外学术界的研究开始着眼于将传统集中化、垂直化的调度模式变革为分布式、去中心化的全新架构，通过信息-能量的深度融合，实现集中协同-分布自治的新模式，通过开放与对等的分布式能量管理技术实现多种能源形式的互联与共享。可以预见，随着未来智能电网或者新一代能源系统的不断发展，调度模式势必将在集中与分布之间寻找新的平衡点，从而更充分地利用二者各自的优势。

(2)调度对象特性更为复杂，可调节手段进一步增加。在源侧，可再生能源比例将进一步提高，其间歇式出力特性毫无疑问地增加了电网调度运行的复杂性。但同时也要注意到，以风电与光伏为代表的可再生能源发电设备可调控能力正日益增强，由于其一般通过电力电子变换装置并网，因此大多可以实现有功无功解耦控制，也为电力系统调度运行提供了大量新的可控手段。可再生能源发电单机容量小、数量庞大、集聚效应显著，这和传统的大机组有较大差别。如何处理这种新的可调控手段是未来调度运行需要直面的问题。在网侧，直流线路及直流电网的发展一方面使得交直流混联电网特性复杂，但同时直流设备的高度可调节特性也为电网调度运行提供了全新的手段，而动态无功补偿装置、统一潮流控制器等新型控制手段的不断出现也使得电力系统获得了更多快速调节设备，这给提高电网在动态过程中的性能提供了技术保障。在荷侧，由于分布式发电与需求侧响应的发展,主动负荷将成为全新的可调节手段纳入电网调度运行环节,这为提高电网设备利用效率、降低运营成本、提高可再生能源消纳能力都提供了新的技术路线。结合电力市场机制改革,通过合理的激励机制与技术手段来充分挖掘负荷侧的调控潜力,将是未来电网调度运行的必然选择。

(3)技术外延将拓宽为多能互补的能源系统调度运行问题。在我国传统的能源系统中,各类能源相对独立,如电网、热网、天然气网都属于不同公司运营,能源使用效率总体上不高。随着能源和环境问题的日益严峻,为了提高能源的总体效率和可再生能源的消纳能力,对多类能源互联集成和互补融合的需求日益迫切。各种能源转换设备(如热电联产/冷热电联产、热泵、电采暖、电制氢、电动汽车、燃料汽车等)的发展也为多类能源互联提供了手段。在国家"互联网+智慧能源"的总体战略下,下一代能源系统将发展为具备"开放、互联、共享、对等"等互联网特征的能源网络,打破不同能源行业壁垒,实现电、冷、热、气、油等多能源的开放互联,实现能量灵活自由传输,实现多种能源融合与梯级利用,显著提高能源综合利用效率,促进可再生能源的接纳。与之对应,现阶段单纯面向电力系统的运行与调度技术也亟须在理论与应用上实现扩展,从而支撑能源互联网冷、热、电、气、交通等多种能量链的耦合。

3.2.7 新型输配电技术

要解决未来国民经济发展的能源供应问题,必须研究解决满足常规能源、新能源布局下的我国输配电网结构及其关键技术。因此电力系统输配电技术面临多方面的挑战。

(1)远距离大容量特高压交直流输电。为了实现长距离大容量的西电东送、南北互供以及全国联网,必须在建设大煤电基地、大水电基地的同时建设全国能源传输通道。因此,形成分层分区,电网结构清晰的特高压大电网是我国输电网重要的发展方向[26]。特高压直流输电在点到点功率传输、分时段经济功率交换等方面具有较大优势,但其存在落点选择难、无功消耗大、换流站昂贵等不足。交流特高压输电有利于联网,提高电能传输经济性,但其稳定性、可靠性问题不易解决。随着输电技术的发展,交直流输电方式仍将相互依存且相互竞争。

(2)基于电压源换流器的直流输配电方式。我国电源整体上以火电为主,缺少水电(包括抽水蓄能)、燃气等快速调节电源,风、光等可再生能源并网发电系统存在的间歇性、波动性特点对电网的安全稳定运行造成了严重的影响。为此需要考虑采用先进的输配电技术,如基于电压源换流器的直流输配电技术,这对于提高电网的可控制性,保证电网的安全稳定运行具有重要意义。但是,目前基于电压源换流器的直流输配电技术在控制保护、系统和设备标准化、直流断路器等核心设备研制以及直流电网安全可靠性评估等方面仍面临大量技术难题。

面对电力系统发展的新形势和新要求，近年来我国在交直流特高压输电、灵活交流输电、基于电压源换流器的直流输配电等方面都取得了一定的进展。

(1)交直流特高压输电。美国、俄罗斯、日本、意大利等国于 20 世纪 60 年代开始研究 1000～1200kV 特高压交流输电技术。尽管各国发展特高压电网的步调并不一致，但是俄罗斯、日本、美国、西欧等地还是部分掌握了特高压输电及电气设备的制造技术等。我国《国家中长期科学和技术发展规划纲要(2006—2020 年)》重点研究领域中明确指出“重点研究开发大容量远距离直流输电技术和特高压交流输电技术与装备”。2009 年，晋东南—南阳—荆门特高压交流输电线路示范工程投入运行。2011 年，首条特高压交流示范线路实现满负荷 500 万 kW 的输送能力。2010 年，我国自主研发、设计和建设的世界电压等级最高、输电距离最远、输送容量最大、技术最先进的具有自主知识产权的向家坝—上海±800kV特高压直流输电示范工程也已投入运行。经历了近 10 年的研发、建设与运行，我国的特高压技术已经成为领先世界的重大原始创新技术[27]。

(2)灵活交流输电技术。灵活交流输电的功能在于对电网的运行参数(电压、电流、功率、品质因数、损耗及阻抗等)或运行状态(同步互联、潮流控制、限制短路电流等)进行快速准确的灵活控制，使原来稳态控制措施更有效，兼具更优良的暂态和动态控制能力。在电网比较发达的北美和欧洲地区，灵活交流输电设备的应用比较普遍，以长距离、大容量电力输送为特征的电网(如巴西电网)对灵活交流输电设备的需求也很明显。随着我国电网的建设和发展，灵活交流输电的需求将更加旺盛，应用也将更加广泛。目前，具有成功运行经验的灵活交流输电技术主要包括：固定串补技术、可控串补技术、高压静止动态无功补偿装置、可控并联电抗技术、静止同步补偿器等。2015 年，我国首个 220kV 交流环网的统一潮流控制器投入运行，这也是国际上首个使用 MMC 技术的统一潮流控制器工程[28]。

(3)基于电压源换流器的直流输配电技术。输配电技术的发展经历了从最开始的直流到交流，再到交直流共存的技术演变。20 世纪 50 年代，半控型器件晶闸管的发明使得基于换相式的电流源型高压直流输电得到大力发展。但这种输电方式有需要大量无功补偿设备，存在换相失败风险以及无法向无源网络输电的技术缺陷。90 年代开始，基于全控型器件构成的电压源换流器在高压直流输电领域的应用得到快速发展。与传统直流输电相比，基于电压源换流器直流输电不存在换相失败的问题，可以向无源网络供电；可以实现对交流侧有功功率和无功功率的解耦控制，有利于电网稳定；电能质量得到明显提高[29]。目前，世界范围内已经有十余条基于电压源型换流技术的新型直流输电工程投入运行。2011 年，我国首个基于电压源换流器直流输电示范工程——上海南汇风电场并网工程投入运行；2013 年，南方电网建成投运了基于电压源换流器的南澳三端直流输电示范工程；2014 年，国家电网建成投运了基于电压源换流器的舟山五端直流输电示范工程；2015 年，电压等级更高

(±320kV)、输送容量更大(1000MW)的电压源换流器的厦门直流输电示范工程投入运行。相关技术在直流配电网中的应用在我国还处于技术研发和示范阶段,相信不久的将来也会有实际系统建成。

未来新型输配电技术的发展趋势将主要体现在以下几方面:

(1)我国特高压电网的发展将形成交直流混联的复杂大电网。以特高压交流输电线路构建骨干网架,发挥特高压交流输送容量大、联网能力强、运行灵活的特点;以特高压直流输电线路实现远距离送电,发挥其造价低、损耗小、功率调节快速、输送距离大的特点。我国计划在2020年初步建成横纵交织的特高压电网。在这个发展背景下,半波长交流输电、远距离直流输电等新型输电技术将得到深入研究和发展。

(2)灵活交流输电技术将在我国电力系统的运行、调控和优化管理方面发挥更加重要的作用。日渐成熟的电力电子技术正促使电力系统日益电力电子化,电力电子技术与传统电力设备的结合将拥有广阔的应用前景。未来的灵活交流输电技术应用将更加关注加强多目标协调控制、降低成本、提高经济运行效益、增加现有输电线路传输容量以及提高线路利用率等。

(3)基于电压源换流器的直流输配电技术将体现出多方面的技术优势。在输电网层面,未来基于电压源换流器的高压大容量直流输电技术、多端直流电网技术和架空线直流输电技术等将得到大力发展。在配电网层面,直流配电技术由于在分布式电源接入、提高供电可靠性、保证电能质量和控制灵活性等方面所具备的优势,将成为未来主动配电网发展的主流供电方式之一,而环状拓扑、多级供电、交直流互联则是配电网的主要发展形式。

3.3 今后发展目标和重点研究领域

当前,我国正处于能源生产消费方式和能源结构调整变革的关键时期,智能电网的发展受到了全社会的广泛关注,电力系统及其自动化学科领域将面临巨大的发展机遇和挑战,一些重大关键科学技术问题急待解决。这些问题体现在下述若干领域。

3.3.1 电力系统规划

在电力系统规划领域,需重点研究的问题包括:可再生能源出力、电动汽车与储能、需求侧响应等对电力系统规划的影响机理;可再生能源发电出力的准确预测方法,考虑需求侧响应措施影响的电力需求预测方法;协调不同利益主体关系的大规模集中式和分布式电源规划方法;可有效提高输电系统抗风险能力、大规模接纳可再生能源能力、具有良好建设和运行经济性的规划方法;多元投资主体参与下,考虑各种新技术的影响，深度融合运行控制策略的配电网规划方法；充分考虑可再生能源不确定性影响和投资风险的微电网规划方法等。探索多元利益主体下电源/电网、输电网/配电网、配电网/微电网等的协同规划成本效益分析理论；从经济性、安全性、可靠性、灵活性和可扩展性等特征出发，研究未来电力发展新形势下综合效益测算、不同利益群体宏观与微观多维度评价理论。

3.3.2 电力系统控制

在电力系统控制领域，需重点研究的问题包括：大规模新能源并网集中接入和就地分散接入的稳定控制问题，为其可靠消纳和高效运行提供技术支撑；电力系统电力电子化的发展带来的大量新稳定性问题；在通过特高压交直流输电系统实现资源大范围优化配置的同时，如何解决大系统联网引起的稳定性问题，保障电网的安全稳定和供电可靠性；灾害性天气（台风、冰灾、磁暴等）、战争因素（石墨炸弹、高空核爆、网络攻击）等非传统因素给电力系统带来的影响及其应对控制策略；配/微电网的智能化调控问题，提高配/微电网的能效和可靠性，使其具备自修复和自适应能力，能充分接纳分布式电源和电动汽车充换电设施等新型电源和负荷，并为用户参与和需求响应提供灵活、友好的接口；储能参与电网各个环节的优化控制问题，研究协调高效的控制方法与策略，达到改善电力系统稳定性和运行性能的目标。

3.3.3 电力系统保护

在电力系统保护领域，需要重点研究的问题包括：适应大规模新能源接入的电网故障分析方法与保护技术；特高压交流保护技术应重点解决线路分布式电容、串补电容器、并联可控电抗器、同塔多回线路等对保护造成的影响；特高压直流保护应解决主保护耐故障电阻能力差、后备保护延时长等问题；特高压交直流混联对保护的影响问题；特高压直流输电连续换相失败对保护的影响及对策问题；广域保护构成模式、原理、信息容错性能以及如何有效地实现区域划分等问题；基于电压源换流器的直流输配电网络的保护原理、故障隔离方法以及故障自愈策略；含分布式电源的配电网及微电网保护、故障定位技术；完善微电网保护与控制之间的配合关系，实现快速、可靠、无盲区的孤岛检测。

3.3.4 电力系统仿真

在电力系统仿真领域，需要重点研究的问题包括：可再生能源发电场的等效建模，包括可再生能源的等效和发电机组的等效，等效方法应能反映可再生能源的随机波动特性，同时要考虑由于分布性而引起的各台可再生能源发电机组的差异；交直流混联电力系统在遭受扰动之后的电磁暂态过程、机电暂态过程和中长期动态过程的连续全过程仿真，以及交直流模型在不同时间尺度上的匹配和切换；电力系统的实时,甚至超实时在线快速仿真;基于大规模分布式计算技术的物理信息融合电力系统联合仿真的信息交互和存储。

3.3.5　电力市场

在电力市场领域,需要重点研究的问题包括:输配电价与发售电价格的相关理论及形成机制,通过价格信号来反映电力市场供需两端的真实情况,以达到资源优化和调配的作用;发、输、配、用层面的金融风险分析与抑制,金融产品的交易机制与设计;电力市场模式、交易机制与辅助服务的设计与分析,市场环境下电网的安全经济运行问题;新能源与分布式电源接入的市场机制;售电市场与售电企业运营管理模式,鼓励以混合所有制方式发展配电业务,提高配电运营效率,促进电网发展;市场环境下如何引导电源、电网、负荷的协调规划,保证供电可靠性。

3.3.6　电力系统运行与调度

在电力系统运行与调度领域,需要重点研究的问题包括:研究支撑大规模可再生能源并网与消纳的调度运行技术,支撑我国多个千万千瓦级风电、光伏基地可靠并网;揭示高渗透率可再生能源分布接入场景下输配两级电网的相互影响机理,突破支撑可再生能源广泛分布接入的输配联合状态估计、安全评估、优化调度与运行控制等关键技术;计及多种能源形式的动态过程,研究多能互补与梯级利用的复杂能源网络调度运行与控制技术;突破多元用户供需互动技术,充分挖掘负荷侧主动调节潜力,探索基于云计算与大数据的智能用电等关键技术;信息能量耦合系统的深度融合技术等。

3.3.7　新型输配电技术

在新型输配电技术领域,需要重点研究的问题包括:交流输电技术中需要重点解决可控并联电抗器、故障电流限制器、静止同步串联补偿器以及统一潮流控制器的数学建模、控制策略、交互影响以及工程实践技术等;直流输电技术中需要重点解决直流断路器的理论、设计与实现技术,直流电网保护以及故障自愈控制技术,多端直流电网优化运行与潮流控制;配电技术中需要重点解决计及可再生能源间歇性、随机性特点的分布式发电并网关键技术,充分利用信息技术、电力电子技术、先进控制技术等手段的智能配电技术,配电与用电智能互动集成技术以及智能配电网的测量、通信技术等。

参 考 文 献

[1] 王成山,王丹,周越.智能配电系统架构分析及技术挑战.电力系统自动化,2015,39(9):2—9.

[2] 程浩忠,范宏,翟海保.输电网柔性规划研究综述.电力系统及其自动化学报,2007,19(1):21—27.
[3] 王锡凡,肖云鹏,王秀丽.新形势下电力系统供需互动问题研究及分析.中国电机工程学报,2014,34(29):5018—5028.
[4] 王成山,焦冰琦,郭力,等.微电网规划设计方法综述.电力建设,2015,36(1):38—45.
[5] 薛禹胜,吴勇军,谢云云,等.停电防御框架向自然灾害预警的拓展.电力系统自动化,2013,37(16):18—27.
[6] 韩英铎,吴小辰,吴京涛.电力系统广域稳定控制技术及工程实验.南方电网技术,2007,1(1):2—10.
[7] 王成山,高菲,李鹏,等.低压微网控制策略研究.中国电机工程学报,2012,32(25):2—8.
[8] 程时杰,余文辉,文劲宇,等.储能技术及其在电力系统稳定控制中的应用.电网技术,2007,31(20):97—108.
[9] 尹俊,毕天姝,薛安成,等.计及低电压穿越控制的双馈风力发电机组短路电流特性与故障分析方法研究.电工技术学报,2015,30(23):116—125.
[10] 王增平,姜宪国,张执超,等.智能电网环境下的继电保护.电力系统保护与控制,2013,41(2):13—18.
[11] 李斌,何佳伟.多端柔性直流电网故障隔离技术研究.中国电机工程学报,2016,36(1):87—95.
[12] 陈晓龙,李永丽,谭会征,等.含逆变型分布式电源的配电网自适应正序电流速断保护.电力系统自动化,2015,39(9):107—112.
[13] 鞠平,秦川,黄桦,等.面向智能电网的建模研究展望.电力系统自动化,2012,36(11):1—6.
[14] 田芳,黄彦浩,史东宇,等.电力系统仿真分析技术的发展趋势.中国电机工程学报,2014,34(13):2151—2163.
[15] 汤涌.交直流电力系统多时间尺度全过程仿真和建模研究新进展.电网技术,2009,33(16):1—8.
[16] 赵俊华,文福拴,薛禹胜,等.电力信息物理融合系统的建模分析与控制研究框架.电力系统自动化,2011,35(16):1—8.
[17] 舒畅,钟海旺,夏清.基于优化理论市场化的日前电力市场机制设计.电力系统自动化,2016,40(2):1—6.
[18] 舒畅,钟海旺,夏清,等.约束条件弹性化的月度电力市场机制设计.中国电机工程学报,2016,(3):587—595.
[19] 赵岩,李博嵩,蒋传文.售电侧开放条件下我国需求侧资源参与电力市场的运营机制建议.电力建设,2016,37(3):71—75.
[20] Chen H Y,Wang X F. Strategic behavior and equilibrium in experimental oligopolistic electricity markets. IEEE Transactions on Power Systems,2007,22(4):1707—1716.
[21] 辛耀中,石俊杰,周京阳,等.智能电网调度控制系统现状与技术展望.电力系统自动化,2015,39(1):2—8.
[22] 孙宏斌,张伯明,吴文传,等.自律协同的智能电网能量管理系统家族概念、体系架构和示例.电力系统自动化,2014,38(9):1—5,14.
[23] 张伯明,吴文传,郑太一,等.消纳大规模风电的多时间尺度协调的有功调度系统设计.电力系统自动化,2011,35(1):1—6.
[24] 郭庆来,王彬,孙宏斌,等.支撑大规模风电集中接入的自律协同电压控制技术.电力系统自动化,2015,39(1):88—93,130.
[25] Mohsenian-Rad A H,Wong V W S,Jatskevich J,et al. Autonomous demand-side management based on game-theoretic energy consumption scheduling for the future smart grid. IEEE

Transactions on Smart Grid,2010,1(3):320－331.

[26] Huang D C, Shu Y B, Ruan J J, et al. Ultra high voltage transmission in China: Development, current status and future prospects. Proceedings of IEEE,2009,97(3):555－583.

[27] 刘振亚. 中国特高压交流输电技术创新. 电网技术,2013,37(3):T1－T8.

[28] 崔福博,郭剑波,荆平,等. MMC-UPFC接地设计及其站内故障特性分析. 中国电机工程学报,2015,35(7):1628－1636.

[29] 汤广福,贺之渊,庞辉. 柔性直流输电工程技术研究、应用及发展. 电力系统自动化,2013,37(15):2－14.

第 4 章　高电压与绝缘技术

4.1　研究范围和任务

特高压电网和智能电网建设以及可再生能源的规模利用，已成为带动整个世界电力设备及电力技术革新的强劲动力。深入研究高电压与绝缘技术，对开发高性能、高参数、高可靠性电力设备，进而保证电网安全有着非常重要的意义。特别是新能源发电主要依赖太阳能、潮汐能和风能等，具有很强的间歇性和空间分布不均匀性，对高电压与绝缘技术提出了前所未有的机遇和挑战。

高电压与绝缘技术学科跨度广阔，涉及物理、化学、材料、电气等，理论研究深至凝聚态物理，工程应用广到电气设备的监测与评估；既有多学科的交叠与成果积累，又有科研与工程的结合。需要从先进电介质材料、电力设备放电与过电压防护、高压电力电子装备，以及智能电气设备与全寿命运行特性等方面加强深入研究。

4.1.1　先进电介质

传统的电力设备由于体积庞大、承受电场类型单一、所用的绝缘材料易造成环境污染等原因，已经不能满足“绿色”和“智能”的要求，其根源在于电工材料不能满足新形势的要求。只有加深对电气工程主要与关键材料微观性能的认识、介观界面性能的了解，才有可能改进电气设备的跨尺度设计和高压大功率电子器件的绝缘设计。此外，近年来我国在太空、深海等尖端领域的快速发展，电工装备已越来越多地应用于极端条件（高海拔、低温、强辐射、空气稀薄等）下的资源开发、国防建设和高新技术基础研究。这些特殊环境对电介质材料提出了新的要求。

该方向的研究范围如下：①极端条件下电介质材料服役特性及失效机理：三极（南极、北极、青藏高原）、三深（深空、深海、深地）等极端环境以及极端使用条件（超高速、高压、大电流、小型化、短时脉冲工作等）下，电介质材料特性（包括电学、热学和力学等综合性能）的测试评估手段；研究其性能劣化规律和失效机理。②高导热、耐电晕、高性能电介质材料的研究与开发：以新一代电网大规模新能源接入技术的关键设备变频调速电机为例，其长期工作于不同于传统交流、直流的脉冲宽度调制的工况，严重发热导致其绝缘寿命不到传统工况的 1/10，其原因在于绝缘材料的热导率极低。同时，传统高导热材料中依靠电子传递热量的机制与绝缘材料要求低的电荷迁移率相悖,限制了兼具高导热高绝缘性电工材料的发展。因此需要研究开发新型高导热的电介质材料。③环境友好型电介质材料的研究与开发:变压器是电网中最常用的电力设备。新一代电网要求变压器单台容量增大、承受电磁负荷增高,极易导致漏磁场增强和损耗增加,威胁变压器安全运行。而降低漏磁场的关键在于提高铁心材料的磁导率。此外,变压器中的矿物绝缘油难以生物降解且燃点较低,已经不能满足下一代电网"绿色环保"的发展要求。因此,研发高性能、环境友好的磁性材料和液体绝缘油,已经势在必行。SF_6气体作为绝缘和灭弧介质被大量应用于电力设备中。然而,SF_6温室效应严重,且在电弧作用下分解出有强烈腐蚀性和剧毒性的产物,已被明确规定限用限排。因此,SF_6替代介质及由此而产生的对电力设备性能的影响,将是重要的研究课题。

该方向的任务如下:①揭示多物理场(电、磁、热、紫外、辐照等)与不同介质环境下介观尺度复杂系统中的电子发射、电荷输运规律及界面介电效应。针对在电气工程领域中主要实际应用的电介质材料,如聚乙烯、聚丙烯、硅橡胶、环氧树脂、硅钢片等,有目的地进行微观结构、介观结构与其宏观性能之间的关联关系的研究,取得几项有明确具体意义,对于实际研究或应用有参考价值的成果。②提高电工材料微纳尺度性能测试与表征方法。对于现有的测试技术,提高分辨率与测试范围等,结合传统的宏观介电特性测试技术与现代的微观结构测试技术,加深理解电工材料的微观测量参数与宏观性能之间的关系。③研究材料的跨尺度设计,将微观参数、结构设计与电气设备、高压大功率电子器件的整体性能系统地结合起来,以求充分发挥现有电工材料的潜力。

4.1.2 电气设备中的放电与过电压防护

我国电力系统向远距离、高电压、大容量方向发展,超特高压输变电系统长期在污秽、雾霾、覆冰、强暴雨等复杂环境条件下运行,且易受高海拔环境中低气压、强紫外线和随机空间电荷影响;GIS、断路器、变压器等常规电气设备以及脉冲功率装置等特种电气设备向高电压、小型化、高可靠性、绿色环保方向发展。电力系统和电气设备的上述发展趋势对其中的放电、过电压实时感知和防护提出了更高的要求。

该方向的研究范围为:研究各种灭弧介质中电弧的形成、发展和熄灭过程的物理机制;研究灭弧室结构、电极材料、气流场、磁场、器壁侵蚀等因素对电弧微观和宏观特性的影响规律和作用机理;研究电弧特性的控制技术及其对开关开断性能的影响机制;研究多介质复合绝缘系统中表面沿面闪络的放电机理和有效的抑制手段;研究超高压、特高压输变电工程中,高海拔、覆冰、污秽和雾霾等复杂环境下的沿面放电研究特性和机理;研究特高压外绝缘配置和海拔修正方法;研究气体及真空中长间隙放电理论;研究新一代电网过电压波形及参数特性并建立过电压研究的宽频元件模型;研究电网过电压实时感知的先进智能传感技术;研究实时过电压特征下的介质绝缘特性和主动防御技术。

该方向的任务为:掌握各种灭弧介质中电弧的形成、发展和熄灭过程的物理机制,所研究的灭弧介质不仅包括真空、空气、SF_6等传统介质,而且应特别关注 SF_6替代/混合气体等新型绿色灭弧介质;阐明各种因素对电弧特性的影响规律和作用机理;掌握电弧特件的控制技术;揭示多介质复合绝缘系统中表面沿面闪络的放电机理,并提出有效的抑制手段;掌握高海拔、覆冰、污秽和雾霾等复杂环境下的沿面放电特性和机理;提出特高压外绝缘配置和海拔修正方法;阐明气体及真空中长间隙放电理论;获取实时过电压行为特征,并建立精准的元件宽频域数学物理模型,得到实时暂态电压下电介质的绝缘特性并通过先进的电力电子器件和控制理论实现过电压的主动防护。

4.1.3　高压电力电子装备

大容量、远距离和跨区域电能输送是我国未来新一代电网的基本特征,而电力电子装备将成为大幅提升未来电网输送能力和控制能力的关键装备。电力电子技术是推进能源供应方式变革、全面推进节能提效、大力发展分布式能源、推进智能电网建设的关键技术之一。因此,大力发展电力电子技术,对于构建我国坚强可靠、经济高效、清洁环保、透明开放、友好互动的新一代电网架构,具有重大战略意义和应用需求。可再生能源转换、电力储能、电动汽车、电能质量治理等更是离不开电力电子技术。总体而言,高压电力电子装备在电力系统中的占比呈现规模化应用趋势。

面向新一代电网对高压电力电子装备的迫切需求,必须从基础理论和关键技术着手,在器件瞬态特性、串并联规模化成组及均衡、电磁骚扰及抑制、等效试验方法、故障特性及可靠性评估等方面开展基础性研究工作,为实现高压电力电子装备的"中国制造"乃至"中国创造"提供基础理论支撑。

该方向的研究范围为:研究高压大功率电力电子器件的瞬态开断特性及失效机理;研究高压大功率电力电子器件的规模化成组技术;研究高压电力电子装备的多时间尺度电磁瞬态模型;研究高压电力电子装备的多物理场耦合特性;研究高压电力电子装备对其他电磁敏感系统的影响机理;研究高压电力电子装备的等效试验方法;研究高压电力电子装备的故障特性与可靠性评估方法;研究高压高频电力变压器基础理论及关键技术。

该方向的任务为:揭示高压大功率电力电子器件的失效机理;提出电力电子器件规模化成组的电气均衡技术;建立高压电力电子装备的电磁暂态模型;提出高压电力电子装备的多物理场综合设计方法;提出高压电力电子装备对其他电磁敏感系统的影响抑制技术;建立高压电力电子装备的等效试验理论及体系;提出高压电

力电子装备的可靠性提升技术;建立高压高频电力变压器设计方法与理论体系。

4.1.4 智能电气设备与全寿命运行特性

电气设备主要包括发电机、电力变压器、换流变压器、高压电抗器、高压断路器、气体绝缘组合电器、高压开关柜、金属氧化物避雷器、高压电容型设备、高压电力线路、高压电力电缆等。智能电气设备是指该设备具有对自身故障的智能感知、识别、控制以及信息的网络化交互、共享、控制能力,它根据设备自身运行状态信息和外界多种信息的综合,采用模式识别、专家系统等智能分析、智能决策与控制手段,实现对设备运行状态的适时、适当调整与改变。

该方向的研究范围为:智能电气设备涉及高压电气设备故障理论、故障的智能感知、智能分析、智能决策与控制等方面,目的是通过对电气设备故障的机理、规律和特性的认识,为故障的智能识别提供理论指导,采用先进的神经网络、专家系统等智能分析技术,实现对故障特征信息的辨识与故障定位,实现电气设备的状态智能评估、寿命预测、管理及控制,从而提高电气设备故障防御的能力;智能电气设备也涉及高压开关电器的智能化操作,目的是通过感知电网运行过程中的故障类型,使电器具备思维、判断和基于故障特征的智能操作等功能,实现不同运行工况下的最佳分、合闸特性操作,从而进一步提高电网的安全运行水平;为了有效实现电气设备的智能化,还需要建立电气设备的通信与信息平台,研究设备信息的网络化共享,实现控制中心、变电站、设备端分层次的有效信息交互,达到远程诊断、远程控制、故障远程恢复等功能;研究设备信息与电力地理信息系统等的信息交互,实现设备信息在电子地图上的动态显示,进行时空分析及远程控制等功能;紧密围绕大力提升电力网故障防御能力、抵御自然灾害能力、提高电网对故障的自适应与自愈能力等方面的需求,还需要开展电气设备智能化的基础科学和关键技术研究。

该方向的任务为:电气设备故障产生机理及故障特征信息提取、故障信息传感理论和传感器、故障辨识与定位理论及技术、开关的智能操作、电气设备状态评估及全寿命周期管理、电气设备通信与信息平台技术。

4.2 国内外研究进展和发展趋势

4.2.1 先进电介质材料

近年来,随着新能源的广泛利用,电力设备通常都需要在高频、高压、高功率以及高温等苛刻的环境下运行,因而作为上述器件的重要组成部分的电介质材料不仅存在着轻量化要求,还要有非常好的工作稳定性。这对电介质材料的导热性、力学性能、耐热性能等都提出了更高的综合要求。然而,当前对于这类具有多种功能需求的电介质材料的极端条件下的服役特性、设计与制备的研究还很不充分，在基础设计理论与制备手段方面都需要创新。

1. 极端条件下电介质材料的失效规律与机理

国外在极端条件下的电工装备研究起步较早，技术水平和应用程度领先我国。近年来，我国积极开展该领域的探索研究，取得了诸如极地船舶、青藏铁路、神州系列载人飞船、天宫一号目标飞行器、“蛟龙号”深潜器等标志性技术成果，使我国在三极、三深装备技术领域达到了国际先进水平；形成了百特斯拉级峰值脉冲强磁场、40T级高磁场稳态磁体系统，为科学试验研究提供了技术支撑。我国向太空、深海等尖端领域的快速发展，对高性能电介质材料提出了新的要求。①超导磁体工作环境为超低温环境，超低温下电介质材料应具有较高的机械强度；同时，开展对包括导流效应在内的碎熄现象等方面的研究；另外，加强研究开裂剥离、摩擦等的产生与防止方法；还应开展对超低温时电介质材料的线膨胀系数、热传导率、机械强度、弹性率、泊松化、摩擦系数、绝缘特性等各方面的研究。②在高温条件下，一些现有的电介质材料无法稳定安全的工作，应开发新型绝缘材料，保证其在高温下的优良电气性能，提升电介质材料的加工制备技术，减小高温环境电介质材料的气孔率。③在宇航环境中的电介质材料应具有优异的机械性能(辐射破坏高分子结构)、介电性能(辐射可以造成电子脱陷)以及热学性能(绝缘材料向太阳一面和背向太阳一面温度差异很大)，同时研究其抗劣化性能。④对于海水侵蚀的电介质材料做进一步研究，增强其测试评估手段，为海地电缆的运行打下基础[1,2]。

2. 高性能电介质材料的研究与开发

随着电力系统的不断发展，传统电介质材料的介电性能已不能满足系统的要求，需要提高材料的介电性能。

在提高材料击穿性能的研究中，复合材料成为研究的热点。特别是2000年后，纳米复合电介质成为材料击穿性能的主要手段。未来新型高性能电介质材料的发展主要有以下几个方面。①在现有的聚合物电介质材料基础上，通过处理(热、等离子体、辐射、臭氧等)和绝缘结构优化，减小电场集中和电荷分布，提高聚合物介质材料的击穿和老化性能。②深入研究聚合物绝缘介质的微观-介观-宏观理论，在已有的研究基础上考虑新的环境和极端效应，丰富和发展电介质的击穿理论。③研究电质材料性能的新方法和理论，如仿真计算(分子模拟等)和微观结构表征(原子力显微镜、太赫兹光谱、拉曼光谱等)，研究微观机理与宏观性能的关联，尤其是复合材料的表征和性能研究[3,4]。研究绝缘材料在第三代电网发展下的应用理论和技术，实现高性能电力设备开发的关键高强度绝缘材料的应用。特别是特殊环境下的应用研究，如高辐射、高低温、真空、高盐雾、强电磁环境等。④开发高击穿性能新型绝缘材料,设计分子构成和调控绝缘材料的结构、化学组成、微观参数、形貌等,实现新材料的开发和性能表征。

目前,我国高击穿性能绝缘材料的研究还存在以下几个问题:①缺乏对电介质击穿过程和耦合作用下的击穿机理的深入理解:对液体和固体电介质的击穿过程仍缺乏足够的深入认识。尤其是对变压器油及油纸绝缘材料的击穿机理研究仍需进一步深入到微观、介观领域;变压器油的老化和寿命评估不够;油纸复合绝缘的界面问题。另外,对温度、试样厚度、交直流击穿过程等仍没有明确的理论依据,限制了绝缘材料的设计和应用。对复合材料尤其是纳米复合电介质材料的击穿机理还处于定性描述和猜测阶段,缺乏定量的仿真计算和直接的试验证据。②高击穿性能绝缘材料的准确表征和应用技术不足:如何直接、微观地检测或表征绝缘材料击穿前的介电、电荷输运、热和机械等性能是研究击穿特性的关键技术。目前,这方面的表征手段有限,仍采用传统的表征方法已满足不了材料特性和机理研究的需要。我国在表征技术上与国外有较大差距,新型的原子力显微镜、太赫兹等技术急需解决。③高击穿性能绝缘材料的设计、制备和调控研究不够:目前缺乏高击穿性能绝缘材料的设计研究,尤其是微观分子结构设计。我国绝缘材料的制备技术与国外还有很大差距。一方面,国外在高等级电工环氧、聚乙烯、液体硅橡胶等基础原材料方面掌握核心技术,在高端电工原材料领域几乎垄断了全球市场。另一方面,国外产品在核心制造方面处于领先地位,欧洲、日本等地已经可以生产500kV直流电缆,其320kV直流电缆附件已经实现了工程应用。而我国在高性能绝缘材料领域,产品结构、技术水平、质量性能、技术开发、市场快速反应能力和企业设备技术等方面的国际竞争力有待提升。

此外,导热与绝缘是一个矛盾体,对于电子器件来说,温度每上升2℃,可靠性就降低10%。变压器电机绕组等电力设备温度每增加6～8℃,预期寿命就缩短一半。因此,研制高导热电介质材料,解决电气电子设备的结构散热问题,是电气电子绝缘领域的研究热点。国际上针对高导热电介质材料的研究,日本和美国的研究机构及通用电气、西门子、ABB等跨国公司目前在研究和应用方面居于领先地位。在基础理论研究方面,国际上普遍认同微观结构决定宏观导热特性,要获得高的热导率通常是在基体内部构建一个导热网络(阈渗网络)。应用研究主要集中在两个方面:对聚合物本体进行改性形成本征导热聚合物;在聚合物中填充大量高导热性填料形成导热网络而得到填充型导热聚合物[5,6]。我国的研究和开发主要开始于20世纪90年代末,从2004年后至今在国内形成了高导热绝缘材料研究的热潮。近年来,国内对高导热环氧树脂、硅橡胶、乙丙橡胶、聚烯烃、聚酰亚胺等复合材料的制备与应用、结构与性能等进行了大量探索性研究[7,8]。国内工业界相继开发出了高导热橡胶、高导热塑料、导热环氧树脂和硅胶、导热覆铜板等产品,但在性能上与国外产品相比仍有很大差距。此外,由于成本和工艺等原因,高导热绝缘材料在微电子工业中的应用较多，而在电工电气领域尚未开始大规模应用。纵览近年来国内高导热绝缘材料的研究可以看出，导热聚合物是目前学术界和工业界关注的热点，但目前还没有针对从合成入手的本征导热型聚合物的研究，绝大部分研究集中于填充型高导热聚合物基复合绝缘材料，而且对填充型导热聚合物至今也没有形成系统的基础理论和观点共识。国内的论文报道虽多，但在高导热绝缘材料制备工艺技术及应用、导热绝缘材料基础理论研究等方面与国外尚有一定差距。工业化成熟的高端高导热绝缘材料，如弹性高导热界面材料、导热塑料、导热基板等仍然被国外公司占据。

3. 环境友好型电介质材料的研究与开发

传统电介质材料对环境的影响是多方面的：首先是材料制造中产生的污染；其次是产品使用中产生的污染，如有溶剂漆时溶剂挥发的味道，又如层压制品加工过程中灰尘的飞扬和噪声污染；再次是材料产品本身的毒害性，如多氯联苯液体电介质有致癌作用，现在已被禁止，石棉短纤维对人身体有害，也已被取消；最后是材料产品废弃后产生的污染，如 SF_6 是一种很强的温室效应的气体，已被京都议定书禁用。液体电解质矿物油生物降解性很差，一旦发生泄漏会对环境造成污染；固体废弃材料通常以掩埋和焚烧为主，掩埋会占用大量土地，无法溶解的废弃物会造成土壤劣化，形成持久性的有机污染，而焚烧法会产生有害气体，造成环境的二次污染。

2003 年欧洲联盟（欧盟）颁布了两个指令，在电子电气设备中禁用铅、汞、镉（六价）、多溴二苯醚和多溴联苯等物质。2009 年哥本哈根气候大会要求各国降低二氧化碳的排放，走持续绿色发展之路，我国也承诺发展绿色经济。我国在 1989 年通过了环境保护法，在 2014 年作了全面修改，把环境保护作为国家的基本国策，对各行各业提出了更高的要求。2003 年实行了清洁生产法，在 2012 年进行修改并执行。我国在绝缘材料新产品开发方面还落后于发达国家。例如，矿物绝缘油难以生物降解且燃点较低，而植物绝缘油是一种高燃点、环保型液体绝缘介质。国内外研究学者针对植物绝缘油的制取方法、理化性能、介电性能、油纸老化、吸湿特性等方面已开展了深入广泛的研究：ABB 公司研制的植物绝缘油 BIOTEMP 应用于配电变压器，在−37.4℃时能够安全起动运行。美国库柏公司也研制出以大豆油为基础油的绝缘油 FR3，从 2000 年至今已经在上万台变压器中运行。2002 年日本富士电机公司开发出以菜籽绝缘油为绝缘介质的小型、轻便、环保型配电变压器。目前，国内植物绝缘油在大型电力变压器中应用的相关研究还处于起步阶段，缺乏植物绝缘油变压器绝缘散热设计经验和运行数据[9,10]。

4.2.2 电气设备中的放电与过电压防护

电弧是开关电器开断过程中最重要的物理现象。深入研究和掌握各种介质中电弧等离子体的物理机制,并在此基础上对其特性进行调控,是提高开关电器开断性能的根本。尽管对沿面闪络现象已有数十年的研究,但对其放电机理和有效抑制手段还缺乏深入理解。各类电气设备中往往采用多介质复合绝缘系统,由于固体介质与真空、气体、液体等组成的沿面结构往往会使电场分布不均匀,常导致高电压、强电场下发生沿固体介质表面的放电、闪络现象,引发系统绝缘失败,电力设备内部绝缘的各类闪络击穿事故频发,严重危害电力系统的安全稳定运行。沿面闪络已成为超高压、特高压电力系统发展亟须解决的问题。与超高压线路相比,特高压输电线路运行电压更高、线路更长、容量更大、塔身更高,发生故障的影响更大。长空气间隙是其主要的外绝缘形式,绝缘距离的选择直接影响特高压输电线路工程的设计结果,大幅影响工程造价,绝缘配合设计亟须长空气间隙放电理论的指导;真空断路器向更高电压等级的拓展应用也需要深入研究长真空间隙的放电机理。未来电网结构更加庞大而复杂,对电力系统的安全可靠运行的要求也更高。运行经验表明,电网中过电压对输变电装备的绝缘结构造成了严重威胁,过电压水平决定了超特高压的设备选型和设备制造。目前对于电网过电压的防护手段仍是以传统避雷器的优化配置为主,辅以断路器分合闸电阻的策略,是对过电压的被动防御,无法实现过电压的主动防护;通过先进的电力电子器件和控制理论实现过电压的主动防护,对保证电网安全运行,提升供电可靠性,建立坚强智能电网具有重要的意义。

1. 电弧放电

开关电器在电力系统中发挥着不可替代的保护和控制功能,而电弧是开关电器开断过程中最重要的物理现象,掌握电弧特性,从而实现对其特性的控制,对于提高开关电器的开断性能具有重要意义。我国已在电弧研究方面形成了一定的学术影响力,主要包括:空气、真空、SF_6等不同介质中燃弧过程的磁流体动力学建模与仿真方面处于国际领先水平;研制了专用软件系统,并已初步开展了弧后非平衡态电弧理论方面的研究[11～13];系统性地获得了与电接触密切相关的电弧放电微观物理特性,提出了电接触表面动力学特性的新概念,建立了分离式电接触理论体系,为电接触性能的智能化评估奠定了相关理论基础;提出了器壁侵蚀与结构相复合的灭弧思想,发明了系列新型低压灭弧系统,突破了大容量开断中强限流开断和抑制弧后重燃的难题;揭示了纵向磁场分布对真空电弧的控制机理,发明了真空电弧的非均匀纵向磁场控制技术[14];掌握了 SF_6 断路器弧后击穿场强与压力、温度之间的定量关系,并提出了弧后电击穿的评估方法[15]。

2. 沿面闪络

由于沿面闪络问题对电气设备设计和安全运行的重要性，国内外很早就对真空、气体、绝缘油等不同条件下的闪络现象开展了大量试验和理论研究。在真空沿面绝缘方面，美国和俄罗斯的一些实验室在大型脉冲功率装置设计工程的驱动下开展研究，提出了二次电子发射雪崩模型假说以及指导真空沿面绝缘设计的著名的 JCM 公式，后来又进一步提出了电子触发的极化松弛模型假说[16]，以及多层均压真空绝缘堆栈、高梯度绝缘微堆等新型绝缘结构设计[17]。这些为真空绝缘研究提供了基本的理论基础，但对沿面闪络的机理认识和有效的抑制手段仍待深入研究[18]。在气体沿面绝缘方面，由于传统的纯 SF_6 气体液化温度高、温室效应严重、对场强集中敏感等缺点，各种可替代的绿色环保气体的基本理化及电气性能研究也在国内外广泛展开[19]。ABB 成功研制了 1.0MPa 的 SF_6/N_2 混合气体的气体绝缘金属封闭管道母线以及新型气体。这些研究为今后的气体绝缘提供了有力帮助，但仍缺乏深入的理论和技术支撑。直流管道输电的出现，同样为沿面绝缘带来新的挑战，绝缘材料表面在长期直流电场作用下会出现电荷积聚问题，影响了设备的绝缘性能，这些新的问题仍然亟须解决。特高压下复杂环境中的绝缘子沿面闪络引人关注。国外对±600kV 直流和 750kV 交流电压等级及以下的外绝缘研究较多且成熟，但对交流 1000kV、±800kV 及以上系统外绝缘研究甚少。特别是国外超高压以上输变电工程很少面临高海拔、覆冰、污秽和雾霾的影响，因此对这些复杂环境下的沿面放电研究较少。相反，在我国特高压建设的带动下，我国建设了高达±1100kV 特高压直流试验电源装置和大型人工气候室，在西藏（海拔 4300m）、怀化（海拔 1500m）等地建立了户外特高压试验基地，具备开展高海拔、污秽、覆冰等各种复杂环境的特高压全尺寸试验能力和条件，克服了传统外绝缘设计采用线性外推的选择和人工模拟高海拔、覆冰雪环境的试验方法[20]。该方面的研究仍存在一些不足，如高海拔、污秽、覆冰、雾霾等复杂环境条件的人工模拟试验和自然环境试验结果等价性问题，以及特高压交直流和±1100kV 特高压直流外绝缘沿面放电在污秽、覆冰、雾霾等环境条件下的海拔修正适用范围外延至 5000m 以上的基础理论和修正方法的问题等。

3. 长间隙放电

长间隙放电是气体放电理论研究的一个重要方面。理论上，凡放电通道特性对放电过程起主导作用的情况均属长间隙放电的范畴。随着输电电压越来越高，外绝缘空气间隙的长度也随之加长，人们逐步开始了长空气间隙放电特性的研究。20 世纪 70 年代初，国外开始利用高压实验室对长间隙放电的现象和物理过程进行研究。著名的实验室和研究机构有法国的 Renardières 高压物理实验室、加拿大魁北克水电局研究所、意大利的电技术实验中心实验室等。其中,Renardières 高压物理实验室通过一系列试验,对长间隙放电的外特性进行了较为全面深入的研究[21~23]。为了对这些试验结果进行解释,科研工作者提出了基于大量假设的物理模型与经验公式,例如,Gallimberti[24]提出了流注发展的能量平衡模型;Hutzler等[25]提出了基于 Aleksandrov 的电晕云模型;Jones[26]提出了先导通道具有电弧特性等。但由于计算能力的限制,这些模型大都是经验模型,对于放电物理过程的解释也相对比较笼统。近年来,为了我国特高压输电线路建设的设计需要,相关科研机构也开展了特高压下长空气间隙放电外特性的试验研究工作。但是相关工作主要还停留在通过在试验获得间隙放电电压、利用工程经验模型估计放电特性的阶段。关于特高压下长空气间隙放电的分散性、饱和性等发生机理及其特征并没有一个清楚的认识。

值得指出的是,长间隙放电的基础条件发生了质的飞跃。一是数值仿真技术的飞速发展——计算机的数值计算能力出现大幅提升,应用数学领域内的各种数值计算新方法的进步很快。进行长间隙气体放电数值仿真就越来越成为可能,可以预期,在不久的将来,长间隙放电的数值仿真研究可能会取得突破性的进展。二是随着测量科学的不断进步,各种新型试验测量手段不断涌现,尤其是光电测量新技术的出现及日渐成熟,使长空气间隙放电的试验研究手段不断加强,因此通过试验获取放电的特性参数成为可能。结合数值仿真方法与新型测量手段开展长间隙放电研究必将成为热点。

4. 电网过电压实时感知和防护

目前电网过电压的研究,大多仍是依赖电磁暂态的仿真计算结果,缺乏实际测量的过电压波形及参数和依据实测特性而建立的宽频元件模型[27]。特别是,直流、柔性直流输电以及特高压输电工程的发展,电力电子器件的大规模应用导致系统的暂态特性与传统电网有很大差异,如仍采用简单模型和简化电路仿真获取的过电压行为特征难以令人信服[28]。近年来,在高压和超高压电网已有一些过电压在线监测装置投入运行,但目前对于过电压信号的获取大多数采用的是高压电阻式或电容式分压器,例如,一些特制的电压传感器组成套管分压系统,从套管末屏抽头处获取电压信号,实现对电网过电压信号的实时感知。但是,当电压等级较高时,增加一次设备会给电网的安全运行带来潜在威胁。随着光纤传感技术的迅速发展,以及一些新材料的不断应用,有研究者开始利用晶体的一次光电效应和二次光电效应开展电压、电场传感技术的研究。国内外曾有文献基于逆压电效应的电光晶体、锗酸铋电光晶体等晶体材料研制出了各种电压传感器[29]。因此,基于先进的传感技术研究微型化、非接触、高性能的传感器是电网运行参数实时感知的发展趋势。

从 1962 年至今，IEC 推荐的双指数波形作为指导电力设备绝缘配合与相关科学研究的标准过电压波形已沿用 50 余年。然而，实测数据表明电网中各关键设备上的过电压波形与标准波形差异较大，直流、柔性直流输电、特高压输电以及电网广域互联造成未来电网过电压特性更加复杂，其波形和参数分布尚不清楚。已有研究表明，不同过电压波形作用下绝缘介质的电气特性具有明显差异：Wada 等[30]研究了五种典型实测波形与标准波形作用下多种绝缘介质的击穿特性，绝缘介质的 50%击穿电压、伏秒特性在不同波形作用下具有明显的差异。Grzybowski 等[31]发现非标准冲击电压作用下配网绝缘子的击穿电压是其在标准雷电冲击下击穿电压的 1.5～2 倍；Allibone 等[32]研究发现冲击电压波形参数对气隙击穿电压的影响与间隙长度相关；Chowdhuri 等[33]的研究指出冲击电压波形的差异必然会引起绝缘介质击穿特性的改变。目前，业内学者广泛关注并认同“非标准过电压波与标准波作用下绝缘介质的击穿特性存在显著差异”，因此，开展实测过电压特征参数对绝缘介质电气特性的影响规律和放电机理研究是优化绝缘配合的依据。

在过电压防护方面，现有超特高压电网对过电压的防护主要是通过避雷器的分布优化将过电压限制在较低水平[34]。近年来，在中低压配电网上先后有利用大功率电力电子技术开展过电压的主动防御研究，利用晶闸管和 IGBT 技术实现中性点参数的连续可调，实现中性点的柔性接地，并对中低压配电网的典型操作过电压进行主动抑制。然而，超特高压电网主动抑制措施的功率要求和安全要求非常苛刻，在保证一次设备安全运行的基础上实现过电压的主动抑制，需结合先进的电力电子技术和过电压实时感知技术，实现过电压的监测-主动防护的闭环控制。

4.2.3　高压电力电子装备

近年来，常规、柔性直流输电技术和柔性交流输电技术的发展和广泛应用，大大推进了直流电网的构建。我国在特高压直流换流阀、柔性直流换流阀、高压直流断路器、统一潮流控制器等高压电力电子装备研制方面取得了重大突破，部分核心技术达到了世界领先水平。此外，我国相关科研机构和高等院校也已启动了高压大容量 DC/DC 变换器(含高压大容量高频变压器)、柔性环网控制器的核心技术和装备研制方面的研究工作。但是，现有的高压电力电子装备大多实现了“中国制造”，距离实现装备的“中国创造”尚存在较大差距，其内在原因是对高压电力电子器件与装备的特性认识不够，基础理论和关键技术研究相对缺乏。

1. 高压大功率电力电子器件瞬态特性及失效机理

现有研究表明，在电力电子系统中，由于半导体功率器件引起的失效占比为 30%～40%。器件失效通常可以分为两种：一种是电力电子器件开关瞬态过程中造成的失效，其主要是由过电压、过电流或者局部温升过高等原因导致[35]；另一种是老化失效,如器件长期运行后的键合线脱落等。对于开关瞬态过程中的电气、机械、热特性引起的失效,国外自20世纪80年代后期已经开展了广泛研究。目前,国内对于器件失效机理方面的研究尚不充分,一方面,缺少基础理论和系统性的研究,如芯片自身特性,芯片与封装材料、封装结构之间的相互影响机理,器件长期运行条件下芯片与封装材料老化特性等的研究[36,37];另一方面,现有研究多局限于低压小功率电力电子器件,而对于高压大功率器件,不仅要考虑其与低压小功率器件相似的失效机理,还要解决高压大功率器件所特有的问题,如器件绝缘等级设计等。因此,研究高压大功率电力电子器件瞬态特性及失效机理,对于提升电力电子器件及系统的整体性能具有重要的意义。

2. 电力电子器件规模化成组

电力电子器件主要采用串联方式来实现高电压,采用并联方式来实现大电流[38]。电力电子器件串联的静态均压由器件自身特性决定,可以通过改善芯片的参数一致性来实现。动态均压指的是改善多个器件的开通一致性。针对这一问题,国内外学者从栅极驱动和功率回路的角度提出了多种动态均压方法,并根据实际使用工况来选择合适的均压策略[39]。特别是电力系统用的多个器件串联高压大功率应用工况,需要对各种均压策略进行系统对比,以选择合适的均压方法实现器件的串联应用。对于电力电子器件的并联应用,核心是器件级和芯片级的并联均流。国内外已有研究表明,实现器件并联动态均流可以从驱动回路参数以及驱动信号延时等方面去改善和优化。但是这种均流方法是从外部电路入手,并没有通过改善器件内部芯片电流分布来整体提升器件的均流性能。目前,对于芯片级均流的研究尚不充分[40],国外已有的研究主要是针对多芯片并联的试验测量,并没有对芯片电流不均衡机理进行深入研究。或者是基于仿真方法,分析封装及系统结构对于芯片电流分布的影响规律。

3. 高压电力电子装备的多时间尺度电磁瞬态建模

高压电力电子装备建模主要存在以下问题:①对于其中的电力电子器件,尤其是高压大功率电力电子器件的自身特性认识不够;②主电路设计过于理想化和经验化,在设计仿真阶段基本都是采用元器件的简单模型,并没有考虑电力电子装备及系统中频变参数、寄生参数及分布参数的潜在效应;③对器件、电力电子装备及系统的不同时间尺度的电磁瞬态过程认识不清。国内外在高压电力电子装备的多时间尺度电磁瞬态建模方面鲜有报道,但在不同层面也开展了相关研究。在电力电子器件的瞬态开关特性、主电路瞬态换流回路、回路杂散参数效应、脉冲瞬态过程、电磁能量过渡过程等方面,美国、英国、瑞典等国开展了大量研究,国内清华大学、浙江大学、华北电力大学等高校也在不同方面开展了相关工作[41～43]。整体而言，现有研究多是针对某一时间尺度的电磁瞬态建模和特性分析，综合考虑器件开关的瞬态特性，以及电力电子装备和系统中频变参数、寄生参数及分布参数的潜在影响，开展不同时间尺度下的电磁瞬态建模并掌握其内在特性具有重要意义。

4. 高压电力电子装备的多物理场耦合特性

近年来，国外主要基于商业软件 ANSYS、COMSOL 等对电力电子器件内部的多物理场特性进行仿真分析[44]，主要有美国、瑞士、英国、加拿大等国，包括对器件中电迁移现象造成的器件失效进行了大量研究，也对晶闸管、器件封装的多物理场特性进行了分析[45]。国内全球能源互联网研究院、华北电力大学、株洲南车时代电气股份有限公司等单位，针对特高压直流换流阀、柔性直流换流阀、高压直流断路器等高压电力电子装备，在芯片、封装、器件及装备的电磁场、温度场、电化学、声场等多物理场及其调控方面开展了大量研究。由于高压电力电子装备多物理场耦合计算的复杂度极高，现有方法大多采用弱耦合方式，将多物理场耦合方程直接分离，通过分时多次迭代求解[46]。但是，现有工作对多场耦合的本质并未完全认识，缺乏相应的调控方法和优化技术，在多物理场强耦合方程快速求解、多物理场特性认识及综合控制等方面都有待开展深入研究。

5. 高压高频电力变压器基础理论与关键技术

美国、英国、瑞士等国相继研制了容量为几十千瓦、工作频率为几十千赫兹的高频电力变压器实验室样机，并对变压器磁心材料特性、损耗计算方法、寄生参数效应等进行了分析研究[47]。上述研究主要针对小容量高频变压器，但随着容量和电压等级的提升，变压器匝数日趋庞大、内部结构日趋复杂，且一些高性能金属软磁材料将替代传统的铁氧体作为变压器磁心，使得高压高频电力变压器寄生参数效应、铁心高频磁化与损耗特性等日益复杂。在国外研究的基础上，我国在高压高频电力变压器电磁设计方法、宽频建模与参数提取、寄生参数效应优化与控制等方面进行了深入的研究，提出了适用于更大容量、更高电压等级的高频电力变压器磁心特性与寄生参数分析方法[48,49]。但是，目前仍缺乏高压高频工况下变压器各种电磁场、电路、磁路以及材料电磁参数许用值等的相关研究，迫切需要建立变压器高频等效磁路、高频损耗模型，提出设计理论与方法，以实现变压器高低压绕组的均压均场设计、铁心与油箱及高低压绕组的损耗控制、变压器性能参数的总体设计及与变换器间的相互配合等，为未来研制高压高频电力变压器提供基础理论与关键技术支撑。

4.2.4 智能电气设备与全寿命运行特性

智能电气设备是指该设备具有对自身故障的智能感知、识别、控制以及信息的网络化交互、共享、控制能力，它根据设备自身运行状态信息和外界多种信息的综合，采用模式识别、专家系统等智能分析、智能决策与控制手段，实现对设备运行状态的适时、适当调整与改变。

智能电气设备涉及高压电气设备故障理论、故障的智能感知、智能分析、智能决策与控制等方面，目的是通过对电气设备故障的机理、规律和特性的认识，为故障的智能识别提供理论指导，采用先进的神经网络、专家系统等智能分析技术，实现对故障特征信息的辨识与故障定位，实现电气设备的状态智能评估、寿命预测、管理及控制，从而提高电气设备故障防御的能力。

1. 电气设备故障机理

智能电力设备应具有故障在线检测、状态评估、诊断功能，从而能及早发现潜伏的故障，可提供预警或规定的操作。因此，需要对故障产生机理、发展过程及规律、影响故障的各种因素进行深入的研究和探讨。众所周知，大型高压电气设备的绝缘故障是造成设备事故的重要原因，所以，研究绝缘老化击穿相关机理、规律、监测和防治方法是发展智能电气设备的理论基础。国内外的研究主要包括如下方面。①故障产生机理：电力设备的绝缘材料大多为有机材料，如矿物油、绝缘纸、各种有机合成材料等。在运行中，由于受到电、热、机械、环境等各种因素的作用，高电压设备的绝缘将逐步老化。经过长期运行，出现局部放电、沿面放电、电痕击穿、电树枝化、水树枝化等现象，造成设备故障，引起供电中断。特别是大型高电压设备，如变压器、GIS等，通常采用固-固、液-固和气-固三种形式的复合绝缘结构，其老化发展过程将更为复杂。设备绝缘结构性能的好坏，往往成为决定整个电气设备寿命的关键所在[50,51]。②故障发展过程及规律：绝缘的劣化、缺陷的发展并最终导致故障的发生虽然具有统计性，发展的速度也有快慢，但大多具有一定的发展期。绝缘材料的老化以有机绝缘材料的老化问题最为突出。液体有机绝缘材料老化时表观上发生混浊、变色等；高分子有机绝缘材料老化时表观上发生变色、粉化、起泡、发黏、脆化、出现裂纹或裂缝、变形等。多数情况下，绝缘材料的老化是由于其化学结构发生了变化，即由于降解、氧化、交联等化学反应，改变了其组成和化学结构；但是有的老化仅是由于其物理结构发生了变化，这些都会使材料变硬、变脆而失去使用价值。通常，绝缘材料性能的劣化是不可逆的，其最终将会引起击穿，直接影响电力设备和电力系统的运行可靠性[52,53]。③影响故障的各种因素：局部放电、沿面放电、电痕击穿、电树枝化等现象都是与绝缘劣化息息相关的。绝缘劣化过程的发展需要一定的能量，亦即依赖于外界因素的作用，如电场、热、机械应力、环境因素等。运行情况下常常是多种因素同时作用，互相影响，过程复杂。单一作用因素下的老化规律研究较多，而对于多种因素同时作用时的老化规律目前还未得到充分研究。

2. 电气设备状态监测与故障诊断

智能电气设备的技术基础来自电气设备状态监测与故障诊断技术。国际上从20 世纪 60 年代开始研究开发电气设备绝缘在线监测技术，但直到七八十年代，随着传感器、计算机、光纤等高新技术的发展和应用，在线监测技术才得到快速发展，尤其是进入 90 年代，人工智能技术在抗干扰、模式识别、故障诊断方面的应用，推进了在线监测技术的进步。同时，我国的在线监测技术也得到重视和快速发展[54,55]。目前，我国的在线监测和故障诊断技术的研究，与国际同步发展，处于几乎相同的水平，并且在设备信息处理、故障诊断方面的研究居于前列[56,57]。①在涉及电气设备潜伏性故障的基础方面，在电力设备的局部放电产生的潜伏性故障发生、发展过程及特性方面取得了一定成果，但还需要从微观、介观、宏观相结合的角度深入研究。②在涉及电气设备故障信息感知方面，对设备局部放电的超高频传感、油中溶解多种微量气体的传感、微电流传感等取得了一定成果，但在提高监测灵敏度、抗干扰能力和长期稳定性方面需要新原理、新技术的支持。③在电气设备状态分析与故障诊断方面，开展了大量的数字信号处理和模式识别研究，各种数字滤波器、小波分析技术、神经网络、模糊聚类、混沌分形等先进智能方法均得到研究。④在设备监测信息通信和网络化方面已经开展了研究和试应用工作，但还没有建立统一的标准、规范以及进行与其他信息网络的互联。

3. 电气设备综合评估及全寿命周期管理

1)电气设备综合评估技术

电气设备综合评估技术主要包括综合了设备的故障诊断、状态评估、寿命预测、可靠性评估、故障预警、状态检修等方面内容的评价技术，是实现电气设备全寿命周期管理的基础。已开展的变电站高压设备综合评估研究工作有：高压电气设备早期及突发性绝缘故障的智能诊断与预测，故障特征量提取与评估理论及方法，绝缘老化诊断与寿命预测、绝缘故障演化机理及事故预警、状态评估与维修决策等。存在的主要问题包括：单目标评估系统难以在大型高电压设备的综合评估中获得良好的预期效果；由于电气设备受到电、热、机械、微气象等多因素影响，评估模型十分复杂，难以应用验证；由于设备信息不完善，难以获取有效设备信息支持电气设备的综合评估[58,59]。

2)电气设备全寿命周期管理技术

全寿命周期管理是从设备需求、规划、设计、生产、经销、运行、使用、维修保养、直到报废再用处置的全生命周期中对设备实施全面的管理。然而，由于目前电气设备综合评估方法与模型多种多样，评估指标体系仍不完善，难以完全支持设备全寿命管理的应用。因此，必须在建立完善的设备信息体系的基础上，形成以全寿命周期管理为应用目标的评估与管理决策指标体系,对设备制造、运行、检修及更新策略进行全方位评估,建立以风险效益为核心的输变电设备全寿命周期优化管理体系。我国电气设备管理一直沿用传统基于职能部门分工的“条块化”、“分段式”管理模式,从而导致管理过程目标不统一,评估体系不科学。

4.3 今后发展目标、重点研究领域和交叉研究领域

4.3.1 先进电介质材料

1. 发展目标

(1)阐明深空/海/地、零磁/强磁、高速/超高速等极端环境对电介质材料的影响及其失效机理。

(2)揭示多物理场下微纳尺度间隙与复合介电系统的介电效应与损伤破坏规律,完善复合场作用和极端条件下电介质材料理论体系,引领本领域的理论创新与技术进步。

(3)从分子角度对高性能电介质材料进行设计,研究其加工工艺及生产制备技术,实现相关先进绝缘材料规模化生产,提升我国高性能电介质材料的加工制造水平,以满足我国电力系统向第三代电网发展的需求。

(4)对高性能电介质材料和功能化绝缘材料进行理论研究,提高对于其性能的测试表征水平,进而实现对于相关先进绝缘材料性能的宏观调控。

(5)对应用于电力系统的高性能的电介质材料进行全面评估,增强现有评估手段,实现相关先进电介质材料在不同环境下的灵活应用,保障我国电力系统安全稳定运行。

2. 重点研究领域和交叉研究领域

1)重点研究领域

(1)先进电介质材料在电气领域应用中的精确服役特性的研究。

电介质材料服役过程中,随着年限的增加,绝缘材料的长时特性会发生改变,如老化(电热)、劣化、机械和耐热性能降低;电介质材料的劣化与其物理化学结构、材料的寿命及服役环境有关。根据未来第三代电网的发展要求,设备的智能化、小型化以及绿色环保等要求,必然对材料的劣化提出新的要求。在满足高击穿性能的基础上,电介质材料应注重化学结构、原料选择、合成路径、老化特性和是否环保等要求。在不同的条件下,如多物理场、电磁环境、高低温、极性变化等环境中研究材料的劣化特性,获得特性数据,提出提高材料耐高低温、耐辐照、耐电晕老化等性能的方法,实现高性能电介质材料在第三代电网中的应用。在此基础上,不断优化

材料设计、制造和测试技术，通过添加剂，如纳米颗粒等提升电介质材料的服役特性，满足第三代电网的发展要求。

(2)相关先进电介质材料的极限应用理论。

未来电力设备的应用环境复杂多变，在高温、高海拔、强电磁辐射、高真空、复杂气氛等特殊环境下，电介质材料需承受高温、低气压的沿面闪络、辐照损伤以及化学腐蚀等影响。电力设备不断向小型化发展，也对电介质材料的尺寸缩小提出了更高的要求，而电介质材料的很多电性能都存在尺度效应。

针对特殊环境下的应用，一方面，根据不同特殊环境下的要求，研究获得高温、高海拔、强电磁辐射、高真空、复杂气氛等对电介质材料性能的影响规律，重点研究材料表面特性与环境相互作用的机理，例如，沿面闪络的气-固耦合作用机理，获得材料改性对性能的影响和机制。另一方面，需要新的表征手段表征材料的微观结构、形态、粒子的分散性及特性等，如原子力显微镜、高分辨率透射电镜和太赫兹光谱技术等。然后需要进行性能表征和参数的提取，如改进和完善传统表征技术，包括电声脉冲法、热刺激电流法、电导、电致发光、光电子谱、表面电位衰减等表征技术；并开发新的表征技术，如自由体积(正电子湮灭谱)、内聚能密度表征等，以及特殊环境下的测试技术等。最后，需要新的设计和仿真技术实现材料的结构设计和应用技术，如分子动力学、蒙特卡罗模拟、第一性原理计算等。

(3)先进电介质材料加工与制备技术。

随着复合材料，特别是纳米复合电介质材料的发展，基于化学方法的合成和制备技术显得尤为重要。未来应不断改进和发展现有制备技术，同时研发新的制备技术，实现纳米粒子分散良好、工艺简单、便于应用和环境友好的纳米电介质材料制备技术，如原位热蒸发技术、原位原子转移自由基聚合和原位可逆加成-断裂链转移聚合等。

(4)新型相关先进电介质材料的设计、制备及应用。

通过分子仿真、结构设计，加上上述化学合成和制备技术制备可应用的新型高性能电介质材料。首先需进行大量的试验研究，获得微观结构、化学成分与宏观性能的关联，获得性能优异的化学组成、单元结构、分子链结构和状态、聚集态结构和晶区/无定形区结构等；然后通过分子仿真和计算等手段，如分子动力学、第一性原理计算等，构造出性能优异的材料，并研究材料表现的微观和宏观性能；接着尝试获得可靠的化学合成方法，试验获得设计的高性能电介质材料样品；最后采用多种表征手段，表征材料的结构、化学组成、物理化学特性、介电响应、击穿、老化等多种形态和特性，获得高性能电介质材料，积累其特性数据。

2)交叉研究领域

在交叉研究领域，与化学领域交叉合作，重点研究通过分子仿真、结构设计，进而通过先进化学合成方法制备高性能电介质材料。

4.3.2 电气设备中的放电与过电压防护

1. 发展目标

(1)全面掌握电弧等离子体与物质的相互作用机理,掌握采用各种灭弧介质的电力开关设备开断全过程的数值模拟方法,以及极端开断条件下的电弧特性及其控制技术。

(2)阐明沿面放电起始、发展到最终闪络的时空演化规律;提出影响闪络现象的主要因素和综合评价体系;优化现有绝缘设计,提高沿面闪络场强,解决特高压直流输变电工程外绝缘沿面放电问题。

(3)掌握长空气间隙放电关键参数的获取与辨识方法;建立特高压长空气间隙放电物理模型和快速稳定的数值计算方法;掌握高海拔长空气间隙放电特征并建立工程实用的海拔修正方法;揭示长真空间隙击穿机制及弧后介质恢复特性。

(4)实现电力系统宽频域电气参数测量;提高传感器温度稳定性和湿度稳定性;掌握新一代复杂大电网暂态过程多参数实时获取方法;揭示复杂电网结构下的系统过电压行为特征及其对绝缘系统的影响规律;实现电网过电压的主动防护。

2. 重点研究领域和交叉研究领域

1)重点研究领域

(1)电器电弧的基础理论方面。

电弧等离子体与物质的相互作用机理及其对电弧特性的影响,如真空电弧中的阴极斑点运动和阳极活动、空气电弧与灭弧室器壁及产气材料的相互作用、SF_6及其替代介质电弧与喷口的相互作用等;各种介质的开关电器中,电弧的引燃、发展、熄灭,以及弧后介质恢复全过程的数值模拟方法;非工频电弧的开断机理与控制技术,直流故障电弧的准确、快速识别与保护原理等。

(2)沿面闪络方面。

深入研究沿面闪络放电机理,包括完善测量和仿真手段,明确沿面放电起始、发展到最终闪络的时空演化规律,建立放电过程中不同带电粒子的全周期分析模型,提出影响闪络现象的主要因素和综合评价体系;深化提高沿面闪络场强技术研究,包括研发新型纳米电介质,采用介电功能梯度绝缘,采用接触界面处理、材料表面改性、外界磁场调控新工艺,开发新结构,优化现有绝缘设计,深化研究和解决±1100kV特高压直流输变电工程外绝缘以及脉冲功率等特种绝缘领域沿面放电的基础理论和工程应用技术问题。

(3)长间隙放电方面。

系统测量长空气间隙放电过程的关键物理参数,如电场、温度、放电速度、粒子密度、放电通道尺度等的获取与辨识;研究长空气间隙放电的关键微观与宏观物理过程,阐明流注维持与先导产生的判据,建立考虑确定性与不确定性相统一、宏观与微观相结合的特高压长空气间隙放电物理模型;回归到气体放电的基础物理方程,研究开域空间、大尺度下,能够抵御扩散与振荡难题的准确仿真长空气间隙放电的快速稳定的数值计算方法;研究超长空气间隙的放电饱和性与分散性,提出长空气间隙放电的饱和与分散特征,提出合理的预测方法与物理解释;特高压过电压特征波形下长空气间隙放电特征及其建模。挖掘特高压过电压波形的特殊性,针对性地研究特征波形下的间隙放电特征,优化工程绝缘配合,降低设备制造难度,减少工程投资;研究高海拔长空气间隙放电特征及其物理解释。对比研究不同海拔下的长空气间隙放电特征,建立描述海拔影响的物理模型,建立工程实用的海拔修正方法,确保特高压工程的安全、环保、经济;研究特殊环境条件对长空气间隙放电的影响规律及其机理。研究雨雪、覆冰等特殊环境条件对长空气间隙放电特性的影响规律及其机理,提升电力系统抵御冰灾、雪灾等恶劣气候的能力;研究更高直流运行电压对长空气间隙放电的影响规律及其机理。摸清直流运行电压对不同电极结构、不同海拔、不同间隙特征下的长空气间隙放电的影响规律,保证特高压工程建设与运行的经济性与安全性并举。长真空间隙击穿、开断电弧和弧后介质恢复特性及机理:研究高电压等级真空灭弧室触头间长真空间隙的真空绝缘特性及相关因素的影响规律,揭示高电压等级真空灭弧室长真空间隙下工频电压和雷电冲击电压作用下的击穿机制;研究高电压大电流下的真空开断电弧特性,获得高电压大电流真空电弧特征及弧后介质恢复特性。

(4)电网过电压实时监测与防护方面。

研究新型光电晶体材料、压电晶体材料、磁光晶体材料,研究微型化非接触无源传感器,实现电力系统宽频域电气参数(电压、电流、电场、功率等)的测量;研究材料改性和传感器结构优化,解决传感器温度稳定性和湿度稳定性;研究新一代复杂大电网暂态过程多参数实时获取方法,建立系统元件的宽频域物理数学模型;研究复杂电网结构下的系统过电压行为特征及其对绝缘系统的影响规律;研究电网过电压快速响应和抑制方法,实现电网过电压的主动防护。

2)交叉研究领域

(1)与光电领域的交叉,重点研究电网运行参数实时感知的光电传感器和光纤传感器,提出各类光电传感器和光纤传感器的设计要点。

(2)与材料领域的交叉,重点研究电光晶体、压电晶体、磁光晶体材料等在电气参数测量的稳定性,提出传感器温度和湿度稳定性的解决方法。

(3)与材料领域的交叉,重点研究电弧等离子体在材料表面处理中的应用。

4.3.3 高压电力电子装备

1. 发展目标

(1)揭示高压大功率电力电子器件的失效机理。
(2)提出电力电子器件规模化成组的电气均衡技术。
(3)建立高压电力电子装备的电磁暂态模型。
(4)提出高压电力电子装备的多物理场综合设计方法。
(5)提出高压电力电子装备对其他电磁敏感系统的影响抑制技术。
(6)建立高压电力电子装备的等效试验理论及体系。
(7)提出高压电力电子装备的可靠性提升技术。
(8)建立高压高频电力变压器设计方法与理论体系。

2. 重点研究领域和交叉研究领域

1)重点研究领域

(1)高压大功率电力电子器件的瞬态开断特性及失效机理。

研究承受高电压、大电流时,芯片内部电场特性与载流子的分布特性,揭示高电压、大电流条件下芯片的内在物理特性及其失效机理;研究封装材料热特性、高频脉冲下电气绝缘特性等,开发新型封装材料,研究封装系统可靠性提升技术;研究高电压、大电流长期运行条件下器件失效特性及机理,提出相应的优化控制方法。

(2)高压大功率电力电子器件的规模化成组技术。

研究芯片并联时由于封装引起的功率回路和驱动回路寄生参数对芯片开通和关断一致性的影响机理;开发器件的新型封装结构,研究芯片在开通和关断过程中电气应力和热应力均衡技术;研究芯片与封装结构的协同优化设计方法,通过芯片自身参数与封装寄生参数的性能互补,实现器件电气特性和热特性的整体优化。

(3)高压大功率电力电子装备的多时间尺度电磁瞬态建模。

研究高压大功率电力电子器件的瞬态开断特性,揭示器件、装备及系统中寄生参数、频变参数及分布参数的影响机理与潜在效应;研究系统级、装置级、器件级等不同时间尺度下高压电力电子装备的电磁瞬态模型及其快速计算方法,揭示不同时间尺度下装置的电磁能量转换、作用及调控机理。

(4)高压电力电子装备的多物理场耦合特性。

研究高压电力电子器件封装结构内部的多物理场耦合分析方法,提出器件及封装结构的压力、电流、温度均衡设计方法;研究高压电力电子装备的电磁场、温度场、电化学、流体场、声场等多物理场的弱耦合与强耦合计算方法,揭示电力电子装备内部多物理场耦合特性及相互作用机理,并提出相应的综合调控技术。

(5)高压高频电力变压器基础理论与关键技术。

研究高压高频电力变压器电磁与绝缘设计方法；研究变压器铁心高频磁化、损耗、直流偏磁等材料特性；建立变压器宽频等效电路模型、等效磁路模型，研究部分电容和部分电感参数提取方法，以及相应的参数优化控制方法；研究变压器高频涡流与杂散损耗分析方法，以及温升、振动、噪声等多物理场特性及其控制方法；研究变压器与电力电子变换器间的相互作用机理及其参数配合方法。

2)交叉研究领域

(1)与传热领域的交叉合作，重点研究电力电子器件内部及装备的电-热-机-流体等多物理场耦合计算方法，提出多物理场综合设计方法。

(2)与无线电干扰领域合作，重点研究高压电力电子装备对其他电磁敏感系统的影响机理，提出无线电干扰抑制技术。

(3)与材料领域的交叉合作，重点研究高频下绝缘材料的介电特性与老化特性、高频下铁心材料的磁化特性与损耗特性以及计及寄生参数影响的变压器设计理论，提出高频下电-磁-热-机综合物理场优化设计方法。

4.3.4　智能电气设备与全寿命运行特性

1. 发展目标

(1)深化基础研究，特别是研究电气设备内部缺陷的产生、发展和致障机理，以及研究复杂电磁场、温场、油流、水分与杂质等多种因素对致障过程的影响，获取更精确的电气设备安全评估模型和方法，提升电气设备故障在线诊断和预警能力。

(2)通过研究新型传感器技术以及符合电气设备电磁场分布要求的各种传感器接口，实现电气设备智能化，并提升故障特征信号的监测灵敏度和信噪比。

(3)深入研究电气设备的综合评估和全寿命周期管理技术，提升电气设备的智能化运维水平，在满足可靠性水平的基础上，降低设备全寿命周期的运行费用，为智能电网的应用提供技术保障。

2. 重点研究领域和交叉研究领域

1)重点研究领域

(1)电气设备故障产生机理及故障特征信息。

研究变压器、发电机、GIS 等潜伏性和突发性故障的产生机理、过程及故障特征信息，各种影响故障的因素；输电线路故障产生机理、发展过程及规律、故障模型及影响因素；变压器绝缘老化机理、过程及特征信息；故障信息的传播特性。交流、直流及脉冲电场下的多因素油纸绝缘老化及绝缘缺陷致障机理研究。

(2)电气设备故障信息传感理论和传感器研究。

研究变压器油中多种溶解气体监测新原理及方法,气体传感新原理及传感器;输电线路状态监测的新原理及方法,采用新材料、新工艺、新结构的新型传感器;高灵敏、高稳定性、超宽带宽的电流传感器;传感器内置及与设备一体化研究。

(3)电气设备故障辨识与定位理论及技术。

研究变压器、发电机、GIS等绝缘局部缺陷的智能辨识及缺陷定位方法;输电线路故障定位;故障特征信息提取方法、数学物理建模;局部放电监测的在线定量化;变压器绕组机械状态(变形)在线分析方法。

(4)电气设备状态评估及寿命管理。

研究电气设备状态评估模型及方法,提高输电线路输送容量的技术及方法;基于大数据及理化机理的绝缘缺陷诊断关键参数提取技术;综合运用大数据关联分析技术、电气设备状态评估技术、趋势预测及风险评估技术,实现电气设备风险态势全面感知、运维数据全面分析、运维风险实时预警,达到在故障发生前解决问题的主动运维效果,提升电气设备故障监测和风险预警能力;电气设备数字化管理技术及系统,电气设备全寿命周期管理技术。

(5)高压开关电器智能操作理论及技术。

研究适应于智能电网的高压开关电器电弧特性;开关电器智能操作的控制理论与方法及新型操作机构;智能电器电磁兼容特性。

(6)电气设备的通信与信息平台技术。

研究基于物联网的电气设备信息通信方法;基于IEC 61850标准研究适于智能电网的设备信息流建模方法;研究通信物理层和数据链路层的解决方案;研究终端接入方案和安全策略;研究电力地理信息以及其他信息网的接入、传输以及融合方法;研究智能电网通信平台的设备间的信息共享与交互策略。

(7)新能源电力设备(包括风电、光伏发电等)的智能化及安全评估。

研究智能传感器对风电设备和光伏风电设备运行电量、非电量信息的监测技术;开展风电设备和光伏发电设备故障演化机制及系统故障特征研究,建立风电设备和光伏发电设备特征参数、量化指标体系以及设备的故障危害性评价模型和寿命预测模型。开展风电设备和光伏发电设备的安全评估分级模型及安全评估理论方法研究,进一步揭示系统故障特征与系统模型及参数、运行水平及扰动等各种因素间的关联规律。开展风电设备和光伏发电设备的智能运维方法和全寿命周期管理策略研究。

2)交叉研究领域

(1)适用于高压电气设备绝缘监测的新型智能传感器及其信息处理技术的研究。

(2)物联网技术在电气设备智能化与全寿命周期管理中的应用研究。

(3)基于大数据和云计算的电气设备智能运维研究。

参 考 文 献

[1] Wadsworth G, Crabtree G, Hemley R, et al. Basic research needs for materials under extreme environments//Report of the BES Workshop on Basic Research Needs for Materials under Extreme Environments. Washington D. C.: U. S. Department of Energy's Basic Energy Sciences Program, 2007.

[2] 中国科学院大科学装置领域战略研究组. 中国至 2050 年重大科技基础设施发展路线图. 北京:科学出版社,2009:5—10.

[3] 李盛涛. 纳米电介质短时破坏及长时损伤演化(中心议题评述报告)//第 354 次香山科学会议论文集. 北京,1956:73—76.

[4] Li S, Yin G, Chen G, et al. Short-term breakdown and long-term failure in nanodielectrics: A review. IEEE Transactions on Dielectrics and Electrical Insulation, 2010, 17(5): 1523—1535.

[5] Liu J, Yang R. Tuning the thermal conductivity of polymers with mechanical strains. Physical Review B, 2010, 81(17): 174122.

[6] Lee W S, Yu J. Comparative study of thermally conductive fillers in underfill for the electronic components. Diamond and Related Materials, 2005, 14(10): 1647—1653.

[7] Huang X Y, Zhi C Y, Jiang P K, et al. Polyhedral oligosilsesquioxane-modified boron nitride nanotube based epoxy nanocomposites: An ideal dielectric material with high thermal conductivity. Advanced Functional Materials, 2013, 23(14): 1824—1831.

[8] 周文英,张亚婷. 本征型导热高分子材料. 合成树脂及塑料,2010,27(2):69—73.

[9] Ryu J Y, Kim I, Kwon E, et al. Simplified life cycle assessment for eco-design//The 3rd International Symposium on Environmentally Conscious Design and Inverse Manufacturing. Tokyo, Japan, 2003: 459—463.

[10] Li S T, Falkingham L, Hassanzadeh M, et al. The introduction of environmentally friendly insulation systems for medium voltage applications//The 5th International Conference on Power Transmission & Distribution Technology. Beijing, China, 2005.

[11] Wang L, Huang X, Jia S, et al. 3D numerical simulation of high current vacuum arc in realistic magnetic fields considering anode evaporation. Journal of Applied Physics, 2015, 117(24): 243301.

[12] Rong M, Ma Q, Wu Y, et al. The influence of electrode erosion on the air arc in a low-voltage circuit breaker. Journal of Applied Physics, 2009, 106(2): 023308.

[13] Zhang J, Jia S L, Li X W, et al. Simulation of the influences of the pressure ratio and Cu vapour on SF_6 arc characteristics. Plasma Science and Technology, 2009, 11(1): 52.

[14] Shi Z, Jia S, Song X, et al. The influence of axial magnetic field distribution on high-current vacuum arc. IEEE Transactions on Plasma Science, 2009, 37(8): 1446—1451.

[15] Li X, Zhao H, Jia S, et al. Prediction of the dielectric strength for $c\text{-}C_4F_8$ mixtures with CF_4, CO_2, N_2, O_2 and air by Boltzmann equation analysis. Journal of Physics D: Applied Physics, 2014, 47(42): 425204.

[16] Miller H C. Flashover of insulators in vacuum: The last twenty years. IEEE Transactions on Dielectrics and Electrical Insulation, 2015, 22(6): 3641—3657.

[17] Leopold J G, Dai U, Finkelstein Y, et al. Optimizing the performance of flat-surface, high-gradient vacuum insulators. IEEE Transactions on Dielectrics and Electrical Insulation, 2005, 12(3): 530－536.

[18] Su G Q, Lang Y, Zhan J Y, et al. Evolution from cathode initiated to anode-initiated flashover in vacuum. IEEE Transactions on Plasma Science, 2014, 42(10): 2576, 2577.

[19] 肖登明. 环保型绝缘气体的发展前景. 高电压技术, 2016, 42(4): 1035－1046.

[20] 于昕哲, 周军, 刘博, 等. 全尺寸超、特高压交流绝缘子串的覆冰闪络特性. 高电压技术, 2013, 39(6): 1454－1459.

[21] Les Renardières Group. Research on long air gap discharges at Les Renardières-1973 results. Electra, Paris, 1974, (35): 49－156.

[22] Les Renardières Group. Positive discharges in long air gap discharges at Les Renardières- 1975 results. Electra, Paris, 1977, (53): 31－153.

[23] Les Renardières Group. Negative discharges in long air gap discharges at Les Renardières. Electra, Paris, 1981, (74): 67－216.

[24] Gallimberti I. A computer model for streamer propagation. Journal of Physics D: Applied Physics, 1972, 5(12): 2179.

[25] Hutzler B, Hutzler-Barre D. Leader propagation model for predetermination of switching surge flashover voltage of large air gaps. IEEE Transactions on Power Apparatus and Systems, 1978, (4): 1087－1096.

[26] Jones B. Switching surges and air insulation. Philosophical Transactions of the Royal Society of London A: Mathematical, Physical and Engineering Sciences, 1973, 275(1248): 165－180.

[27] 何金良. 时频电磁暂态分析理论与方法. 北京: 清华大学出版社, 2015: 2－14, 168－344.

[28] Acha E. 柔性交流输电系统在电网中的建模与仿真. 北京: 机械工业出版社, 2011: 1－34.

[29] 廖延彪, 黎敏, 闫春生. 现代光信息传感原理. 2 版. 北京: 清华大学出版社, 2016: 51－62.

[30] Wada J, Ueta G, Okabe S. Evaluation of breakdown characteristics of N_2 gas for non-standard lightning impulse waveforms-method for converting non-standard lightning impulse waveforms into standard lightning impulse waveforms. IEEE Transactions on Dielectrics and Electrical Insulation, 2013, 20(2): 505－514.

[31] Grzybowski S, Jacob P B. The steep-front, short-duration pulse characteristics of distribution insulators with wood. IEEE Transactions on Power Delivery, 1990, 5(3): 1608－1616.

[32] Allibone T E, Dring D. Influence of the wavefront of impulse voltages on the sparkover of rod gaps and insulators. Journal of the Institution of Electrical Engineers, 1975, 122(2): 235－238.

[33] Chowdhuri P, Baker A C, Carrara G, et al. Review of research on nonstandard lightning voltage waves. IEEE Transactions on Power Delivery, 1994, 9(4): 1972－1981.

[34] 张纬钹. 过电压与绝缘配合. 北京: 清华大学出版社, 2002: 85－196.

[35] Lutz J, Schlangenotto H, Scheuermann U, et al. Semiconductor Power Devices: Physics, Characteristics, Reliability. Berlin: Springer-Verlag, 2011: 159, 160.

[36] Chimento F, Hermansson W, Jonsson T. Robustness evaluation of high-voltage press-pack IGBT modules in enhanced short-circuit test. IEEE Transactions on Industry Applications, 2012, 48(3): 1046－1053.

[37] Eicher S, Rahimo M, Tsyplakov E, et al. 4. 5kV press pack IGBT designed for ruggedness and reliability//The 39th IAS Annual Meeting. Conference Record of the 2004 IEEE. Seattle, U. S. ,

2004,3:1534—1539.

[38] Shammas N Y A,Withanage R,Chamund D. Review of series and parallel connection of IGBTs. IEE Proceedings-Circuits,Devices and Systems,2006,153(1):34—39.

[39] Bortis D,Biela J,Kolar J W. Active gate control for current balancing of parallel-connected IGBT modules in solid-state modulators. IEEE Transactions on Plasma Science,2008,36(5):2632—2637.

[40] Müsing A,Ortiz G,Kolar J W. Optimization of the current distribution in press-pack high power IGBT modules//The International Power Electronics Conference, IEEE. Sapporo, Japan, 2010: 1139—1146.

[41] 邓夷,赵争鸣,袁立强,等. 适用于复杂电路分析的 IGBT 模型. 中国电机工程学报,2010,(9):1—7.

[42] Caponet M C, Profumo F, De Doncker R W, et al. Low stray inductance bus bar design and construction for good EMC performance in power electronic circuits. IEEE Transactions on Power Electronics,2002,17(2):225—231.

[43] Bryant A T, Kang X, Santi E, et al. Two-step parameter extraction procedure with formal optimization for physics-based circuit simulator IGBT and pin diode models. IEEE Transactions on Power Electronics,2006,21(2):295—309.

[44] Hausler C, Milde G Ü, Balke H, et al. 3-D modeling of pyroelectric sensor arrays part I: Multiphysics finite-element simulation. IEEE Sensors Journal,2008,8(12):2080—2087.

[45] Aaen P H,Wood J,Bridges D,et al. Multiphysics modeling of RF and microwave high-power transistors. IEEE Transactions on Microwave Theory and Techniques,2012,60(12):4013—4023.

[46] Keyes D E, McInnes L C, Woodward C, et al. Multiphysics simulations challenges and opportunities. International Journal of High Performance Computing Applications,2013,27(1):4—83.

[47] Peng F Z,Li H,Su G J,et al. A new ZVS bidirectional DC-DC converter for fuel cell and battery application. IEEE Transactions on Power Electronics,2004,19(1):54—65.

[48] Lüth T,Merlin M M C,Green T C,et al. High-frequency operation of a DC/AC/DC system for HVDC applications. IEEE Transactions on Power Electronics,2014,29(8):4107—4115.

[49] Liu C,Qi L,Cui X,et al. Wideband mechanism model and parameter extracting for high-power high-voltage high-frequency transformers. IEEE Transactions on Power Electronics,2016,31(5): 3444—3455.

[50] Sudarshan T S,Li C R. Dielectric surface flashover in vacuum. Experimental design issues. IEEE Transactions on Dielectrics and Electrical Insulation,1997,4(5):657—662.

[51] Miller H C. Surface flashover of insulators. IEEE Transactions on Electrical Insulation, 1989, 24(5):765—786.

[52] Du B X, Dong D S. Recurrence plot analysis of discharge currents in tracking tests of gamma-ray irradiated polymers. IEEE Transactions on Dielectrics and Electrical Insulation,2008,15(4):974—981.

[53] 朱鹤孙,丁洪志. 绝缘固体电介质击穿理论研究进展. 自然科学进展,1998,8(3):262—269.

[54] 朱德恒,严璋,谈克雄,等. 电气设备状态监测与故障诊断技术. 北京:中国电力出版社,2009:5—10.

[55] 孙才新,陈伟根,李俭,等. 电气设备油中气体在线监测与故障诊断技术. 北京:科学出版社,2003: 18—23.

[56] 廖瑞金,王谦,骆思佳,等. 基于模糊综合评判的电力变压器运行状态评估模型. 电力系统自动化, 2008,32(3):70—75.

[57] 杨凌辉,刘兆林,高凯,等. 基于失效建模和概率统计的高压断路器寿命评估探讨. 华东电力,2009,37(2):210-212.

[58] Raghavan S,Chowdhury B H. Life cycle management of turbine driven auxiliary feedwater pumps in nuclear power plants//Green Technologies Conference. Tulsa,U. S. ,2012:1.

[59] 王普,崔利荣,李倩. 资产全寿命周期管理方法简要评述. 技术经济与管理研究,2010,(5):77-80.

第 5 章　气体放电与放电等离子体

气体放电与放电等离子体主要研究气体放电的规律、放电等离子体的产生和控制、与物质相互作用的新现象及其在高科技领域中的应用。本章介绍气体放电与放电等离子体领域的研究范围和任务，并重点阐述放电等离子体的产生机理、特性及应用技术所涉及的研究方向：气体放电机理与动力学行为、液相击穿机理；高活性放电等离子体的产生和在介质中的输运规律；以及在生物医学和生命科学、能源化工和材料科学、点火与辅助燃烧和流体动力学等领域的应用，介绍这些研究方向的国内外研究现状，并对今后发展目标与重点研究领域进行了归纳和总结，以期为"十三五"期间气体放电与放电等离子体研究的布局和发展提供参考。

5.1　研究范围与任务

气体放电与放电等离子体源于气体放电理论及应用领域不断发展的需求。气体放电是研究带电粒子在电磁场中产生、消失、运动规律及应用的科学，与电气工程领域高电压与绝缘技术密切相关。放电现象往往是电流通过气体以后由电离气体表现出来，因此气体放电物理也是等离子体物理的一个重要组成部分。低温等离子体是放电等离子体物理领域新兴且活跃的发展方向之一，因具有温度低(相对于聚变等离子体上亿度的高温而言)、活性粒子种类丰富等优点，在生物医学、微电子、材料合成与改性、环境工程、辅助燃烧、航空航天等领域有着广泛的应用前景。美国科学院和美国能源部分别在《等离子科学——国家利益的前沿研究领域》和《低温等离子体科学》的报告中共同强调了等离子体的巨大发展潜力和广阔的市场潜能。我国对放电等离子体领域的关注和支持也在逐年增长[1,2]。随着理论研究的深入和应用领域的不断拓宽，放电等离子体作为一种新型的能源载体，符合国家节能减排的战略需求，在社会经济发展和国防领域中有着广泛的应用。从生物医学应用、新能源太阳电池背膜、柔性薄膜电路板、纳米光电子学、自由电子激光器、等离子体推进器等高科技领域，到废气、废液及高危固体废弃物的环保处理都呈现出越来越广阔的应用前景。可见，随着应用领域的不断拓展，气体放电这门具有百年历史的学科被赋予了新的活力。然而等离子体尚缺乏在某一领域的不可替代性，等离子体产生技术与应用技术脱节，相关研究成果还不足以满足日益增强的发展需求。因此对放电等离子体本身的产生机理、动力学特性与诊断以及放电等离子体与物质相互作用的物理化学机制提出了更高的要求，如能量的高效率传递与调控、活性粒子的可控性、等离子体气体温度的有效调控、瞬态等离子体的产生、高度耦合的等离子体化学反应等。同时,强化等离子体的应用效果,协同甚至取代传统工艺,在等离子体产生技术及参数调控方面面临着更大挑战。综上所述,需要部署新的发展战略来继续推动气体放电与等离子体技术的可持续发展。

传统的低温等离子体产生技术主要是低气压放电等离子体,需要昂贵的真空装置来维持低气压环境,因此只适用于那些具有高附加值且适合于低气压条件下的应用。而大气压低温等离子体技术则能够在开放的大气环境下采用不同的方法产生高能量密度或高活性的等离子体,通过将高能量密度、高活性的中性粒子与带电粒子输运到处理目标,从而实现其在生物医学、材料科学、环境科学、能源以及主动流动控制等领域的应用与发展。例如,大气压放电热等离子体由于具有温度高、高焓值、高能量密度和高化学反应活性的特点,在颗粒球化、微纳米材料合成、材料表面改性、高危有害废弃物的减量化、资源化、无害化等领域获得了广泛的应用;而大气压高压交流放电冷等离子体由于具有气体温度低、能量密度及化学活性粒子浓度适中等特点,在生物质能、辅助燃烧和先进材料制备与表面改性等领域具有广阔的应用前景。例如,平板型介质阻挡放电(dielectric barrier discharge,DBD)是具有较长研究历史的低温等离子体产生方法,该方法易产生大面积等离子体,具有丰富的放电斑图等非线性光电特性,对研究高活性低温等离子体基本特性及其在大面积材料表面处理等应用领域具有重要的基础性地位。APPJ 的产生不受气体间隙的局限,易于处理不规则形状的目标物,具有平板型介质阻挡放电所不具备的灵活性,是近年来迅速发展起来的很有潜力的高活性等离子产生技术,但其处理面积较小,有待于技术改进和性能提升。微放电是指气隙小于 1mm 的气体放电,它可以产生稳定的大气压等离子体,并具有较高比例的“高能”(约 10eV)电子,因而得到越来越多的应用。滑动放电是兼具高电子密度和热效应的一种放电形式,放电不受气体间隙的局限,可以在液相或气液两相氛围中工作。然而,大气压低温等离子体在材料均匀处理、活体临床应用、点火与助燃、环境工程等领域的重要应用需求对高活性等离子体产生技术提出了新的挑战,主要包括:提高等离子体的均匀性、准确诊断等离子体成分、调控等离子体作用距离和气体温度、提高等离子体的活性粒子密度等。

在低温等离子体应用中,等离子体与被处理对象的相互作用不可避免。在基础研究方面,等离子体-壁面相互作用(plasma-wall interaction,PWI)(注:此处的壁面泛指固体壁面和气液界面)过程与等离子体鞘层的研究密不可分,这既是一个古老的研究课题(Langmuir 等有关等离子体的研究最早即始于对等离子体鞘层的研究),也是一个朝气蓬勃的新型研究领域,因为随着等离子体应用领域的不断拓展,与等离子体所接触的“壁面”类型日趋多样化,既包括传统的固体壁面,也包括新兴的生物医学应用所涉及的细胞、组织表面以及液体界面等。而从实际应用来看，等离子体生物医学应用涉及等离子体与气体、液体溶胶和活体组织的交互作用；等离子体材料表面改性涉及等离子体与材料表面层相互作用；等离子体点火与助燃应用涉及等离子体与气体、燃料的交互作用；等离子体环境工程应用涉及等离子体与废气、废液、化学品等的交互作用。可见等离子体的工作环境受电磁场、光辐射场、化学物质场的共同影响，多场耦合作用下如何提高等离子体的化学活性与生物活性是迫切需要解决的问题。此外，液体中等离子体的产生和发展至今仍然没有较为成熟的理论。因此，掌握等离子体中的能量传递机制以及活性粒子在气-液-微观组织等的输运规律和与物质相互作用关系是提高等离子体应用技术水平需要解决的基础问题。

随着国家对低温等离子体领域的持续支持，现阶段大气压低温等离子体已拓展了许多领域的应用，一定程度上解决了等离子体在各类应用中的可行性问题，同时也引发了越来越多的科学问题有待后续研究的深入。例如，在一定的参数条件下，大气压低温等离子体会呈现丰富的非线性动力学现象，但这些非线性现象的产生机制以及对低温等离子体性能的影响尚无系统性的研究，且缺乏有效的分析模型；等离子体能有效改善材料的表面性能等，但是大气压等离子体和材料表面作用规律、有效调控以及处理的时效性等尚需要进一步深入研究，对等离子体和材料表面的作用机理以及正负效应尚不明晰；液体介质使等离子体中的各种粒子向液体中扩散并生成相对稳定的化合物进一步参与化学反应，但粒子在单一气体状态下会自动湮灭，其对化学活性的正负影响需要判断；等离子体对多种病菌和病毒能够高效杀灭，对机体组织无伤害，且无毒性物质残留，但对于等离子体多种活性成分在杀灭细菌和病毒中的作用机理仍需深入；等离子体在实现消毒灭菌的同时，还可以促进止血、组织再生、角质细胞的迁移、癌细胞的凋亡等，但有关等离子体对活体细胞作用的选择性、生物毒性等方面的研究依然有待深入；辉光放电等离子体能够实现对生物体（包括微生物、植物和动物等）遗传物质的改变，高效获得优良的突变菌株，但不同化学成分的工作气体放电所产生的等离子体对不同生物体遗传物质和代谢网络等的作用机制、不同的碱基对等离子体中不同化学活性基团的耐受性等的研究仍然十分粗浅；高压放电等离子体能够有效地增加点火效率，减小点火延时，但各种活性粒子对瞬态加热过程的影响程度说法不一，仍需进一步提高等离子体的活性，强化等离子体点火助燃的效果。因此，随着大气压放电等离子体研究的深入，高活性等离子体的产生与应用技术是深化等离子体应用的必由之路。回答上述科学问题，需继续开展大量、系统性的理论和试验研究工作，并深化交叉研究领域的研究内容，提升等离子体能量传递机制、活性粒子时空演化的诊断及数值模拟平台。深入研究新型高活性低温等离子体产生技术、等离子体与固、液、气相互作用、等离子体活性成分在气-固及气-液-组织中的输运规律、等离子体在相关领域的应用机理，对推动放电等离子体的快速应用具有重要意义。

该方向的研究范围是:研究大气压均匀放电等离子体的影响因素和内在机理,明确各种非线性动力学行为的产生机制,掌握大气压条件下不同驱动电源频率、不同工作气体条件下,不同能量密度状态和活性粒子浓度水平的各种等离子体源(如电弧等离子体、介质阻挡放电等离子体、滑动弧放电等)中的放电机制和特性,从而研制适用于不同应用领域的新型高活性等离子体装置;研究等离子体与不同相态介质的相互作用过程,分析放电过程中的能量传递机制、带电粒子和活性自由基在不同介质中的产生、扩散及湮灭机制;研究液体介质在纳秒脉冲强电场下的击穿机理及其在短脉冲下绝缘强度的变化规律,掌握液体介质击穿条件下等离子体的物理化学特性;研究高活性等离子体材料表面改性性能的效果,掌握等离子体中粒子与材料表面作用规律及作用效果和效率的有效调控方法,探索等离子体和材料表面的相互作用机制,拓展高活性等离子体在材料合成和表面处理领域的应用;研究等离子体对含水物质的渗透作用,阐释活性粒子在气、液两相间的传质与化学转化机理,探索其在水处理、纳米合成、诱变育种、农业等领域的应用;研究等离子体在杀灭细菌过程中各种活性成分所起的作用,以及诱导肿瘤细胞凋亡、抑制癌细胞转移侵袭能力的分子机制;研究高活性等离子体对活体创伤、皮肤病、肿瘤等疾病的治疗效果,协同传统疗法推进临床应用;研究典型活性粒子的产生、输运及作用(反应)的微观过程,掌握提高高能粒子输运和作用效率的调控方法,发展动力装置运行环境下稳定大尺度放电的技术途径,拓展等离子体在点火助燃及流动控制领域的应用;研究快脉冲与高电压作用下的等离子体瞬态电磁场、热场和流场变化规律,揭示快脉冲作用下高活性等离子体与生物体、液体、燃料等相互作用中的场效应、热效应及化学效应。

该方向的任务是:理解大气压等离子体的动力学机制,揭示影响高活性大气压等离子体产生的关键规律,研制出基于大气压气体放电的具有不同能量密度状态的、高活性低温等离子体源;揭示液体介质中纳秒脉冲强电场下的击穿机理,提出短脉冲下液体介质绝缘强度的预测分析和改善方法;探明等离子体中不同活性粒子与不同介质的相互作用机制;掌握等离子体活性粒子在不同介质中的输运规律;建立放电过程中等离子体能量传递机制和活性物质的产生与湮灭过程的物理模型,提出有效的等离子体能量密度和自由基生成及浓度控制方法;挖掘高活性低温等离子体在材料、能源、化学工程、燃烧学、流体力学、生物、医学、生命科学等领域中的应用潜能。

5.2 国内外研究现状及发展趋势

气体放电及放电等离子体的研究始于 19 世纪中叶,发展于 20 世纪,研究内容集中在气体放电的基本理论与放电等离子体的应用。21 世纪以来,随着气体放电产生形式的不断丰富、放电等离子体应用领域的不断扩大、大气压放电需求的不断增加，世界范围内的气体放电及放电等离子体技术研究水平突飞猛进。本节重点介绍气体放电与等离子体领域的气体放电机理、液相击穿机理，高活性放电等离子体的产生和在介质中的输运规律，以及在生物医学和生命科学、能源化工和材料科学、辅助燃烧和流体动力学等方面应用的国内外研究现状和发展趋势。

5.2.1　脉冲放电等离子体产生机理

脉冲放电及其低温等离子体应用是脉冲功率技术民用领域极具前景的发展方向，属于脉冲功率技术与等离子体及其应用的交叉与融合，采用纳秒脉冲放电产生低温等离子体及其应用是目前国际上的研究热点，无论是机理研究还是各个交叉研究领域的应用均有一定的发展。纳秒脉冲能够提供高功率密度、高折合电场强度以积累高能电子电离空气，激发出具有高反应效率活性粒子的大气压等离子体[1,2]。其超短的上升沿能够有效地抑制火花通道的形成，有利于在大气压空气中产生均匀的放电。但是窄脉冲条件下的放电物理过程十分复杂，放电机理尚未明了，这就限制了脉冲等离子体的应用。不同于较为成熟的汤生与流注理论，纳秒脉冲的放电机理尚处于机理假说阶段，基于高能电子逃逸击穿的理论能够较好地解释快脉冲条件下二次电子产生与流注发展的过程。逃逸电子概念最早由 Wilson 于 1924 年提出，但由于脉冲发生器和相关测量技术的限制，直到 20 世纪 60 年代，美国和俄罗斯的研究人员相继在纳秒脉冲气体放电中发现了 X 射线，X 射线的辐射特性能够反映出放电过程中高能电子的存在及能谱范围，使得探索逃逸电子过程有了间接手段。得益于脉冲电源与高采样率测量技术的发展，高能逃逸电子的直接测量在 2005 年以后发展迅速，不同科研院所、大学均开展了相关研究[3]。而我国脉冲放电等离子体的理论与应用技术开展较晚，近年来，中科院电工所、清华大学、西安交通大学、大连理工大学、华中科技大学等陆续开展了脉冲放电的理论与应用研究，成果显著。

本领域的发展趋势是：在深入理解纳秒脉冲放电机理的基础上，发展产生高反应效率活性粒子的等离子体技术，同时推进放电等离子体在材料改性、航空航天及国防等领域的应用。因此，研究工作需要关注：①纳秒脉冲等极端条件下的放电机理和等离子体参数诊断；②脉冲放电等离子体与物质的相互作用；③纳秒脉冲作用下快速电离波理论模型建立；④脉冲放电等离子体源及与负载耦合技术。

5.2.2　气体放电非线性动力学行为

气体放电本质上是一种时空动力学系统，具备丰富的动力学行为特征。针对低温等离子体的广阔应用前景，获取不同放电模式下的等离子体特性是热点研究问题。例如，在介质阻挡放电中，通过设置不同的电气参数或工作气氛，可获得不同模式的斑图、弥散或丝状的等离子体形态。同时,已有的初步研究显示:一方面,低温等离子体中存在多种稳定的放电模式,如倍周期和准周期;另一方面,等离子体也可处于混沌模式。借助日益精密的测量设备,英国拉夫堡大学从2009年开始开展大气压低温等离子体非线性动力学行为的相关研究:通过改变输入电压幅值和气流速度,研究者观察到了倍周期分岔、准周期及混沌等非线性现象,并且发现射流中的活性粒子密度也遵循类似的非线性波动过程,从而使等离子体与样品的作用效果也表现出时域非线性特征[4];国内的研究单位也开展了相关的理论计算与试验研究,取得了显著的研究成果[5]。然而,由于气体放电本身的复杂性以及影响参数的多样性,上述非线性现象的相关研究尚存在诸多问题,其中关键的问题是:各种非线性现象的动力学平衡机制以及状态临界转换条件和演化机理尚不明晰;缺乏系统的非线性现象对等离子体物理过程和参数分布影响的研究。

本领域的发展趋势是:①掌握大气压低温等离子体中的各种非线性动力学行为特征及演化规律;②揭示非线性动力学行为的平衡机制及转化机理;③获取非线性动力学行为与等离子体特征参数的相互作用关系;④提出基于非线性动力学的低温等离子体特征参数调控和优化方法。

5.2.3 液相介质击穿

高电压脉冲等离子体液相放电的研究始于20世纪初,早期研究的推动力主要来源于高压绝缘领域。至今大量高压器件仍依赖于各类液态介质为其提供不同部件间的绝缘和保护。例如,美国桑迪亚国家实验室的Z Machine装置,使用了超过200万升去离子水为其高压部件提供绝缘和散热保护。传统理论认为,水的击穿机制(也适用于其他液态介质),主要归结于液体中气泡和杂质形成的小桥效应。这些杂质在强电场作用下排成一串,形成击穿通道。但是,这种排列过程比较缓慢。随着近年来亚微秒以及纳秒,甚至更短脉冲技术的广泛应用,小桥理论已经无法解释液体中的击穿过程。利用现有的资料,估计液体介质在纳秒脉冲下发生击穿的电场强度还很困难,主要依靠已成功运行的设备经验以及绝缘结构进行试验[6]。

在等离子体液相放电的应用方面,1955年,俄罗斯物理学家Yutkin首次将液电效应用于工业加工,为水中放电物化特性和工业应用的研究揭开了序幕。20世纪八九十年代关于水中放电特性的研究,主要以电学、力学特性测量、长时间曝光摄影以及时间平均发射光谱测量为主,其研究内容主要集中于放电电压、电流、放电弛豫时间以及放电区域形状、分布等宏观参数的测量以及外界因素如环境压强、温度、溶液电导率、电极性等对这些参数的影响[7]。最近十余年,随着数字技术的发展,高速数字示波器、高速增强电荷耦合器件相机以及高解析度光谱仪逐渐得到广泛应用，对于水中放电等离子体的研究手段也日趋多样化，实现了等离子体基本物理特征如气体温度、电子密度等参数的测量[8]。但从已发表的文献和技术资料来看，水中放电等离子体基本上处于初期的探索阶段。目前学术界对水中放电的一些基本问题，如等离子体在水中的产生机制、放电流注在水中的传播机制、自由基在等离子体通道内的形成路径等，尚存在较大争议[9]。

本领域的发展趋势是：①液体介质在纳秒脉冲强电场下击穿的机理；②液体介质在纳秒脉冲下绝缘强度的变化规律及提高措施；③分析击穿条件下等离子体通道的光学及流体特征；④放电过程中等离子体活性物质的产生与湮灭过程及其界面反应机理；⑤揭示等离子体中活性粒子与液体介质相互作用机制。

5.2.4　高活性等离子体的产生方法

高活性等离子体目前主要通过放电方式产生，可大致分为汤生放电、辉光放电、电晕放电、介质阻挡放电、射频放电、微波放电等。驱动电源类型和参数、工作气体化学成分、电极材料和电极结构等成为影响高活性低温等离子体的主要影响因素。国内外研究发现：大气压下，电子自由程短，且多原子分子气体存在丰富的振-转能级，导致其击穿场强普遍较高，放电通道容易发生收缩，形成丝状放电，能量集中，不利于生物医学、畏热材料改性等应用领域。部分惰性气体（He、Ne、Ar）则具有较低的击穿场强，存在长寿命亚稳态原子，在产生高活性低温等离子体方面具有独特的优势。因此，惰性气体及混合气体常常被用于产生高活性低温等离子体。利用阻挡介质的放电电极结构，在放电空间插入绝缘介质，抑制了放电的过度发展，限制了放电中荷电粒子能量，其介电常数、表面形貌、二次电子发射特性等性质对高活性低温等离子体形态特性具有重要的影响。与介质阻挡放电相比，采用射频电源驱动的裸露金属电极放电，可在大气压条件下通过射频电场实现对放电空间电子的俘获，避免了高场强下电子雪崩效应所形成的丝状放电，从而在较低的击穿电压下获得均匀的辉光放电，特别是由于氦气中亚稳态能级的存在，易形成均匀、稳定的辉光放电[10,11]。

1988年，日本首先报道了利用平板型介质阻挡放电可实现大气压稳定均匀放电，并将其称为大气压辉光放电。20世纪90年代早期，Roth等[12]在大气压开放气体氛围试验中发现：如果选择合适的电压频率，使离子俘获在平行平板电极结构（电极表面覆盖绝缘介质）的两电极之间（即“离子俘获机制”），便会产生可维持的大气压辉光放电，且辉光放电的结构和特征在每半个射频电压周期反转一次，1995年，Roth将其定义为“大气压均匀辉光放电等离子体”（one atmosphere uniform glow discharge plasma）。之后，国内外多家研究机构在大气压下惰性气体及其混合气体平板型介质阻挡放电中实现了均匀放电并制造了多类平板型均匀高活性低温等离子体源。清华大学的王新新等[13~17]提出较低的击穿电压是大气压介质阻挡放电获得均匀放电的前提,通过数值模拟和试验研究证实:在惰性气体中,亚稳态粒子间的彭宁电离为放电提供了种子电子,降低了气体击穿场强;在氮气介质阻挡放电中,氮分子亚稳态的存在降低了每半个周期放电的起始电压。并提出了均匀放电的严格内涵为不含有放电细丝(流注)的定义,认为只有拍摄纳秒级的高速摄像才能证实放电的均匀性。与此同时,国内外研究者也从介质阻挡放电中的阻挡介质材料、电极结构等入手进行研究。西安交通大学的杨芸等[18]提出驻极体阻挡介质(如聚四氟乙烯)的陷阱特性对放电均匀性具有重要作用的猜想,清华大学的罗海云[19]和华北电力大学的李明[20]通过热刺激电流法研究了不同介质表面浅位阱储存电荷能力的差异,发现:在平板型介质阻挡放电中,阻挡介质材料储存电荷能力和二次电子发射特性对放电形貌具有重要作用;多家研究机构通过在金属电极和介质间插入筛网或改造材料表面形貌,形成多个电场集中区域,获得了宏观均匀等离子体。2006 年,清华大学利用在金属电极和介质间插入筛网得到了2mm 空气均匀放电,2012 年,使用多孔陶瓷等介质材料获得了 3mm 空气均匀放电[21]。

用共轴管状介质阻挡放电结构产生非热平衡 APPJ 的想法在 1992 年被 Koinuma 等[22]首次提出并实现。在其工作中,用一个石英玻璃管作为阻挡介质,将连接射频高压电源的钨丝电极和接地不锈钢阳极隔开,形成带有放电间隙的共轴管状介质阻挡放电结构。间隙中通入工作气体,施加电压于钨丝电极,便在石英玻璃管下游产生射流状等离子体,他将这种等离子体称为微束等离子体。这种结构与如今的中心电极等离子体射流结构已经非常接近,是它的雏形。由于采用的是 13.56MHz 的射频电源,与后来采用高频(约 10kHz)电源的类似结构的等离子体射流的产生机理有所不同。APPJ 一词最早出现在 1998 年 Jeong 等[23]的工作中(在热等离子体中使用这一术语或许更早),并获得专利。该装置由一个连接在射频(13.56MHz)电源的内电极和一个接地电极组成,当混合气体通入电极间隙产生放电时,在管口外形成白色的辉光等离子体,并被用来研究材料刻蚀。在随后的几年里[24],这种装置得到快速发展和应用。美国的研究人员实现了以氦气为主要工作气体(可适量掺混氮、氧、空气等其他气体)的α模式射频辉光放电后,德国的研究人员又实现了以氩气为主要工作气体的α模式射频辉光放电;之后,清华大学研究团队采用诱导气体放电法和局部电场强化法实现了氦、氩、氮、氧、空气及其任意比例混合气体条件下的γ模式射频辉光放电,进一步拓展了大气压射频辉光放电的工作气体种类[25]。另一种典型的惰性气体低温等离子体射流源即射频等离子体针,它的主体结构由钨针和有机玻璃管组成。欧洲研究人员研制了微孔阴极放电空气等离子体射流装置,它的两个电极是由钼圆片组成的,钼电极和氧化铝片的中间有一个几百微米的小孔,能在周围的空气中产生几毫米长的空气等离子体射流。共轴双环电极结构的低温等离子体射流源的结构非常简单,自 2005 年德国研究人员提出以来，在国内外得到深入推广研究[26]。国内也开发了多种独具特色的等离子体射流源，如华中科技大学开发的可产生长度达 11cm 的常温等离子体射流装置。该装置最显著的一个特点是高压电极置于一个单端封口的石英管内；该射流装置的另一个特点是它所产生等离子体的气体温度在所调试的所有参数范围内都保持常温。西安交通大学张冠军团队自 2008 年开展 APPJ 的研究，探索了 APPJ 的放电模式、产生机理及其均匀性的研究，阐述了彭宁效应在均匀 APPJ 形成中的贡献[27]。由于这类低温等离子体射流的上述两个特点，人体可与该等离子体射流任何部分任意接触而不会有任何热感或电击感。

随着脉冲功率技术的发展，采用同时具有快上升沿、高过电压的纳秒级脉冲激励的大气压等离子体近年来成为研究的热点。研究人员发现，采用单极性微秒脉冲或亚微秒脉冲电源激励的介质阻挡放电获得了较为均匀的放电，且脉冲越陡，放电的均匀性越好。此外，与传统的交流介质阻挡放电相比，脉冲介质阻挡放电能够避免高频交流高压下产生的微放电局部过热现象，进一步提高放电效率。2004 年，澳大利亚的研究人员对大气压氙气下的交流和纳秒脉冲介质阻挡放电电流、功率和电压电荷图等进行了详细的分析，脉冲介质阻挡放电的相关参数都比交流高得多[28]。2008 年以来，中科院电工所等采用基于磁脉冲压缩技术的纳秒脉冲电源激励大气压介质阻挡放电，通过 2ns 门宽的高速摄影证实了大气压空气放电的均匀性。最近，研究人员采用多种电源叠加，结合各种电源的优势对高活性等离子体优化调控，获得了较好的效果[28~31]。

对于低温等离子体产生方法来说，未来的研究主要应该集中在如下几个方面：①改进低温等离子体的产生方式，使等离子体中各类活性粒子的浓度得到显著的提高，从而缩短处理时间、提高处理效率；②实现开放大气氛围内的均匀介质阻挡放电等离子体，并提高介质阻挡放电等离子体的稳定性；③增大低温等离子体射流的处理面积，并获得均匀的处理效果；④实现等离子体源工作气体多样化；⑤研究等离子体中的能量传递机制，实现对体系内能量传递路径的调控，从而获得满足不同应用需求的、具有不同气体温度水平的等离子体源。为此，应该研制新型大气压高活性低温等离子体源设备，以实现常温常压下对大面积或复杂形状对象的处理。还需要关注的是：①多种电源驱动形式下电磁场的时空分布；②不同载流气体下等离子体放电特征；③不同等离子体产物的时间分辨光学与电磁学诊断；④不同频率脉冲下等离子体发生器结构优化设计；⑤多模块等离子体发生器协同放电与时序控制技术；⑥多种电源（脉冲、交流、直流和混合）叠加的等离子体产生技术。

5.2.5 等离子体在不同介质中的输运规律

自 2012 年来，等离子体与含水物质的相互作用逐渐成为等离子体科学领域的研究热点[32]。2015 年，美国 Go 研究小组[33]报道了等离子体中电子和离子对水溶液的渗透;捷克的 Lukes 等[34]率先在等离子体处理的水溶液中检测到了过氧亚硝酸。美国工程院 Kushner 研究小组[35]率先报道了等离子体处理水溶液的二维仿真模型,第一次展示了介质阻挡放电处理下水中活性粒子的密度分布,指出液体中的 O_2含量是决定 O_2^-、NO 产量的关键因素。澳大利亚的 Szili 等[36,37]报道了等离子体产生的活性粒子对模型组织的渗透作用,近两年在 *Journal of Physics D: Applied Physics* 发表了系列论文,也受到了较多关注。

大连海事大学的孙冰[38]在 2013 年出版了《液相放电等离子体及其应用》一书,不仅为液相放电领域的研究奠定了理论基础,而且为该技术的实际应用提供了技术指导。卢新培研究组[39]报道了等离子体对细菌生物膜的渗透作用。孔刚玉研究组报道了等离子体处理水溶液的一维仿真模型,展示了等离子体处理下水中活性粒子的密度分布,得到了渗出液中 H_2O_2、O_2^- 和 O_3的分布情况,并给出等离子体向组织传递的电流强度[40]。这些都说明等离子体与含水物质的相互作用是当前等离子体科学领域最活跃的研究热点,同时,此项研究对于低温等离子体的应用发展至关重要。

目前,相关的仿真计算研究一方面采用理想边界条件,忽略被处理物的复杂结构对溶解后活性粒子分布的影响;另一方面忽略等离子体处理对渗出液 pH 的影响,无法分析强氧化性离子能否在适合的 pH 条件下以过氧亚硝酸和 HO_2的形式穿过细胞膜的过程及其作用效果。试验研究受限于检测手段缺乏,只能对少量几种粒子在液体及组织中的密度进行测试,无法全景展示活性粒子的输运过程。实际上,紫外线、射流气流、气液界面处的气态 H_2O 含量与水溶液及其他含水物质中溶解的 ·OH 和 HO_2等含量密切相关,然而相关研究尚未开展;被处理物的复杂结构、等离子体处理引起 pH 变化对活性粒子分布的影响,以及生物组织渗出液中活性粒子向细胞的扩散和反应过程的影响,也有待下一步研究。

等离子体对不同介质输运过程的研究对象主要是活性粒子,目前的研究主要包括三方面:①气液两相中活性粒子的检测。对活性粒子定量检测的试验方法比较少,研究人员一直在探索新的检测方法,近年来报道了光腔衰荡光谱、电子自旋共振等方法的成功应用。②活性粒子在气液两相中传质与化学过程的模拟。在 2014 年之前,相关模拟工作都是在 0 维尺度下进行,无法表征活性粒子的密度分布及其对含水物质的渗透深度。最新国内外学者都报道了一维及二维的仿真模型,大大促进了对内在机理的理解。③等离子体对含水物质的应用效果研究。这涉及多个交叉学科领域,是对等离子体学科的延拓。例如,通过研究等离子体对肌体细胞及细菌的差异化效果,确定引起差异化生物效应的活性粒子剂量空间,对于等离子体的临床应用至关重要。因此研究工作需要关注:①气液两相中等离子体活性粒子先进诊断技术;②活性粒子在气液两相界面的传质规律,特别是液面附近水分蒸发对空气非平衡等离子体特性的影响;③等离子体活性物质在气-液-细胞间的扩散和反应过程，特别是活性粒子在含水物质中的成分、密度分布及相互转化规律。

5.2.6　在生物医学和生命科学领域的应用

大气压低温等离子体对常见典型细菌(大肠杆菌、金黄色葡萄球菌、白色念珠菌、蜡样芽孢杆菌以及绿脓杆菌)具有高效灭活效果。国内外的学者用大气压低温等离子体对多种细菌进行了灭活试验和相关的机理研究，通过透射电镜以及对细胞外液中蛋白质、核酸和 K^+ 的检测，认为等离子体灭活细菌的机制主要为氧自由基的强氧化性破坏了细胞膜，导致细胞质泄漏、细胞死亡[41]。此外，低温等离子体还被广泛地用于医疗器械(如腹腔镜)消毒。将过氧化氢灭菌剂气化后，施加射频电源，使灭菌剂以等离子状态在灭菌器的真空腔内转变成活性基团，它们可以与微生物体内的蛋白质和核糖核酸发生氧化反应，使微生物死亡，从而能够快速杀灭包括芽孢在内的微生物[42]。

低温等离子体用于癌症治疗，是近年来等离子体在医学领域的一个典型应用探索[40～42]。细胞坏死通常伴随产生胞内酶的快速释放和细胞破裂的产物，这些都会导致炎症的发生，不利于临床应用。而在细胞凋亡的过程中，细胞膜保持完整，因此不会泄漏导致细胞发生炎症的胞内物质，也就不会对周围的正常细胞组织造成伤害。研究结果表明，适量的等离子体处理能够诱导癌细胞凋亡，且不会对周围的正常细胞产生明显的伤害。欧洲研究人员使用一种等离子体射流装置对皮肤癌细胞进行了处理，发现小剂量的等离子体能促进癌细胞的凋亡，且不会杀死周围的正常细胞[43]。国内，如西安交通大学、华中科技大学、清华大学、中科院等科研院所使用大气压等离子体对各种癌细胞进行处理后发现，一定剂量的等离子体可导致癌细胞内产生较高浓度的活性氧簇(reactive oxygen species，ROS)，通过下调酪氨酸酶、细胞周期相关蛋白的表达将细胞周期阻滞在 G1/S 和 G2/M 期，引起细胞周期进程改变，抑制癌细胞的活性；而对于正常细胞，适当剂量的等离子体处理导致细胞内产生 ROS 的浓度较低，其通过激活 NF-κB 信号通路改变细胞周期进程，从而促进正常细胞的活性和胶原合成能力[44]。

此外，生命进化研究对于人类理解生命过程及发展工业生物技术均具有重要的意义。由于自然突变的发生率低，因此通常通过物理(如 X 射线、UV、离子束注入)、化学(如烷化剂和叠氮化物)等诱变手段提高突变率，加速进化育种过程。在诱变育种领域常用的大气压非平衡等离子体产生方式主要是大气压介质阻挡放电和大气压射频辉光放电两种。国内，清华大学成功研制了专门用于生物诱变育种的诱变育种仪，研究了大气压射频辉光放电等离子体对于 DNA、蛋白质以及整细胞的作用效果及其机理，并将其应用于阿维链霉菌的诱变，成功获得了 Bla 效价显著提高的阿维菌素突变菌株，证明了诱变育种仪用于微生物诱变育种的有效性。

目前已成功实现了70余个菌株的突变,技术得到了国际、国内业界的广泛认可。

现阶段国际上普遍认为等离子体灭菌主要是活性O·、·OH等自由基起主要作用,但对于是否有其他活性粒子也起重要作用仍不清楚。因此在医学、微生物学领域,等离子体是如何杀灭细菌、真菌和病毒是下一步研究的重点。此外,鉴于等离子体在癌症治疗方面的潜力,从分子生物学等角度研究等离子诱导癌细胞凋亡以及抑制癌细胞转移侵袭的分子机制,并评估等离子体对活体组织创伤-修复过程的影响机理也是主要的研究方向。因此,研究工作需要关注:①等离子体对典型病菌的细胞壁、细胞膜、细胞质及核质的作用机制;②等离子处理后的病毒侵入宿主细胞后的变化情况;③等离子体诱导癌细胞凋亡以及抑制癌细胞转移侵袭的分子生物学机制,等离子体对正常细胞形态及细胞内部核形态的作用效果;④等离子体对活体组织创伤-修复过程的影响效果及机理;⑤不同工作气体化学成分、不同放电参数下等离子体的放电特性、等离子体体系中的能量传递与调控机制、等离子体中的各种化学活性粒子与环境气体以及待处理样品的基质(如培养基和水)的作用机制;⑥等离子体产生的多种活性粒子对生物大分子和整细胞的作用机制,如不同生物体的代谢过程、生理及遗传的影响机制。

5.2.7 在能源化工和材料科学领域的应用

低温等离子体具有较高的电子温度(1～10eV)和较低的气体温度(可接近室温),在能源化工和材料科学应用领域展现了突出优势,已引起国内外同行的广泛关注,并开始成为放电等离子体一个极具前景的发展方向。采用气体放电产生低温等离子体,形成高活性化学组分,可在原子或分子尺度上强化化学反应。同时,由于等离子体本身的特性,可在介观尺度上改进相接触行为,从而达到其在能源化工和材料科学领域应用过程中的等离子体强化作用。因此,气体放电等离子体与传统化学活化手段相比,在原理和应用方面也表现出不同的规律[45,46]。另外,当等离子体与液体接触并发生相互作用时,在等离子体-液体界面、等离子体本身以及液体内部会发生一系列物理和化学过程,这些过程可被应用于多种国民生产领域,尤其当溶液中存在金属离子时,可用来合成新颖纳米材料[47]。

甲烷转化和催化材料制备是低温等离子体在能源化工中的两个典型应用实例。常规甲烷催化转化需要在超过1000K的高温下进行,能耗高、设备投资大,容易产生积炭使催化剂失活。等离子体法可以克服催化方法中的积炭失活和反应起动慢等问题,近年来得到快速发展。国内,如大连理工大学、四川大学、天津大学、清华大学、中科院电工所和大连大学等科研院所开展了低温等离子体重整甲烷研究。研究发现,低温等离子体具有较高的电子温度和密度,可以有效降低甲烷的重整能耗,同时采用低温等离子体制备Ni基和Co基催化剂,在提高甲烷转化效率和合成气选择性的基础上,可有效降低积碳的产生,取得了良好的效果。催化材料低温等离子体的制备是能源化工领域的一个重要研究热点。采用低温等离子体技术,可在较低的气体温度下,实现催化材料的分解、还原、再生和改性,具有制备周期短、能耗低、环境友好等优点,同时制备的催化材料表现出优异的活性和选择性。国内,中科院等离子体物理所、大连大学、天津大学、大连理工大学、北京大学、四川大学和石油大学等科研院所在低温等离子体制备催化材料方面的研究工作取得了显著的成果。这些研究,一方面,有效解决了现有催化材料制备过程中存在的高能耗、长周期、环境不友好等问题;另一方面,采用低温等离子体对催化材料进行设计,利用其产生的特殊结构,有助于进一步推动催化材料的基础研究[48]。

迄今为止,甲烷转化主要采用两步法:首先,通过放电等离子体或化学方法对甲烷与二氧化碳、氧气或水蒸气的混合物进行处理,制备合成气(不同比例的一氧化碳和氢气);然后,采用合成气制备不同高附加值化学品。甲烷转化的两步法途径降低了甲烷转化的应用效率。因此,发挥气体放电等离子体的优势,一步转化甲烷制备高附加值化学品是下一步研究的重点。催化材料低温等离子体制备,在应用层面上,有待于进一步深入开展并拓宽其在能源和化工领域中的应用;在作用机理上,尚缺乏对放电等离子体作用机制的深入研究,有待于形成具有指导意义的规律性认识。因此,研究工作需要关注:①低温等离子体一步转化甲烷制备高附加值化学品的有效放电方式和作用机制;②调控低温等离子体,研究其对催化材料结构的影响规律,热力学平衡及反应物转化率、产物选择性等关键技术;③采用低温等离子体对催化材料结构进行设计,拓展其在二氧化碳捕获利用、燃料电池电极材料等能源和化工领域中的应用。

等离子表面改性是利用等离子体中产生的粒子与材料表面相互作用,在材料表面引发物理化学反应,从而提高其表面性能。而低温等离子体材料表面改性是等离子体处理实现工业化和获得更好改性效果的新方法,是一项值得深入研究的有广阔应用前景的技术,近年来成为等离子体科学和材料改性领域交叉研究的热点之一。相关研究始于20世纪五六十年代,从早期的低气压辉光放电和电晕放电处理开始,发展到目前的以介质阻挡放电和射流放电为代表的多种形式大气压等离子体源进行表面处理。目前,低温等离子体表面改性用于电工、航空、生物、包装、食品、医学、纺织等领域的材料改性中均有相关研究探索,处理的材料主要包括高分子材料、金属、纺织物和生物功能材料等,涉及的表面性能有改善亲水性、憎水性、生物医学效应、染色性、抗静电性、舒适性以及防水防污性能、黏结性和阻燃性等。产生等离子体的放电电离效率决定材料表面改性效果,而放电电离效率和模式主要取决于放电等离子体源、放电气体、激励电源参数以及处理条件等。国内外研究者研究了不同形式等离子体源和等离子体参数对材料表面的影响,通过电镜观察、X射线光电子能谱分析仪分析、傅里叶变换红外光谱仪分析等手段对材料的表面化学成分和表面形态进行分析,认为均匀的等离子体对材料表面改性的效果要远远优于非均匀的等离子体，而进一步提高等离子体活性进而提高其处理效率和等离子体源的大面积化是这一技术应用的关键问题，如可以通过采用脉冲电源驱动、采用射流阵列结构和在惰性气体中添加少量活性气体(O_2或水蒸气等)来实现。另一方面，在不同工作气体氛围产生的低温等离子体，对材料表面有不同的改性作用，这些工作气体主要分为反应性工作气体和非反应性工作气体。典型的非反应性工作气体有 Ar、He 等惰性气体，典型的反应性气体主要有空气、氧气、水、CF_4等。因此等离子体材料表面改性可通过灵活选择处理气体和组合，从而控制其中某个过程起作用，获得期望的改性效果，如通过 Ar/CF_4等离子体处理增强表面憎水性等。等离子体和材料表面相互作用的过程十分复杂，既涉及等离子体物理、等离子体化学还涉及材料科学，目前尚不完全清楚，国内外研究者普遍认为等离子体材料改性的机理主要包括两方面：①等离子体中粒子轰击材料表面所引发的表面化学键断裂所产生的交联和表面刻蚀等物理作用；②等离子体中活性离子和材料表面产生的自由基之间反应在表面引入新的官能团的化学作用[49]。

目前尽管在等离子体表面改性的手段、方法、效果和机理方面已取得了一定的进展，但还不完善和深入，但是对其中的基本科学问题及实际应用的关键技术尚有待进一步研究。首先，等离子体与被改性的材料表面的作用机理尚无明确统一的认识，活性粒子与材料表面的微观结构和化学成分的变化规律尚不明了，等离子体参数、材料表面参数及其宏观性质之间的相互影响机制不清楚；其次，如何在大气压空气产生高活性大面积、均匀的等离子体用于处理材料，并实现对其表面改性效果的参数优化和有效调控，现阶段仍然是一个十分重要的难题；最后，等离子体材料表面改性的处理均匀性、处理效果时效性以及处理后材料的应用效果等问题，需要深入分析相关的机理及研究改善方法。因此研究工作需要关注：①等离子体材料改性的机理，处理参数和材料表面特性变化之间的作用关系和影响机制；②不同等离子体源对表面特性效果的影响及改性参数优化和改性效果有效调控；③适用于材料改性的高活性、大面积大气压均匀等离子体的产生方法和改性效果优化；④等离子体材料改性效果的均匀性和时效性的影响和作用机制及有效改善方法；⑤研究等离子体表面改性对材料绝缘性能的影响，进一步拓展等离子体材料表面改性在电气绝缘领域中的应用。

基于等离子体-液体互作用的金属纳米材料制备的主要机制非常简单：即利用等离子体-液体相互作用过程中，在等离子体-液体界面的物理化学反应来合成纳米材料。等离子体和水溶液相互作用，产生多种还原性成分，通过这些还原成分，溶解在溶液中的金属离子被还原为金属原子，所得到的金属原子在水溶液中通过成核和生长最终形成金属纳米粒子。相比于传统的金属纳米材料液相合成法，等离子体-液体合成法具有明显的优势。首先，因为等离子体-液体相互作用本身能产生大量还原成分，它免除了通常液相合成中必须添加的还原剂。第二，等离子体-液体合成纳米材料速度极高，通常可以在数秒或数分钟内大量合成。更重要的一点是，等离子体和液体的结合使得合成的参数空间扩大了一倍，使得不仅可以从液体方面，还能从等离子体方面来调制合成过程，从而制备符合需要的理想材料。

尽管等离子体-液体合成纳米材料已经展示了它的普适性，基本合成原理也非常简单。但是，迄今为止，因为等离子体和液体两方面都具有极复杂的成分，同时缺乏对合成机理的深入理解，控制合成过程仍存在相当大的难度，合成的纳米粒子大多以球形存在，即使少量已报道的可控形状的纳米粒子制备，合成的纳米粒子也是以多种形状共存的[50,51]。迄今为止，对其内部运作机制的理解还基本停留在定性的描述阶段，缺乏对其物理与化学过程详细且具有指导性的理论及试验。因此深入理解它的内部运作机制将是目前需要解决的主要问题。可以通过模拟和试验探测找出在等离子体-液体相互作用过程中，控制等离子体-液体界面、等离子体及液体内部各物理和化学过程的因素，设法实现尺寸及形状可控的单分散金属纳米粒子的合成，从而有效地控制所合成纳米粒子的各种物理及化学特性。

5.2.8　在辅助燃烧与流体动力学方面的应用

低温等离子体具有特殊的电、热、光及化学活性，其在时间尺度上能够在纳秒量级影响化学反应的进程，利用其中的高能电子与中性分子的撞击，引起分子的离解、激发甚至电离，产生大量的活性原子、基团，最终影响燃烧系统的化学平衡，加速燃烧的化学反应动力学过程[50]。有关低温等离子体燃烧的激励电源多种多样，如射频等离子体、激光诱导等离子体、微波等离子体、介质阻挡放电等。其中，利用高压电源放电而产生的低温等离子体由于具有电极结构简单、低温等离子体尺度大、电源尺寸小等优势已经成为国内外同行有关低温等离子体辅助燃烧的研究热点。然而低温等离子体技术和燃烧技术本身都是十分复杂的理化过程，涉及电气工程、燃烧学、热力学、等离子体化学、空气动力学等领域，因此现阶段对等离子体辅助燃烧的机制认识还不够明确，各种燃烧器结构精彩纷呈，也正是这些未知的奥秘吸引了更多研究同行的热情和关注。尤其是公开的试验报道中，热平衡等离子体成功实现了超声速点火，而非热平衡等离子体作用下的超声速点火的试验鲜有报道。低温等离子体助燃机理可分为三方面[52]：①温度提升效应，温度的提升可缩短燃料达到点火温度的时间；②化学效应发生了改变，高能粒子的存在使得燃料分子链式化学反应的中间粒子的活性提高，可提高燃烧的速度；③等离子体引起的输运增强，加速了一些长寿命中间粒子和燃料与氧气的耦合速度[53]。同样，低温等离子体在流动力学领域也面临着巨大的机遇与挑战，随着来流速度的不断提高，等离子体主动流动控制的效果变差，因此亟须响应迅速、作用效果好、能量效率高的低温等离子体。近年来，随着脉冲电源激励表面等离子体研究的深入，为有效改善高速来流下的等离子体控制技术提供了可能，但目前面临三个瓶颈[54,55]：①纳秒量级下，激波的产生与作用机制尚未明了；②亚音速与超音速条件下对等离子体流动控制的作用机制有待深化；③高速来流下活性粒子的瞬态产生与作用，以及效率的优化。

目前等离子体辅助燃烧主要包括点火和助燃两个方面，虽然取得了一定的进展，但是对其中的基本科学问题及实际应用的关键技术难题有待进一步研究。首先，不同类型的等离子体源对燃料气体的电离机制尚不明确，不同条件对燃料气体和氧化气体的协同作用机制尚不明了；其次，如何在大气压、近大气压下产生较大面积均匀化的等离子体以最大限度地减小湍流对扩展燃烧极限的影响，仍然是一个十分重要的技术难题；同时，点火和辅助燃烧过程中，等离子体参与机制并不清晰：温升效应往往诱导粒子碰撞频率和初始碰撞动能的增加，高能电子诱导产生的活性基团往往加快燃烧化学的反应速度。最后，燃烧效果的评价和表征问题仍缺乏有效的手段。火焰本身也是一种等离子体，所涉及的等离子体诊断问题是本学科的共性问题，燃烧过程的定量诊断(包括成分和温度等燃烧)仍缺乏公认的统一标准。简言之，研究者应集中关注：①流动环境下单一、混合气体放电等离子体均匀性的影响机制；②不同等离子体源对层流预混、扩散火焰燃烧特性的影响；③不同电源激励的放电等离子体辅助燃烧动力学机制；④纳秒脉冲作用下活性粒子主导的等离子体瞬态加热过程分析；⑤纳秒脉冲条件下激波产生与传播机制；⑥高速来流下等离子体流动控制作用机理及其调控；⑦等离子体强增超声速燃烧的机理及技术实现。

5.3 今后发展目标、重点研究领域和交叉研究领域

该方向的发展目标是解决放电等离子在产生、动力学机理、诊断及其应用关键科学与技术问题，掌握放电等离子体的形成机理、效应特征及其调控方法。

5.3.1 脉冲放电等离子体

1)发展目标

(1)大气压均匀放电等离子体产生技术。

(2)小型化紧凑型脉冲放电等离子体激励装置。

(3)脉冲放电等离子体技术应用。

2)重点研究领域

重点研究领域是纳秒脉冲放电机理、快速电离波的产生与传播、大气压均匀放电等离子体。

3)交叉研究领域

(1)与高能物理领域合作，开展高能电子束流、X 射线探测的研究，以及高能电

子束流在激光器、材料改性等领域的应用。

(2)与光学诊断领域合作,开展快速电离波产生机制及传播特性的研究。

(3)与电力电子领域合作,开展小型化紧凑型高重复频率脉冲大电流产生技术及电路拓扑的研究。

5.3.2　气体放电非线性动力学

1)发展目标

(1)系统地揭示气体放电中的各种非线性动力学行为。

(2)获得各种非线性动力学行为的平衡机制及其相互转化机理。

(3)建立可用于分析大气压低温等离子体非线性动力学行为的电路模型。

(4)掌握非线性动力学行为对等离子体特征参数的作用机制。

2)重点研究领域

重点研究领域是气体放电非线性动力学行为的物理机理、低温等离子体非线性动力学分析模型、基于非线性动力学的低温等离子体特征参数调控和优化。

3)交叉研究领域

(1)与非线性科学领域交叉合作,重点研究低温等离子体中的分岔和混沌现象及其动力学机制。

(2)与非线性电路领域交叉合作,重点研究适用于低温等离子体非线性动力学行为及其稳定性分析的非线性电路模型。

5.3.3　液相介质击穿

1)发展目标

(1)揭示液体介质在纳秒脉冲强电场下的击穿机理。

(2)获得液体介质在纳秒脉冲下绝缘强度的变化规律。

(3)提出液体介质绝缘强度的预测分析和改善方法。

(4)建立放电过程中等离子体活性物质的产生与湮灭过程的物理模型,提出有效的自由基生成及浓度控制方法。

2)重点研究领域

重点研究领域是液体介质在短脉冲强电场下的击穿机理、绝缘强度的变化规律及提高措施、活性物质的产生与湮灭过程。

3)交叉研究领域

(1)与化学领域的交叉合作,重点研究水中脉冲等离子体中活性物质的生成与湮灭特性及其在液-气界面的反应扩散过程。

(2)与声学领域的交叉合作,重点研究液体中脉冲等离子体产生的冲击波特性及其在水中的传播特性。

(3)与环境领域交叉合作,重点研究利用水中脉冲等离子体进行溶液消毒、可溶性有机物降解等方面的应用。

5.3.4 高活性等离子体的产生方法

1)发展目标

(1)大气压低温等离子体的温度可调控性、均匀性、稳定性及高密度活性粒子产生。

(2)不同驱动电源类型下高活性等离子体放电模式和特征参数的影响机制。

(3)微放电和常规放电的本质差异及原因。

(4)面向应用的高活性等离子体装置开发。

(5)形成大气压气体放电等离子体的基本理论体系。

2)重点研究领域

(1)多种电源驱动形式(脉冲、交流、直流叠加)的放电等离子体特性。

(2)电磁场、流场、温度场等多场耦合对等离子体演化过程的影响;不同工作气体下等离子体放电特性和机理。

(3)快脉冲下放电能量与等离子体能量输运的优化控制。

3)交叉研究领域

(1)与物理学领域的交叉合作,重点研究光电离效应和电离波效应对等离子体演化机制的影响。

(2)与化学领域交叉合作,重点研究活性粒子的产生机制,寻求提高活性粒子产量的方法。

(3)与生物医学领域合作,重点研发适应于生物医学应用的高活性低温等离子体射流装置。

(4)燃烧科学领域的交叉合作,重点开发出具有更高活性的大气压、大面积等离子体装置,获得高电子密度、高点火成功率、高燃烧效率的等离子体,更加有效地电离燃料气体。

(5)与流体动力学领域的交叉合作,重点开发适用于高速来流的下等离子体主动流动控制的高活性等离子体,提高能量在放电、等离子体及流体间的高效传递,强化等离子体诱导气流的能力。

(6)与材料领域合作,重点研究等离子体材料制备、表面改性等处理过程的机制,发展应用于不同材料处理的等离子体装置。

5.3.5 等离子体在不同介质中的输运规律

1)发展目标

(1)掌握固体材料表面附近及内近层区域等离子体的作用机制。

(2)掌握液面附近高湿度环境中等离子体活性成分的产生规律及输运机制。

(3)掌握液相中等离子体活性粒子渗透及化学转化规律。

(4)掌握等离子体与气流的相互作用,等离子体与气体湍流的形成机制。

(5)建立等离子体活性物质在气-固、气-液-细胞-组织间的输运体系。

(6)纳秒脉冲作用下,快速电离波沿气体、液体、气-固、气-液中传播特性的诊断技术及其理论模型。

2)重点研究领域

(1)液相中多种活性粒子的绝对密度测量及活性粒子在多相间输运的仿真模型。

(2)等离子体活性成分气-液-细胞间的输运模型与活性粒子浓度的定量关联。

(3)等离子体作用于材料表面及表层内的系列反应机制及等离子体与固相材料相互作用的物理化学模型。

3)交叉研究领域

(1)与化学领域的交叉合作,重点研究液相中多种活性粒子密度的测量及输运模型的建立。

(2)与医学领域合作,重点研究细胞内活性粒子密度的测量及扩散反应模型的构建。

(3)与燃烧学领域的交叉,建立等离子体辅助燃烧动力学模型,最终明晰等离子体辅助燃烧机理,发现新的物理现象并有效控制燃烧过程。

(4)与流体动力学领域交叉,重点研究等离子体在高速来流下的作用关系,尤其是在激波存在时,等离子体诱导气流的特性,强化基于等离子体的流动控制效果。

5.3.6　在生物医学和生命科学领域的应用

1)发展目标

(1)掌握等离子体灭活不同细菌、真菌及病毒的机制。

(2)掌握等离子体诱导癌细胞凋亡和癌细胞转移侵袭能力的关键机制。

(3)掌握等离子体导致生物体遗传物质和代谢网络改变的核心机制。

2)重点研究领域

(1)等离子体对典型病菌的细胞壁、细胞膜、细胞质及核质的作用机制和活性成分灭菌机理。

(2)等离子体对不同癌细胞的诱导凋亡作用效果以及对癌细胞转移侵袭能力的抑制效果。

(3)等离子体对典型生物材料的作用机制和调控规律。

3)交叉研究领域

(1)与医学领域合作,重点研究等离子体对细菌、病毒、体外癌细胞以及动物活体癌症模型的处理效果,重点研究等离子体对难愈合创面(如糖尿病伤口等)、衰老皮肤等的作用机制和效果,在上述领域开展跨学科基础研究和临床试验,研发相应的医疗器械。

(2)与生命科学领域合作,重点研究等离子体诱导癌细胞凋亡以及抑制癌细胞转移侵袭能力的关键机制。

(3)与生物化工领域合作,重点研究等离子体对工业微生物、植物和动物的诱变机制,发展高通量筛选手段和技术,建立具有生物多样性的突变库,形成等离子体诱变育种技术和装备。

5.3.7　在能源化工和材料科学领域的应用

1)发展目标

(1)掌握等离子体在甲烷和二氧化碳等低碳小分子转化及重油处理中的作用机制。

(2)掌握等离子体实现催化材料结构可控制备的关键机制。

(3)掌握等离子体材料改性的参数优化及改性效果的有效调控方法。

(4)掌握等离子体材料改性均匀性和时效性的影响机制及其改善方法。

(5)掌握等离子体与材料表面相互作用的原位测量技术。

(6)理解等离子体-液体相互作用过程中的物理化学过程。

(7)合成尺寸和形状可控的金属纳米材料。

2)重点研究领域

(1)常压高活性放电等离子体用于甲烷和二氧化碳等低碳小分子转化、重油加氢处理及其数值仿真模拟。

(2)等离子体对催化材料分解、还原、再生和改性的作用机制。

(3)高活性大面积均匀等离子体材料表面改性机理、参数优化及改性效果的有效调控制方法。

(4)探索等离子体-液体相互作用过程中各活性成分在合成纳米材料过程中的作用机制和关键物理化学过程等。

3)交叉研究领域

(1)与能源领域合作,重点研究等离子体重油处理及甲烷和二氧化碳等低碳小分子转化过程中的化学反应动力学,重点研究等离子体对关键活性物种的调控机制,实现高附加值化学品制备。

(2)与化工领域合作,重点研究低温等离子体制备催化材料的关键机制,开展跨学科基础研究和化工新催化材料研发。

(3)与材料科学领域合作,重点研究不同材料、不同表面性质的等离子体处理方法以及材料表面特定引入官能团与等离子体的协同作用。

(4)与表面物理学领域合作,从等离子体参数和表面参数两个方面重点研究等离子体材料改性的机理,深入探讨使等离子体通过何种方式,影响材料表面的何种微观性质,从而达到某种宏观性质的改变。

(5)与等离子体电化学结合,考察等离子体活性成分及水合电子在液体中的迁移和转变过程,同时探索在等离子体-液体相互作用合成纳米材料过程中影响纳米材料尺寸和形状的参数。

5.3.8　在燃烧学和流体动力学领域的应用

1)发展目标

(1)研究等离子体与气流的相互作用,掌握等离子体对燃料气体的输运特性机制。

(2)非介入式测量与诊断,研究燃烧过程和中间产物的密切关系,明晰中间产物的成分和浓度。

(3)探索低动压稀薄高速来流下燃烧等应用场合下的等离子体拓展燃烧极限的机制。

(4)掌握亚音速与超音速来流下等离子体流动控制机理。

(5)揭示纳秒脉冲放电中激波的形成、传播与作用过程。

2)重点研究领域

(1)等离子体助燃和流动控制作用的活性粒子的种类及范围,以及相应的等离子体测量与诊断方法。

(2)特定燃烧场合(低动压稀薄高速来流下的燃烧等)和来流特征(亚音速、超音速)下的等离子体助燃和流动控制机理。

3)交叉研究领域

(1)与燃烧领域合作,重点研究等离子体放电活性粒子对燃烧化学过程的影响及控制方法。

(2)与流体力学领域合作,重点研究等离子体对燃料气体流体力学特性的影响,进而影响燃烧化学过程。

(3)重点研究活性粒子在纳秒脉冲放电等离子体流动控制的瞬态作用机制。

(4)与航空航天领域合作,研究在特殊极端应用场合下(如低气压、低密度、高速气流等条件),高活性等离子体产生及辅助燃烧过程。

参考文献

[1] 邵涛,严萍. 大气压气体放电及其等离子体应用. 北京:科学出版社,2015:1—30.

[2] Tarasenko V F. Runaway Electrons Preionized Diffuse Discharges. New York: Nova Science

Publishers,2014.

[3] Gurevich A V,Milikh G M,Roussel-Dupre R. Runaway electron mechanism of air breakdown and preconditioning during a thunderstorm. Physics Letters A,1992,165(5-6):463－468.

[4] Walsh J L,Janson N B,Iza F,et al. Chaos in atmospheric-pressure plasma jets. Plasma Sources Science and Technology,2012,21(3):034008.

[5] Dai D,Hou H X,Hao Y P. Influence of gap width on discharge asymmetry in atmospheric pressure glow dielectric barrier discharges. Applied Physics Letters,2011,98(13):131503.

[6] 孔刚玉,刘定新. 气体等离子体与水溶液的相互作用研究——意义、挑战与新进展. 高电压技术,2014,40(10):2956－2965.

[7] Locke B R,Sato M,Sunka P,et al. Electrohydraulic discharge and nonthermal plasma for water treatment. Industrial & Engineering Chemistry Research,2006,45(3):882－905.

[8] Bruggeman P,Leys C. Non-thermal plasmas in and in contact with liquids. Journal of Physics D: Applied Physics,2009,42(5):053001.

[9] Yang Y,Cho Y I,Fridman A. Plasma Discharge in Liquid:Water Treatment And Applications. Boca Raton:CRC Press,2012:15－32.

[10] Kogelschatz U. Dielectric-barrier discharges: their history, discharge physics, and industrial applications. Plasma Chemistry And Plasma Processing,2003,23(1):1－46.

[11] 王新新. 介质阻挡放电及其应用. 高电压技术,2009,35(1):1－11.

[12] Roth J R,Tsai P P,Liu C,et al. One atmosphere,uniform glow discharge plasma:U. S. Patent No. 5 414 324. Washington D. C. :U. S. Patent and Trademark Office,1995.

[13] Wang X X,Lu M Z,Pu Y K. Possibility of atmospheric pressure. glow discharge in air. Acta Physica Sinica, 2002, 51(12): 2778－2785.

[14] Wang X X,Li C G,Lu M Z. Study on an atmospheric pressure glow discharge. Plasma Sources Science & Technology, 2003, 12(3): 358－361.

[15] Luo H Y,Wang X X,Mao T, et al. Realization of homogenous discharge at atmospheric pressure in air using wire mesh covered by PET films. Acta Physica Sinica, 2008, 57(7): 4298－4303.

[16] Luo H Y, Liang Z, Wang X X, et al. Effect of gas flow in dielectric barrier discharge of atmospheric helium. Journal of Physics D:Applied Physics, 2008, 41(20):205205.

[17] Luo H Y, Liang Z, Wang X X, et al. Homogeneous dielectric barrier discharge in nitrogen at atmospheric pressure. Journal of Physics D: Applied Physics,2010, 43(15):155201.

[18] 杨芸,张冠军,杨国清,等. 空气条件下介质阻挡放电影响因素的研究. 高电压技术,2007,33(2):37－41.

[19] 罗海云. 大气压介质阻挡均匀放电的研究[博士学位论文]. 北京:清华大学,2010.

[20] 李明. 介质阻挡放电材料对放电特性影响的研究[博士学位论文]. 北京:华北电力大学,2008.

[21] Luo H Y, Liu K,Ran J X, et al. Study of dielectric barrier Townsend discharge in 3mm air gap at atmospheric pressure. IEEE Transactions on Plasma Science, 2014, 42(5): 1211－1215.

[22] Koinuma H,Ohkubo H,Hashimoto T,et al. Development and application of a microbeam plasma generator. Applied Physics Letters,1992,60(7):816,817.

[23] Jeong J Y,Babayan S E,Tu V J,et al. Etching materials with an atmospheric-pressure plasma jet. Plasma Sources Science and Technology,1998,7(3):282.

[24] Schutze A, Jeong J Y, Babayan S E, et al. The atmospheric-pressure plasma jet: A review and comparison to other plasma sources. IEEE Transactions on Plasma Science, 1998, 26(6): 1685－1694.

[25] Li H P, Sun W T, Wang H B, et al. Electrical features of radio-frequency, atmospheric-pressure, bare-metallic-electrode glow discharges. Plasma Chemistry and Plasma Processing, 2007, 27: 529－545.

[26] Lu X, Naidis G V, Laroussi M, et al. Guided ionization waves: Theory and experiments. Physics Reports, 2014, 540(3): 123－166.

[27] 常正实. 类辉光非热平衡 He 及 Ar/NH_3 大气压等离子体射流的关键参数诊断及特性研究[博士学位论文]. 西安:西安交通大学, 2015.

[28] Shao T, Long K, Zhang C, et al. Experimental study on repetitive unipolar nanosecond-pulse dielectric barrier discharge in air at atmospheric pressure. Journal of Physics D: Applied Physics, 2008, 41(21): 215203.

[29] Shao T, Niu Z, Zhang C, et al. ICCD observation of homogeneous DBD excitated by unipolar nanosecond pulses in open air. IEEE Transactions on Plasma Science, 2011, 39 (11): 2062－2063.

[30] Shao T, Zhang C, Yu Y, et al. Temporal evolution of nanosecond-pulse dielectric barrier discharges in open air. Europhysics Letters, 2012, 97(5): 55005.

[31] Shao T, Zhang C, Fang Z, et al. A comparative study of water electrodes versus metal electrodes for excitation of nanosecond-pulse homogeneous dielectric barrier discharge in open air. IEEE Transactions on Plasma Science, 2013, 41(10): 3069－3078.

[32] Samukawa S, Hori M, Rauf S, et al. The 2012 plasma roadmap. Journal of Physics D: Applied Physics, 2012, 45(25): 253001.

[33] Rumbach P, Bartels D M, Sankaran R M, et al. The solvation of electrons by an atmospheric-pressure plasma. Nature Communications, 2015, 6: 7248.

[34] Lukes P, Dolezalova E, Sisrova I, et al. Aqueous-phase chemistry and bactericidal effects from an air discharge plasma in contact with water: Evidence for the formation of peroxynitrite through a pseudo-second-order post-discharge reaction of H_2O_2 and HNO_2. Plasma Sources Science and Technology, 2014, 23(1): 015019.

[35] Tian W, Kushner M J. Atmospheric pressure dielectric barrier discharges interacting with liquid covered tissue. Journal of Physics D: Applied Physics, 2014, 47(16): 167.

[36] Szili E J, Bradley J W, Short R D. A "tissue model" to study the plasma delivery of reactive oxygen species. Journal of Physics D: Applied Physics, 2014, 47(15): 152002.

[37] Szili E J, Oh J S, Hong S H, et al. Probing the transport of plasma-generated RONS in an agarose target as surrogate for real tissue: Dependency on time, distance and material composition. Journal of Physics D: Applied Physics, 2015, 48(20): 202001.

[38] 孙冰. 液相放电等离子体及其应用. 北京:科学出版社, 2013: 1－10.

[39] Xiong Z, Du T, Lu X P, et al. How deep can plasma penetrate into a biofilm. Applied Physics Letters, 2011, 98(22): 221503.

[40] Chen C, Liu D X, Liu Z C, et al. A model of plasma-biofilm and plasma-tissue interactions at ambient pressure. Plasma Chemistry and Plasma Processing, 2014, 34(3): 403－441.

[41] Kong M G, Kroesen G, Morfill G, et al. Plasma medicine: An introductory review. New Journal of Physics, 2009, 11(11): 115012.

[42] Soloshenko I A, Tsiolko V V, Khomich V A, et al. Features of sterilization using low-pressure DC-discharge hydrogen-peroxide plasma. IEEE Transactions on Plasma Science, 2002, 30(4): 1440—1444.

[43] Fridman G, Shereshevsky A, Jost M M, et al. Floating electrode dielectric barrier discharge plasma in air promoting apoptotic behavior in melanoma skin cancer cell lines. Plasma Chemistry and Plasma Processing, 2007, 27(2): 163—176.

[44] Shi X M, Zhang G J, Chang Z S, et al. Viability reduction of melanoma cells by plasma jet via inducing G1/S and G2/M cell cycle arrest and cell apoptosis. IEEE Transactions on Plasma Science, 2014, 42(6): 1640—1647.

[45] Li G, Li H P, Wang L Y, et al. Genetic effects of radio-frequency, atmospheric-pressure glow discharges with helium. Applied Physics Letters, 2008, 92(22): 221—504.

[46] Zhang Y, Li Y, Wang Y, et al. Plasma methane conversion in the presence of carbon dioxide using dielectric-barrier discharges. Fuel Processing Technology, 2003, 83(1): 101—109.

[47] Kawamura H, Moritani K. Discharge electrolysis in molten chloride: Formation of fine silver particles. Plasmas & Ions, 1998, 1(1): 29—36.

[48] Hieda J, Saito N, Takai O. Size-regulated gold nanoparticles fabricated by a discharge in reverse micelle solutions. Surface and Coatings Technology, 2008, 202(22): 5343—5346.

[49] Hu X L, Takai O, Saito N. Synthesis of gold nanoparticles by solution plasma sputtering in various solvents. Journal of Physics: Conference Series, 2013, 417(1): 012030.

[50] Tu X, Whitehead J C. Plasma dry reforming of methane in an atmospheric pressure AC gliding arc discharge: Co-generation of syngas and carbon nanomaterials. International Journal of Hydrogen Energy, 2014, 39(18): 9658—9669.

[51] Fang Z, Xie X, Li J, et al. comparison of surface modification of polypropylene film by filamentary DBD at atmospheric pressure and homogeneous DBD at medium pressure in air. Journal of Physics D: Applied Physics, 2009, 42(8): 085204.

[52] Starikovskiy A, Aleksandrov N. Plasma-assisted ignition and combustion. Progress in Energy and Combustion Science, 2013, 39(1): 61—110.

[53] Ju Y, Sun W. Plasma assisted combustion: Dynamics and chemistry. Progress in Energy and Combustion Science, 2015, 48: 21—83.

[54] 吴云,李应红. 等离子体流动控制与点火助燃研究进展. 高电压技术,2014,40(7):2024—2038.

[55] 李平,穆海宝,喻琳,等. 低温等离子体辅助燃烧的研究进展,关键问题及展望. 高电压技术,2015,(6):2073—2083.

第6章　脉冲功率技术

6.1　研究范围与任务

脉冲功率与放电等离子体是在电气科学基础上发展起来的一门新兴交叉学科，涉及高电压工程、电介质物理、等离子体物理、粒子加速器、力学、材料科学、可控热核聚变等多个学科，成为当代高科技的主要基础学科之一。基于脉冲功率与放电等离子体技术，可创造出瞬间的高温、高压、高能量密度、强电磁场、强辐射等极端应用环境，已被广泛应用于国防、能源、材料、环境、医疗和生物等领域，因此脉冲功率与放电等离子体技术处于重要的战略地位，有着非常广阔的发展和应用前景。

6.2　国内外研究现状及发展趋势

6.2.1　国外研究现状

1. 先进的闪光X射线照相设施

美国建造了双轴闪光照相流体动力学试验（dual-axis radiographic hydrodynamic test，DARHT）设施，以实现双轴多幅精密X射线照相。该设施包括两台轴线互成90°的直线感应电子加速器DARHT-Ⅰ和DARHT-Ⅱ[1]。前者是一台20MeV、2kA、60ns的单脉冲加速器，于1999年建成。后者是一台16.5MeV、1.7kA、1.6μs的长脉冲加速器，在输出段切割成4个脉宽为20～60ns的脉冲，于2008年建成。DARHT-Ⅱ是世界上第一台大型同轴多幅X射线照相设施。2010年，DARHT成功进行了第一次双轴X射线照相流体动力学试验。

同时，美国在内华达还建有Cygnus双束X射线照相装置，其终端能量为2.25MeV，脉宽为50ns，X射线焦斑为1mm，距靶1m处的照射量为4rad（拉德）[2]。次临界试验和流体动力学试验互相配合，得到了大量极具价值的数据。

2013年6月，美国能源部国家核安局发布新的全面库存管理计划。要求次临界试验拥有先进的X射线照相能力，特别是更高的X射线照射量和终端能量，同时又有最小的焦斑直径。下一代次临界试验X射线照相装置可能是一台先进的脉冲功率机，或是类似DARHT的机器，或是质子照相加速器，美国国家核安局将在今后几年做出选择。

2. Z 箍缩技术

Z 箍缩是聚变能源研究的一个重要发展方向[3]。2007 年升级的 ZR(Z-refurbished)装置,电流达到 26MA,是目前世界上最大的 Z 箍缩装置,取得了一系列令人瞩目的成果。在丝阵 Z 箍缩试验中,获得超过 300TW 的 X 射线辐射功率,为研究惯性约束聚变创造了有利条件[4]。在材料动力学研究中,最高获得了超过 400GPa 的准等熵压力和大于 40km/s 的飞片速度。俄罗斯特罗伊茨克创新与聚变研究所已经开始建造 Baikal 装置,设计指标为电流 50MA,上升前沿 150ns,储能 100MJ,计划 2019 年完成。Baikal 装置测试的一种聚变靶是动力学黑腔,据 Z 装置试验结果外推,这种靶的理论点火电流为 30MA。

Z 箍缩要用于聚变能源,不仅需提高电流和能量,还要实现重复率工作,这是传统脉冲功率源技术面临的巨大挑战。

3. 激光驱动核聚变模拟[5]

激光驱动惯性约束聚变是目前实现核聚变点火最有前途的方式。美国已建成并运行的国家点火装置中的激光放大器采用由 192 个模块并列组成的强脉冲电源系统,总储能为 400MJ,要求工作寿命达到 20000 次以上。每个模块充电电压为 24kV,输出电流可达 550kA,脉宽 400μs,单次放电转移电荷量超过 150C。该脉冲电源系统面临的主要挑战是电源模块工作的高可靠性、高精度同步工作,不允许出现模块的误放电和拒放电;同时需要克服强电流引起的开关寿命短、器件及结构老化、储能电容故障引起的爆炸等难题。

4. 电磁轨道炮

电磁轨道炮利用两根通电平行金属轨道产生的电磁力驱动电枢再推动弹丸(或战斗部),将其加速到极高出口速度,最后依靠弹丸(或战斗部)巨大的动能直接摧毁目标。电磁轨道炮可以用于防空反导作战、中远程火力打击、空间攻防及空间载荷发射。

2014 年,美国海军委托英国航空航天公司和美国通用原子公司分别研制的 32MJ 炮口动能的工程化原型样机完成,并成功进行了多次发射测试,在紧凑脉冲功率源设计方面取得突破[6]。2015 年 2 月,英国航空航天公司开发的武器原型首次向公众展示。它能够以 7 倍于声速(约 2.5km/s)的速度发射重 10kg 的弹丸,射程可以超过 160km——凭借这种力度和准确度,弹丸能够穿透三层混凝土墙或是六层半英寸厚的钢板。美国海军的目标大致是 2020～2025 年初步部署电磁轨道炮。

法、德组建了联合研究所,可将 1kg 的弹丸发射到 2.0km/s 以上的速度;还能以 75Hz 的频率进行发射试验。

5. 高功率微波

2012 年年末,美国波音公司公布了一种微波装置与巡航导弹集成的新概念电磁脉冲导弹,被称为反电子设备高功率微波先进导弹项目(Counter- electronics High Power Microwave Advanced Missile Project,CHAMP)[7]。微波弹是一次性使用,而 CHAMP 则能够通过预编程对航路进行规划,一次可选择攻击多个特定目标。在首次试验中,CHAMP 在一个小时内连续命中了 7 个目标。CHAMP 首次成功解决了脉冲功率装置的小型化、高功率微波天线设计、紧凑型高功率微波源以及导弹的自防护等关键技术,具有重要的应用前景。美国有可能在近期实现初步部署。

6. 紧凑、重频、高效的脉冲功率源

发展紧凑、重频、高效的脉冲功率源是军用和民用的迫切需求。近年来,电容器和电池的能量及功率密度均大幅提升。储能密度为 3.0MJ/m^3 的电容器已可订货,直线变压器驱动源(linear transformer driver,LTD)技术,具有模块化、紧凑、重频运行等特点、自 2004 年俄罗斯研制出输出电流为 1MA,上升时间为 100ns 的 LTD 模块后,已被大量应用和发展。美国海军实验室研制了全固态紧凑系统(250kV、7kA、250ns),能以 10Hz 重频连续运行 1.1×10^7 次。

6.2.2 国内研究现状

我国脉冲功率技术研究始于 20 世纪 60 年代初期。1962 年,中国工程物理研究院(简称中物院)研制了我国第一台 X 射线机(1.6MV、5kA、400ns)。1976 年,中科院高能物理研究所与西北核技术研究所合作建成我国第一台强流脉冲电子束加速器晨光号(1MV、20kA、25ns),用于脉冲强辐射测试等,1979 年,中物院应用电子研究所建成当时我国最大的闪光-Ⅰ强流脉冲电子加速器(8MV、100kA、80ns),用于 γ 射线模拟源。20 世纪 80 年代,开展了低阻抗水介质脉冲形成装置和直线感应加速器的研制。此间,中国原子能科学研究院、中国科学院电子研究所和国防科技大学的兆伏电压、百千安电流水介质形成线装置相继建成。1990 年,西北核技术研究所建成我国当时最大的低阻抗强流脉冲加速器闪光-Ⅱ(0.9MV、0.9MA、70ns)。1991 年和 1993 年,中物院流体物理研究所先后建成 3.3MeV 直线感应电子加速器(3.3MV、2kA、70ns)和 10MeV 直线感应电子加速器(10MV、2kA、70ns)分别用于自由电子激光和闪光 X 射线照相研究。进入 21 世纪,又有一批大型脉冲功率装置建成。2000 年,西北核技术研究所建成世界上第一台多功能组合式高功率脉冲电子加速器强光一号(6MV、2MA、20～200ns),用于X射线效应研究和Z箍缩研究[8]。2007年,建成国内第一台紧凑型小焦斑强聚焦脉冲X射线源“剑光一号”(2.4MV、50kA、60ns),用于闪光照相研究。中物院应用电子学研究院所建成Tesla型20GW重频紧凑型强流电子束加速器(1MA、20kA、40ns、100Hz),用于高功率微波研究。中物院流体物理研究所相继建成具有世界先进水平的神龙一号和神龙二号直线感应加速器[9],以及聚龙一号大型脉冲功率装置,分别用于先进的闪光X射线照相和Z箍缩研究。

除军事应用外,我国的脉冲功率技术多年来在民用方面也获得了飞速发展。

近十几年,我国从事脉冲功率技术研究的单位和团队的数量,投入的人力和财力均呈迅速增长之势。2008年6月,中国核学会脉冲功率技术及应用分会成立,标志着我国的脉冲功率技术研究及应用形成了稳定的队伍和规模,为今后的持续发展奠定了坚实的基础。

近年来,我国脉冲功率技术取得了丰硕的成果,主要关键技术已接近或达到国际先进水平,主要进展简述如下。

1. 聚龙一号大型脉冲功率装置[10]

2013年,中物院流体物理研究所自主研发的聚龙一号超高功率脉冲装置研制成功。聚龙一号装置设计总储能7.2MJ,输出电流为8～10MA,上升前沿为90ns,功率超过20TW。鉴定测试结果表明,聚龙一号在驱动箔套筒负载条件下,输出电流为9.8MA,上升前沿为75ns,在钨丝阵Z箍缩负载条件下,输出电流为8.8MA,上升前沿为74ns,X射线辐射产额达590kJ,X射线峰值辐射功率达47TW。这些测试结果表明,聚龙一号完全达到了设计指标,而且输出电流水平已经处于国际同类装置的先进水平。

聚龙一号装置由24路高功率脉冲装置并联而成,直径约为33m,高度近7m。它由储能系统、脉冲形成与传输系统、电流汇聚系统、物理负载系统和辅助系统组成,包含了1440台脉冲电容器、720个场畸变开关、24台激光触发气体开关及12台高性能激光器。

基于聚龙一号装置,研制并建立了较为完善的物理试验诊断系统,开展了Z箍缩、磁驱动材料动态特性等物理试验研究,取得了较好的试验结果,为今后开展高能量密度物理研究提供了高水平的试验研究平台。

2. 电磁发射技术[11]

我国在电磁轨道发射技术基础研究及关键技术攻关方面已取得了较大进展。目前,在电磁轨道炮三维电磁热力耦合模拟分析、大功率脉冲电源小型化、特种轨道及电枢材料、轨道寿命等方面取得了重大突破。在抗烧蚀、抗刨削、大电流、超高速滑动电接触等基础理论研究方面也有显著进展。固体电枢的电磁轨道炮可发射的弹丸质量达到几百克、速度可到 2.5km/s，轨道寿命达到 100 次重复稳定发射的水平，转槺及刨削临界速度也提高到 2.5km/s。在研究条件及设施方面，已经研制了 24MJ 紧凑型脉冲电源系统，用于电磁轨道发射。在电源小型化方面，电容型脉冲电源整体储能密度达到 1.3MJ/m^3，还完成了吉瓦级脉冲交流发电机样机研制。

3. 激光驱动核聚变模拟[12]

中物院激光聚变研究所已经建成神光 III 激光驱动核聚变模拟装置。该装置的激光放大能源系统由 108 个高功率电源模块组成，总储能 140MJ。每个模块额定运行电压为 23.5kV，输出电流为 240kA，脉宽为 510μs，单次放电转移电荷量达到 88C。该装置采用高功率气体开关，实测开关寿命达到 5000 次以上。能源系统运行时，要求各模块放电同步时间精度优于 1μs，同样对能源模块的可靠性提出了很高的要求。

4. 高功率微波

脉冲功率源是开展微波器件研究和实现高功率微波武器化的关键技术。近年来，在突破一系列关键技术的基础上，脉冲功率源技术在紧凑、高功率、重频、高效等方面取得重要进展。例如，对于重频长脉冲加速器研制[13]：中物院应用电子学研究所研制了 6 级长脉冲 LTD 驱动源，输出功率大于 8.5GW，脉宽为 180ns，重频为 50Hz，抖动小于 2ns；国防科技大学研制了输出功率为 10GW，脉宽为 160ns，重频为 30Hz，运行 10s，可控精度优于 10ns 的装置。又如，对于小型化脉冲功率源研制：国防科技大学研制的输出功率为 1GW，脉宽为 30ns，重频为 10Hz，重量小于 150kg。中物院应用电子学研究所基于 Marx 型 PFN(脉冲成形网络)技术路线的驱动源输出功率为 10GW，重频为 30Hz，主体体积为 1.25m^3；基于 Marx 发生器直接驱动的源，输出功率为 30GW，电压为 600kV，系统体积为 0.3m^3。还有，对于宽谱、超宽谱产生技术[14]：中物院应用电子学研究所研制的瞬时超宽谱四脉冲试验系统，输出脉冲功率为 2.8GW，脉宽为 3.5ns，脉冲间隔小于 10ns；西北核技术研究所基于 SOS(半导体断路开关)和 LTD 技术的高重频超宽谱驱动源，输出电压约为 11kV，电流为 220A，脉宽约为 2ns，重频为 20kHz[15]。此外，国防科技大学研制的全固态化加速器，输出功率为 2GW，脉冲宽度为 150ns，重复频率为 90Hz，运行时间为 1s。上述脉冲功率源与国外同类装置相比，丝毫不逊色。

5. 紧凑、重频、高效的脉冲功率源

近年来，经过技术更新及引进先进生产装备之后，国内高比能电容器水平逐步得到提高，商品化的已达 2.4MJ/m^3。2014 年，华中科技大学研制出储能密度达

2.7MJ/m^3,脉冲充放电寿命 850 次的脉冲电容器样机,指标接近国际领先水平(GA 公司为 3.0MJ/m^3,寿命 1000 次)[16],还研制出储能密度达 1.5MJ/m^3,重复频率为 10Hz,脉冲充放电寿命达 10000 次以上的干式结构储能密度脉冲电容器[17]。此外,研制出储能 200kJ,储能密度达 1.0MJ/m^3 的脉冲成形网络电源模块,可用于大功率装置整体集成。中物院流体物理研究所研制的全固态 Marx 发生器(500kV,1kA,≥1μs,50Hz),达到国际先进水平[18]。该所采用固态脉冲源研制出介质壁加速器 1MV 加速组元,可获得 18.5MV/m 的加速电场。该所还研制了一系列重复频率脉冲电源,如 35kV/40kA/1kHz 下一代极紫外光刻装置电源,35kV/5kW 纳米材料制备装置电源,300kV/5kHz 高电压气体放电电源,等离子体材料表面改性电源(容性负载:电压 0～40V,重频为 0～30kHz,脉宽为 2～20μs,前沿为 0.5～15μs),100kV/100Hz 高压食品灭菌脉冲电源,18kV/18kA/10Hz TNT 废水处理电源等,复旦大学应用 MOSFET 和 IGBT 半导体开关研制多套 250kV-Marx 发生器装置,在国防科研中获得应用。中国原子能科学研究院研制的紧凑可移动型 X-pinch 强流脉冲装置(124kA,60ns,前沿≤30ns),其性能指标达到国际同类装置先进水平,已作为清华大学快速 X-pinch 研究的试验平台。

6. LTD 技术

我国的 LTD 技术发展迅速。2000 年,西北核技术研究所研制了国内第一台微秒级 LTD 试验装置,2003 年研制了 100kA 的百纳秒 LTD 模块,此后又相继研制了 300kA 和 500kA 的 LTD 模块。中国工程物理研究院流体物理研究所则研制了 1MV/100kA 和 100kV/1.2MA 的 LTD[19],西北核技术研究所研制了一台 0.1Hz 重频兆安级 LTD 模块(800kA,100ns,外形 Φ2580×220mm)[20],这些装置已经达到国际先进水平,在 LTD 部分关键技术方面(如气体开关研制)则取得了国际领先的创新成果。在此基础上,西北核技术研究所和西安交通大学面向新概念 Z 箍缩负载的研究,研制了基于 LTD 的兆安级时序和幅值可调的主、预脉冲电流驱动源系统。

6.2.3 未来发展趋势

1. 提高脉冲功率源的峰值功率和输出电流

根据目前的定标关系,实现脉冲功率驱动的惯性约束聚变点火,需要输出电流为 50～60MA、前沿为 100～200ns、峰值功率达到拍瓦的超高功率装置,发展以 LTD 技术为代表的驱动器技术,克服现有技术路线中绝缘堆和器件寿命等的限制,进一步提高装置的输出电流,对探索惯性约束聚变点火的可行性具有重要的意义。同时,利用 50～60MA 的驱动电流;可以获得数十兆焦的 X 射线产额和接近太帕的加载压力，将为开展材料科学或天体物理研究提供独特的试验条件。

2. 突破驱动源的功率限制，提高驱动源和负载的匹配耦合能力

发展超大型多路驱动的脉冲功率装置，功率传输汇聚是提升负载功率的瓶颈问题，需要深入研究绝缘和电极在超高能量密度下的物理特性及其变化机制，在新型绝缘材料开发和电极结构设计等方面取得突破。同时，针对不同类型的负载，驱动源应该具有一定的阻抗适应和波形调节能力。

3. 提高脉冲功率源的重复频率和实现高平均功率运行

为了满足国防、国民经济及基础科学研究更大范围的应用需求，需要实现装置从单次高峰值功率向重频、高平均功率运行模式的转变。为此，需要突破长寿命重频开关、大容量系统快速充电、负载更换或复位、热管理等技术问题。

同时发展紧凑型、模块化、固态化的脉冲功率源技术。新概念武器实战化和工业领域的推广应用，都迫切需要实现脉冲功率驱动源的紧凑化和小型化。储能元件储能密度和功率密度的提升，则是脉冲功率源实用和紧凑化的关键。

4. 发展等离子体精密、定量诊断技术

等离子体物理现象和行为复杂多变，目前对其理解还不全面、透彻。等离子体诊断是指对表征等离子体性质和状态的物理参量进行测定和分析，是等离子体研究的重要手段，可深化对等离子体物理的理解。需在已有技术手段的基础上，进一步发展高时间和高空间分辨率诊断、极低或极高密度等离子体参数诊断、诊断结果的计算机处理技术等。

6.3　今后发展目标、重点研究领域和交叉研究领域

该方向的发展目标是解决脉冲功率装置及其与负载高效耦合中的关键科学与技术问题，掌握放电等离子体的形成机理、效应特征及其调控方法。

该方向的重点研究领域和交叉研究领域有重频全固态脉冲功率技术、高功率开关技术研究、超高功率电脉冲形成与传输关键物理问题和金属丝电爆炸放电等离子体。

6.3.1　重频全固态脉冲功率技术

随着多种大功率半导体开关、高储能密度材料及初步形成的器件在脉冲功率科学与技术领域的应用，实现高储能密度和重复频率运行已经具备现实可行性。针对固态脉冲功率源的现实需求，深入研究不同固态开关接通和开断的物理过程，重点关注高功率和高重复频率下开关动作过程中的物理机理，分析各因素对开关

性能的影响规律,结合开关特性研究适用于不同应用场合的开关系统。深入研究高电压、高重复频率脉冲作用下储能电介质、绝缘材料的击穿机理及寿命特性,在高储能电介质及绝缘材料、结构设计等方面有所突破。开展半导体开关载流子输运调控、损伤机理及寿命提升,脉冲激励下磁材料的磁化特性及磁开关控制策略,高储能密度材料介电特性、损伤机理及器件化,重复频率脉冲波形精确调控方法,大规模半导体开关和高储能密度器件集成技术,器件微观过程与宏观电路拓扑协同仿真等研究,其中,提升对特定光电触发条件下载流子输运过程与半导体开关器件特性的关联性、高储能密度材料介电特性与器件充放电性能关系等科学问题的认识是基础。

6.3.2　高功率开关技术研究

闭合开关技术研究涵盖高功率非固态(气体、液体)闭合开关的自放电抑制和触发放电可控性提升,电极表面形貌与自放电特性的关系研究,放电通道的形成机理与调控方法,放电等离子体与电极、绝缘材料相互作用机制及影响,在气体、液体介质中的新型电极材料放电特性研究;高功率开关的新型电极材料和结构材料的综合特性,高功率开关的结构与电气、电磁、电应力等物理环境的相互关系;开关触发方式和开关性能的匹配与相互影响,新型触发方式和触发拓扑电路的研究;开关电极烧蚀、可靠性及寿命评估,重复频率快速开关技术等。非固态高功率断路开关研究包括等离子体断路开关和电爆炸断路开关机理研究,断路性能影响研究,断路开关与驱动源、负载的参数匹配研究等。

6.3.3　超高功率电脉冲形成与传输关键物理问题

通过深入开展超高功率电脉冲形成和传输关键物理问题研究,解决今后超高功率驱动器建造过程中可能遇到的瓶颈性科学和技术难题。主要包括以下研究内容:超高功率驱动器系统可靠性综合评估方法;脉冲功率成形网络绝缘介质技术;特殊波形脉冲成形的新方法;脉冲成形误差分析、高精度测量、控制与故障诊断技术;高功率气体开关多通道产生机理及性能控制方法;真空磁绝缘传输线柱-孔盘旋结构功率流损失的物理机制;爆炸磁压缩产生超高功率电脉冲关键技术研究;基于阻抗变换原理产生脉冲大电流的新方法研究等。

6.3.4　金属丝电爆炸放电等离子体

研究金属丝在气(液、固)体中的放电特性,液电脉冲等离子的发展过程及物理、化学效应,等离子体的形成过程及其与介质的相互作用机制,丝的电爆炸过程数值模拟,放电等离子体应用中的基础问题,放电等离子体诊断技术等。特别是金属丝阵 Z 箍缩在辐射效应模拟、材料动力学、聚变能源等领域具有重要的研究和应用价值，但是其在驱动源技术和负载等离子体特性控制等方面还面临着挑战性的难题。

参考文献

[1] Schulze M E. Eight pulse performance of DARHT axis Ⅱ-preliminary results. Los Alamos National Laboratory Report，LA-UR-15-29357，2005.

[2] 孙凤举，邱爱慈，魏浩，等. 闪光照相快放电直线型变压器脉冲源新进展. 现代应用物理，2015，6(4)：233－243.

[3] 孙凤举，邱爱慈，曾正中，等. 快 Z 箍缩脉冲大电流驱动源技术的发展. 强激光与粒子束，2006，18(3)：513－520.

[4] Ampleford D. Radiation and fusion experiments on Sendia's Z facility//The 1st International Conference on Matter and Radiation at Extremes. Chengdu，China，2016.

[5] 向世清. 激光驱动核聚变研究进展. 科学，2014，66(5)：22－25.

[6] 张雪松. 美国海军电磁轨道炮的发展. 舰船武器，2014，(1)：60－68.

[7] 苏党帅，王茜，石绍柱. 电磁突防的利器——美国 CHAMP 计划发展分析. 现代军事，2014，(11)：36－39.

[8] 邱爱慈，蒯斌，王亮平，等. 强光一号 Z 箍缩实验研究. 强激光与粒子束，2008，20(11)：1761－1772.

[9] Deng J J. Design and status of the dragon-Ⅱ triple-pulse LIA//The 1st International Conference on Matter and Radiation at Extremes. Chengdu，China，2016.

[10] Deng J J，Xie W P，Feng S P，et al. From concept to reality—A review to the primary test stand and its preliminary application in high energy density physics. Matter and Radiation at Extremes，2016，(1)：48－58.

[11] 李军，严萍，袁伟群. 电磁轨道炮发射技术的发展与现状. 高电压技术，2014，40(4)：1052－1064.

[12] Zheng W G. Upgrade on SG-Ⅲ laser facility//The 1st International Conference on Matter and Radiation at Extremes. Chengdu，China，2016.

[13] 向飞，谭杰，张永辉，等. 重频直线变压器长脉冲高功率微波驱动源研究. 物理学报，2010，59(7)：4620－4625.

[14] 陆巍，陈志刚，张现福，等. 高功率超宽谱脉冲产生实验. 强激光与粒子束，2011，23(11)：2929－2932.

[15] 郭帆，贾伟，谢霖燊，等. 基于半导体开关和 LTD 技术的高重频快前沿高压脉冲源. 强激光与粒子束，2016，(5)：113－117.

[16] 李化，王文娟，李智威，等. 2. 7MJ/cm^3 高储能密度脉冲电容器的研制. 高压电器，2016，(3)：69－73.

[17] 李智威. 应用于重复频率脉冲放电的高储能密度电容器性能研究[博士学位论文]. 武汉：华中科技大学，2015.

[18] 李洪涛，王传伟，王凌云，等. 500kV 全固态 Marx 发生器. 强激光与粒子束，2012，24(4)：917－920.

[19] 陈林，王勐，邹文康，等. 中物院快直线型变压器驱动源技术研究进展. 高电压技术，2015，41(6)：1798－1806.

[20] 梁川，周林，孙凤举，等. 0. 1Hz 800kA 驱动源模块研制. 强激光与粒子束，2016，28(1)：55－60.

第7章 电力电子技术

7.1 学科内涵与研究范围

电力电子学科是一门交叉学科，涉及电力、电机、电工、控制、信息、材料等多学科领域。电力电子学科的主要任务是通过多学科交叉融合衍生的理论和方法实现对电磁能量的产生、变换、输送、控制和存储，以达到各种电能形式的节能、环保、高效、可靠地综合优化利用。

电力电子学科的应用面极其广泛且应用对象和环境不断拓展。电力电子产业链覆盖了绝大多数与国民经济发展和国家长久安全的重点领域，如材料、制造业、信息和通信、航空和运输、能源和环境等，电力电子技术已经成为社会发展和国民经济建设中的关键基础性技术之一。

电力电子学科的交叉性强、融合度高、牵引力大。电力电子与电机学科的交叉融合，催生了先进的电机系统，促进了新能源产业的大力发展；电力电子与电力系统学科的交叉融合，催生了交直流输配电技术的发展，推动了智能电网的建设；电力电子与高压技术的交叉融合，催生了新型高压电力装备，推动了高电压技术的发展；电力电子与电工基础的交叉融合，推动了极端环境下的电磁场理论和电工装备成为电气科学与技术的新研究方向；此外，电力电子与机械、化工、医疗等行业的融合，也正在催生大量新的理论和技术。

近年来，在国家重大科技专项、国家自然科学基金、国家"973"计划、国家"863"计划等研究基金的持续大力支持下，我国电力电子技术的发展取得了突出的进展，在电力电子器件方面，成功研制出6in晶闸管和4500V/4000A高压IGCT，实现了3300V/2400A的IGBT器件的量产；在电力电子拓扑方面，针对特种应用需求，提出了系列高转换效率、高功率密度、高运行可靠性的电力变换新拓扑和新结构，在绿色照明、新能源接入、电力储能、电源管理等领域中实现了广泛应用，光伏逆变器的出货量位居世界前茅，综合性能指标位居国际前列。在电力电子建模和控制方面，提出了系列多目标优化控制技术，推动了从毫瓦级的功率芯片管理到数千兆瓦输配电技术的发展。

总体来看，电力电子学科的研究范围包括电力电子器件、电力电子装置及其应用、电力电子建模及其控制、电力电子电磁兼容及其可靠性等。

电力电子器件的研究对象主要包括：①半导体材料；②高性能硅基电力电子器

件和模块;③宽禁带半导体电力电子器件和模块;④电力电子器件和模块的封装等。研究范围涉及新型电力电子器件的新材料、新工艺、新原理、新结构和新设计等;大容量硅基功率器件及其串并联组合运行技术;功率器件、无源元件的集成理论和方法;功率器件的封装、驱动、保护、多物理场模型、应用特性、可靠性设计等。

电力电子装置及其应用的研究对象主要包括:①绿色照明中的高功率密度变流和集成方法;②信息系统中的高效率运行架构和拓扑;③分布式能源中的高性价比变流技术;④直流输配电中的高可靠换流方法;⑤无线电能传输中的高安全性接入技术;⑥超高频等特种电力变换技术及其应用等。研究内容涉及高运行效率、高功率密度、高可靠性的电力电子变换器拓扑的演化方法、形成规律、集成模式和运行机制等。

电力电子建模和控制的研究对象主要包括:①电力电子器件、装置及系统的模型和仿真技术;②电力电子变换器的 PWM 技术;③电力电子变换器的高性能控制技术;④针对特殊应用领域和应用对象的调制与控制技术等。研究内容主要涉及电力电子器件的多尺度模型、电力电子电路的平均模型和开关模型、电力电子系统的时域模型和频域模型、先进 PWM 技术、先进控制理论及技术以及针对应用新型电力电子器件和新型电磁装置的控制理论与应用技术等。

电力电子电磁兼容及可靠性的研究对象主要包括:①电力电子器件、装置及系统的电磁干扰建模;②电力电子器件、装置及系统的电磁干扰测试;③电力电子器件、装置及系统的失效机理、可靠性评估和健康管理等。研究内容主要涉及电力电子的电磁干扰特性与机理、电力电子近场、远场电磁干扰测试方法、电力电子电磁干扰抑制方法、大容量电力电子元器件的动态失效、疲劳老化及寿命预测、电力电子装置的热管理和故障预诊断等。

7.2　国内外研究现状与发展趋势

7.2.1　电力电子器件的研究发展现状

在过去的 50 多年,以硅基电力电子器件为基础的电力电子技术广泛应用于国民经济、国防和航空航天等产业领域,实现对电能传输、分配及使用的优化利用,大幅提高了生产效率和电能利用效率。尽管目前硅基电力电子器件依然是市场上的主流电力电子器件,但硅基功率器件的电学性能已逐步接近由材料特性决定的理论极限。因此,为了提高电力电子器件的性能,采用新的器件结构和宽禁带半导体材料的电力电子器件是目前的发展趋势[1,2]。

宽禁带半导体器件将对发展了半个多世纪的电力电子器件以及应用领域带来革命性的变化。以 SiC 和 GaN 为代表的宽禁带半导体材料,是继以硅和砷化镓为代表的第一代、第二代半导体材料之后迅速发展起来的新型半导体材料。和硅材料相比，SiC 和 GaN 具有 8 倍以上的击穿电场强度和 3 倍的禁带宽度。因此，SiC 和 GaN 器件具有极低的导通电阻、很高的开关速度和频率。此外，SiC 和 GaN 电力电子器件的最大理论工作温度是硅器件的 4 倍以上，有助于散热系统的优化和功率密度的进一步提升，更能满足军事和航空航天等领域的特殊应用。

我国电力电子器件研发及其产业发展历史并不短，几乎与国际同步。目前，晶闸管类器件技术已达到国际先进水平；部分等级的 MOS/IGBT 器件具有自主知识产权，并实现了产业化生产；SiC、GaN 等新型电力电子器件的研究取得了初步进展。

1. 晶闸管类器件

晶闸管类器件仍然是高压、大电流电能变换技术及应用的主要器件。我国晶闸管器件的发展沿着引进、消化、跟踪、创新的技术路线，研发能力和产品质量已达到世界先进水平。西安电力电子技术研究所在 ABB 公司的技术基础上，实现了 5in 7200V/3000A 电控晶闸管的产业化，并为 ABB 的 5in 7500V/3125A 光控晶闸管、6in 8500V/4000～4750A 电控晶闸管提供芯片[3,4]；株洲南车时代电气公司研制成功 6in 晶闸管和 4500V/4000A 高压 IGCT[5]，都是国内晶闸管类器件的标志性成果。

2. MOS/IGBT 器件

自 2007 年起，在中华人民共和国国家发展和改革委员会(简称国家发改委)、科技部、中华人民共和国工业和信息化部(简称工信部)的重点支持下，MOS/IGBT 器件研发和产业化进程速度加快。目前，200V/100A 的 MOSFET、600～900V 超级结 MOSFET(Cool MOS)均已批量生产。通过控股国外半导体公司获得 IGBT 器件的制造技术，可以生产 600～3300V/100～2400A 的 IGBT 器件，并建立了 8in IGBT 芯片生产线。采用国产 IGBT 器件制造的装置，替代进口，已在动车变频器、风力变流器、风机水泵变频器、高频电焊机等领域得到了广泛的应用。

3. 宽禁带半导体器件

由于 SiC 和 GaN 材料可以为第三代功率半导体器件和电力电子装置的发展带来多重优势，不仅大幅改善混合动力汽车、电机驱动、开关电源和光伏逆变器等民用电力电子行业，而且会显著提升舰艇、飞机和电磁炮等特种军事装备的系统性能，将对未来的电力系统的变革产生深远影响。美国军方和政府，包括美国国防部、美国国防先进研究计划局、美国陆军研究实验室、美国海军研究实验室、美国能源部和美国自然科学基金先后持续支持 SiC 功率器件的研究二十多年，并在 2014

年宣布成立美国历史上单笔科研项目经费拨款最高(1.4亿美元)的下一代电力电子创新联盟，进一步推动高能效宽禁带半导体(SiC和GaN)功率器件和电力电子装置的深入发展，期望在未来五年大幅降低成本，实现大规模产业化，并广泛应用于可再生能源发电、节能环保和智能电网等领域。此外，欧盟SiC电力电子技术应用计划已支持SiC功率器件的研究十几年，日本新能源及产业技术综合开发机构和日本首相计划也在过去的近十年持续支持SiC和GaN功率器件的研究。

在各国政府的支持和企业界的努力下，2001年德国英飞凌率先实现了SiC二极管的产业化，2010年美国科锐公司和日本罗姆公司实现了SiC MOSFET的产业化，2011年美国SemiSouth公司实现了SiC JFET的产业化，2013年美国GeneSiC公司实现了1200～1700V SiC BJT(bipolar junction transistor)的产业化，2014年泰科天润半导体科技(北京)有限公司实现了SiC肖特基二极管的产业化。目前，国外600～1700V/50A SiC二极管、1200～1700V/单管电流20A、模块电流100A以上SiC MOSFET、JFET和BJT器件已经产品化；22kV SiC PIN(positive-intrinsic-negative)二极管、15kV SiC MOSFET、24kV SiC IGBT、22kV SiC GTO(gate tum-off thyristor)试验样品也已被研制和报道。

栅氧层的长期可靠性和低沟道电阻是碳化硅MOSFET器件的两个主要挑战。为了提高碳化硅MOSFET栅氧化层的质量，降低表面缺陷浓度，提高载流子的数量和迁移率，通用的办法是界面钝化，即在栅氧化层生长过程结束后，在富氮的环境中进行高温退火。日本奈良先端科学技术大学报道利用$POCl_3$气氛高温退火的方法，美国罗格斯大学通过高温退火SiP_2O_7的方法，降低了界面态密度，提高了迁移率。

AlGaN/GaN高电子迁移率晶体管(high electronic mobility transistor, HEMT)是基于GaN材料的场效应晶体管，导通电阻小、器件损耗低，也受到了电力电子的广泛关注。2010年国际上在6in硅片上实现了高质量GaN外延材料，并于2011年在8in硅片上实现了耐高电压的GaN外延材料。2011年日本利用电化学法对栅极底部AlGaN势垒层进行局部氧化，实现了增强型MIS-AlGaN/GaN HEMT。美国Transphorm公司将HEMT与低压硅基MOS串联，从而达到“准”增强型工作模式。2014年Transphorm公司推出的最新一代的600V器件，有效解决了电流崩塌问题。作为GaN的积极倡导者，宜普电源转换公司推出了两款全新eGaN功率晶体管，以MOSFET器件的价格实现更优越的性能、更小的尺寸及高可靠性，并突破了硅器件之前的成本和速度壁垒。2015年，GaN Systems公司推出了650V/100A的GaN新器件。2016年，Navitas使用AlGaN衬底制造GaN驱动集成电路，与GaN场效应管实现了单片集成，解决了阻抗匹配问题。

国内基于GaN材料的电力电子器件研究相对于国外起步比较晚。香港科技大学相关研究团队在氮化镓功率器件及微波器件领域，一直接近于世界领先水平。

中山大学2011年提出利用选择性生长AlGaN势垒层的方法，通过分步外延法使得栅极底部避免生长过厚的势垒层，从而实现了阈值电压为+0.4V的增强型AlGaN/GaN HEMT。中科院苏州纳米所在2012年报道了利用栅极综合处理法研制出阈值电压为3.5V、输出电流为5.3A、栅极输入电压最高达15V、击穿电压为402V的AlGaN/GaN HEMT常关型功率器件。浙江大学团队优化了热氧化栅极工艺，研制出的增强型AlGaN/GaN HEMT器件的阈值电压达到3V，击穿电压大于1500V。

在GaN材料和器件的产业化方面，苏州能讯高能半导体有限公司于2009年生产出2000V的GaN开关功率芯片产品。东莞市中镓半导体科技有限公司，已建成专业的GaN衬底材料生产线，制备出厚度达1100μm的自支撑GaN衬底。中航(重庆)微电子有限公司2014年年底发布了基于硅基氮化镓(GaN-on-Si)晶片的GaN MISHEMT功率器件，实现了600V耐压及10A输出电流。

总体上来说，自从2007年以来，在国家“863”计划等项目的支持下，国内有关院校和企业开始研制产品级的基于SiC和GaN材料的宽禁带半导体器件。目前已成功研制出600～3300V/50A的SiC肖特基二极管芯片和场效应单管芯片并实现了产品化；成功开发出200V/25A、600V/10A的GaN二极管芯片、场效应模块和1200V/5A场效应单管芯片，但与国外仍有较大的差距。

4. 电力电子器件封装

功率器件模块的封装工艺可分为焊接式与压接式两类。焊接式模块中芯片的连接采用焊接形式，主要包括功率端子、键合引线、芯片、焊层、衬板和基板几大部分。压接式模块中的功率芯片采用压接形式连接，具有无焊层、免引线键合、双面散热和失效短路的特点，从而具有更低的热阻、更高的工作结温、更低的寄生电感、更宽的安全工作区和更高的可靠性，在高电压、大功率、应用环境苛刻和可靠性要求高的应用领域具有竞争优势。焊接式IGBT功率模块主要以英飞凌、西门康、三菱和富士公司为主要代表。英飞凌、西门康主要致力于中、低功率IGBT模块的开发，并提出了铜引线、无引线、低温烧结、弹簧压力接触端子和无基板、无钎焊模块等多项先进封装技术。压接式IGBT模块封装技术掌握在IXYS、ABB和东芝等少数跨国公司手中。

2008年以来，随着国家的大力扶持，我国已初步形成了10余个功率模块的基本制造中心，主要的企业有中车集团、嘉兴斯达、江苏宏微、南京银茂、威海新佳、比亚迪等，基本掌握了600～6500V电压等级的IGBT模块焊接式封装技术，并推出了带有驱动、控制及保护功能且额定功率高达数百千瓦的IGBT智能功率模块，开始逐步替代国外产品。但由于发展时间尚短，与国外同类产品相比，其性能与可靠性仍有一定差距。

宽禁带半导体芯片可运行于200℃以上，使变频器功率密度倍增，但目前高温电力电子封装技术尚未成熟，存在着材料和工艺整合等一系列挑战。碳化硅高频工作特性要求进一步减小芯片间、芯片与功率端子间的寄生阻抗，也需要匹配新型驱动电路。同时，远高于硅芯片的载流能力会带来高热流密度，需要匹配新型高效散热方法，并进一步与碳化硅功率模块封装进行集成。

7.2.2　电力电子变换器拓扑及其应用的研究发展现状

为了顺应绿色照明、电动汽车、信息通信、高速机车、可再生能源、军事装备和智能电网等领域的快速发展，作为电能变换的关键技术，电力电子变换器的拓扑结构和运行模式面临着更加严峻的挑战。电力电子变换器是电力变换和运行控制的载体，其主要研究任务是探索具有更高运行效率、更高功率密度、更高安全可靠性的电力电子变换器拓扑的演化方法、形成规律、集成模式和运行机制等科学问题。国内在电力电子变换器拓扑领域的研究取得了不少原创性成果，具有领先优势。

1. 半导体照明中的电力电子变换器[6~9]

近年来，随着发光二极管(light emitting diode，LED)技术的进步，LED在照明中的应用越来越广泛，各国家和地区都制定了LED替代传统光源的强制性时间表。在“十二五”期间，电力电子技术有效地推动了LED照明技术的迅速发展和市场应用。与传统气体放电光源的交流驱动相比，LED光源的驱动有很大的不同。为了使LED发光，需要AC/DC驱动变换器从电网将电能转换成直流。LED驱动变换器领域的研究任务主要是如何实现高可靠、稳定、均衡、可控的LED驱动电流。研究范围包含高效的功率因数校正技术、高效率DC/DC变换技术和输出电流控制与均衡技术。

LED照明的功率一般在300W以下，属于小功率电力电子变换范畴。经过多年的发展，小功率的功率因数校正拓扑已相对成熟。“十二五”期间，在功率校正电路控制方法的优化上也取得了很好的进展，目前针对功率因数校正拓扑的电源管理芯片已日趋成熟。然而，LED驱动变换器的任务是使LED高效、可靠、灵活地发光，因此需要根据LED光源的特点构建变换器的拓扑和控制方法，以发挥LED的最大效能。由于LED驱动变换器与传统小功率AC/DC变换器的负载特性截然不同，从而导致驱动变换器的电路拓扑、输出特性与控制方法也需要深入研究和探索。LED驱动变换器目前的研究重点主要在包括：超高效率的AC/DC LED驱动变换器拓扑；低成本多路输出均流结构和控制；无电解电容的超长寿命LED驱动技术。

总体而言，“十二五”期间，我国LED驱动变换器技术发展非常迅速，能够及时跟踪LED光源技术的进步，在某些技术方面，甚至引领国际发展，对LED照明的市场应用起到了很大的推广作用。除了传统顶尖的照明企业(飞利浦),国内也发展出了多家新兴的LED驱动电源知名企业,如英飞特电子、茂硕等,部分产品处于国际领先水平,并致力于推动国际LED驱动和控制技术的标准制定。

但是作为一个新兴的产业,LED光源本身仍然在进一步演进。随着LED封装的热可靠性和光效的不断提高,LED模块的开路保护性能越来越好,光源开路的可能性不断下降,因此高压LED光源模块成为一个发展趋势。对应的驱动变流技术也需要顺应LED光源的发展。随着LED光源封装的绝缘技术和散热技术的不断提高,未来效率更高、成本更低的不隔离驱动技术将会有长足的发展。

2. 信息系统的电力电子变换器[10~13]

随着信息技术的飞速发展,信息供电系统也迎来了新的发展机遇。由于绝大多数信息设备都需要低压直流供电,因此信息供电系统的主要任务是将电网的交流电转换成与信息设备和组件匹配的直流电。随着信息设备在单位面积电能消耗量的增加,信息供电系统面临着严峻的功率密度和转换效率的挑战。互联网数据中心的供电系统逐渐以高压直流母线替代交流母线;基站电源模块的功率密度要求越来越高。以隔离型AC/DC开关电源为例,从2000年左右的5W/in^3($1in^3 = 1.63871\times10^{-5}m^3$)的功率密度需求,到2010年左右的20～30W/in^{3}的功率密度需求,近5年更是提出了200W/in^{3}的功率密度需求,短短5年提高了近10倍。因此,亟须在电力电子拓扑、控制技术以及封装技术等方面进行创新。目前,在信息供电系统方向的研究范围和任务主要包括:高频高效率的AC/DC和DC/DC拓扑与相应的控制策略;宽电压范围的高频高密度转换的系统架构和控制策略;高频同步整流技术;变换器模块的集成封装技术等。

在一次侧的AC/DC和DC/DC高效率高密度变换器方面,随着器件工艺水平的发展和平面磁元件技术的广泛应用,同时伴随着高压直流母线架构的出现,美国弗吉尼亚理工大学的电力电子系统中心、苏黎世理工大学以及国内的浙江大学、南京航空航天大学、西安交通大学、华南理工大学、福州大学等团队对提升模块化(模组化)变换器功率密度的方法进行了持续的研究。目前针对400V输入的软开关方式的母线变换器(bus converter)的工作频率已经提高至1MHz以上,其功率密度也已经提升至1kW/in^{3}甚至更高,相比于传统变换器的功率密度有了巨大的飞跃。

二次侧DC/DC变换器在功率密度方面的发展也相当迅速。现有的高端DC/DC模块的产品功率密度已经能够达到1kW/in^{3}以上,代表业界最高水平的相关产品已经能够到2kW/in^3。

后级负载点变换器的研究主要针对高频化、集成化的相关技术。该领域涉及许多交叉学科,如半导体材料与器件、磁性材料、导热介质材料、金属材料等多种材料复合封装和集成。现阶段国外的弗吉尼亚理工大学、苏黎世理工大学等高校的研究团队对高功率密度大电流的负载点变换器进行三维封装集成的研究，将大电流负载点变换器的功率密度提高至 $1kW/in^3$ 以上，相对于工业产品使用分离式磁性元件所能达到 $100\sim200W/in^3$ 的功率密度，提升了近一个数量级。

将功率密度提升至千瓦每立方英寸的技术水平，仅依靠单一的电力电子学科难以完成这一任务，亟须与材料、半导体物理等多学科交叉融合。此外，由于硅基器件本身寄生参数以及其封装与线路中的杂散参数对开关速度的影响，现有硅基器件的性能已经接近其理论极限，难以出现突破性的提高。宽禁带开关器件的适时推出和商业化，能够实现更高开关频率和更低导通损耗，成为满足快速提升功率密度需求的一种新手段。

3. 分布式能源中的电力电子变换器[14,15]

随着新能源的分布式接入和电力电子装备的规模化应用，以微网(含交流微网、直流微网和混合微网等)为代表的分布式能源综合利用系统的组织架构和运行方式正面临着深刻的变革。由分布式发电部件、储能介质、可控负荷和变流装置等有机融合的分布式能源系统，借助信息电子和电力电子技术，能够智能地调控本地资源，充分发挥其互补性优势，从而为本地用户和配电网提供优质、可靠、可调度的电能，成为智能电网中重要的研究内容。功率变换器是分布式能源系统中能量变换、电力传输和运行控制的载体，直接决定着微网的运行效率、安全可靠性和系统成本，是微网中最为关键的电力装备之一。目前，分布式能源中的电力变换器的研究范围和任务主要包括高性能的双向及多端储能变换器、高效率分布式能源接入变换器和无变压器型的分布式并网逆变器的形成机理和演化规律等科学难题。

众所周知，直流配电网和直流型微网省去了直流-交流变换环节，有效地提高了发电和用电效率，是新能源接入的便捷方案之一。为了与直流微网匹配，需要不同规格的高性能 DC/DC 变换器为各种类型的直流负载供电。此外，微网中储能设备的加入实现了对具有不确定性的新能源发电的功率平抑和局部的电能消纳，减小了对主干电网的冲击并降低了输电损耗。为了将储能设备与电网相连，双向 DC/DC 变换器必不可少，它一方面实现储能设备端口和微网母线的电压匹配，另一方面实现主动功率控制和能量管理，是提升直流微网整体性能的关键。美国加利福尼亚州斥资 280 万美元建造商业级直流微网，集成光伏屋顶和储能，为本田汽车(美国)公司研发中心提供电源。欧洲 ABB 公司为苏黎世西部数据中心建造的 1MW 直流配电系统因其出色的能效和可靠性，获得瑞士政府颁发的高效能源奖。日本神户大学在主马岛建造了独立运行的直流微网示范工程，为岛上若干设施供电。中国电力科学研究院、南瑞集团、合肥阳光、中恒电气等也在国内建立了多个直流微网的示范基地。

除了直流微网和配电网,能源互联网的概念也正被广泛讨论和研究,其目的是实现能量的主动管理和新能源的便捷接入。电能路由器被认为是实现能量调配和管理的理想设备,是能源互联网的核心设备之一。电能路由器的基础是实现功率的中转,固态变压器作为电能路由器的功率变换部分,实现各种电能形式的转换,为各种类型的源和负载提供灵活的接口,并为电网提供电能质量调节、故障隔离等辅助功能。瑞士苏黎世联邦理工学院和美国北卡罗来纳州立大学的 FREEDM 中心采用三级结构,提出了第一代固态变压器的架构。美国电科院则研制出了智能通用变压器架构,可提供多个不同电压等级的母线,以适应不同类型的储能装置接入。国内的清华大学、华中科技大学、浙江大学、南京航空航天大学、西安交通大学、哈尔滨工业大学等高校也投入了大量的资源开展便于分布式能源高效接入的电能路由器的基础理论和方法研究,在电能路由器的双向、多向 DC/DC 变换器方面取得了诸多创新性的研究成果。例如,清华大学提出了有源双向全桥变换器的多模式运行方法,提高了轻载下的运行效率,实现了宽负载范围的高效运行。浙江大学提出了基于谐振控制的双向 LLC 变换器,确保了宽范围下的软开关运行,拓宽了谐振变换理论和方法的适用范围。南京航空航天大学建立了功能复用的多端口多向 DC/DC 变换器的形成机理,导出了系列结构简化、功能丰富的多端变换器拓扑簇。

在分布式能源接入方面,为了适应低输出电压和宽电压变换范围的光伏电池等设备的高效接入,电力电子方向的国内外知名高校,包括美国的弗吉尼亚理工大学、北卡罗来纳州立大学、佛罗里达州立大学、俄亥俄州立大学,加拿大的皇后大学、多伦多大学,瑞士苏黎世联邦理工学院,英国的伦敦帝国学院、纽卡斯尔大学,新加坡的新加坡国立大学,丹麦的奥尔堡大学,韩国的国立首尔大学,中国的浙江大学、南京航空航天大学、西安交通大学等相继提出了高增益变换器的演化方法和形成规律,通过耦合电感、内置变压器、开关电容及其组合结构,导出了系列软开关运行、高集成度和高运行效率的高增益变换器拓扑簇,有力地推动了分布式能源,特别是分布式光伏发电和分布式储能技术的发展。

在分布式光伏并网发电系统中,逆变器负责将光伏电池板产生的直流电能转换成交流电注入电网,是光伏并网发电系统电能转换的关键部件,其性能直接关系到并网系统的可靠性以及发电效率,进而影响着光伏发电系统成本的回收周期。近年来,光伏逆变器厂商之间的竞争不断加剧。为了提高并网发电系统的发电量,光伏系统集成商对于逆变器产品的效率和可靠性的要求越来越高。探索和开发低成本、高效率及高可靠性的无变压器型光伏并网逆变器成为了光伏逆变器领域的研发热点和代表性研究方向。针对无变压器型光伏并网逆变器中特有的漏电流问题,国内外的光伏并网安规标准对并网发电设备的共模电流做出了规定,包括最新的中国光伏标准《并网光伏发电专用逆变器技术要求和试验方法》(GB/T 30427—

2013)、德国的低压并网指令(VDE0126-1-1)、澳大利亚标准《基于逆变器的能量系统并网连接》(AS4777.1)等,要求光伏并网设备必须将输出的共模电流控制在一定的范围以内。为了应对漏电流问题,德国SMA公司在直流侧增加辅助功率器件,提出了H5电路,德国Sunways公司则在交流侧增加双向功率器件,导出了HERIC(highly efficient and reliable inverter concept)电路结构。在此基础上,美国的弗吉尼理工大学,加拿大的瑞尔森大学,丹麦的奥尔堡大学,西班牙的比戈大学,英国的思克莱德大学,中国的浙江大学、南京航空航天大学、燕山大学、北京交通大学、东南大学等相继提出了直流侧H6、带中点箝位的H6、交流侧有源箝位型、交流侧无源箝位型和交流侧混合箝位型等新型结构,并总结了其相互转化的内在关系,既解决了漏电流引发的电能质量和安全运行难题,又打破了国际大公司的专利垄断,为研发具有自主知识产权的分布式光伏发电系统提供了技术支撑,推动了光伏市场的快速发展。

4. 直流输配电中的电力电子变换器[16~22]

以电压源换流器为核心部件、PWM控制为理论基础的新一代直流输电技术(VSC-HVDC)具有零换相失败风险、有功无功快速解耦控制、低输出电压电流谐波等诸多优点,成为破解我国发电资源与用电需求逆向分布、需跨区域远距离大规模输电的前瞻性技术。目前柔性直流输电换流器的研究范围和任务包括直流侧故障的快速清除机理、系统提压扩容增效技术和直流电网的构建理论等难题。

近年来,美国的田纳西大学、东北大学和伦斯勒理工学院等电力电子领域国际著名高校在美国国家科学基金会和能源部的联合资助下,成立了超广域弹性电能传输网络研究中心,计划对电压源型直流输配电技术开展长达十年的专项研究。同期,英国、德国和法国等10个欧盟成员国的20个国际著名研发机构,也成立了“TWENTIES”研究计划,力图通过柔性直流输电技术,解决强波动性规模化风电并网接入问题,为建立欧洲超级电网提供技术支撑。ABB、西门子、阿尔斯通等著名跨国公司也相继投入巨资抢占柔性直流输电制高点。从1997年ABB进行首次柔性直流输电的工业试验以来,国内外柔性直流输电工程发展迅速。随着高性能功率器件和新型换流器结构的出现,传输电压等级从±10kV跃升到±320kV,其传输容量也由3MW跃升到1000MW。世界各国的柔性直流输电建设工程发展相当迅速,其电压和容量等级也大幅提升。我国的柔性直流输电建设工程也取得了举世瞩目的进展,2013年年底,在国家“863”重大专项“大型风电柔性直流输电接入技术研究与开发”的资助下,南方电网公司在广东汕头南澳建成了世界上第一个三端口柔性直流输电示范工程。2014年,国家电网在“柔性直流海岛联网关键技术与示范工程前期研究”重大专项资助下,在浙江舟山建成投运了世界上首个五端口柔性直流输电工程,从而为远距离大容量输电、大规模间歇性清洁电源接入、多直流馈入、海上或偏远地区孤岛系统供电、构建直流输电网络等提供安全高效的解决方案。

MMC 因其具有无须 IGBT 模块直接串联、模块化程度高、制造难度低、系统扩容便利、器件开关频率低等显著优点成为第二代柔性直流输电的代表性拓扑结构。ABB 公司提出的级联型两电平换流器(cascade two-level converter,CTL)与 MMC 的结构有异曲同工之处,同属于第二代柔性直流输电方案。然而,第二代柔性直流输电换流器仅以半桥结构为子模块,虽结构简单,但不具备直流故障的穿越能力,直流侧故障下的生存能力弱,难以满足架空线等易于发生短路、闪络等暂时性故障的架空线输电场合。在直流侧故障下,一方面会对直流系统(或换流器本身)造成强电流冲击;另一方面,对所连交流系统而言,相当于电网发生三相短路故障,对交流系统的安全稳定性非常不利。特别是对于多端直流系统,单点直流短路故障等效于同时发生多点交流短路故障。利用换流器自身控制实现直流侧故障的自清除,具有无须机械开关动作、系统恢复速度快等优点,特别适合于大容量远距离直流输电系统,成为第三代柔性直流输电技术的发展方向[1,2]。寻找具有直流故障穿越能力的新型电压源换流器是目前学术界和工业界的研究热点。

第三代换流器拓扑可划分为子模块结构和桥臂换流器拓扑两大类。在子模块结构层面,德国慕尼黑联邦国防军大学在半桥结构的基础上,为应对直流故障穿越难题,相继提出了全桥子模块(full bridge sub-module,FBSM)和箝位双子模块(clamp double sub-module,CDSM)的改进型 MMC 子模块结构。我国华北电力大学提出了串联双子模块(series-connected double sub-module,SCDSM)结构。ABB 公司则提出了交叉连接型子模块(cross-connected sub-module,CCSM)结构。清华大学提出了二极管箝位型子模块(diode-clamp sub-module,DCSM)和二极管箝位式双子模块(diode-clamp double sub-module,DCDSM)结构。华中科技大学提出了增强自阻型子模块(self-blocking sub-module,SBSM)结构。上述子模块结构,充分利用二极管的单向导通特性,引导储能电容提供反电势同时吸收故障回路的能量,隔断交直流网络连接通路,从而完全闭锁后交流系统向换流站馈入有功功率、无功功率均为零[1,2],甚至还可借助功率器件的主动可控性,在直流故障期间,进入静止同步补偿运行模式,向系统提供动态无功支持。在桥臂拓扑层面,阿尔斯通公司提出了桥臂交替导通多电平换流器,结合了两电平换流器和 MMC 拓扑的优点,但其串联器件需要同步触发,控制难度较大。英国的思克莱德大学提出的混合 MMC,以及我国哈尔滨工业大学最近提出的混合级联多电平换流器是第三代柔性直流输电的代表性后续拓扑[1,2]。浙江大学则针对我国远距离大容量输电具有潮流单向性的特点,提出了整流侧采用传统晶闸管换流器,逆变侧采用 MMC,其中逆变侧 MMC 的直流出口处装设大功率二极管阀的混合拓扑结构,大功率二极管阀能够在直流线路故障后阻断原有故障电流的通路,起到了清除直流线路故障的作用，而在直流故障清除之后，系统在经过重起动操作之后能够平稳地恢复至稳态运行[3]。

5. 无线电能传输中的电力电子变换器[23~26]

无线电能传输是移动设备、地下/水下设备以及人体植入式设备的理想供电方式。在电动汽车充电、高速旋转设备供电、高压电力线取电、地下管网探测，以及测控设备供电等领域有着明确和迫切的应用需求，是物联网以及智能交通等国家战略性新兴产业领域的关键技术之一。无线电能传输技术作为未来技术的发展亮点，可有效支持我国低碳经济可持续发展，推动我国经济转型，并增强我国的核心竞争力。无线电能传输技术涉及机械、材料、电能变换、电磁场、检测技术、数字通信等多个学科，在应用和研究层面蕴涵着巨大的发展空间，是目前电力电子领域研究的热点和前沿技术之一。尽管无线电能传输技术的应用需求迫切，但其面临的技术挑战较大，需要解决大范围变参数条件下无线电能传输系统的优化设计，减小无线电能传输对方向、错位以及能量传输距离等参数变化的敏感性，提高功率传输特性；需要研究系统的电磁兼容和安全防护技术，保证无线电能传输安全可靠。

目前，无线电能传输技术的研究主要成果包括系统建模、无线电能变换系统优化、无线电能传输系统的电磁兼容和安全防护技术。其中系统建模方法包括耦合模型、互感或漏感模型、二端口网络理论等，由此利用不同模型探索无线电能传输机理和分析其特性，由此揭示了感应式与共振式无线电能传输技术在磁场能量耦合的异同、磁场耦合和电场耦合两类无线电能传输技术在能量传输上的对偶关系。无线电能变换系统的优化包括谐振变换器的补偿方式、能量耦合器(或非接触变压器)的研究、控制策略、大间距条件供电侧和受电侧的通信技术等。无线电能传输系统的电磁兼容和安全防护技术包括应用安全性、可靠性、绿色和环保等的研究，目前高通、Witricity等研发单位虽已给出异物以及活物检测的解决方案，但仍然存在虚警、漏检的可能，相关研究的开展尚不够系统和深入。

结合目前的研究现状和应用需求，未来五年，无线电能传输技术将以变参数条件下的功率传输特性优化、改善能量传输系统的互操作性为主要目标，继续研究和分析无线电能传输系统内部的能量转换和演化行为规律，探讨无线电能传输系统的动力学特性，完善无线电能传输系统的基础理论和设计方法体系，为无线电能传输系统提供统一、简洁的优化设计方法。此外，应用宽禁带电力电力器件、超高频电力电子技术、人工左手材料等，提高无线电能传输系统的性能；对容性耦合无线电能变换系统、通信技术、受电侧的参数辨识技术等也将开展研究。为使无线电能变换系统大范围推广应用，显然其电磁兼容和安全防护也是一个需要攻克的技术瓶颈。

6. 超高频等特种电力电子变换器及其应用[27～29]

超高频(very high frequency,VHF,30～300MHz)化是未来高功率密度电源的一个重要发展趋势。新型氮化镓(GaN)器件为超高频化提供了重要支撑,并且与芯片集成、先进控制技术具有良好的兼容性。这种工作频率"质的飞跃"将会推动电源性能"质的提升",从而满足未来航空航天和国防军事应用等的特殊需求。

围绕"超高频"电力电子系统,主要研究方向包括:①新型器件的高速、高效、高可靠的驱动和控制电路、与功率电路集成,解决超高频工作方式下,功率器件驱动和开关损耗受寄生参数影响过大的问题;②超高频电路拓扑、控制及其内在联系,提出相应拓扑簇与软开关的实现方法,解决超高频工作方式下器件频率相关损耗过大的基本问题;③超高频系统功率扩展架构与系统控制策略,实现动态性能与带宽解耦,保证系统稳定性与动态性能的兼顾,解决超高频应用功率范围受限的问题;④GaN 芯片、控制芯片和驱动芯片的多芯片集成以及单芯片集成,通过系统热应力优化、新型磁材料元件和高可靠性封装架构,研究超高频系统集成,解决目前常规分立元件架构受寄生参数影响过大的问题。通过上述基础理论与方法的系统研究,实现超高功率密度。

传统 PWM 变换器工作频率一般为几百千赫兹,体积、重量和动态响应都受到较大限制。高频化成为提升功率密度和动态性能的重要手段。由射频衍生的 VHF(30～300MHz) 思路,为模块电源性能"质的飞越"带来机遇。与此同时,传统硅基半导体技术已达到其理论极限值。为了提升频率与功率密度,业界推出新型 GaN 器件。GaN 材料在很多特性上远超过硅,其优点包括:①性能系数远小于硅器件,驱动损耗和开关损耗仅约为硅器件的十分之一;②GaN 材料临界电场更高,在保证与硅器件拥有相同等级的导通电阻时,增加器件耐压;③GaN 器件的宽禁带使其更适合应用在超高频系统中。

目前,VHF 功率变换已受到国内外学者的广泛关注,针对 VHF 功率变换技术的研究主要分为电路拓扑与系统架构、驱动电路及控制方法、系统集成这三个方向。国际上,美国麻省理工大学在此方面处于国际领先地位,系统地提出 VHF 变换器拓扑的理论设计方法,并实现芯片集成[3];国内南京航空航天大学、浙江大学、西安交通大学和哈尔滨工业大学等高校在超高频方向开展了相关工作。工业界为了追求更高的功率密度和效率,已经将一些产品的开关频率提升到数兆赫兹。在小功率应用场合,开关频率可以达到 2～10MHz,如 Enpirion 公司推出的应用于计算机的外部设备以及便携设备的产品和 Linear Technology 公司的模块电源产品。除此之外,由美国麻省理工大学研发的笔记本电源适配器 Dart 采用了 VHF 功率变换技术,其开关频率为 60MHz,输出功率可达 65W。该产品体积只有普通电源适配器的四分之一,大小接近手机充电器,而重量只有普通适配器的六分之一,仅为60g,是VHF功率变换技术产品化的里程碑。

7.2.3 电力电子建模和控制的研究发展现状[30]

数学建模作为电力电子学科的重要分析工具,涵盖了从电力电子功率元器件、变换电路和电能变换系统等多个层面。通过抽象化的数学模型来表征电力电子元器件、拓扑装置和变换系统的电-磁-热-机等特性,用于指导器件及其驱动、电路及其控制的设计以及系统级的顶层控制设计等。

为了真实地反映功率半导体器件的特性及其在变换器中的综合性能,电力电子器件的建模理论和方法得到了长足的发展。电力电子器件的建模包括功能模型和物理模型。通过等效电路方法建立的功能模型可仿真和验证功率器件开关过程中的电压电流等动态性能。相关建模方法广泛应用于含新型宽禁带半导体器件的各类电力电子器件中。器件的物理模型主要用于模拟器件的载流子以及电磁场等物理特性。

电力电子电路的建模工作起步较早。20世纪七八十年代美国加州理工学院开始建立电力电子变换器的平均模型,将非线性的开关变换通过平均模型线性化,便于系统时域和频域特性分析及控制器设计。在此基础上,随着计算机的发展,将复杂的开关过程加入模型,同时系统延时等非理想特性也被引入模型中,以更真实地反映电路特性。随着电力电子拓扑的不断丰富,在基本的电压型和电流型变换器基础上,国内外学者提出了更多复杂电力电子电路的模型,包括多电平变换器、多相变换器和并联变换器、电力电子变压器以及矩阵变换器等。而针对电力电子电路的动力学、热学、电磁干扰等特性的建模也在近些年得到了长足的发展。

现有的电力电子系统控制通常将上层宏观控制算法和底层PWM控制独立设计,虽然方便了控制系统设计,但难以综合优化控制系统的整体性能,必须从系统控制的角度出发将宏观控制算法、底层PWM算法、采样和控制系统的延时等多种因素综合考虑,进行多目标优化。

在电能质量控制领域,静止无功发生器、静止同步补偿器、有源电力滤波器均已实现产业化,国内首套统一电能质量调节器示范工程也于2014年投入运行。其他电能质量控制设备,包括动态电压恢复器、直流断路器、固态变压器等也逐步应用于现代电网。早期的电能质量控制研究主要研究动静态控制性能的优化,一般采用滞环控制、无差拍控制和比例积分控制等。为了进一步改善电能质量治理装置的动态性能、提高装置的适应能力,模型预测控制、滑模控制、比例谐振控制以及神经网络控制等现代控制理论也逐步引入。

在新能源微网控制方面,为了适用新能源的功率波动性和随机性等特点,微电网中变流器通常采用恒功率控制、恒压恒频控制、恒流源控制、下垂控制及虚拟同步机控制等。此外,微电网在系统层面对不同类型微源的协调控制也是目前研究的一个热点问题。从目前的研究来看,可以主要分为集中控制、分层控制等。并网逆变器间的环流抑制和不同微源间的协调控制是目前急需解决的关键问题[3]。

为了研究微电网系统的稳定性,一般采用小信号模型法。微电网的小信号稳定性分析通过建立公用电网、线路、微源、负荷、控制单元及测量单元等的线性化模型,构造微电网的线性化模型,进而研究微网系统的电压稳定、频率稳定等多尺度稳定性难题。但目前对电网故障等大扰动下的微电网等电力电子化电力系统的运行控制关注较少。

由于微电网和电力电子化电力系统等复杂网络的快速发展,电力电子变换器的设计更是超出了常规电力电子学科的范畴,需要考虑大系统的交互影响。例如,有源电力滤波器控制系统需要根据电网阻抗、负载类型、系统内其他并网变流器的状态等来合理设计电流控制的类型和带宽,从而达到谐波治理效果。此外,电力电子集群控制的理念在近年内被提出和受到关注,其在多个电力电子变换器组成的复杂系统,如孤岛微电网系统等中的应用效果明显优于传统变换器单独设计。

此外,现代控制理论尤其是非线性控制理论的飞速发展为电力电子控制注入了新的活力,包括模型预测控制、神经网络控制、模糊控制、无源耗散控制、网络控制等也受到了国内外学者的持续研究。其中模型预测控制以其原理简单、鲁棒性好、多变量控制和容易处理非线性约束等优点在电力电子控制领域得到了国内外学者的广泛关注。

7.2.4 电力电子电磁兼容及可靠性的研究发展现状

电力电子变换器开关频率和功率密度的大幅提升,加剧了日益严重的电磁干扰,使其成为不容忽视且亟待解决的问题。同时,随着电力电子技术在发-输-配-用电领域的全链式应用,电力电子器件、装备和系统的可靠性研究也日益成为电力电子学科的重点发展方向。

1. 电力电子装置中的电磁干扰建模、仿真、测量和抑制[31,32]

功率器件是组成电力电子装置和系统的基本元素,其工作特点和动态特性对电力电子装置和系统的电磁干扰有着重要的影响,尤其是随着全控半导体开关器件的快速发展和更新换代,其开关频率和耐压耐流能力同时提升,在更好地满足电气性能的同时却带来了更严重的电磁干扰,国内外学者在功率元器件、控制元器件、连接元部件中的多尺度电磁干扰机理方面进行了大量的探索。针对电力电子装置小型化、集成化趋势,国内外研究机构从印刷电路板设计、接地、滤波和屏蔽等视角研究电力电子装置的电磁干扰形成机理。

从干扰源的角度分析,电磁干扰的量值总是以频谱的形式呈现的。早期的研究只注重观测频谱线振荡的幅度是否超过标准规定的限值,缺乏对频谱振荡线本身物理意义的阐释。最新的理论研究已经可以从物理意义和数学模型上比较清晰地定义开关通断过程、开关频率与相应的电磁干扰频谱之间的定性、定量关系，为今后的电磁干扰研究奠定了理论基础。

目前对电磁干扰的建模和仿真主要针对具体应用对象、电路拓扑开展研究，对最新电磁分析的理论和方法研究偏少。针对电磁兼容仿真，提出了基于器件物理特性的建模方法，基于开关动作的等效模型方法，以及频域模块化建模方法等，但仍缺乏能准确反映功率器件瞬态电磁特性的精准模型。对电力电子装置的分布参数提取和等效方面进行了较多的研究，但主要是基于国外的仿真软件，如 Ansoft 等，我国自主研发的电力电子电磁干扰专用仿真软件较为缺乏。

电磁干扰的测试方法主要有三种测试方法：①直接测试法，采用线性阻抗线路测试仪器测试；②替代测试法，为降低直接测试法成本而采用的方法，如利用吸收箝位方法测量小型设备的干扰；③自动测试法，使用噪声发生器和噪声系数测量仪自动测量。另外，基于虚拟仪器的电磁干扰近场测试系统已有报道。针对电力电子电磁干扰近场测试精度不高的问题，国内外相关学者提出基于方差分析的多项式拟合校准算法；针对近场电磁兼容测试中电磁干扰源难以定位的问题，相关学者提出采用不同尺寸、不同类型的近场探头在被试品的近区场进行测试从而准确定位辐射源等。远场测试在电力电子领域主要是针对电磁抗干扰进行测试，主要包括抗扰度测试仪器的研制、测试条件和环境研究。随着电力电子半导体器件开关频率的不断推高和功率的不断提升，针对电力电子的远场测试也将成为一个新的研究方向。另外，关于电力电子电磁干扰相关标准的制定也相对落后于国外，而且在实施的过程中往往有不规范的地方，导致测试结果不够准确。

由于电力电子装置和系统的电磁干扰问题日益突出，电力电子电磁干扰抑制方法研究已成为电力电子行业的一个研究热点和难点。除了传统的无源滤波之外，最新从扩频控制、空间矢量调制、驱动优化、接地改进、有源滤波、数字滤波等方面进行了探索。此外，目前针对某个干扰耦合系统，主要采用单一干扰抑制技术，较少有多种抑制技术综合运用的报道。

2. 电力电子失效机理[33～35]

随着半导体材料与制作工艺的发展，半导体器件的失效率已有所降低，但半导体器件的失效仍是电力电子电路失效的主要原因。近年来，国内外围绕半导体器件失效机理分析及其寿命预测进行了广泛研究。

半导体器件的失效原因可分为两类，第一类为与芯片相关的失效，称为内部失效，第二类为与封装相关的失效，称为外部失效。对于 MOSFET，内部失效的主要原因为电气过载、静电荷放电、寄生二极管反向恢复、电离辐射与热载流子效应及热激发等；外部失效主要归因于引线脱落、焊接层失效等。对于 IGBT 模块，其内部失效多与 IGBT 器件的半导体物理特性有关,主要由器件内部的高温和电应力所致,表现为绝缘击穿,热载流子注入和电子迁移等;而外部失效主要与器件的封装有关,表现为触点迁移、铝键合线脱落、焊料层开裂等。IGBT 功率模块的失效多为其内部疲劳逐渐积累,同时与外部运行环境等多种因素相互作用的综合结果。现有研究结果表明,功率开关器件的失效主要以封装失效为主,但同时,器件和电路的失效物理模型复杂,在不同工作环境下性能衰退机制和规律相差较大,有待进一步探索。相比之下,国外较为全面地掌握了半导体芯片的设计、制造和封装工艺,因此在器件的失效机理研究上同国内相比更加深入。

3. 电力电子系统可靠性评估及寿命预测[36]

系统可靠性研究在国外已开展多年,一般采用以下参数表征:平均无故障时间和平均故障间隔时间。目前评估方法主要有三种:可靠性流程图法、故障树法以及马尔可夫状态模型法。可靠性流程图法实施较为简单,在简单的系统中使用广泛。故障树法则充分考虑了多种因素的影响,包括人为因素。但以上两种方法在分析含有容错措施的系统时,均不适用。马尔可夫状态模型法则适用于可维护系统,用作图的方式反映系统由于元件失效而所处的不同状态,并根据每个元件的失效率计算出每种状态发生的概率。该方法对故障的覆盖面广,能充分反映不同元件的失效状态,得到了业界的广泛关注,但对于复杂系统,其状态个数会随元件个数呈指数型增长,建模求解复杂。

以上三种方法,均是建立在元件的故障率不随时间变化的基础上,且每个元件的故障率均来源于实际运行的统计数据。针对以上缺点,近年来基于器件物理失效模型的系统可靠性分析方法得到了国内外学者的关注。但物理模型的建立需要涉及材料、微电子等学科的知识,且不同失效机理之间的相互影响尚不明确,因此该方法在评估电力电子系统可靠性方面的实用性尚待考察。

寿命预测是功率器件可靠性评估的重要内容,需要在实际的工作环境中进行估算。目前主要采用 Miner 线性损伤理论,即认为每个温度循环变化都会对器件造成一定的伤害,逐渐积累后最终导致器件失效。该理论在实际应用中需首先估算功耗,进而得到结温与时间的关系,采用雨流算法进行数据分析,最后根据寿命预测模型进行计算。其中,寿命预测模型是该计算方法的核心,大致可分为两类:经验模型和物理模型。经验模型描述了在功率循环中,失效周期 N_f 与某些参数的关系,如平均结温、结温幅值变化、循环频率等。该模型是在多次加速老化寿命试验中,基于数据统计得到的。目前已有的经验模型主要可分为三种:Coffin-Manson 模型、Norris-Landzberg 模型以及 Bayerer 模型,从不同角度分析了多种因素与器件寿命的关系。虽然经验寿命模型得到了广泛应用,但它是基于数据统计的方式得到的,未涉及器件的物理失效机理,缺乏足够的理论依据,若器件的制造工艺与材料发生变化，则原模型不再适用。而物理模型则克服了该缺点，该模型从器件的失效机理和衰老机制出发，基于应力-应变变形的原理预测应力、损伤及可靠性。鉴于目前开关器件的主要失效原因为铝键合引线脱落及焊料层疲劳，因此物理失效模型主要关注这两种机理。但由于物理模型发展较晚，对器件失效机理认识还不够深入，有待进一步研究。

4. 电力电子系统的健康管理[37,38]

为了提高系统在实际运行中的可靠性，国外率先开展了对电力电子系统健康管理的研究，主要包括获取装置在运行过程中的状态信息，对器件的状态进行评估和故障预诊断、优化热管理以及容错控制等方面。国内研究人员在近几年也逐渐重视这一新兴领域。

为了实现对功率开关器件的预诊断，首要问题是提取有效的故障特征参数，目前主要有直接提取和间接提取两种方法。所谓直接提取，即根据开关器件的失效模型，通过测量装置监测反映器件健康状态的物理量。目前已有研究成果表明，当开关器件开始出现老化衰退迹象时，会出现导通电阻增大、导通饱和压降变化、门极电流动态特性明显变化、门极电压上升时间更短等现象。通过监测这些物理量可对器件的实时健康状况进行判断，实现预诊断。为了避免引入新的检测点，减小系统的复杂性和成本，间接提取故障特征参数的方法受到了广泛关注。该方法从电力电子系统（而不是开关器件）中已有的测量点获取信号，如输入、输出端口的电压、电流信号，运用现代信号处理方法进行提取，从而获得反映开关器件失效的信息。由于端口信号中所包含的故障特征信号通常很小，尤其是出现参数性故障时，采取合适的信号处理分析方法是提取故障参数的核心环节，国内外学者围绕该问题做了大量工作，采用了很多方法，如沃尔什变换、基函数、傅里叶变换、小波变换、高阶谱分析等。但间接提取的方法因计算工作量大，不利于硬件实现，许多工作仅停留在仿真阶段，有待进一步挖掘。

电力电子系统中很多元件对热特性比较敏感，如电解电容和开关器件的寿命均与温度及温度波动程度直接相关。因此，对电力电子系统进行有效的热管理，是提高系统可靠性的重要措施。为了调节开关器件内部的结温，可从调整开关频率、负载电流，改变调制方式以减小开关器件动作次数等方面出发，对开关器件的热特性实现有效的调节。同时，改变工作环境温度也可间接影响结温，如在结温波峰时加速空气循环降低结温，在结温波谷处适当减少空气循环，虽然增加了平均结温，但是结温的波动程度更加平滑，可以显著延长器件的使用寿命。此外，整个电力电子系统的热特性也是需要仔细设计的，需要选取恰当的散热媒介，改善系统的热性能。

在电力电子系统中，半导体器件的故障率最高，主要包括开路和短路故障。当系统出现这类故障时,需迅速完成故障检测和识别,以便及时进行故障隔离,缩短维修和停机时间,避免造成更大的损失。国内外学者就该问题进行了较多的研究,总结出了许多故障诊断策略,大体上可分为基于解析模型、基于信号处理和基于知识的三种方法。基于解析模型的方法首先根据所建立的系统模型,推导出正常工况下的预期输出,若观测到的实际系统输出与预期输出有差异,则说明系统存在故障。基于信号处理的方法,通常采用傅里叶变换、小波变换等数字信号处理手段,对采集的信号进行分析处理,实现故障诊断。基于知识的方法则是通过在概念和处理方法上的知识化,以实现设备故障诊断的智能化,常采用模糊推理法、神经元网络法等,该方法常与基于信号处理的方法相结合,但在实现智能化的同时也伴随着计算量大、诊断时间长等问题。如何寻求快速反映故障的信息点,避免过长的数据处理时间,是目前故障诊断面临的主要问题。同时,也应对电路中正常的暂态过程和真实故障加以辨别,避免混淆造成误诊断。

电力电子系统的容错控制是指当发生开路或短路故障后,通过在线配置电路的拓扑结构并采取相应的控制策略,使系统在满足一定性能要求下继续运行。国内外学者在该领域进行了大量研究,主要涉及故障的隔离及电路的重构。对于故障隔离方法的评估主要涉及以下五个方面:快速性、准确性、复杂性和成本、隔离装置对电路正常工作的影响以及应对不同故障的能力。目前主要采用熔丝或双向晶闸管来实现对发生开路、短路故障的开关器件的隔离。然而,熔丝会增加系统的杂散电感,双向晶闸管会带来电路成本和损耗的增加。随着具有较强短路故障处理能力的开关器件及快速熔丝的研制,故障隔离装置的性能有望得到较大提高。关于故障后电路重构的研究,一直以来是学者关注的重点,现有的研究成果可大致分为以下四类:器件级重构、桥臂级重构、模块级重构以及系统级重构,这些重构技术可根据拓扑的结构特点和不同应用场合的要求灵活使用。例如,在中点箝位型三电平逆变器中,当某个开关管出现故障后,可利用调制算法中的冗余空间矢量状态来改变拓扑中的开关组合,以维持输出电压,从而实现器件级的重构;在级联多电平和模块化多电平场合,常采用直接冗余模块的方式来实现模块级重构,目前该方案在高压直流输电领域得到了较多关注。但是关于从故障发生到重构结束这段时间的暂态过程研究目前较少,如何实现无缝快速切换仍是需要解决的问题。同时,对于含有容错控制的电力电子系统可靠性的量化分析也鲜有报道,有待深入研究。

7.3 今后发展目标和重点研究领域

电力电子学科正沿着应用驱动、强化基础研究、进一步大规模应用的途径发展,大力开展基础研究成为电力电子学科的重点和主要任务。基础研究首先要在新型开关器件原理、工艺、应用上加大研究力度,力争在宽禁带材料 SiC、GaN 器件方面达到国际领先地位，其次在新型变流器上提出有自主知识产权的拓扑，在电力电子系统分析和设计上提出新的研究方法，系统地形成能满足大功率、高可靠性要求的应用基础理论。

7.3.1　电力电子器件及应用的重点研究领域

在电力电子器件及应用领域，研究重点包括 SiC、GaN 等宽禁带半导体材料的大尺寸、低缺陷、高可靠制备；半导体材料的表面沟道钝化技术；新型半导体材料的研制和功能解析；更高电压等级、更大电流容量、更低导通电阻、更快开关速度的硅基电力电子器件的设计和制备；多芯片多模块的功率器件组合扩容和串并联技术；宽温度特性、高运行特性的新一代电力电子器件的新结构、新工艺、新原理和新设计；电力电子功率器件的先进封装、驱动、保护技术；电力电子功率器件的可靠性分析和应用技术等。

7.3.2　电力电子变换器拓扑及其应用的重点研究领域

在半导体照明中的电力电子变换方面，研究重点包括探索超长寿命、超高效率的 LED 自适应驱动原理与技术、高可靠的多路输出均衡控制技术、光-电-热组合模型与驱动系统集成方法等。

在信息供电系统中的电力变换方面，重点研究低杂散参数的无源与有源元件混合集成方法、高密度电源系统的拓扑架构、封装技术、热管理技术等。

在分布式能源中的电力变换方面，以分布式能源的高效率、高可靠性、高功率密度的客观要求为导向，重点研究集电力变换和主动防护等功能于一体的多功能变换器的形成方法等。

在大容量柔性直流输电变流方面，重点研究高性能高压直流断路器、高品质电力电子变压器、多端直流输电技术、电力电子化电力系统装备和控制等。

在无线电能传输方面，重点研究复杂环境下的能量耦合和无线电能传输和智能检测与控制技术，基于左手材料的无线电能新技术，无线电能传输系统的异物和活物检测技术等。

在超高频等特种电力变换领域，重点研究功率器件超高速、高可靠性与高效率驱动、超高频系统功率拓展、超高频变流系统的综合优化理论和方法、超高频系统电磁干扰滤波器理论与设计等。

7.3.3　电力电子建模和控制的重点研究领域

在电力电子建模方面，重点研究大容量电力电子器件、宽禁带电力电子器件、新一代无源元器件的精准物理模型和功能模型；电力电子变换器的线性、非线性优化建模方法；电力电子变换系统的宽频建模和暂稳态精确建模方法。

在电力电子控制方面,重点研究特殊应用领域的先进 PWM 调制策略;含模型预测控制在内的先进控制理论的优化应用;电力电子变换器的综合性能优化控制技术;规模化电力电子系统的谐振机理和抑制技术及电能质量综合治理方法;电力电子系统的参数和非参数辨识理论和技术;微电网和直流输配电系统的暂态控制理论和方法;电力电子化电力系统的多尺度稳定性分析、多目标优化控制和多层面协调优化等。

7.3.4 电力电子电磁兼容及可靠性的重点研究领域

在电磁兼容方面,重点研究特高压输配电、电动汽车、无线电能传输、电力电子变压器等重点领域中的电磁干扰建模分析和电磁兼容优化设计方法;适用于电力电子领域的电磁干扰建模理论和方法;适用于电力电子器件级和装置级的电磁抗干扰建模、仿真和分析方法;适用于电力电子器件级和装置级的电磁抗干扰兼容设计理论和方法。

电力电子装置的可靠性问题是现代电力工业中一个亟待解决的关键问题,需要重点研究基于电-热-机耦合的变流器失效机理;基于特征量和准确的寿命模型的变流器的状态监测和寿命评估;基于可靠性指标的变流器设计与过程控制;极限工况(含极低温和极高温)下的新一代功率器件的多物理场耦合机制、建模方法和物理机制;极端环境条件下新一代功率器件的特性退化机制、失效机理及可靠性评估方法等。

参考文献

[1] 钱照明,张军明,盛况. 电力电子器件及其应用的现状和发展. 中国电机工程学报,2014,34(29):5149－5161.

[2] 赵争鸣,袁立强,鲁挺,等. 我国大容量电力电子技术与应用发展综述. 电气工程学报,2015,10(4):26－34.

[3] 王正鸣,陆剑秋. 最佳结构 6 英寸 UHVDC 晶闸管. 电力电子技术,2008,42(12):20－22.

[4] 高山城,李罡,吴飞鸟,等. 特高压晶闸管结终端造型技术. 半导体制造技术,2015,40(2):129－135.

[5] 刘国友,黄建伟,舒丽辉,等. 6 英寸高压晶闸管的研制. 电网技术,2007,31(2):90－92.

[6] 王舒,阮新波,姚凯,等. 无电解电容无频闪的 LED 驱动电源. 电工技术学报,2012,27(4):175－178.

[7] 罗全明,支树播,蒋德高,等. 一种高可靠无源恒流 LED 驱动电源. 电力自动化设备,2012,32(4):58－62.

[8] Zhang J M, Zeng H L, Jiang T. A primary-side control scheme for high-power-factor LED driver with TRIAC dimming capability. IEEE Transactions on Power Electronics, 2012, 27(11): 4619－4629.

[9] Chen Y, Wu X, Qian Z. Analysis and design considerations of LLCC resonant DC/DC converter with precise current sharing for two-channel LED driver//IEEE Energy Conversion Congress and Exposition. Phoenix, U. S., 2011: 2771－2776.

[10] Li W H, He X N. Review of nonisolated high-step-up DC/DC converters in photovoltaic grid-connected applications. IEEE Transactions on Industry Electronics, 2011, 58(4): 1239－1250.

[11] 王勤,张杰,阮新波,等.一种新型双输入反激DC/DC变换器.电工技术学报,2011,26(2):117－122.

[12] Xie F, Zhang B, Yang R, et al. Detecting bifurcation types and characterizing stability in DC-DC switching converters by duplicate symbolic sequence and weight complexity. IEEE Transactions on Industry Electronics, 2013, 60(8): 3145－3156.

[13] 侯聂,宋文胜.全桥隔离DC/DC变换器的三重相移控制及其软启动方法.中国电机工程学报,2015,35(23):6113－6121.

[14] 王劲松,唐成虹,陈娜,等.基于运行模式自识别的微电网并离网平滑切换控制策略.电力系统自动,2015,39(9):186－191.

[15] 刘芳,张兴,石荣亮,等.大功率微网逆变器输出阻抗解耦控制策略.电力系统自动,2015,39(15):118－125.

[16] 徐政,薛英林,张哲任.大容量架空线柔性直流输电关键技术及前景展望.中国电机工程学报,2014,34(29):5051－5062.

[17] 汤广福,庞辉,贺之渊.先进交直流输电技术在中国的发展与应用.中国电机工程学报,2016,36(7):1760－1771.

[18] Marquardt R. Modular multilevel converter topologies with DC-short circuit current limitation//The 8th International Conference on IEEE Power Electronics and ECCE Asia. Jeju, South Korea, 2011: 1425－1431.

[19] 向往,林卫星,文劲宇,等.一种能够阻断直流故障电流的新型子模块拓扑及混合型模块化多电平换流器.中国电机工程学报,2014,(29):5171－5179.

[20] Merlin M M C, Green T C, Mitcheson P D, et al. The alternate arm converter: A new hybrid multilevel converter with DC-fault blocking capability. IEEE Transactions on Power Delivery, 2014, 29(1): 310－317.

[21] Li R, Fletcher J, Xu L, et al. A hybrid modular multilevel converter with novel three-level cells for DC fault blocking capability. IEEE Transactions on Power Delivery, 2015, 30(4): 2017－2026.

[22] 唐庚,徐政,薛英林. LCC-MMC混合高压直流输电系统.电工技术学报,2013,28(10):301－310.

[23] 赵争鸣,张艺明,陈凯楠.磁耦合谐振式无线电能传输技术新进展.中国电机工程学报,2013,33(3):1－13.

[24] 黄君涛,陈乾宏,陈文仙,等.四线圈激励共振式无线电能传输系统及其研究分析.电力系统自动化,2015,39(16):108－113.

[25] 黄学良,谭林林,陈中,等.无线电能传输技术研究与应用综述.电工技术学报,2013,28(10):1－11.

[26] Wu H H, Covic G A, Boys J T, et al. Series-tuned inductive-power-transfer pickup with a controllable AC-voltage output. IEEE Transactions on Power Electronics, 2011, 26(1): 98－109.

[27] 张之梁,胥鹏程,蔡卫.应用于1MHz Boost PFC变换器的自适应连续电流源驱动.中国电机工程学报,2012,32(27):111－118.

[28] Fujita H. A resonant gate-drive circuit capable of high-frequency and high-efficiency operation.

IEEE Transactions on Power Electronics,2010,25(4):962—969.

[29] Pilawa-Podgurski R C N, Sagneri A D, Rivas J M, et al. Very-high-frequency resonant boost converters. IEEE Transactions on Power Electronics,2009,24(6):1654—1665.

[30] 丁一,加鹤萍,宋永华,等. 考虑风电与灵活资源互动的智能电网可靠性分析方法评述. 中国电机工程学报,2016,36(6):1517—1526.

[31] 钱照明,陈恒林. 电力电子装置电磁兼容研究最新进展. 电工技术学报,2007,22(7):1—10.

[32] Vodyakho O,Kim T,Kwak S. Three- level inverter based active power filter for the three-phase four- wire system//Power Electronic Specialist Conference. Rhodes,Greece,2008:1874—1880.

[33] Schulze H J,Niedernostheide F J,Pfirsch F,et al. Limiting factors of the safe operating area for power devices. IEEE Transactions on Electronic Devices,2013,60(2):551—562.

[34] Dawei X,Ran L,Tavner P,et al. Condition monitoring power module solder fatigue using inverter harmonic identification. IEEE Transactions on Power Electronics,2012,27(1):235—247.

[35] Wang H,Liserre M,Blaabjerg F,et al. Transitioning to physics- of- failure as a reliability driver in power electronics. IEEE Journal of Emerging and Selected Topics in Power Electronics, 2014, 2(1):97—114.

[36] 周雒维,吴军科,杜雄,等. 功率变流器的可靠性研究现状及展望. 电源学报,2013,(1):1—15.

[37] Luo H, Li W, He X. Online high-power p-i-n diode chip temperature extraction and prediction method with maximum recovery current di/dt. IEEE Transactions on Power Electronics, 2015, 30(5):2395—2404.

[38] Debnath S,Qin J,Bahrani B,et al. Operation,control,and applications of the modular multilevel converter:A review. IEEE Transactions on Power Electronics,2015,30(1):37—53.

第8章　电磁场与电网络

8.1　电　磁　场

8.1.1　学科内涵与研究范围

电磁场理论是描述宏观电磁现象和电磁过程的理论，构成了电工学科的科学基础。可以说电工技术所涉及的物理现象都是宏观电磁现象与电磁过程在特定范围和特定条件下的具体表现。通过对电磁场问题的研究，不仅可以解释已被人熟悉的电磁现象，还可以预测新的电磁现象，并为工程设计和技术实现提供理论指导。电磁场研究的基本任务是，揭示宏观电磁现象与电磁过程的基本规律，建立相应的理论、计算方法和试验方法等。它不仅是电气科学与工程学科的理论基础之一，也是诸多交叉学科的生长点和新兴学科与边缘学科发展的理论基础。

近年来，电磁场学科不仅继续与数学、物理、信息、材料、生命等学科紧密交叉，还支撑了新器件与新能源等领域的发展。主要研究范围包括计算电磁学、新型磁性材料建模方法、电磁场与物质的相互作用。下面对这三个主要研究分支分别叙述。

1)计算电磁学

借助并行、互联网、云计算等计算平台，以各种电磁位函数或直接以场矢量为变量，采用有限元法、边界元法、矩量法、时域有限差分法、多极子展开法、有限体积法、传输线矩阵法、多重网格法、无单元法等数值计算方法，研究静态场、准静态场、动态场以及时变场等各类电磁场正问题、逆问题，以及与温度、运动、应力、流体等其他物理场耦合问题的计算方法。

2)新型磁性材料建模方法

针对硅钢片、铁氧体、非晶合金、稀土合金、永磁材料、软磁复合材料以及纳米晶合金等新型磁性材料，从宏观上研究不同磁激励作用下(直流、低频、高频及直流偏置下的低频和高频以及旋转)的各向异性、磁滞与损耗等磁特性，建立表征新型磁性材料的磁化特性的数学模型，为新型磁性材料的应用提供数学模型。

3)电磁场与物质的相互作用

针对高电压、大电流、强电功率的特高压输变电装备、柔性直流输电装备、超大容量发电装备、大型电磁弹射装备、大型电磁科学装置、高压大功率电力电子器件等强极端条件,或低电压、小电流、弱电功率的微系统、生物系统、石墨烯、电磁超材料等微米及更小尺度等弱极端条件的电磁场问题,研究其内的电磁场与物质的相互作用机理、效应和建模方法。

8.1.2 国内外研究现状及发展趋势

1. 国外研究现状和发展趋势

1865年,英国物理学家麦克斯韦建立了著名的麦克斯韦方程组,标志着电磁场理论的诞生。之后,人们在电磁场的偏微分方程理论、积分方程理论、算子理论等方面都取得了丰硕的成果,电磁场与其他物理场的相互耦合理论也得到了长足发展。特别是进入21世纪后,电磁场数值计算方法更加成熟,各类电磁场计算的商业软件得到广泛应用。然而,随着新材料、新技术、新装备的不断涌现,无论在解析计算方法上还是在数值计算方法上,抑或在电磁材料及电磁装置特性的建模方法上,仍存在很多尚未解决的问题,也有大量新的电磁问题亟待研究。例如,在理论方面,关于介质中电磁动量的Abraham-Minkowski争论还尚未解决;在计算方面,考虑相对论后运动介质的瞬态电磁场的计算方法有待探索。含时变换光学理论带来的双各向异性介质的计算方法也值得研究;在纳米电磁场方面,量子点、石墨烯等低维材料和等离子体激元带来的多尺度问题、多物理场耦合问题同样为计算方法带来了机遇和挑战;在应用方面,诸如国际热核试验堆中涉及的大电流、强功率带来的电磁场问题的建模与计算等均存在挑战,而在未来智能电网中广泛应用的高电压大容量电力电子装置、高电压大电流电力电子器件等中的电磁场与温度场、应力场等其他物理场耦合更增加了分析和计算的复杂度。

2. 国内研究现状与差距

1)计算电磁学

计算电磁学仍然是电磁场最活跃的研究领域,已经提出并发展了众多计算电磁学方法,如有限元法、边界元法、时域有限差分法、多极子法、传输线矩阵法、有限积分法、有限体积法、最小二乘法、多重网格法、无单元法等,并开发了大量优秀的电磁场计算软件,解决了大量电磁场研究和电磁装置开发中的计算问题。近年来,该领域的研究现状和发展趋势可概括如下。①电磁场正问题的分析方法更加成熟。有限元法与边界元法、有限体积法等结合的方法被广泛采用,包括对稳态、时变场问题和非线性问题、运动介质问题的处理,对规范问题的正确理解等。应用有限元法、边界元法、有限体积法等开发的电磁场通用计算软件,已广泛应用于一般电工产品的电磁设计。例如,Atten等[1]用有限元法与有限体积法、特性法结合分析了电晕放电的电场和电荷分布,Bolborici等[2]采用有限体积法分析了压电板中的动态电场等。②电磁场逆问题的分析方法仍是研究的热点。在确定性算法中，除了一般的直接搜索法以外，有限元法与梯度法相结合的设计灵敏度分析仍受到相当的重视。全局优化算法如模拟退火法、遗传算法、进化算法、禁忌搜索法、神经网络、蚁群算法和粒子群法等随机类算法得到广泛应用。例如，de Munck 等[3]应用边界元法研究了电阻抗层析成像的正问题和逆问题，Abdallh 等[4]采用随机遗传不确定性分析方法研究了磁性材料电磁特性的不确定性问题等。为了减少计算时间，近年来出现了一种新的优化策略——表面响应模型与随机类优化算法的结合，该方法可以大大提高计算效率。③电磁场与其他物理场的耦合分析方法取得了明显进展。电磁场与电路系统的耦合、电磁系统与机械系统的耦合、电磁系统与包括材料磁致伸缩效应在内的微型机械变形问题的耦合、涡流场与熔融金属流场的耦合、电场与温度场的耦合、电场与气流场的耦合等均已吸引了不少研究者的关注。例如，Fu 等[5]采用时步有限元法研究了磁场、电路和运动耦合问题，Guan 等[6]应用有限元法研究了气体绝缘母线的电磁-机械-热耦合问题等。④电磁场各类分析方法被广泛应用。考虑到工程实践中尺寸误差、材料特性偏差等不确定因素对电工设备优化设计的影响，基于可靠性的优化设计方法等正在吸引研究者的注意。例如，Yoshikawa 等[7]应用有限元法结合半隐式移动粒子法研究了磁悬浮中的金属熔化问题。此外，特高电压、特大容量发电和输变电设备中因涡流带来的过热、磁性材料带来的磁滞和涡流损耗及振动等问题，需要对电磁场问题进行更准确的计算并进行优化设计。电工设备中的很多特殊问题需要进行多尺度、超大规模的电磁场计算，而工程实践对计算精度和计算时间的需求，不断地突破了当前计算机资源的局限。涵盖更宽时域、频域、空域以及其他极端条件下的复杂电磁场的计算问题，将被更多的研究者关注。

2）新型磁性材料建模方法

磁性材料磁特性及建模方法始终是电磁场的基本研究领域。随着新型材料的不断涌现，对电工设备节能要求的日益提高，需要更加精细地认知磁性材料本征关系的非线性和多值性。传统的基于简单线性函数表达的本构关系已不能满足电工设备的设计要求，需要构建能描述复杂工况下磁材料运行特性的磁特性的数学模型。近年来，该领域的研究现状和发展趋势可概括如下。①磁滞模型研究日益深化。采用经典标量 Preisach 磁滞模型[8]，实现了对磁化过程滞后非线性现象的擦除特性和同余特性的描述。采用微观磁化理论的 J-A 磁滞模型，从磁畴壁运动机理的角度，建立了描述不可逆微分磁化率和可逆微分磁化率的两个微分方程[9]。2000 年发展的 E&S 模型，针对硅钢片在旋转激磁条件下出现的明显各向异性问题，描述了磁场强度矢量和磁通密度矢量的关系，指出铁心叠片中的局部磁场是交变磁场和旋转磁场的合成，并且铁心损耗也可分为交变损耗和旋转损耗两个部分[10]。与国外同类研究相比，国内的研究也取得明显进步。沈阳工业大学研究了改进型矢量 Preisach 磁滞模型[11]。河北工业大学提出了考虑矢量磁滞特性的磁场直接分析方法,解决了应用有限元法的J-A磁滞模型在处理材料特性上的局限性[12]。近年来,依据经典磁滞模型创建了一种PSW(Preisach-Stoner-Wohlfarth)二维矢量磁滞数学模型,分析了旋转激磁条件下的磁化过程[13]。保定天威集团应用改进型爱泼斯坦方圈装置,研究了电力变压器铁心叠片材料的饱和磁特性和直流偏磁特性[14]。②磁性材料的特性模拟更加精细化。建立了硅钢片、非晶合金薄带、永磁材料等传统磁性材料的精细化数学模型,实现了反映各向异性磁特性的多维数值模拟[15]。建模分析了超磁致伸缩材料以及基于该类材料为致动材料的新型水声声呐系统的特性。分析了以软磁复合材料、纳米晶合金等为代表的新型磁性材料的磁化特性与损耗计算方法[16]。通过研究磁流变材料的磁特性,开发了利用该类材料进行隔震、吸震的设备[17]。还建立了磁流变液、磁流变弹性体等新型磁性材料的模型等。③高频电力变压器用磁性材料研究受到关注。随着未来新能源电力与智能电网领域及国防领域对高电压大容量电力电子装置的巨大需求,新型磁性材料的高频应用成为一个新的研究热点。例如,美国、瑞典等国家研究的固态变压器[18],需要深入研究高频变压器铁心用非晶合金、纳米晶合金等新型磁性材料的高频磁化和损耗特性以及高频变压器的相关电磁场问题,包括描述一维交变、多维旋转宏观磁特性的建模方法,解释其宏观磁特性的微观磁畴运动理论与磁化机理等深层次的物理机制,用于高频变压器优化设计的铁心磁滞与损耗特性等的计算方法、高频变压器等效电路模型及参数提取方法、高频变压器的设计方法、高频变压器与电力电子系统之间的相互影响与参数配合等[19]。

3)电磁场与物质的相互作用

电磁场与物质的相互作用是电磁场的交叉研究领域。电磁场的研究,从本质上讲就是讨论麦克斯韦方程组在一定的时空范围内,在电磁材料本构关系约束下的解及其规律,并给予调控。因此,新型电磁结构和电磁材料本构关系的丰富性,使得电磁现象异常丰富,极大地拓宽了电磁理论与应用的研究范畴。近年来,该领域的研究现状和发展趋势可概括如下。①电磁超材料丰富了人类的认知领域,受到广泛关注。1987年,John[20]和Yablonovitch[21]分别独立提出的由不同折射率的介质周期性排列而成的人工微结构,即光子晶体,具有等效介电常数可控的性质,标志着人工电磁材料的开端。随后,2001年,Shelby等[22]利用人工电磁材料在微波频段实现了Pendry[23]提出的完美透镜,具有等效介电常数和等效磁导率同时为负的材料属性。此后,人们对近零介质、各向异性介质、双各向异性介质、增益介质中的电磁场和电磁波特性和机理展开了广泛的研究。另外,电磁场与波和以石墨烯[24]为代表的二维材料、以碳纳米管为代表的一维材料和纳米粒子等零维材料的相互作用机理的研究也得到越来越多人的重视。同时,电磁场与表面等离子体激元的相互作用机理研究及其应用也成为本领域的研究热点之一。②变换电磁学拓展了电磁材料和电磁装置的设计方法。2006年,Pendry等[25]提出基于空间坐标变换的新型完美电磁隐身概念，开启了由特异电磁特性驱动的“自上而下”的电磁材料和装置设计方法，并逐渐形成了变换电磁学理论。2011 年，McCall 等[26]提出基于相对论的时空麦克斯韦方程组变换的“事件编辑器”，突破了人们对特异材料的认识范围。近年来，基于变换电磁学的思想，提出了诸多原型设计和电磁装置，涵盖了从静态场、直流、低频、射频、微波、太赫兹波段、红外直至可见光频段，如电磁隐身、能量收集等，并影响了力学、声学、传热学等其他领域。③新型电磁器件的设计和应用蓬勃发展。例如，2003 年，Barnes 等[27]提出了利用等离子体激元实现新型电路的可能性。2008 年，Anker 等[28]成功实现了基于等离子体激元的纳米生物传感器。2009 年，Chen 等[29]成功制造出三维拓扑绝缘体。2014 年，Silva 等[30]提出了具有计算功能的电磁超材料，为设计基于电磁波的运算电路和计算机提供了思路。在静态和低频电磁场方面，也提出了诸如电流场隐身[31]、静磁隐身[32]、低频磁隐身[33]等新的应用。人们对电磁场和物质相互作用机理的不断深入认识促进新型器件的设计和应用的提出，反过来，新的设计和应用也促使理论的进步。④强场中的电磁场与物质相互作用研究出现了新的生长点。例如，电磁弹射、国际热核试验堆等应用中，电磁场和强等离子体等的相互作用机理尚未厘清。在外施交流磁场下，纳米铁磁材料作为媒介，在医学造影成像和靶向治疗方面有着重要的应用前景，也是本领域研究的重要课题。总体说来，这些新型装置、结构、材料的提出和发现，已吸引了众多的研究者，研究电磁场与这些新型材料和装置的相互作用机理及效应，并延伸了它们的创新应用。这方面的研究，已经成为电气工程与材料、能源、生物等诸多学科的交叉点和新发展趋势，必将进一步推进电磁场的理论、计算、测量与应用的更深入研究，成为未来创新的重要源泉之一。

8.1.3　今后发展目标和重点研究领域

“十三五”期间，我国电磁场研究的发展目标是，继续面向国际科学技术的发展前沿及国家科学研究、经济和国防建设等重大需求中出现的电磁现象和电磁问题，研究新的理论以及新的计算，为电气科学与工程的技术创新和发展提供重要的理论基础和支撑。新能源电力的规模化开发、智能电网特别是直流电网的构建、新一代核电技术的广泛应用、国防电磁技术的深化应用、新型磁性材料以及其他新型材料的应用，都将成为电磁场研究新的驱动力。同时，由于电磁场研究的基础性，电磁场研究与数学、物理、信息、材料、生命学科等有广泛深入的交叉，需要研究一些新的更加复杂的电磁场问题。为此，建议重点交叉研究领域有：在大规模电磁场计算方面，与并行、互联网、云计算等数学、物理和信息学科交叉，以解决更大规模电磁场问题以及与其他物理场耦合的高效快速计算问题；在新型材料的电磁特性方面，针对电磁超材料等新型材料和表面等离子体激元等新物质，纳米电磁学和纳米生物电磁学等也是重要的交叉研究领域。

电磁场今后的发展应争取在以下重点研究方向取得突破。

1)计算电磁学

结合实际工程中出现的多尺度、非线性、复杂介质的电磁场与多物理场耦合问题,深化研究各类电磁场数值计算方法,提高求解大规模工程实际问题的能力;针对特高压、特大容量发电和输变电设备的设计、制造和运行中的过热、损耗、振动等问题,研究多尺度、超大规模的电磁场高效计算方法;针对高电压大功率电力电子装置和高电压大电流电力电子器件中的电磁场与多物理场问题,研究瞬态电磁场与多物理场的高效计算方法以及宽频等效电路模型和参数提取方法等。重点研究磁性材料磁化与损耗的建模方法,多尺度、非线性、复杂介质的电磁场与多物理场耦合问题,复杂结构电大尺寸的计算方法以及分裂与并行技术,时变介质、空间色散介质等特殊介质的计算方法等。

2)新型磁性材料建模方法

针对新型磁性材料的快速发展,深化研究磁性材料磁化与损耗的建模方法;针对电工设备节能优化设计需要,深化研究磁性材料的磁化与损耗特性机理,包括磁性材料在一维交变、多维旋转激磁条件与复杂工况条件下的多模态综合磁特性建模方法,以及从微观磁畴运动理论研究新型磁性材料的磁化特性等。重点研究磁性材料在多维激励、复杂工况应用下的磁化与损耗机理、特性、模型以及多模态综合建模方法,新型磁性材料的磁化损耗机理、特性和模型以及微观磁化机理等。

3)电磁场与物质的相互作用

其主要研究高电压、大电流、强功率条件下的特定电磁装置中电磁场与物质相互作用问题;研究光子晶体、电磁超材料、石墨烯等新型材料中微米纳米以及更小尺度下的低电压、小电流的电磁场和这些新型材料的相互作用机理、效应与应用等。重点研究特高压、大电流、强功率、高频率、高速运动、超导、微纳尺度等极端情况下的电磁场以及与其他物理场的相互作用问题,研究石墨烯和类石墨烯材料等新型材料的电磁特性,探索其在能源、国防、信息、医疗、环境、生命等领域的应用,研究电磁场与微纳流体的相互作用机理与效应等。

8.2 电　网　络

8.2.1 学科内涵与研究范围

《中国大百科全书》指出:在许多情况下,电路又称为电网络,但后者通常指较复杂的电路。因此,电网络可以说是一种复杂的电路,其实质是各类电系统抽象出来的物理模型。电网络理论是解决电类相关问题的理论研究,具体研究对象涵盖电力系统、电力电子电路、电路与系统、信号处理、极大规模集成电路、片上系统与网络等。

电网络理论的研究内容不仅包括元件与系统的建模、分析、综合以及故障诊断中的普遍性问题，也包括极端环境下电系统的适应性、可靠性等特殊问题。电网络理论研究的基本任务在于解决人们在电路设计、电路分析、状态监控与系统性能测试过程中出现的各类理论、计算与认知难题。因此，电网络理论不仅是电气科学与工程的理论基础，也是电子科学、控制科学等其他交叉学科的生长点，同时还是生物信息、量子物理、形态数学、光学传感等新兴学科与边缘学科发展的理论基础。

随着新材料、新工艺和电系统复杂性的发展以及电网络的工作频率越来越高、信号频带越来越宽，对系统功耗、数据处理速度、系统稳定性等提出了更高的需求，电网络中的非线性问题、频率依赖等问题不可忽视，导致电网络中的元件与系统建模、数据采集、深度特征提取、数值计算等面临严峻的挑战。下面对电网络理论中的四个主要研究分支分别叙述。

1)电网络建模

电网络分析离不开元件和电路建模。随着新型元器件的出现、网络日益复杂化、运行条件极端化，电路元器件和电路的建模难度越来越大。例如，纳秒级波前的快脉冲、振荡频率为兆赫兹至数十吉赫兹信号作用下的射频前端电路、功率器件、线缆与传输线、开关元件、高压电器等元器件的建模，非线性元器件和端口外特性的准确表达，混杂系统的准确描述等，都存在很大困难。

2)电网络分析

网络规模和复杂性越来越大，特别是场与路耦合，非线性与频率依赖并存，分岔与混沌现象的存在，复杂快速开关网络的使用，电路的内部工作机制与行为机理更为复杂。此外，新兴技术交叉学科的理论突破，给网络分析带来新的发展空间。

3)电网络综合

新材料、新工艺、新器件的出现，促进新的应用领域发展，各种不同用途的有源或无源、低频或高频电路的拓扑及其功能实现需要新的理论与方法支撑。

4)电故障诊断

故障诊断过程包括故障建模、数据采集、特征提取以及故障模式判决等研究方向。模拟及数模混合电路故障种类多样，缺乏通用的故障模型，故障行为特征复杂多变，这导致模拟及数模混合电路故障建模、故障特征提取一直都是电故障诊断的难题。此外，数据采集是故障诊断的必要步骤，而目前电系统中出现了几十吉赫兹甚至上百吉赫兹的超宽带信号，该类信号的采集无法由传统的模数转换器完成，因此，对于上百吉赫兹的超宽带电路故障诊断时，信号采集理论也亟待突破。

8.2.2　国内外研究现状和发展趋势

1. 国外研究现状和发展趋势

国际上与电网络对应的学科领域是“电路与系统”。电路与系统是一个基础学科领域,其研究范围广、研究时间长。自 18 世纪 70 年代提出电磁感应定律开始,目前该学科的研究已有几百年的历史,在集总参数电路、分布式参数电路方面都涌现了许多的定理、定律与方法,如基尔霍夫定律、欧姆定律、相量法、分布式网络等效方法等,为电网络理论的深入研究提供基础理论。

电网络的发展与其他许多新兴学科相辅相成,互相促进。例如,信号处理、机器学习、新材料新工艺、集成电路、计算机辅助设计等领域的发展都与电网络有密切的关系。电网络的研究范围广,主要涉及电路理论基础、技术应用、系统架构及信号和信息处理等多个维度[34,35]。

目前,电网络理论的发展十分迅速,但同时存在许多实际问题需要寻求理论的支撑与突破。例如,极端环境下的电信号采集与恢复问题,模拟及数模混合电路的故障诊断问题,电网络暂态过程相互作用机理问题[36,37]。为此,国际上电路与系统学科在现有理论体系的支撑下,关注当前交叉学科的发展动态,合理引入与改进交叉研究领域最先研究成果,以期针对电网络应用过程中的瓶颈问题,寻找新的理论突破。例如,引入压缩感知理论,研究超宽带信号采集方法;引入电路信息安全与量子计算,研究电网络故障诊断方法;引入自动化科学以及人工智能,研究数据驱动下的故障检测与深度特征提取方法等[38,39]。

2. 国内研究现状与差距

国内学者以具体工程挑战为依托,围绕电网络理论在工程应用问题中存在的关键科学与技术问题开展研究,涉及多学科、多领域的共性知识,研究解决电网络实际问题的个性化理论与方法,促进电网络理论的迅速发展。在此期间,在电网络领域出现了很多有特色的研究方向与研究成果,分别阐述如下。

1)电网络分析

近十年以来,国内在电路系统元件和系统的建模、参数辨识、电网络非线性特性研究、混沌电路动力学行为规律研究、宽频电暂态分析、电路健康/寿命预测方法研究、智能电网行为分析、高度集成化的电力电子电路建模与分析、超大规模电力系统稳态/暂态分析、新能源联网分析、动态相量信号处理方面展开了深入研究,取得了很好的研究成果[40～44]。此外,针对未来电网的一些特定的应用,考虑混合多端直流技术结合了电网换相多端直流技术和电压源变流器多端直流技术的优点,提出了一种极具竞争力的多端直流解决方案[45～47]。

2)电网络综合

针对大规模电力系统中的设备数据采集与处理、多功能集成器件实现、电力电子开关网络布局与控制、高压电器及网络行为分析等具体工程应用过程中遇到的难题,国内学者在射频超宽带电路信号采集电路理论与实现、多维集成电路、混沌控制、混沌信号处理等领域进行了许多研究,取得了不少研究成果[48～51]。同时,提出了基于模糊比例积分控制控制的电子保护电路使混合高压直流系统具有良好的暂态和稳态特性，跟踪性能和抗干扰能力增强，保证了高压直流输电系统的正常、可靠和稳定运行。

3)电故障诊断

目前国内在故障诊断领域的研究主要集中在混合及数模混合电路故障特征提取、诊断与自修复方法研究、极端环境下电信号传播规律研究、电力故障容错映射[52,53]。此外，电力电子电路与装备在智能电网、大型舰艇等领域具有重要的应用价值，目前已有基于模型参数辨识技术与信息处理技术的电力电子电路故障诊断与预测方法，对于提高电力电子装备的可靠性有重要价值。

尽管国内在电网络领域的研究取得了丰硕的研究成果，但其整体技术水平仍落后于国际前沿水平，特别是在基础理论方面的突破十分有限。此外，就电网络研究所涉及的电网络分析、电网络综合以及故障诊断三个方面来看，国内外电网络的故障诊断水平均远落后于电网络的分析与综合水平，其主要原因在于制造工艺、自动化水平以及计算机辅助设计技术的发展，极大地降低了电网络分析与设计成本，促进了电网络分析与设计水平的快速提升。而对于故障诊断而言，电网络中电脉冲的上升与下降时延缩减、元件集成密度增加、低功耗电路的使用以及多功能接口电路的扩展等，使得电路工作环境日趋复杂，电网络数据呈现异构、海量、时变等特征，故障隐含得越来越深，难以发现其故障机理，最终导致电网络故障诊断目前的水平远滞后于电网络分析与设计水平，成为阻碍电网络技术发展的最主要瓶颈。

8.2.3　今后发展目标和重点研究领域

纵观电网络学科领域发展的需求，以及电网络与信号处理、应用数学、计算机科学、物理学、材料学等领域的交叉、渗透和融合，可以看出，工程应用过程中凝练出的科学问题驱动依然是电网络理论发展的主要动力。在我国现有的学科框架下，作为电气科学与工程学科中的一个基础性分支方向，电网络的研究既要注重研究电网的智能化、电力电子电路、电力设备模型的分析、设计、诊断的基础理论，更要注重结合交叉学科的融合发展，抽象出电网络中的共性与个性问题，开拓满足社会发展需要的特色方向，并取得相应的成果。

电网络今后的发展应争取在以下重点研究方向取得突破。

(1)超宽带信号采集理论与系统。数据采集与处理是电路理论研究过程中不可缺少的首要步骤。随着信号带宽越来越宽，基于奈奎斯特采样理论的传统模数转换难以满足现实需求。结合现有信号处理领域的先进技术，研究新一代数模转换迫在眉睫，国外学术界已意识到该方面基础研究的重要性。该理论与技术若获得突破，将在超大规模电力系统状态监测、复杂电力电子电路与系统故障预测、航空航天、大型舰艇健康状态管理、轨道交通系统监控等许多领域具有重要的潜在应用前景。

(2)模拟及模数混合信号电路设计、测试与故障诊断。片上系统与片上网络的设计,以及基于片上系统与片上网络技术应用领域的扩大,电路架构、电气特性、应用环境十分复杂,导致模拟及模数混合信号电路系统设计、测试与可测性设计、故障诊断等难度大大提高。特别是系统存在容差情况下的故障诊断,其电气特性通常隐含较深,难以发觉。根据目前智能技术与信息处理技术、数学技术的发展趋势,它们将对模拟及模数混合信号电路故障诊断与故障预测产生深远的影响,可能突破若干技术瓶颈。同时,电力电子电路与系统正朝着小型化和集成化趋势发展,对于复杂电磁环境、多重复杂功能、大电流等高性能要求的电力电子电路系统(也可能是一种片上网络)的测试、诊断与预测及全寿命周期健康管理是有待探索的新挑战。

(3)电路设计与测试自动化。针对电路设计与测试过程中的电路模型分析、性能验证、健康预测及电气行为分析与仿真等问题,研究电路设计与测试自动化最佳性能流程、方法与实现技术;研究电路设计与测试过程中复杂计算模块的电路实现方法,如多核处理器、网络互联、神经计算、无线通信模块等;研究电路设计与测试软件平台与系统。

(4)宽频电暂态的建模与分析。随着电工装备、电力系统的结构和运行方式变得越来越复杂,所建立的电网络不仅规模很大,且其时域暂态的时间尺度常常跨越毫秒级至纳秒级,频域范围跨越数赫兹至数兆赫兹甚至更高,时频分析的网络建模与仿真计算难度大大增加。尤其是基于系统结构和参数的白箱模型的建立及其参数的准确模拟,按传统的电路与电磁场的理论和方法很难实现。对于此类问题,需要研究新的模型和新的算法,以便能够对大型电工装备和复杂电力系统内部的各种电暂态特性进行准确预测和可靠评价。

(5)非线性电路分析与设计理论。非线性电路一直都是电网络理论的研究难点与热点方向。在电工学科范畴内,当前重要的研究内容包括超大规模电力系统和复杂电力电子电路中非线性现象的建模、分析和观测的问题,混沌控制及其应用,混沌信号处理等。高阶电路的混沌分析,电力系统中的分岔与混沌行为的准确建模、观测,混沌控制在传动、通信等领域的应用等还要深入探索。这是一个基础研究的领域,但是也需要与实际应用相结合,特别是为包含各种新能源的超大规模电力系统的稳暂态分析、复杂电力电子电路可靠性分析与设计提供理论基础。

(6)基于计算机科学、物理学、人工智能新成果的电路建模、分析、设计和诊断技术,研究该类技术在智能电网、能源互联网等领域的应用。例如,近年来,机器学习技术发展迅猛,人工智能迎来爆发元年,尤以 2015 年年底 *Nature* 杂志刊登了 LeCun 等[54]的深度学习总结性的文章为标志,其中的深度学习被 *Nature Methods* 评为 2016 年最值得关注的八大技术之一。深度学习通过构建深度人工神经网络,借助深度学习方法,处理"抽象概念",可以从海量数据中发现模式特征和结构。利用深度学习可以学习系统的深度特征,将深度学习应用于电路理论中的故障建模、特征提取与分析、健康预测与管理等领域是一项具有开拓性的研究工作,将大大提升电网络故障诊断系统的性能,同时有助于智能测试装备的研究。

(7)智能电网数据分析与处理,特别是研究在复杂电磁环境下含强快电磁脉冲影响的智能电网数据分析与处理问题,具体可以是极端环境下基于射频识别、无线传感网络等先进技术的智能电网海量信息获取、传输、处理相关的实时、高效、可靠的监测技术与基础理论研究。

(8)学科拓展与交叉研究领域。在考虑不与其他学科重复的基础上,紧跟国际前沿领域的研究成果,完善电网络的基础理论与方法。例如,与人工智能、量子纠缠、并行计算、压缩感知等理论的交叉研究,新能源联网系统测试与诊断技术、混合多端直流系统快速直流故障清除、电压源换流器过电流保护电路的设计与优化等。

参 考 文 献

[1] Atten P, Coulomb J L, Khaddour B. Modeling of electrical field modified by injected space charge. IEEE Transactions on Magnetics, 2005, 41(5): 1436-1439.

[2] Bolborici V, Dawson F P, Pugh M C. Modeling of piezoelectric devices with the finite volume method. IEEE Transactions on Ultrasonics, Ferroelectrics, and Frequency Control, 2010, 57(7): 1673-1691.

[3] de Munck J C, Faes T J C, Heethaar R M. The boundary element method in the forward and inverse problem of electrical impedance tomography. IEEE Transactions on Biomedical Engineering, 2000, 47(6): 792-800.

[4] Abdallh A E, Dupré L. A unified electromagnetic inverse problem algorithm for the identification of the magnetic material characteristics of electromagnetic devices including uncertainty analysis: A review and application. IEEE Transactions on Magnetics, 2015, 51(1): 7300210.

[5] Fu W N, Ho S L, Zhou P. Reduction of computing time for steady-state solutions of magnetic field and circuit coupled problems using time-domain finite-element method. IEEE Transactions on Magnetics, 2012, 48(11): 3363-3366.

[6] Guan X, Shu N, Kang B, et al. Multi-physics calculation and contact degradation mechanism evolution of GIB connector under daily cyclic loading. IEEE Transactions on Magnetics, 2015, 51(11): 7401004.

[7] Yoshikawa G, Hirata K, Miyasaka F. Numerical analysis of electromagnetic levitation of molten metal employing MPS method and FEM. IEEE Transactions on Magnetics, 2011, 47(5): 1394-1397.

[8] Preisach F. Über die magnetische nachwirkung. Zeitschrift Physik, 1935, 94(5): 277-302.

[9] Jiles D C, Atherton D L. Ferromagnetic hysteresis. IEEE Transactions on Magnetics, 1983, 19(5): 2183-2185.

[10] Soda N, Enokizono M. E&S hysteresis model for two-dimensional magnetic properties. Journal of Magnetism and Magnetic Materials, 2000, 215(1): 626－628.

[11] Cheng Z G, Hu Q F, Jiao C P, et al. Laminated core models for determining exciting power and saturation characteristics//2008 World Automation Congress. Waikoloa, U. S., 2008: 4699164.

[12] Xie D X, Zhang W M, Bai B D, et al. Finite element analysis of permanent magnet assembly with high field strength using preisach theory. IEEE Transactions on Magnetics, 2007, 43(4): 1393－1396.

[13] 刘硕. 磁场数值计算中材料模型问题的研究[博士学位论文]. 天津: 河北工业大学, 2000.

[14] Li Y J, Zhu J G, Yang Q X, et al. Study on rotational hysteresis and core loss under three dimensional magnetization. IEEE Transactions on Magnetics, 2011, 47(10): 3520－3523.

[15] Li Y J, Yang Q X, Zhu J G, et al. Magnetic properties measurement of soft magnetic composite materials over wide range of excitation frequency. IEEE Transactions on Industry Application, 2012, 48(1): 88－97.

[16] Li Y J, Zhu J G, Yang Q X, et al. Study on rotational hysteresis and core loss under three dimensional magnetization. IEEE Transactions on Magnetics, 2011, 47(10): 3520－3523.

[17] Li Y, Li J, Tian T, et al. A highly adjustable magnetorheological elastomer base isolator for applications of real-time adaptive control. Smart Materials & Structures, 2013, 22(9): 1323－1327.

[18] She X, Huang A Q, Burgos R. Review of solid-state transformer technologies and their application in power distribution systems. IEEE Journal of Emerging and Selected Topics in Power Electronics, 2013, 1(3): 186－198.

[19] Sippola M, Sepponen R E. Accurate prediction of high-frequency power-transformer losses and temperature rise. IEEE Transactions on Power Electronics, 2002, 17(5): 835－847.

[20] John S. Strong localization of photons in certain disordered dielectric superlattices. Physical Review Letters, 1987, 58(23): 2486－2489.

[21] Yablonovitch E. Inhibited spontaneous emission in solid-state physics and electronics. Physical Review Letters, 1987, 58(20): 2059－2062.

[22] Shelby R A, Smith D R, Schultz S. Experimental verification of a negative index of refraction. Science, 2001, 292(5514): 77－79.

[23] Pendry J B. Negative refraction makes a perfect lens. Physical Review Letters, 2000, 85(18): 3966－3969.

[24] Novoselov K S, Geim A K, Morozov S V, et al. Electric field effect in atomically thin carbon films. Science, 2004, 306(5696): 666－669.

[25] Pendry J B, Schurig D, Smith D R. Controlling electromagnetic fields. Science, 2006, 312(5781): 1780－1782.

[26] McCall M W, Favaro A, Kinsler P, et al. A spacetime cloak, or a history editor. Journal of Optics, 2011, 13(2): 024003.

[27] Barnes W L, Dereux A, Ebbesen T W. Surface plasmon subwavelength optics. Nature, 2003, 424(6950): 824－830.

[28] Anker J N, Hall W P, Lyandres O, et al. Biosensing with plasmonic nanosensors. Nature

Materials,2008,7(6):442－453.

[29] Chen Y L,Analytis J G,Chu J H,et al. Experimental realization of a three-dimensional topological insulator,Bi_2Te_3. Science,2009,325(5937):178－181.

[30] Silva A,Monticone F,Castaldi G,et al. Performing mathematical operations with metamaterials. Science,2014,343(6167):160－163.

[31] Yang F,Mei Z L,Jin T Y,et al. DC electric invisibility cloak. Physical Review Letters,2012,109(5):053902.

[32] Gömöry F,Solovyov M,Šouc J,et al. Experimental realization of a magnetic cloak. Science,2012,335(6075):1466－1468.

[33] Zhu J,Jiang W,Liu Y,et al. Three-dimensional magnetic cloak working from d. c. to 250kHz. Nature Communications,2015,(6):8931.

[34] Teo J J Y,Woo S S,Sarpechkar R. Synthetic biology:A unifying view and review using analog circuit. IEEE Transactions on Biomedical Circuits and Systems,2015,9(4):453－474.

[35] Lambert M,Mahseredjian J,Marti'nez-Duro M,et al. Magnetic circuits within electric circuits:Critical review of existing methods and new mutator implementations. IEEE Transactions on Power Delivery,2015,30(6):2427－2434.

[36] Zhang C,He Y,Yuan L. A novel approach for analog circuit fault prognostics based on improved RVM. Journal of Electronic Testing-Theory and Applications,2014,30(3):343－356.

[37] Pei X,Nie S,Kang Y. Switch short-circuit fault diagnosis and remedial strategy for full-bridge DC-DC converters. IEEE Transactions on Power Electronics,2015,30(2):996－1004.

[38] Nakamura Y,Yamamoto T. Breakthrough in photonics 2012:Breakthroughs in microwave quantum photonics in superconducting circuits. IEEE Photonics Journal,2013,5(2):0701406.

[39] Lin C,Sur-kolay S,Jha N K. PAQCS:Physical design-aware fault-tolerant quantum circuit synthesis. IEEE Transactions on Very Large Scale Integration(VLSI) Systems,2014,23(7):1221－1234.

[40] Yang Y,Wang Z. Broadband frequency response analysis of transformer windings. IEEE Transactions on Dielectrics and Electrical Insulation,2012,19(5):1782－1790.

[41] 孙海峰,崔翔,齐磊. 基于黑箱理论与传统等效电路的无源元件建模方法. 中国电机工程学报,2010,30(6):112－116.

[42] Yuan L,He Y. A new neural-network-based fault diagnosis approach for analog circuits by using kurtosis and entropy as a preprocessor. IEEE Transactions on Instrumentation and Measurement,2010,59(3):586－595.

[43] 崔江,王友仁. 基于支持向量机与最近邻分类器的模拟电路故障诊断新策略. 仪器仪表学报,2010,31(1):45－50.

[44] 曾鸣,杨雍琦,李源非,等. 能源互联网背景下新能源电力系统运营模式及关键技术初探. 中国电机工程学报,2016,36(03):681－691.

[45] 袁旭峰,程时杰,文劲宇. 基于 CSC 和 VSC 的混合多端直流输电系统及其仿真. 电力系统自动化,2006,30(20):32－38.

[46] 王雪松,赵争鸣,袁立强,等. 应用于大容量变换器的 IGBT 并联技术. 电工技术学报,2012,27(10):155－162.

[47] 马伟明. 电力电子在舰船电力系统中的典型应用. 电工技术学报,2011,26(5):1－7.

[48] 包伯成,胡文,许建平,等. 忆阻混沌电路的分析与实现. 物理学报,2011,60(12):120502.
[49] 郭静波,徐新智,史启航,等. 混沌直接序列扩频信号盲解调的硬件电路实现. 物理学报,2013,62(11):110508.
[50] 汪芙平,靳夏宁,王赞基. 实现动态相量测量的 FIR 数字滤波器最优设计. 中国电机工程学报,2014,34(15):2388－2395.
[51] 洪庆辉,刘奇能,李志军,等. LC 振荡型忆阻混沌电路及时滞反馈控制. 控制理论与应用,2015,32(3):398－405.
[52] Wu F,Zhao J,Liu Y. Symmetry-analysis-based diagnosis method with correlation coefficients for open-circuit fault in inverter. Electronics Letters,2015,51(21):1688－1689.
[53] 王伟,王永亮,刘冲,等. 110kV 三相交叉互联电缆的频变模型及局放仿真分析. 中国电机工程学报,2011,(1):117－122.
[54] LeCun Y,Bengio Y,Hinton G. Deep learning. Nature,2015,521(7553):436－444.

第9章 电磁兼容学科发展战略

9.1 学科内涵与研究范围

电磁兼容是研究在各类电磁环境下，各种用电设备(分系统、系统，广义的还包括生物体)可以共存并不致引起性能降级的原理、方法和技术。电磁兼容所涉及的物理现象都是电磁现象与电磁过程在特定范围和特定条件下的具体表现，主要围绕骚扰源、敏感者和耦合途径三个要素展开研究。通过电磁兼容的研究，不仅可以解释复杂的电磁干扰现象，还可以预测潜在的电磁干扰问题，并为电磁干扰防护和电磁兼容设计提供理论和技术指导。电磁场理论和电路理论(含信号与系统)是电磁兼容研究的理论基础，电磁测量和计算电磁学是电磁兼容研究的技术手段。电磁兼容不仅是电气、电子、信息等学科的技术基础，也是诸多交叉学科和新兴学科与边缘学科发展的技术基础。

近年来，随着新能源、新材料、新器件等的发展和需求，不断提升人类开发与利用电磁频谱、电磁能量以及调控电磁特性的广度和深度，也使得电磁兼容的研究方向得到持续更新和扩展。电磁兼容研究具有鲜明的行业和技术特色，不同行业对电磁兼容研究的要求也不尽相同。鉴于我国在电力系统、轨道交通系统、航空航天系统、国防高功率电磁脉冲防护技术以及舰船系统等方面对电磁兼容研究提出的更高需求，“十三五”期间的主要研究范围包括:电力系统的电磁兼容、轨道交通系统的电磁兼容、航空航天系统的电磁兼容、高功率电磁脉冲效应与防护和舰船系统电磁兼容等。

9.1.1 电力系统的电磁兼容

电力系统正向特高压交、直流输电、可再生能源开发与接入、配电网潮流双向流动以及信息化、自动化和智能化的方向发展。特高压交、直流输电系统的高电压、大电流对电力系统本身以及周围空间和地下的其他各种设施和环境造成的电磁干扰成为电力系统电磁兼容的研究热点。智能电网不同于高压设备与保护控制设备相对分离的传统电网。一方面，高压设备越来越多地被植入了智能组件，并应用有线或无线通信技术以及物联网技术，通过这些智能组件监测与感知高压设备的运行状态。另一方面，智能电网已经成为可再生能源开发和利用的基本途径，无论是集中式开发与传输还是分布式转换与利用，集高压大功率与测量控制于一体的不同用途的电力电子装置已经成为智能电网中的新型输变电装备。因此,电力系统的电磁兼容问题呈现出瞬态特性强、频率分布宽、空间分布广、骚扰能量大、设备防护能力弱的特点。电力系统电磁兼容的主要研究任务是:特高压交直流输电系统的电磁兼容、高压大容量电力电子装置的电磁兼容问题、智能电网的电磁兼容等。

9.1.2 轨道交通系统的电磁兼容

轨道交通系统已广泛采用电力牵引、信息通信与自动控制等先进技术。无论是车辆本体还是轨道系统,都密集地装备了大量电机、变压器、变流器等电气设备以及测量检测、控制保护和信号传输等电子设备,这些电气设备和电子设备的电磁兼容性已经成为轨道交通系统运行安全的基本保障。一旦其电磁兼容性存在潜在风险,势必构成轨道交通系统的安全隐患。此外,轨道交通系统在空间上呈线形分布,运行车辆受电弓与馈电线路之间频繁快速切换对邻近设施产生的电磁干扰,也带来了新的电磁环境问题。轨道交通系统电磁兼容的主要研究任务是:轨道交通系统的动态电磁兼容建模方法、轨道交通系统的电磁发射测量方法、基于新型电磁材料的电磁防护技术。

9.1.3 航空航天系统的电磁兼容

航空航天系统的结构紧凑复杂,具有不同功能的电子设备多、集成化度高和不同类型天线密集的特点。这些电子设备和天线,既面临自身产生的电磁环境也面临自然界甚至外部恶意攻击的电磁环境,需要在系统论证、设计、构造、测试、评估和运行等不同阶段,全面解决各类电磁兼容问题。因此,电磁兼容问题已经成为航空航天系统研制和安全稳定运行的重要因素。鉴于航空航天系统具有相对特殊的电磁兼容性要求和特点,航空航天系统电磁兼容的主要研究任务是:系统级电磁兼容性设计理论与方法、航空航天系统电磁兼容性建模及仿真方法、航空航天系统电磁兼容性试验方法及试验仪器研制等。

9.1.4 高功率电磁脉冲效应与防护

高功率电磁脉冲是一种峰值场强很高的瞬变电磁现象,其中的高空电磁脉冲具有空间分布广、时间变化快、频谱覆盖范围宽、电场强度大等特点,可通过导线、电缆、天线和孔缝等途径耦合到电气与电子设备内部或电气入口端,产生过电压或过电流,造成干扰、扰乱、部分损坏甚至彻底损毁等不同级别的效果。随着现代社会的发展,电磁脉冲对关键基础设施如电力、电信、交通等广域分布式系统影响的研究引起重视。此外,高功率电磁脉冲还包括雷电、静电、高功率微波等。目前,窄谱和宽谱高功率微波已经可以作为电磁武器在信息化战场上应用。高功率电磁脉冲生物、医学领域也是研究的热点。高功率电磁脉冲效应与防护作为电磁兼容一个重要的研究方向,主要研究任务是:广域电大尺寸系统的电磁脉冲响应耦合计算方法、埋地多导体系统的电磁脉冲耦合计算方法、高功率电磁脉冲的效应与评估方法、高功率电磁脉冲在反恐安全和生物医学的应用等。

9.1.5 舰船系统的电磁兼容

与航空航天类似,新型船舶系统的结构紧凑复杂,具有大量的控制、通信导航等灵敏度极高的设备。这些敏感设备及系统与超大容量的电力推进设备综合在一个狭小的空间内,甚至是在一个模块内,因此电磁兼容问题十分突出。特别是国防舰船上,正逐渐应用包括舰船综合电力和电磁发射等先进装备,这类设备中不仅存在复杂的传导骚扰问题,而且其辐射耦合干扰不容忽视。从发展需求来看,船舶系统电磁兼容的主要研究任务包括:高压、大电流设备的传导干扰测量与抑制技术,非周期瞬态电磁干扰测量与抑制技术,大功率设备的传导与辐射特性预测与抑制技术,天线间辐射干扰的抑制技术。

9.2 国内外研究现状与发展趋势

电磁兼容问题始终伴随着电工设备与电子设备的应用,尽管不同时期、不同行业的电磁兼容研究的重点不同,但研究的核心都是围绕着骚扰源、敏感者和耦合途径三个要素开展的。

9.2.1 电力系统的电磁兼容

电力系统的电磁兼容研究与电气化的进程息息相关,研究历史已近百年。国外发达国家开展研究工作较早,积累了大量的研究成果,被一些国际组织,如国际电工委员会、国际大电网组织(Conseil International des Grands Réseaux Électriques,CIGRE)、国际无线电干扰防护特别委员会(Comité International Spécial des Perturbations Radioélectriques,CISPR)、国际电信联盟(International Telecommunications Union,ITU)等采纳。国内相关学术组织如中国电机工程学会、中国电工技术学会、中国电子学会、中国通信学会、中国电源学会等均下设有电磁兼容专业委员会或分会。随着20世纪八九十年代以微机保护为代表的二次系统微机化、自动化和网络化的发展以及三峡输变电工程继电保护下放开关场等,变电站运行中出现的各类电磁干扰问题,促使电力系统电磁兼容问题的研究成为热点,中国电力科学研究院、国网电力科学研究院、华北电力大学、清华大学等做了大量专题研究,陆续取得了一批研究成果,并积极参与国际电磁兼容标准的制定与修订工作。目前,我国电力系统电磁兼容研究整体上达到了国际先进水平,部分达到领先水平。近年来,随着特高压交直流输电工程的建设、可再生能源的开发和智能电网的建设,电力系统的电压等级不断提高、智能化设备不断涌现、高压大容量电力电子设备不断应用,出现了大量新的电磁兼容问题。近年来,本领域的研究现状和发展趋势如下。

1. 特高压交直流输电系统的电磁兼容

我国1000kV交流输电试验示范工程和±800kV直流输电示范工程分别于2009年和2010年成功投入商业运行,标志着我国特高压交直流输电技术达到国际领先水平,并在特高压交直流输电系统的电磁兼容研究方面,取得了丰硕的研究成果。例如,中国电力科学研究院、南方电网科学研究院、华北电力大学、清华大学等采用试验测量和建模计算等方法,系统地研究了1000kV变电站和±800kV直流换流站的电磁兼容问题,获得了各类电磁骚扰源特性,揭示了电磁耦合机理,确定了保护与控制设备的抗扰度限值,提出了防护措施,制定了《1000kV变电站二次设备抗扰度要求》(Q/GDW 11025—2013)和《±800kV特高压直流换流站二次设备抗扰度要求》(DL/T1087—2008)等标准;中国电力科学研究院、华北电力大学和国网智能电网研究院等研究了1000kV交流串联补偿装置的电磁兼容问题,获得了装置安装在高电位平台的控制设备端口的电磁骚扰特性,提出了电磁干扰抑制措施,确保了装置的安全可靠运行;中国电力科学研究院、华北电力大学和清华大学等通过研究,获得了1000kV变电站GIS设备快关操作的电磁骚扰特性等。此外,中国电力科学研究院、华北电力大学、清华大学等还对特高压交、直流输电线路电磁环境及其对邻近输油输气管线[1,2]、无线电台站[3～5]、地震观测台站等其他系统的电磁干扰与防护开展了深入研究,解决了一批特高压交直流输电工程建设的电磁干扰问题,制定或修订了《埋地钢质管道交流干扰防护技术标准》(GB/T 50698—2011)、《埋地钢质管道直流干扰防护技术标准》(GB/T 50991—2014)和《高压架空输电线路对短波测向台防护距离要求》、《高压架空输电线路对对空情报雷达站防护距离要求》等标准。基于以上成果,我国主导编写了《高压直流输电架空传输线电磁环境准则》(IEC/TR 62681 Ed. 1.0),标志着我国在特高压交直流输电线路的电磁环境领域达到了国际领先水平。随着未来特高压交流变电站和直流换流站中的电气设备智能化,以及±1100kV直流输电技术的开发,一些新的电磁兼容问题仍然将成为研究的热点。

2. 高压大容量电力电子装置的电磁兼容

随着可再生能源的深度利用和智能电网的快速发展,需要研制特高压直流换流阀、柔性直流换流阀、直流断路器、直流变压器以及统一潮流控制器、电力电子变压器等各类不同功能的高压大容量电力电子装置。不同于传统的输变电装备,这些装置集电力变换与控制保护于一体，其电磁兼容问题异常突出。国外早在 1962 年就对高压直流换流站的电磁骚扰产生机理、测量方法、衰减特性和抑制措施等进行了研究[6]。1972 年，Annestrand[7]用频谱分析仪分析了换流阀触发产生的传导电磁骚扰特性。之后，Sarma 等[8]和 Maruvada 等[9]提出了换流站无线电干扰等效电路的计算方法。1985 年，美国电力科学研究院测量了不同类型高压直流换流站的电磁环境，采用矩量法计算了高压直流换流站的电磁骚扰，分析了屏蔽措施的效果。随后俄亥俄州立大学、弗吉尼亚理工学院等对高压直流换流站开展了大量的试验测量和建模仿真研究[10]。此外，国外 ABB 公司和西门子公司等主要直流换流阀制造商也对直流换流阀的电磁兼容进行了长期研究，并取得了丰硕的研究成果[11]。相比而言，我国研究起步较晚，20 世纪 80 年代，原武汉高压研究所和中国电力科学研究院对我国第一个±500kV 直流输电工程(葛洲坝—上海)换流站的电磁环境进行了系列测试研究[12]。21 世纪后，特别是随着我国±800kV 特高压直流输电技术的创新发展，华北电力大学、清华大学、中国电力科学研究院、南方电网科学研究院等国内高校和科研院所对直流换流站的电磁兼容问题开始了深入系统的研究，获得了±500kV 和±800kV换流站电磁骚扰特性，提出了换流阀及换流系统的宽频建模方法，实现了电磁骚扰特性的预测计算，提出的防护措施被工程采用[13~16]。预计未来，各类不同功能的高压大容量电力电子装置的电磁骚扰的产生机理与特性、阀基控制与检测电路的耦合机理与抗扰度、电力电子装置与系统的宽频建模方法、电力电子装置与系统的电磁发射与防护等研究将受到越来越多的关注。

3. 保护与控制设备(二次侧)电磁兼容

传统电力系统的电磁兼容问题突出表现在高电压、大电流等强电设备与系统(又称一次系统)对保护与控制等弱电设备与系统(又称二次系统)的电磁干扰[17]。国外从 20 世纪 60 年代就开始了研究工作。例如，1978 年开始，美国电力科学研究院对变电站的电磁骚扰特性进行了为期 10 余年的专项研究，基于大量试验测量和建模仿真，获得了开关操作、雷击和故障三种电磁骚扰波形的特征[18,19]。以此同时，意大利、法国、瑞士、英国、加拿大、日本、德国和南非等也开展了各具特色的研究工作[20]，这些工作集中反映在国际大电网组织 1997 年出版的《发电厂和变电站电磁兼容导则》。我国电力系统电磁兼容研究起步较早，对变电站调试和运行中出现的电磁干扰问题开展了针对性的研究，并根据研究成果制定出了系列的防护措施与规范。随着 20 世纪 90 年代我国三峡输变电工程建设中的保护与控制设备下放置变电站高压开关场，变电站电磁兼容问题开始受到我国电力部门的高度重视。武汉高压研究所、华北电力大学以及四方公司、南瑞继电保护公司等开展了全面深入研究，在瞬态电场和瞬态磁场测量技术、变电站瞬态电磁环境计算方法、接地网瞬态电位计算、继电保护小室屏蔽性能等多个方面取得了一批研究成果[21,22]，制定了《500kV变电所保护和控制设备抗扰度要求》(DL/Z 713—2000)。近年来，随着电网中高压设备智能化水平的不断提高，电磁兼容问题更加突出[23]，国内外学者均加强了研究工作。例如，对气体绝缘组合电器设备开关操作产生的特快速瞬态过电压和瞬态外壳电压的研究[24]，在测量技术、统计特性、建模仿真和抑制方法等方面，取得了重要进展[25～27]。结合物联网技术在智能电网中的应用，对变电站不同位置物联网无线传感单元敏感的电磁骚扰进行了测量与特征分析[28,29]。研究成果应用于电子式互感器、物联网无线传感单元以及智能组件等抗扰度要求的制定，并提出了试验要求及实施方法[30～32]。目前，这方面的研究还处于初级阶段，需要继续开展更加深入的研究。

9.2.2 轨道交通系统的电磁兼容

轨道交通系统的电磁兼容研究最早起源于铁路信号通信系统的电磁干扰。随着铁路牵引电气化的发展，特别是高速铁路和城市轨道交通的快速发展，电磁兼容问题已经成为轨道交通安全运行的重要问题之一。国内外无论是轨道交通系统还是车辆和设备制造商，都开展了大量的研究，并制定了一系列轨道交通系统和设备的电磁兼容标准。例如，《铁路应用的电磁兼容》(IEC 62236—2003)IEC标准、《铁路应用的电磁兼容》(EN 50121—2006)欧盟标准等，这些标准主要通过各类强制性或推荐性标准的形式，对铁路系统和设施包括车载电子设备的电磁兼容性要求与测试方法进行规范和约束，主要规范了铁路系统对外界的电磁辐射以及铁路固定供电设备、机车车辆、列车及配套车辆、车载设备及仪表、信号设备和电信设备等的电磁辐射和抗扰度等特性。目前，我国铁路系统的电磁兼容标准还未形成系列化，已颁布执行的国家标准仅有《轨道交通电磁兼容》(GB/T 24338—2009)，等同采用了IEC 62236—2003国际标准。铁道部行业标准《机车车辆电气设备电磁兼容性试验及其限值》(TB/T 3034—2002)，等同采用了EN 50121-3-2—2000欧盟标准，《铁道信号电气设备电磁兼容性试验及其限值》(TB/T 3073—2003)等同采用了EN 50121-4—2000欧盟标准。近年来，尽管车辆和设备制作商都已建立了企业内部的指导规范和控制流程，但对于轨道交通系统的整车及车辆分系统之间的电磁兼容设计实施细则尚缺乏国家或行业的电磁兼容统一的规范性指导文件。近年来，本领域的研究现状和发展趋势如下。

1. 轨道交通系统的动态电磁兼容建模方法

我国轨道交通建设迅猛发展，因电磁环境的日益复杂，系统电磁兼容研究、建模与分析受到重点关注。目前，该领域研究主要针对子系统和部件级电磁兼容标准制定、建模分析和计算仿真，例如，株洲南车时代电气股份有限公司、中铁电气化勘测设计研究院有限公司、北京交通大学等依据轨道交通系统的电磁兼容试验数据，制定了《轨道交通　电磁兼容》(GB/T 24338—2009)等标准；北京交通大学、西南交通大学、中国铁道科学研究院等，针对高速铁路电磁骚扰源特点、耦合途径、敏感设备的特点和类型进行深入研究，解决了轨道交通系统中一系列电磁兼容问题[33]；北京交通大学、中国铁道科学研究院等进一步研究了轨道交通系统工况与系统电磁骚扰的关联性，指出弓网离线放电产生的脉冲是高速铁路的主要干扰源之一。针对高速铁路电磁辐射与弓网动态参数相关性较强的特点，对我国京沪高速铁路的电磁辐射水平进行了预测，并针对电磁骚扰特性，采取针对性措施改善通信信号设备抗干扰性能[34~37]。在此基础上，北京交通大学、南车青岛四方机车车辆股份有限公司等针对轨道交通系统工况变化，建立场路结合的动态电磁兼容拓扑模型，研究了轨道交通系统电磁兼容预测与仿真技术[38]。

2. 轨道交通系统的电磁发射测量方法

轨道交通系统是移动状态下的大型系统，由于系统空间尺寸与位移的原因，电磁发射测量试验难以实施。目前，该领域研究重点关注基于场地消噪的电磁发射测量方法。国际上已经依据差分法制定了一些大型移动系统的辐射发射标准[39]。由于轨道交通系统的真实电磁发射数据难以获得，我国制定的相关标准基本都是等同引用对应的国际标准[40]。针对差分法的缺陷，美国空军发展测试中心提出“虚拟暗室”的概念，研究了相关的测量技术和试验手段，并以佛罗里达州埃格林空军基地的集成弹药和电子系统预检场为例进行验证[41]。随后，美国 SARA 公司对虚拟暗室技术进行比较完整的理论研究[42]。但是，由于涉及军事应用的敏感性，美国 SARA 公司在 2008 年无限期地停止了该系统的销售及相关技术支持。国内相关研究主要针对美国 SARA 公司早期的虚拟暗室系统进行试验设计和实测分析[43~45]，北京交通大学、北京航空航天大学、电子科技大学等证实了该系统的原理缺陷与应用的局限性，进一步提出了结合分时测量方法和同步测量方法[46,47]。

3. 基于新型电磁材料的电磁防护技术

轨道交通系统主要采用电动力驱动，牵引子系统高压大电流产生很强的低频电磁发射，不仅可能引起电子设备的电磁兼容问题，还可能对乘客产生未知的影响。鉴于低频电磁发射很难屏蔽，因此，该领域的研究重点关注新型电磁防护材料。哈尔滨工业大学等研究 Fe-Ni 开孔泡沫，能够有效地提高低频电磁场的屏蔽效能[48]。考虑到轨道交通系统的机械振动，电磁防护材料必须同时具有高强度、高硬度、高延展性和耐腐蚀等优点，中南大学等研究了纳米晶软磁合金，不仅高饱和磁通密度参数理想，而且高温下的磁稳定性很好[49]。北京科技大学等基于聚苯胺和金属粉末/纤维的复合双性材料既可利用其软磁特性制作电感,也可利用其介电特性制作电容,同时还具有良好的机械力学性能和导热性能[50]。进一步采用金属粉末或金属纤维为填料制备出的电磁屏蔽材料不仅具有优良的导电性和电磁屏蔽效果,而且具有良好的机械力学性能和导热性能[51]。

9.2.3 航空航天系统的电磁兼容

电磁兼容性是关系航空航天器飞行安全的关键因素,其要求相对更加严格和严酷。而且飞行器对空间布局、载荷重量、机动过载、使用寿命、外部环境有严格的限制,开展精细化、全过程的设计、控制与测试,是航空航天系统电磁兼容性无法回避的客观需求。若解决不当,不仅带来型号的研制拖期、性能降级、经费上涨,还会导致系统的使用寿命进一步缩短。美国、欧洲等地最先感悟系统电磁兼容技术的重要性,开展相关工作较早,已经从复杂电磁环境、全寿命周期等角度建立整体兼顾局部的精确量化分析设计能力、电磁环境效应试验能力、电磁兼容性全寿命周期控制维护能力,具备了响应的技术手段,形成了标准和规范。航空航天系统电磁兼容性研究主要包括:系统级电磁兼容仿真、分析、预测、评估、优化、设计规范、设计方法、工程控制等技术和过程;试验规范制定、标准制定、项目选择、实施方法、场地建设、误差处理等技术和过程[52]。当前,研究热点进一步聚焦在更加精细的协同设计方法、更加快速和紧凑的测试方法、更加准确的电磁兼容模型等。依据航空航天系统电磁兼容性的研究内容,国外在研制、试验、使用、退役等全寿命周期制定了大量的标准、操作手册等文件,具备完善的仿真、试验平台,保证了航空航天系统全寿命周期的电磁兼容性。国内的研究起步较晚但近几年发展迅速,具备了初步的仿真试验条件,能够进行整机电磁兼容性设计、仿真、试验。近年来,本领域的研究现状和发展趋势如下。

1. 系统级电磁兼容性设计理论与方法

西方发达国家对航空航天系统的电磁兼容性设计理论和方法起步早,取得了一些研究成果,开发了一系列电磁兼容设计软件。例如,美国在 20 世纪六七十年代中期,就系统研究了航空系统的电磁兼容机理,提出用于分析 F15 系列飞机的电磁兼容设计方法和数学模型,在飞机的设计、调试和验证阶段都获得了较好的效果,缩短了研制周期、降低了研发成本。据美国国防部科技报告报道,2007 年美国在飞机电磁兼容性设计的成功率已超过 99%。在系列电磁兼容设计软件方面,有欧洲航天局的 TDAS - EMC、法国航空航天和国防实验室的 CRIPTE、美国伊利诺伊大学的 FISC 和美国麦道公司的 IEMCAP 等。这些软件已经成功应用于飞机、航天器、导弹、地面系统等复杂系统内电磁兼容性的分析评估。另外,俄罗斯也开发了飞机系统级电磁兼容性评估软件,应用于分析、计算和评估机载设备在外部电磁干扰作用下的电磁兼容性。但由于技术保密原因,国外航空航天系统电磁兼容性的设计理论和方法鲜见有文献详细报道。相比而言,我国研究起步较晚,早期多以发生电磁兼容问题后进行整改为主,在设计阶段缺乏预见性,导致效果差、成本高。近年来,北京航空航天大学以及中航工业、航天科工、航天科技等航空航天总体研制单位开展了大量研究,并取得了一批成果。例如,北京航空航天大学基于大量工程经验,提出了自顶向下的电磁兼容性量化设计和过程控制方法,根据可能发生的电磁干扰问题,将飞机的整机电磁兼容性指标分配到各个分系统、设备,可以实现对飞机的电磁兼容性建模、仿真、预测、评估、指标分解与迭代优化设计等工作,实现电磁兼容性设计过程的追溯、设计质量受控等[53];该成果已在国家重点基金的支持下形成了航空通用系统级电磁兼容性设计软件。随着国内外技术的进步,电磁兼容性设计将继续向协同化设计、精细化评估的方向发展。

2. *航空航天系统电磁兼容性建模及仿真方法*

可以分为系统级、设备级、电路板级、器件级等多个级别对电磁兼容问题进行建模与仿真,主要的建模方法有电路建模法、电磁场建模法及场路协同建模法等。对于系统级的建模,20世纪70年代,美国学者Baum[54]提出了“电磁拓扑”的概念及建模思路,为预测复杂系统的电磁干扰问题的定量分析提供了一个有效途径。对于设备级和器件级的建模,20世纪90年代,Intel公司提出了输入输出接口规范模型,这是一种行为模型,可以用于描述设备或器件的输入输出行为特征,后发展成为美国国家标准(ANSI/EIA-656 B—2007)及国际电工委员会标准(IEC 62012-1:2002),该接口规范模型不断更新,2013年9月发布了6.0版本[55]。除上述较为通用的建模方法外,针对不同类型的电路,国内外研究了不同类型的建模方法,例如,针对线性电路的矢量拟合方法,针对非线性电路的Volterra行为模型[56]和神经网络模型等[57],还有针对传导发射源的等效电路及参数提取建模方法[58],以及针对辐射发射源的偶极子等效建模方法等[59]。计算电磁学为电磁兼容建模和计算提供了基本计算方法,主要有矩量法[60]、有限元方法[61]、时域有限差分方法[62]等,可以准确计算几乎任意结构天线的辐射与接收特性、天线与近距离金属体的耦合特性以及距离较近天线之间的隔离度。对于更高频或更大电尺寸的电磁问题,还有物理光学方法[63]、几何绕射方法等,可以准确计算典型几何结构的绕射和系统级天线布局的电磁兼容分析等。对于更复杂的问题,还常常采用一些混合方法。与国外研究相比,我国主要是跟随国外研究,并对一些方法提出改进,但没有脱离国外方法的限制,没有新的突破性的方法提出。同时,国内使用的建模和仿真软件也以国外进口软件为主,缺少具有自主知识产权的软件。研究航空航天系统电磁兼容性建模及仿真用的更高精度、更高效率的计算方法,仍是未来研究的一项重要内容。

3. 航空航天系统电磁兼容性试验方法及试验仪器研制

科研试验及科研定型试验是航空航天系统电磁兼容性试验的两种基本试验，具有不同的特点，需要一些特殊的试验。例如，在2015年3月公布美国军用标准MIL-STD-461G中[64]，就借鉴了美国航空无线电委员会(Radio Technical Commission for Aeronautics，RTCA)DO-160G标准[65]，要求对机载电子设备进行电缆和电源线雷电感应瞬态传导敏感度试验。此外，电磁脉冲弹、高功率微波武器以及超宽带强电磁辐射干扰机的出现，对航空航天系统中电子装备的电磁环境生存能力提出了新的挑战。对于科研试验，主要是通过特定试验，获取电子设备的电磁兼容建模参数，例如，通过对传导骚扰源[66]和半导体功率器件的参数[67]提取，建立传导骚扰源和半导体功率器件的模型等。对于科研定型试验，创新来源于电磁兼容的新需求和信号处理技术的新进步。例如，在2011年亚太地区电磁兼容会议等国际会议上，将时域电磁干扰接收机列为会议专门主题进行学术交流。而美国军用标准MIL-STD-461G认为，采用时域测量接收机可以大大提高电磁发射测试的效率。德国的罗德施瓦茨公司生产的时域测量接收机，以及北京航空航天大学和美国Amplifier Research公司分别在2008年和2009年提出的多频率敏感度测试技术，无论在测试精度还是在测试速度方面，均居国际领先水平。在自然科学基金重大科研仪器项目的资助下，北京航空航天大学正在开展时域敏感度测试技术的研究。虽然局部正在形成突破，但整体上我国仍以借鉴国外相关方法和标准为主，所需的试验测试仪器基本依靠进口。例如，我国军用标准《军用设备和分系统电磁发射和敏感度要求与测量》(GJB 151B—2013)，主要参考美国军用标准MIL-STD-461E制定，该标准规定了军用电子、电气、机电等设备和分系统的电磁发射和敏感度要求，给出了试验测试方法。

9.2.4 高功率电磁脉冲效应与防护

从20世纪60年代开始，国外对高功率电磁脉冲进行了大量的研究。美国1962年在太平洋上空开展了高空核爆炸试验，证实了电磁脉冲的强大破坏作用，开始建造一系列模拟试验设施开展环境模拟、效应测试和防护加固等相关研究。高空核爆炸电磁脉冲波形为双指数型波形，IEC 61000-2-9:1996等国际标准对民用领域的应用给出了推荐的波形标准[68]。美国国会电磁脉冲委员会评估了美国电力系统面临电磁脉冲攻击的威胁，评估结论认为，严重依赖计算机和电力使得美国国家基础设施非常脆弱，高功率电磁脉冲攻击将给美国造成灾难性的后果[69]。俄罗斯也开展了高功率电磁脉冲对输电线路的试验研究，发现其会导致绝缘子闪络、在线监测设备故障等现象。瑞士、法国、瑞典等西方发达国家也开展了高功率电磁脉冲效应的试验研究。从国外研究看，随着现代社会对电气化、电子化和智能化的依赖程度逐渐加深，对电力系统或电子系统的安全性和可靠性的要求也必然进一步增强。国外研究的重点主要集中于高功率电磁脉冲对电力系统或电子系统的效应和防护方面，既包括建模仿真也包括试验评估。相对而言，国内研究虽然起步较晚，但在高功率电磁脉冲特性、模拟试验技术、效应试验与评估、耦合机理、建模仿真方法及防护技术等方面，均取得了一系列研究成果[70~72]。目前研究已经深入高功率电磁脉冲对广域电大尺寸线缆和系统级效应与评估等方面。近年来，本领域的研究现状和发展趋势如下。

1. 广域电大尺寸多导体系统的耦合计算方法

高功率电磁脉冲对线缆系统的耦合分析是系统级效应评估的基础。对于电力系统等几何尺寸大、连接复杂的广域网络，电磁耦合属于电大尺寸、连接复杂的多导体系统的耦合。20 世纪 70～90 年代，Paul[73] 和 Baum 等[74] 提出了一系列电磁脉冲对多导体传输线耦合的建模和计算方法，并成功应用于多导体系统的耦合分析。然而，对于大尺寸、复杂连接的多导体系统，还存在建模和仿真分析困难、计算量大的问题。Nakhla 等[75] 和 Achar 等[76] 提出了利用数值迭代的方法来解决大规模线缆所带来的问题，尽管取得了较好的效果，但由于存在数值积分运算，仍然存在计算时间长与计算精度方面的缺陷。2010 年，谢彦召等[77] 推导给出了一种基于解析迭代的新型算法，避免数值积分运算，提高了计算效率，降低了计算空间，有效解决了解耦算法对求解线缆数目的限制。近年来，含时变非线性负载的多导体传输线耦合问题、高功率电磁脉冲与电大尺寸多导体传输系统的有效耦合长度及简化分析问题等受到很多学者的关注[78,79]。

2. 埋地多导体系统的耦合计算方法

高功率电磁脉冲特别是其中晚期成分也会对埋地电缆或输油输气管道等产生较大的电磁影响。大地土壤的电导率效应可用埋地多导体系统的大地阻抗来反映，目前还没有精确的解析计算公式，国外学者提出了一些近似计算公式。例如，Pollaczek[80] 最早提出了适用于低频的大地阻抗计算公式。Saad 等[81] 考虑了位移电流对传播系数的影响，对 Pollaczek 的计算公式进行扩展。Wait[82] 和 Bridges[83] 各自提出了可反映传输线和天线两种模式的大地阻抗计算公式。Petrache 等[84] 提出了一种大地阻抗的对数形式近似解等。高功率电磁脉冲对埋地多导体系统的耦合计算方法主要有多导体传输线频域分析法、多导体传输线时域分析法、Maxwell 方程时域有限差分法等。例如，Vance 等[85] 采用传输线方法计算了无限长埋地单导体的感应电压，Poljak[86] 采用时域电场积分方程法计算了有限长埋地电缆的感应电压，周颖慧等[87] 采用时域有限差分法计算了埋地电缆的感应电压等。总体而言，目前针对埋地多导体系统的耦合问题，研究还不够深入。此外，研究的另一困难是对大地土壤电导率的建模问题。目前普遍使用的是大地土壤水平分层或垂直分层的电导率模型。这种分层电导率模型,对于变电站接地网等不大尺度的地电位计算是有效的,但对于更大尺度范围内的耦合计算是不准确的。需要研究能更准确反映复杂地质情况下的大地土壤的频变参数模型。此外,如何对仿真计算结果进行试验验证也是一个技术难点。

3. 高功率电磁脉冲的效应与评估方法

1974 年,Baum[88]提出了电磁拓扑的概念,将电磁辐射的耦合途径和作用对象加以分类,通过单条路径对单个器件的效应分析,实现系统级的效应评估,这是最早的系统级的效应评估方法。Kohlberg 等[89]研究了电磁脉冲作用于信息系统的效应及概率分布,提出了理想条件下的概率解析公式。Parfenov 等[90]提出了通信系统在重复电磁脉冲作用下的失效模型。Nitsch 等[91]和 Camp 等[92]对不同电子系统(包括个人计算机)进行了电磁脉冲效应试验,并计算了故障发生概率。孙蓓云等[93]研究了两种高空核爆炸电磁脉冲对电缆的耦合效应。王天顺[94]研究了高空核爆炸电磁脉冲的耦合途径,认为电磁脉冲可以对电子设备产生工作失灵和功能损坏两种效应,并提出相应的防护方法等。国内外也多有对电子设备、系统的电磁脉冲效应试验,对效应结果进行了不同程度的定性定量研究[95～98]。总体而言,高功率电磁脉冲的效应具有随机性、多样性和复杂性等特点,现在认为基于统计电磁学方法可以更好地描述系统或设备的失效规律,预测失效概率。在这个方面,国内与国外还存在较大的差距。

9.2.5 舰船系统的电磁兼容

随着舰船系统大量应用电力电子变流设备以及综合电力推进技术,舰船系统的电磁兼容问题日益复杂化,传统的电磁兼容设计和抑制理论已经无法满足现代舰船的要求。世界各海军强国近年来都投入了大量的精力进行海军舰船电磁兼容新技术的研发,并于 20 世纪 90 年代开始进入快速发展阶段。代表性的新技术就是计算机和现代仿真计算技术在电磁兼容设计中的应用,以及针对新型电力电子设备应用而设计的电磁干扰抑制方法等的应用。欧美国家为舰船电磁兼容制定了一系列的标准,包括美国国防部制定的 MIL-STD-461E 标准,英国国防部制定的 U. K. Defence Standard 59-411 标准和 IEC 制定的适用于民用船舶的 IEC 60533:2015 标准等。我国借鉴国外经验,也制定了包括 GB/T 10250—2007 在内的船舶专用电磁兼容标准等。

舰船电磁兼容的最新研究成果涉及舰船从设备到系统中的各个部分,既关注单个设备的电磁兼容性,也重视全舰电力系统全寿命周期内的电磁兼容性。研究内容包括电磁兼容和电磁干扰的建模与预测、系统级的电磁干扰抑制技术、电磁兼容的检测与评估以及电磁兼容标准的制定等。本节主要综述国内外在舰船电磁干扰的建模与预测以及电磁干扰的抑制这两大领域的进展。

1. 电磁干扰的建模与预测

电磁干扰的建模与预测是对舰船系统电磁兼容的基础性研究工作。在应用大量电力电子变流设备和复杂的布线、布局的舰船空间中,电磁干扰以传导和辐射的方式传播。通过现代建模方法,建立电磁干扰的源和路径模型,就能有效地预测电磁干扰,为电磁兼容设计提供基础。以美国为主的西方国家在此领域进行了深入而且细致的研究。在传导电磁干扰的建模和预测领域,现代舰船中的主要电磁干扰噪声源就是电力电子器件的快速开关及其对应的电力电子变换器的PWM等。从最具体的电力电子器件本身建模开始,到包含多个PWM变换器的系统级噪声源建模,国内外都有丰富的研究成果。很多电路仿真软件,包括Pspice、Saber和PSIM中都建立了包括IGBT和MOSFET等电力电子器件的功能模型,能够有效地将器件开关的暂态特性反映到仿真中,成为电磁干扰源尤其是其高频部分预测的重要工具。在相对器件开关暂态更长的时间尺度上,各种电力电子变换器的拓扑结构及其PWM方式时域模型的建立,也能有效地转换到频域,用于预测电磁干扰源的中低频部分。结合器件本身开关特性和变换器的PWM模型,整个电磁干扰频率范围内的噪声源就能得到很好的预测[99,100]。除了噪声源,产生电磁干扰的另一个重要因素是传导回路或者辐射通路。对于高频电磁干扰的传导,复杂的寄生参数使传导回路发生了很大的变化,基于理想模型的回路建模方法仅适用于低频电磁干扰的分析。学者借助以有限元方法为代表的现代科学计算方法和专业测量仪器,对系统的寄生参数进行提取,建立了更为准确的电磁干扰传导路径模型[101]。结合电磁干扰源和传导路径建模的最新成果,舰船电力系统的电磁干扰就能得到较为准确的分析和预测。辐射干扰是一个复杂的电磁场问题,必须根据电路的不同特性和导体不同的几何结构来建立不同模型,所以在目前还没有文献给出较宽频率范围内精确的求解方法。Youssef等[102,103]对小尺寸的Buck电路在30～100MHz范围内的近场辐射干扰进行了研究,用磁场探头对电路上方一定高度的磁场进行测量并求出辐射分布,采用磁矢位公式进行计算。由于忽略及简化因素较多,预测的频带有限,并不能适用于较高的频率。Joshi[104]指出,在忽略辐射源的辐射延迟效应和假定电力电子装置辐射频率较低的条件下,对系统内的近场辐射可采用偶极子叠加的方式计算,对系统外近场可将开关器件视为电偶极子、将电感视为磁耦合极子进行计算。文献[105]还分析了不同负载状态近场的变化,指出了负载大小决定了近场辐射的性质,可以为选择屏蔽材料的特性提供参考。从辐射干扰的研究文献看,大多是针对布线简单的电路,研究多是相对规则的对象,频率还限于近场范围,多是研究由高频环路电流引起的辐射问题,对于其他的辐射源还鲜有文献发表。

2. 电磁干扰的抑制方法

在电磁干扰的建模和预测基础上,各种新型的电磁干扰抑制方法也被相继提出。和预测方法类似,电磁干扰的抑制方法也是基于针对传导路径和干扰源的方法实现的。针对传导路径,最典型的方法就是EMI(electromagnetic interference)滤波器的应用,等效于在传导路径上增加阻抗,实现对电磁干扰噪声的抑制。国内外最新的研究针对新型的EMI滤波器做了大量的工作,应用了最新的磁材料和电容材料等,实现了滤波器功率密度的提高和抑制效果的改善。在滤波器设计中,传统的设计方法只关注主参数的效果,文献[106]提出了滤波器的综合设计方法,将滤波器原件的杂散参数的设计也考虑在内,能满足在全频域范围内对EMI抑制效果的设计。相对滤波器这样的无源方法,针对干扰源的抑制方法主要是有源的方法,包括检测噪声源并实现对消的有源EMI滤波器的方法[107],以及直接在调制方法上进行改进,实现对差模和共模EMI的抑制。实际上,基于路径和基于噪声源的方法必须有机结合才能得到更优的EMI抑制效果[108]。

以上的成果主要针对的是舰船系统的传导电磁干扰的研究。更高频的电磁干扰以电磁波形式辐射,其预测及抑制方法更复杂,也是目前研究中的难点。国内外针对这方面也进行了一系列扎实的研究工作。主要的工作包括空间电磁场建模和应用屏蔽的方法抑制辐射EMI等,但是面对复杂、空间有限的舰船金属空间,相关的研究还有待深入。

9.3　今后发展目标和重点研究领域

9.3.1　发展目标

“十三五”期间,我国电磁兼容研究的发展目标是继续面向国家经济和国防建设重大需求中出现的电磁兼容问题,研究各类电磁骚扰源的特性、高效的耦合建模与计算方法,以及新型试验评估方法与有效的防护技术等,具体包括如下几方面。

1. 电力系统的电磁兼容

本领域的今后发展目标包括:结合智能电网的重大需求,揭示特高压交直流输电系统对其他系统的电磁耦合机理,提出高压大功率电力电子系统的电磁兼容建模与仿真方法,发展智能组件、物联网无线传感单元等的防护技术等。

2. 轨道交通系统的电磁兼容

本领域的今后发展目标包括:结合轨道交通系统电磁骚扰源的快速移动特点,

提出动态时间、频率、空间多维度的电磁兼容建模与仿真方法，研制移动电磁兼容专用试验仪器，开发特殊的屏蔽材料与防护技术等。

3. 航空航天系统的电磁兼容

本领域的今后发展目标包括：结合航空航天系统的重大需求，揭示各类电磁骚扰源对机载电子设备与系统的电磁耦合机理，发展系统级、设备级与器件级的建模与仿真方法，提出新的试验方法，研制新的专用试验仪器等。

4. 高功率电磁脉冲效应与防护

本领域的今后发展目标包括：重点结合电力系统、输油输气管道等广域电大尺寸多导体系统的高功率电磁脉冲效应，揭示其电磁耦合机理，提出考虑频变介质和时变非线性负载等情况的高效建模与仿真方法，建立高功率电磁脉冲效应的统计模型和评估试验方法等。

5. 舰船系统的电磁兼容

本领域的今后发展目标包括：关注舰船综合电力系统技术和电磁发射、高能武器装备的重大需求，研究舰船大功率电力电子设备的电磁干扰测试与抑制技术，提出非周期瞬态系统电磁特性建模与测量方法，研究船舶通信、导航等天线系统的共平台辐射干扰防护技术等。

9.3.2　重点研究领域

预计在“十三五”期间，电力系统、轨道交通系统、航空航天和舰船系统的发展以及国家安全意识的进一步强化，都将成为电磁兼容研究的驱动力。为此，建议重点研究领域如下。

1. 电力系统的电磁兼容

本领域重点研究特高压交直流输电系统对其他系统的电磁影响机理、耦合模型及防护技术，高压大容量电力电子装置及系统的电磁骚扰特性、宽频建模方法以及阀基控制与监控设备的防护技术，智能电网各类智能组件和物联网无线传感单元的电磁骚扰特性、耦合模型及抗扰度特性等。

2. 轨道交通系统的电磁兼容

本领域重点研究轨道交通系统级动态电磁兼容建模方法和电磁兼容性能预测方法，轨道交通系统电磁辐射现场实时测量方法和测量技术，基于整车的车载设备电磁干扰防护技术和电磁防护材料等。

3. 航空航天系统的电磁兼容

本领域重点研究各类机载电子设备与系统的电磁兼容固有特性与耦合模型，传导与辐射电磁骚扰源、线缆与天线、器件等的耦合模型，设备级与系统级的电磁骚扰与敏感度的时域试验测量方法与仪器研制等。

4. 高功率电磁脉冲效应与防护

本领域重点研究地上与埋地广域电大尺寸多导体系统的建模与仿真方法，高功率电磁脉冲对系统级、设备级与器件级的电磁耦合机理和效应机理，高功率电磁脉冲对复杂系统作用的状态定界和概率表征下的行为预测模型以及高功率电磁脉冲在拒止安全和生物、医学等领域的应用等。

5. 舰船系统的电磁兼容

本领域重点研究船舶系统各类大功率电力电子设备传导与辐射特性的精确描述、测试仪器研制及高效抑制方法，非周期瞬态系统的电磁特性建模与实时测量技术，基于自适应原理的天线间辐射干扰防护技术等。

电磁兼容研究的理论基础是电磁场理论和计算数学理论，涉及数学、电气、电子、信息、材料等多个不同学科。为此，建议重点交叉研究的领域有：在大规模电磁耦合机理研究的高效建模与快速仿真、电磁骚扰海量测量数据特征统计提取与分析归类等的方面，会与数学学科、计算电磁学以及并行计算、互联网、云计算等信息学科交叉；在设备级和器件级的失效机理、特征与评估、新型电磁材料特性与防护技术等方面，会与微电子学科和材料学科交叉。

参 考 文 献

[1] 中国电力科学研究院．1000kV 特高压交流同塔双回线路对金属管线影响及防护的研究．北京：中国电力科学研究院，2009.

[2] 华北电力大学电磁环境效应研究组．±800kV 特高压直流输电线路对输油输气管线电磁影响研究. 北京：华北电力大学，2009.

[3] 赵志斌，干喆渊，张小武，等．短波频段内 UHV 输电线路对无线电台站的无源干扰．高电压技术，2009，35(8)：1818－1823.

[4] 唐波，赵志斌，张建功，等．特高压输电线路无源干扰研究进展．高电压技术，2013，39(10)：2372－2382.

[5] Tang B, Wen Y F, Zhao Z B, et al. computation model of the reradiation interference protecting distance between radio station and UHV power lines. IEEE Transactions on Power Delivery, 2011, 26(2)：1092－1100.

[6] Hyltén C N, Olsson E. Radio noise from high-voltage direct-current system//Proceedings of the International Conference on Gas Discharges and The Electric Supply Industry. Surrey, U. K., 1962: 295－306.

[7] Annestrand S A. Radio interference from HVDC converter station. IEEE Transactions on Power Apparatus and Systems,1972,PAS-91(3):874－882.

[8] Sarma M P, Gilsg T A. Method of calculating the RI from HVDC converter stations. IEEE Transactions on Power Apparatus and Systems,1973,PAS-92(3):1009－1018.

[9] Maruvada P S,Gilsig T,Orton H E. Theoretical and experimental study of the RI generated by an HVDC converter station//Proceedings of the Canadian Communications and Power Conference. Montreal,Canada,1974:125,126.

[10] Kasten D G,Liu Y,Caldecott R,et al. Radio frequency performance analysis of high voltage DC converter stations//Power Tech Proceedings. Porto,Portugal,2001,4:6.

[11] Jaekel B W, Quoc-Buu T. Electromagnetic environment near HVDC thyristor valves//The Eleventh International Symposium on High Voltage Engineering. London,U. K.,1999:47－50.

[12] 马为民,聂定珍,万保权,等．高压直流换流站换流阀电磁干扰的测量．高电压技术,2008,34(7):1317－1323.

[13] 薛辰东,瞿雪弟,杨一鸣．±800kV 换流站无线电干扰研究．电网技术,2008,32(2):1－5.

[14] 赵志斌,崔翔,王琦．换流站阀厅电磁骚扰强度的计算分析．高电压技术,2010,(3):643－648.

[15] Zhang W D,Gu J C,Cui X,et al. Study on the time-variated radiation model of converter valve//The 14th Biennial IEEE Conference on Electromagnetic Field Computation. Chicago,U. S.,2010.

[16] 余占清,何金良,曾嵘,等．高压换流站的主要电磁骚扰源特性．高电压技术,2008,34(5):898－902.

[17] 贺景亮．电力系统电磁兼容．北京:中国水利电力出版社,1993.

[18] Wiggins C M,Thomas D E,Nickel F S,et al. Development and validation of a model to predict EMI effects of switching transients on protective circuits in high voltage substations//IEEE Symposium on EMC,Session 3D. Atlanta,U. S.,1987:209－220.

[19] Thomas D E, Wiggins C M, Nickel F S, et al. Prediction of electromagnetic field and current transient in power transmission and distribution system. IEEE Transactions on Power Delivery, 1989,4(1):744－754.

[20] Ianoz M,Dellera L,Nucci C A,et al. Modeling of fast transient effects in power networks and substations. CIGRE,1996,36(204):54－65.

[21] 崔翔,李琳,卢铁兵,等．电力系统电磁环境的数值预测方法及其应用．华北电力大学学报,2002,29:18－24.

[22] 崔翔,李琳,卢铁兵,等．电力工程建设中电磁干扰问题的研究．北京:华北电力大学科学技术报告,2000.

[23] 黄益庄．变电站智能电子设备的电磁兼容技术．电力系统保护与控制,2008,36(15):6－9.

[24] Riechert U,Holaus W,Krusi U,et al. Design and test of gas-insulated circuit-breaker and disconnector for 1100kV. 2009 International Conference on UHV Power Transmission. Beijing,China,2009.

[25] 陈维江,颜湘莲,王绍武,等．气体绝缘开关设备中特快速瞬态过电压研究的新进展．中国电机工程学报,2011,31(31):1－11.

[26] 陈维江,李志兵,孙岗,等．特高压气体绝缘开关设备中特快速瞬态过电压特性的试验研究．中

国电机工程学报,2011,31(31):38－47.

[27] 张卫东,陈沛龙,陈维江,等. 特高压 GIS 变电站 VFTO 对二次电缆骚扰电压的实测与仿真. 中国电机工程学报,2013,33(16):187－196.

[28] Shan Q, Glover I A, Atkinson R C, et al. Estimation of impulsive noise in an electricity substation. IEEE Transactions on Electromagnetic Compatibility,2011,53(3):653－663.

[29] Weidong Z,Bo A,Xiang C,et al. A study on electromagnetic disturbance in substation to wireless sensor unit//2012 International Symposium on Electromagnetic Compatibility. Rome,Italy,2012:1－6.

[30] Bo A,Weidong Z,Haijie M,et al. A study on electromagnetic disturbance and immunity of wireless sensor unit in substation//The 31th URSI General Assembly and Scientific Symposium. Beijing,China,2014:1－4.

[31] 赵军,陈维江,张建功,等. 智能变电站二次设备对开关瞬态的电磁兼容抗扰度要求分析. 高电压技术,2015,05:1687－1695.

[32] 嵇建飞,袁宇波,庞福滨. 智能变电站就地智能设备电磁兼容抗扰度实验分析. 电工技术学报,2014,S1:454－462.

[33] 单秦. 高速动车组电磁兼容性关键技术研究[博士学位论文]. 北京:北京交通大学,2013.

[34] 韩通新. 弓网受流中出现连续火花的原因分析. 铁道机车车辆,2003,23(3):58－61.

[35] 张晨,黄继东,韩通新. 预测高速铁路电磁辐射的一种有效方法. 中国铁道科学,2000,(2):88－94.

[36] 白如雪. 强电磁干扰对铁路信号的影响研究[硕士学位论文]. 北京:北京交通大学,2010.

[37] 蔡世东. 外界电磁干扰引起应答器接收模块故障的原因分析. 铁道通信信号,2012,(3):19,20.

[38] 马云双. 新一代动车组电磁兼容关键技术研究[博士学位论文]. 北京:北京交通大学,2013.

[39] BS EN50121-2. Railway applications electromagnetic compatibility－Part 2: Emissions of the whole railway system to the outside world. British Standards Institution. London,U. K. ,2008.

[40] 中华人民共和国国家质量监督检验检疫总局,中国国家标准化管理委员会. 轨道交通 电磁兼容(第 3-1 部分):机车车辆列车和整车(GB/T 24338. 3—2009). 北京:中国标准出版社,2010.

[41] Schoch D L,Mohd M A. Feasibility of a virtual anechoic chamber:The ultimate E3 test facility//Southcon 94 Conference Record. Orlando,U. S. ,1994:306－311.

[42] Marino Jr M A. System and method for measuring RF radiated emissions in the presence of strong ambient signals:U. S. ,Patent 6980611,2005-12-27.

[43] 陈京平,刘建平,田军生. EMI 测试中虚拟暗室的使用. 无线电工程,2008,(10):56,57.

[44] 陈京平,刘建平,田军生,等. 虚拟暗室系统实验研究. 安全与电磁兼容,2008,(6):85－89.

[45] 程君佳. 虚拟暗室测试平台总体设计与算法研究[硕士学位论文]. 成都:电子科技大学,2007.

[46] 杨醉,王晖,刘培国. 一种改进的虚拟暗室测试系统//第二十届全国电磁兼容学术会议. 无锡,中国,2010:108－112.

[47] Liu D,Wen Y H,Chen S,et al. A new method of on-site radiated emission measurement of train based on blind source separation//International Conference on Electromagnetics in Advanced Applications. Torino,Italy,2015:678－681.

[48] 黄晓莉,武高辉,张强,等. 开孔泡沫 Fe-Ni 的电磁屏蔽性能. 稀有金属材料与工程,2010,39(4):731－734.

[49] 朱凤霞,易健宏,李丽娅．铁基纳米晶软磁合金的研究现状．磁性材料及器件,2008,39(2):1－6.

[50] 王俊,朱国辉,王振基,等．不同体积分数聚苯胺对复合电磁屏蔽材料性能的影响．安全与电磁兼容,2007,(3):59－62.

[51] 翟少岩,庞景芹,朱国辉,等．导电聚苯胺/羰基铁粉复合吸收效能的研究．安全与电磁兼容,2008,(3):64－66.

[52] 苏东林,雷军,王冰切．系统电磁兼容技术综述与展望．宇航计测技术,2008,(z1):34－38.

[53] 苏东林,谢树果,戴飞,等．系统级电磁兼容性量化设计理论与方法．北京:国防工业出版社,2015.

[54] Baum C E. How to think about EMP interaction//Proceedings of the 1974 Spring FULMEN Meeting, Albuquerque, U. S. ,1974:12－23.

[55] Ma C, Xie S G, Jia Y F, et al. Macromodeling of the memristor using piecewise volterra series. Microelectronics Journal,2014,45(3):325－329.

[56] Fang Y H, Yagoub M C E, Wang F, et al. A new macromodeling approach for nonlinear microwave circuits based on recurrent neural networks. IEEE Transactions on Microwave Theory and Techniques,2000,48(12):2335－2344.

[57] Liu Q, Wang F, Boroyevich D. Modular-terminal-behavioral (MTB) model for characterizing switching module conducted EMI generation in converter systems. IEEE Transactions on Power Electronics,2006,21(6):1804－1814.

[58] Wang J J H. An examination of the theory and practices of planar near-field measurement. IEEE Transactions on Antennas and Propagation,1988,36(6):746－753.

[59] Davidson S A, Thiele G A. A hybrid method of moments-GTD technique for computing electromagnetic coupling between two monopole antennas on a large cylindrical surface. IEEE Transactions on Electromagnetic Compatibility,1984,EMC-26(2):90－97.

[60] Tsutsui H, Kajita S, Ohataet Y, et al. FEM analysis of stress distribution in force-balanced coils. IEEE Transactions on Applied Superconductivity,2004,14(2):750－753.

[61] Noda T, Yokoyama S. Wire representation in finite difference time domain surge simulation. Power Engineering Review,2002,22(5):72.

[62] Di Giampaolo E, Sabbadini M, Bardati F. Astigmatic beam tracing for GTD/UTD methods in 3D complex environments. Journal of Electromagnetic Waves and Applications, 2001, 15 (4): 439－460.

[63] STD-MIL-461G. Requirements for the Control of Electromagnetic Interference Characteristics of Subsystems and Equipment. U. S. ,2015.

[64] DO/R-160G. Environmental conditions and test procedures for airborne equipment. Radio Technical Commission for Aeronautics. Washington D. C. , U. S. ,2010.

[65] Tarateeraseth V, Hu B, See K Y, et al. Accurate extraction of noise source impedance of an SMPS under operating conditions. IEEE Transactions on Power Electronics,2010,25(1):111－117.

[66] Ariga Z N, Wada K, Shimizu T. TDR measurement method for voltage-dependent capacitance of power devices and components. IEEE Transactions on Power Electronics, 2012, 27 (7): 3444－3451.

[67] Institution B S. Electromagnetic compatibility. Environment. Description of HEMP environment. Radiated disturbance(IEC61000-2-9). Geneva:Basic EMC Publication,1996.

[68] House Committee on Armed Services. Report of the commission to assess the threat to the United States from electromagnetic pulse(EMP)attack:Critical national infrastructures,2008.

[69] Foster Jr J S,Gjelde E,Graham W R,et al. Report of the commission to assess the threat to the united states from electromagnetic pulse (emp) attack: Critical national infrastructures. Electromagnetic Pulse Commission,Mclean,U. S. ,2008.

[70] 谢彦召,周辉,孙蓓云,等. HEMP线缆效应研究中的几个关键因素. 核电子学与探测技术,2005,25(6):657－660.

[71] 谢彦召,孙蓓云,聂鑫,等. 有界波电磁脉冲模拟器下短线缆效应的理论和实验研究. 强激光与粒子束,2005,17(11):1717－1720.

[72] 周璧华,陈彬,石立华. 电磁脉冲及其工程防护. 北京:国防工业出版社,2003.

[73] Paul C R. Analysis of Multiconductor Transmission Lines. New York:John Wiley & Sons,1981.

[74] Baum C E,Liu T K,Tesche F M. On the analysis of general multiconductor transmission-line networks. Interaction Note,1978,350:467－547.

[75] Nakhla N, Ruehli A E, Nakhla M S, et al. Waveform relaxation techniques for simulation of coupled interconnects withfrequency-dependent parameters. IEEE Transactions on Advanced Packaging,2007,30(2):257－269.

[76] Achar R,Nakhla M S,Dhindsa H S,et al. Parallel and scalable transient simulator for power grids via waveform relaxation(PTS-PWR). IEEE Transactions on Very Large Scale Integration System,2011,19(2):319－332.

[77] Xie Y Z,Canavero F,Maextri T,et al. Crosstalk analysis of multiconductor transmission lines based on distributed analytical representation and iterative technique. IEEE Transactions on Electromagnetic Compatibility,2010,52(3):712－727.

[78] Shinh G S,Nakhla N M,Achar R,et al. Fast transient analysis of incident field coupling to multiconductor transmission lines. IEEE Transactions on Electromagnetic Compatibility,2006,48(1):57－73.

[79] Xie H,Wang J,Sun D,et al. SPICE simulation and experimental study of transmission lines with TVSs excited by EMP. Journal of Electromagnetic Waves and Applications,2010,24(2-3):401－411.

[80] Pollaczek F. On the field produced by an infinitely long wire carrying alternating current. Electrische Nachrichten Technik,1926,3(9):339－360.

[81] Saad O,Gaba G,Giroux M. A closed-form approximation for ground return impedance of underground cables. IEEE Transactions on Power Delivery,1996,11(3):1536－1545.

[82] Wait J R. Electromagnetic wave propagation along a buried insulated wire. Canadian Journal of Physics,1972,50(20):2402－2409.

[83] Bridges G E. Fields generated by bare and insulated cables buried in a lossy half-space. IEEE Transactions on Geo Remote Sensing,1992,30(1):140－146.

[84] Petrache E, Rachidi F, Paolone M. Lightning induced disturbances in buried cable—Part I: Theory. IEEE Transactions on EMC,2005,47(3):498－508.

[85] Vance E F. Coupling to Shielded Cables. New York:John Wiley& Sons,1978.

[86] Poljak D. Electromagnetic modeling of finite length wires buried in a lossy half-space. Engineering Analysis with Boundary Elements,2002,26(1):81—86.

[87] 周颖慧,石立华,高成．一种基于传输线方程的埋地电缆电磁脉冲耦合时域分析方法．强激光与粒子束,2006,18(7):1163—1166.

[88] Baum C E. How to think about EMP interaction//1974 Spring FULMEN Meeting. New Mexico, U. S. ,1974:12—23.

[89] Kohlberg I,Carter R J. Some theoretical considerations regarding the susceptibility of information systems to unwanted electromagnetic signals//Proceedings of the 14th International Zurich Symposium on EMC. Zurich,Switzerland,2001:20—22.

[90] Parfenov Y V,Kohlberg H,Radasky W A,et al. The probabilistic analysis of immunity of a data transmission channel to the influence of periodically repeating voltage pulses//Asia- Pacific Symposium on Electromagnetic Compatibility. Singapore,2008:66—71.

[91] Nitsch D, Camp M, Sabath F, et al. Susceptibility of some electronic equipment to HPEM threats. IEEE Transactions on Electromagnetic Compatibility,2004,46(3):380—389.

[92] Camp M,Garbe H. Susceptibility of personal computer systems to fast transient electromagnetic pulses. IEEE Transactions on Electromagnetic Compatibility,2006,48(4):829—833.

[93] 孙蓓云,周辉,谢彦召,两种高空核爆电磁脉冲电缆耦合效应的比较．强激光与粒子束,2002,(6):901—904.

[94] 王天顺．核电磁脉冲干扰及防护技术．飞机设计,2000,(4):36,37.

[95] 翟爱斌,谢彦召,韩军,等．两种高空核爆电磁脉冲下电话机的效应异同性及概率分布．强激光与粒子束,2009,(10):1529—1533.

[96] 黄嘉．核电磁脉冲干扰下电子通信系统受扰预估研究[博士学位论文]. 西安:西安电子科技大学,2012.

[97] 孙蓓云,周辉,陈向跃,等．基于 Weibull 分布的电磁脉冲损伤函数 Bayesian 分析技术．核电子学与探测技术,2009,29(6):1363—1365.

[98] 韩军,谢彦召,翟爱斌,等．静态随机存储器的电磁脉冲效应实验研究．核电子学与探测技术,2010,30(11):1423.

[99] 马伟明,张磊,孟进．独立电力系统及其电力电子装置的电磁兼容．北京:科学出版社,2007.

[100] Bishnoi H,Baisden A C,Mattavelli P,et al. Analysis of EMI terminal modeling of switched power converters. IEEE Transactions on Power Electronics,2014,27(9):3924—3933.

[101] Wang R,Blanchette H F,Mu M,et al. Influence of high-frequency near-field coupling between magnetic components on EMI filter design. IEEE Transactions on Power Electronics,2013,28(10):4568—4579.

[102] Youssef M. Conducted and radiated EMI characterization of power converter//IEEE International Symposium on Industrial Electronics. Piscataway,U. S. ,1997:207—211.

[103] Youssef M,Roudet J,Marechal Y. Near-field characterization of power electronics circuits for radiation prediction//Power Electronics Specialists Conference. Piscataway, U. S. , 1997:1529—1533.

[104] Joshi M. Generation & propagation of waves in power electronic circuits//Power Electronics Specialists Conference. Piscataway,U. S. ,1997:1165—1171.

[105] Antonimi F, Cristina S. Switched mode power supplies EMC analysis: Near field modeling and experimental validation//IEEE International Symposium on Electromagnetic Compatibility. Piscataway, U. S., 1995: 453－458.

[106] Wang R X. High power density and high temperature converter design for transportation applications[PhD Dissertation]. Blacksburg: Virginia Polytechnic Institute and State University, 2012.

[107] Li Ming, Shen M S, Xing L, et al. Current feedback based hybrid common-mode EMI filter for grid-tied inverter application//Energy Conversion Congress and Exposition. Raleigh, U. S., 2012: 1394－1398.

[108] Jiang D, Wang F, Xue J. PWM impact on CM noise and ac CM choke for variable-speed motor drives. IEEE Transactions on Industry Applications, 2013, 49(2): 963－972.

第10章 先进电工材料及其应用

电工学研究的一个重要目的是促进电工技术的发展。材料作为电工技术的重要物质基础,其发展一直是促进电工技术进步的根本动力之一,因为电工装备的功能和性能往往在很大程度上取决于材料的电磁特性。纵观电工技术100多年的发展历史,最为显著的进步原动力均来自新材料技术的进步。例如,基于半导体材料的发展而产生的电力电子技术,已经成为20世纪电工技术领域最具变革性的进步动力,并对现代电网技术的进步产生了重大影响;又如,钕铁硼永磁材料和非晶合金铁磁材料的发展,对现代电机和变压器制造技术的发展产生了重大的影响;氧化锌避雷器、碳纤维复合芯导线等技术发明,其根本创新之处在于新材料的应用;超导材料若能在电工技术中得到广泛应用,将对电工技术产生革命性的影响。

先进电工材料是从新材料的应用对象(即电工技术领域)来定义的,因而除了超导材料、新型导电材料、新型磁性材料、电力电子器件用新型半导体材料、新型绝缘材料与新型电介质材料外,很难明确界定电工新材料的范围。但从广义上讲,可以在电工技术领域得到应用的新材料均可以属于电工新材料。因此,除了上述提及的新材料外,电力储能用材料和其他一些新型电磁功能材料如压电材料、热电材料、磁致伸缩材料、电致伸缩材料、磁制冷材料、巨磁阻材料、压敏材料、绝缘体-金属相变材料乃至超材料、多铁材料等,均可以看成电工新材料。

进入21世纪以来,新材料技术突飞猛进,借助于新材料科技的发展来解决电工技术中的瓶颈问题或创新电工装备制造技术,不仅是电工学科自身发展的需求,也是学科交叉发展的必然趋势,并将催生出一系列新兴产业。因此,超导与电工新材料及其应用的研究将是电工学科最基础和重要的研究方向之一。电工新材料及其应用研究还有助于挑战更高的电磁参数极限、生产出具有更好电磁性能甚至完全不同性能的电工装备,探索更多的未知现象和发现更多的自然规律,对促进我国国民经济的发展和科学技术的进步具有重要的意义。

超导材料具有常规电工材料所不具备的零电阻、完全抗磁性和宏观量子效应等奇特物理特性,是新材料领域一个十分活跃的重要前沿,它与凝聚态物理中一系列有重大意义的基本科学问题都有紧密联系,并持续推动了新材料研究的持续发展。超导材料在能源电力、医疗、交通、科学研究及国防军工等方面有重大的应用价值和广阔的应用前景。特别是近年,随着节能减排、新能源以及智能电网等新技术和新型产业的快速发展,超导电工技术已经越来越成为一门不可替代的高新技术。

在新型导电材料中,新型铜材料(如铜合金和纳米孪晶结构铜等)的研究十分活跃。电工技术发展100多年来,铜合金在导电材料领域一直占据不可替代的位置。国际铜业协会认为铜及其合金作为重要的导电材料,仍将在包括电力输送、信息传输、电力/电子连接件、电动机、电磁铁、汽车及航空等领域发挥重要的作用。改善铜的导电性、导热性和机械强度,是当今新型导电材料的重要研究方向。

磁性材料是电工领域的基础必备材料,先进电工磁性材料探索和制备新型磁性材料或对已有磁性材料特性进行改进,可极大推动电工装备的持续发展和新装备的研制。先进永磁材料、非晶合金铁磁材料、软磁材料和特殊功能磁性材料等典型电工磁性材料的研究与发展,大大提高了电工装备的性能和新产品开发进度,促进电工技术的快速发展。

10.1 研究范围与任务

本章将重点讨论超导材料及应用、新型导电材料、先进电工磁性材料及其应用研究等。其他新型电磁功能材料涉及的材料种类较多,但单种材料的电工应用面较窄,因此就不在此外一一详细讨论了。

10.1.1 超导材料及其应用

超导材料主要包括以NbTi和Nb_3Sn为代表的低温超导材料,以及以铜氧化物超导材料(包括稀土钇钡铜氧超导材料即YBCO、铋锶钙铜氧超导材料即BSCCO-2212或BSCCO-2223、铊钡钙铜氧超导材料即TlBCCO、汞钡铜氧超导材料即HgBCO等)、铁基超导材料和MgB_2为代表的高温超导材料,其应用主要包括超导电力科学技术和超导磁体技术及应用。主要研究范围与任务如下。

1. 超导材料制备基础科学与关键技术

不同类型的超导材料的差异性较大,但均涉及超导材料成相热力学、动力学、磁通运动与钉扎以及实用成材工艺与技术等共性问题,目的是提高超导材料载流能力、改善机械性能、降低综合成本。同时,还需研究复合超导导线的制备技术等。具体内容与任务包括:

1)超导体的成相机理研究

实用超导体一般由两种或多种元素通过合金化或化合的方式合成,考虑到掺杂,可能会有更多的元素参与成相反应。因此,其成相的热力学和动力学较为复杂。目前,虽然单相的合成条件基本清晰,但在控制晶粒尺寸和形状、元素掺杂、多相共生、缺项控制等方面尚有大量问题需要研究。

2)超导体的磁通钉扎机理研究

实用的超导材料均由第Ⅱ类超导体制备得到,其临界电流密度的大小与其体内磁通钉扎密切相关,研究超导材料的磁通运动与钉扎机制对于提高超导材料的电磁性能十分重要。超导材料的磁通钉扎研究主要涉及超导体内磁通格子的形成机制、磁通运动机理、磁通线和晶界以及缺陷的相互作用、非超导相尺寸以及密度对磁通运动的影响等。

3)超导线带材的成材工艺与技术研究

当前,低温超导线带的制备工艺与技术相对成熟。高温超导线带材的成材工艺与技术研究是当前的热点问题。由于氧化物超导体属于陶瓷材料,传统的金属成材和加工技术显然不适用。目前,基于 BSCCO 体系的第一代高温超导带材主要采用粉末装管法,基于 YBCO 的第二代高温超导带材主要采用涂层法。前者涉及形变过程中的超导粉体的变形控制以及随后的热处理过程中的超导晶粒的生长;后者主要涉及具有纳米级平整度的金属基带的制备、具有高度立方织构的种子层生长技术、超导层的外延生长技术、稳定层的制备技术以及长带的稳定性研究等。铁基超导带材及 MgB_2 超导带材的制备工艺虽然可以借鉴低温超导体和 BSCCO 体系的制备方法,但具体工艺参数控制仍有较大差异,值得进一步研究。

4)复合超导导线的制备研究

实际应用中,单根超导线带材不一定满足应用需求,因此需要基于超导导线带材制备复合超导导线。复合超导导线的制备需要针对特定结构的复合导线,研究导线制备工艺及其控制方法,还涉及复合超导导线在失超时的磁-热稳定性、多物理场对复合超导导线物理性能的影响及复合超导导线的内部多物理场耦合分析、基体材料及绝缘材料与复合超导导线的兼容性等。

2. 超导电力技术及其应用

超导电力技术主要是利用超导体的无阻高密度载流和超导-正常态转变等特性发展起来的电力应用新技术,包括超导电缆、限流器、储能系统、变压器、电机、多功能超导电力装置等。涉及上述电力应用的共性研究课题主要包括电力用超导线圈基础科学与关键技术、超导电力装备关键技术和含超导电力装备的电力系统基础研究等。具体内容与任务包括:

1)电力用超导线圈的应用基础研究

超导线圈是绝大多数超导电力装置的核心部件,因此保障超导线圈的安全稳定是研究的重点。主要研究内容包括:超导体的交流损耗与外部物理场及带/线材的结构和本征特性的关系及变化规律;由交变电磁场、热循环、电流冲击及机械扰动等引起的超导材料的疲劳效应,对载流能力和机械性能的退化作用机理和规律,以及超导线圈抗疲劳设计方法和超导装置的寿命评估等;还包括超导线圈的失超传播、冲击电流作用下线圈的稳定性、失超预警与保护方法等。

2)超导电力装备的基础科学与关键技术

其主要涉及超导电力应用原理研究、低温高电压绝缘、超导电力装备的动力学建模仿真等。主要研究内容包括:探索新型超导电力装备的原理,以及超导电缆、变压器、储能系统与限流器等的多功能集成,探索新型高效低成本超导限流器及基于超导储能的灵活交流输电技术、输电-输气一体化超导能源管道等;低温高电压绝缘技术,主要涉及低温下介质的绝缘特性与放电机理、低温绝缘设计准则、绝缘材料的疲劳效应等;研究超导电力装备的稳态、暂态和动态过程的动力学特性,建立其动力学模型;超导电力装备用结构材料的低温特性及低温容器用特种材料的失效机制等。

3)含超导电力装备的电力系统基础研究

由于超导电力装备与传统电力装备的特性差异,其对电力系统的影响也有所不同,为此需要研究超导电力装备的电磁兼容、谐波治理、动态特性与电力系统稳定性之间的相互作用与影响;电力系统对超导电力装备动态特性的要求和多台超导装备在电力系统中的协调运行;含超导电力装备的电力系统的动态稳定性、超导电力装备在电力系统中的优化配置等。

3. 超导磁体技术及其应用

超导磁体技术是基于超导材料研究强磁场产生的一门技术。超导磁体技术在能源、信息、交通、科学仪器、医疗、国防和重大科学工程等诸多领域具有重要的应用,其涉及的基础科学与关键技术主要包括:

1)超导磁体的设计与制造技术

传统的超导磁体设计和制造技术日趋成熟,但科学研究和工业应用对超导磁体的磁场分布与稳定性、磁体结构的紧凑性和特殊性等方面提出了新的要求。超导磁体的设计和制造技术需要适应这一变化的要求。为此,需要研究超导磁体的数值分析与设计技术、高精度的超导磁体制造与组装技术等。

2)高场超导磁体系统失超检测与保护

大型超导磁体储有较大的电磁能量,适合的失超检测和保护是保障失超时能量得以合理释放的重要手段。为此,需要针对失超过程对超导磁体内部的多物理场进行分析和试验研究,并研究采用探测磁体内部的温度、热流、机械、声发射等方法准确掌握失超的传播情况,并研究采取有效的保护措施。

3)超导磁体相关结构材料及低温制冷技术

高场超导磁体内部具有较高的结构应力。为了克服应力对导体和磁体的不利影响,需要研制高性能的结构材料并为高场超导磁体提供应力支撑,重点是研制高屈服强度的结构材料及浸渍用环氧材料,并研究这些材料的机械和热力学特性。

同时，要研究降低低温系统热漏、减少液氮挥发或零挥发的技术和方法。

10.1.2　新型导电材料及其应用

在新型导电材料的研究中，对铜的改性研究一直是重点之一，其中新型导电铜合金或在铜合金中引入高密度纳米尺寸孪晶结构的研究十分活跃。因此，本小节重点讨论新型铜材料的制备及其应用，其主要研究范围和任务包括：

1. 铜及铜合金的力学/电学综合性能研究

作为导电金属材料，铜和铜合金发展主要面临的问题仍是强度与电导率的倒置关系。传统的强化方式，包括合金化（固溶强化、沉淀强化）和形变强化，都会带来电导率的下降。而提高强度是电工装备发展必须面对的问题。在大多数导电应用领域，获得更好的强度/电导率综合性能是目前研究的主要任务。例如，广泛应用在高速铁路输电线、电触头、引线框架等领域的 Cu-Cr-Zr 合金，目前的硬度/电导率指标为 82/82 级别，即硬度为 HV82 级别，导电率为 82%IACS 级别，下一代在研指标为 90/90 级别。实现铜合金强度/电导率综合性能的提高，要求在深入研究强化机制并引入对导电能力影响较小的强化机制，并研究优化多种强化机制的配合，或者引入适量的碳纳米管以提高电导率的同时提高机械强度。

2. 改善高强度铜合金的加工能力和性能稳定性的研究

强化金属材料的同时，通常会带来其塑性的显著下降，进而导致其加工能力的下降。利用传统形变方式强化铜及铜合金，会导致强择优取向即织构的形成，这也会导致其加工能力的显著下降。例如，轧制纯铜薄带材，具有强烈的铜型轧制织构，导致冲压加工中出现开裂和制耳。在接插件领域应用的铜合金，需要在具有高强度高电导率的同时，具有优异的抗应力松弛能力，即长时间高应力条件下服役，不发生显著的弹性下降和应力水平下降。经过大塑性变形获得的变形态铜，在温度升高的情况下由于发生严重的再结晶和显微结构粗化，导致显著的软化现象。经过严重塑性变形获得的超细晶纯铜，软化温度只有约 200℃，经过变形获得的纳米结构纯铜，其软化温度只有 150℃。因此，在提高强度/电导率综合性能的同时，对铜合金的加工能力和性能稳定性改善的研究，对于其现实应用有重要的意义。

10.1.3　先进电工磁性材料及其应用

传统磁性材料性能不断提高以及新型磁性材料的不断涌现，极大地促进了信息、能源、交通等产业的发展。与此同时，新应用、新装备对磁性材料的性能提出了新的要求，促进了磁性材料的发展。先进磁性材料及其应用涉及软磁材料、永磁材料、特殊功能磁性材料、人工磁性材料等，具体内容与任务包括：

1. 软磁材料及其应用基础与关键技术

非晶软磁合金被广泛应用于制作配电变压器、电感器和电机等,研究重点包括不同合金配比和制作工艺下非晶合金材料的性能及其应用。

1)纳米晶软磁合金的制备研究

在保证合金综合性能的同时,研究以廉价金属元素代替部分昂贵金属元素,降低合金成本。对纳米晶合金的成分设计、制备方法及工艺过程工程参数选定和热处理工艺制定等进行系统研究,以期得出综合磁性能优异,合金成分及成分含量、制备工艺及热处理一体化配合的合金制备方案。机械合金化法工艺简单、具有经济和良好的可操控性,因此机械合金化法制备高品质纳米晶软磁材料的研究也是重要的方向。

2)纳米晶软磁合金的应用研究

随着纳米晶软磁材料应用领域的不断拓宽,大尺寸和复杂形状部件的要求日益迫切。因此,针对各种应用需求,研究制作工艺对产品性能的影响,工作条件(如高频、高压等)对产品性能的影响等是将材料应用到电工装备的基础。

2. 永磁材料及其应用基础与关键技术

1)稀土永磁材料的制备

稀土永磁材料的制备主要包括改善磁能积、矫顽力、温度系数特性、工作温度、体积密度、抗腐蚀等应用基础研究和制造工艺流程研究;低钕、高耐蚀性、长寿命、低重稀土、混合稀土烧结钕铁硼材料的制备;探索和开发新型稀土永磁材料及其制备技术。

2)稀土永磁材料的应用

稀土永磁材料的应用主要包括不同种类磁性材料特性的研究;稀土永磁材料作为电机铁心的性能研究以及开发高效电机产品。

3)纳米复合永磁材料的基础研究

由于成分和微结构上的复杂性,纳米复合永磁材料具有全新的特征。进行纳米复合永磁材料的结构设计,研究如何制备和优化该材料可控制备技术;纳米复合磁性材料的磁性耦合机理研究;探索实现纳米耦合的高矫顽力和高磁能积的硬磁新相和高饱和磁化强度的软磁新相。

3. 特殊功能磁性材料的应用基础与关键技术

目前研究和应用较多的几种新型特殊功能的电工磁性材料主要有磁性液体、超磁致伸缩材料、巨磁电阻材料等。由于其材料各具有特殊的性能,其具体研究范围与任务也不尽相同,具体包括:

1)磁性液体的制备与关键技术

新功能磁性液体的研制开发,重点在于获得稳定性与磁性俱佳的超微粒子,并寻找表面活性与之相匹配的载液。在磁性液体的应用基础研究方面,重点研究纳米磁性液体各组成成分对性能的影响,磁性液体各种现象与性能的微观机理,磁性液体装置的研制及工作机理、特性的研究,新应用领域和应用技术的探索等。

2)超磁致伸缩材料的制备与应用基础

重点研究提高材料磁致伸缩系数的方法、研制新型合金磁致伸缩材料以提高磁致伸缩特性、探索材料磁致伸缩的机理并建立相关物理模型、研究探索超磁致伸缩材料在能量转换和传感方面的新应用。

3)巨磁电阻材料的制备和应用基础

重点研究巨磁电阻效应材料的制备如多层膜、自旋阀、纳米颗粒膜、磁性隧道结、非连续多层膜、氧化物陶瓷、熔淬薄带等;研究不同巨磁材料的特性及影响其性能的因素;探索巨磁阻材料在电力传感器等领域的应用。

10.1.4 其他新型电磁功能材料

其他新型电磁功能材料如压电材料、热电材料、电致伸缩材料、磁制冷材料、压敏材料、绝缘体-金属相变材料乃至超材料、多铁材料等及其应用的研究,重点是探索新型材料体系、提高材料的应用性能并探索其在传感器、微型能源和电工装备等方面的应用。

10.2 国内外研究现状及发展趋势

超导与新型电工材料研究在发达国家已得到高度重视,研究工作稳步开展,得到了令人鼓舞的成绩。近年来,我国也在积极发展超导与电工新材料及应用研究,取得了可喜的成绩。随着材料科技的不断进步,未来将会有更多更先进的新材料问世并取得更多更新的电工学应用,它们的应用必然会给电工技术的发展带来革命性的影响。

10.2.1 超导材料及其应用研究现状与发展趋势

目前,用于电工技术的实用化超导材料[1]主要有 NbTi、Nb_3Sn 等低温超导体、铋系高温超导体、YBCO 涂层导体、MgB_2 超导体和 2008 年发现的铁基超导体。在超导材料的电工技术应用方面,超导电力技术已经达到了示范的程度,而超导磁体技术自 20 世纪 70 年代以来已经逐渐成熟并形成了一定规模的产业。

1. 低温超导材料[2]

NbTi合金的T_c为9.7K,其临界场H_{c2}可达12T,可用来制造磁场达9T(4K)或11T(1.8K)的超导磁体。NbTi线可用一般难熔金属的熔炼方法加工成合金,再用多芯复合加工法加工成以铜(或铝)为基体的多芯复合超导线,最后用时效热处理及冷加工工艺使其最终合金由β单相转变为具有强钉扎中心的两相(α + β)合金,以满足使用要求。目前,多芯复合NbTi线材,其截面上排列数百芯乃至数万芯NbTi丝,不同公司的工艺流程稍有变化,但制备技术已经十分成熟。目前NbTi超导材料主要应用于制造磁共振成像系统、实验室用超导磁体、磁悬浮列车等,其中磁共振成像每年消耗的NbTi超导线约为2500t。但针对特殊应用,如国际热核聚变试验堆工程等,在制备大电流复合导体方面,仍需要在结构和工艺控制等方面进行优化设计研究。

Nb_3Sn是一种具有A15晶体结构的铌锡金属间化合物,其超导转变温度为18K,在4.2K时的上临界磁场可达25T,4.2K/10T磁场下能承载的临界电流密度约为$5\times10^5A/cm^2$,因此,Nb_3Sn主要用于制作10～23T的超导磁体。Nb_3Sn材料因其脆性不能按照NbTi线同样的工艺制备,历史上先后尝试过多种制造方法,如气相沉积法、青铜法、扩散法、内锡法以及粉末装管法等。虽然各有优缺点,加工工艺均较复杂,产品的力学性能差。实际上,青铜法一直是各种商品化Nb_3Sn实用材料的主要制造工艺。Nb_3Sn导体主要应用于核磁共振仪、磁约束核聚变以及高能物理的高场磁体领域,如2011年德国Bruker公司已采用Nb_3Sn开发了23.5T、1GHz的核磁共振系统。

除Nb_3Sn以外,比较著名的A15化合物中还有Nb_3Al,T_c和H_{c2}比Nb_3Sn要高,分别达19.1K和32.4T。这是当前的一个研究热点,主要由于Nb_3Al具有优异的应变特性,但是该种材料的加工窗口更窄,制备更困难。目前日本国立物质科学研究所在该材料上的研究较为突出,已能制备高性能长线,并试验绕制了高场内插线圈。

以NbTi、Nb_3Sn为代表的低温超导材料虽然工作在液氦温区,但由于具有较好的超导性能和机械性能(易加工成各类应用所需的线材)而被广泛应用。从目前国际上超导材料产业化应用的趋势来看,大多数的工程及民用产品仍依赖于低温超导材料。低温超导材料广泛应用于磁共振成像、加速器以及强场磁体工程中,目前仍占整个超导材料市场的90%以上,因此在今后一段相当长时间内仍将处于超导市场的主导地位。

2. MgB_2超导材料

二硼化镁(MgB_2)超导材料的转变温度为39K[3],由于具有十分简单的化学成分、低廉的原料成本和加工工艺等优点而得到了广泛关注。MgB_2最大的优点是可以运行于10～20K温区，可用相对廉价的手段解决冷却问题，而低温超导体在这一温区无法工作。目前普遍认为MgB_2超导材料在1～2T磁场以及10～20K制冷机工作温度下，在磁共振成像超导磁体应用上有着一定的技术和成本优势。这也是国际上MgB_2超导体应用研究受到重视的主要原因。

目前MgB_2线带材成材技术主要有以下几种：

1)粉末装管法

该工艺由于流程相对简单，并且在Bi系高温超导线带材的制备上得到了广泛的应用，目前已成为制备MgB_2线带材的主要技术，金属包套材料主要是Fe、Ni、Nb等。

2)连续粉末装管成形法

该工艺已不经常使用，将Mg粉和B粉置于金属带上，通过连续包覆焊管的方法制备成线带材，然后在Ar保护下进行热处理。

3)中心镁扩散工艺

在金属管的中心位置放置一根Mg棒，并将B粉及掺杂粉末混合后填充到金属管和Mg棒中间，然后进行拉拔、轧制等加工，最终进行热处理，使得Mg熔化后扩散到周围的B粉中形成MgB_2超导相。因中心镁扩散工艺容易获得高致密度的线材，目前研究较活跃。国内外已有美国、日本、意大利、澳大利亚和中国等国家正在研究开发该材料的实际生产工艺，并且能够制备长达千米的MgB_2超导线带材。不过MgB_2长线还存在着均匀性差、性能低等不足。

对于实用化MgB_2超导材料的研究重点是如何通过改进工艺努力提高线带材在磁场下的临界电流密度和上临界场，以满足实用化的需求。化学掺杂对于提高MgB_2超导体磁场下的磁通钉扎能力是一种便捷和有效的方法，目前公认最有效的掺杂物质为纳米SiC和纳米C(或含C化合物)。迄今为止，在4.2K和10T条件下，采用粉末装管法制备掺杂MgB_2线带材样品的最高J_c为$6\times10^4 A/cm^2$[4]，而中心镁扩散工艺掺杂样品的J_c高达$1.5\times10^5 A/cm^2$[5]。

2006年，意大利Columbus公司联合其他两家公司共同开发完成了世界上第一台开放式基于MgB_2的磁共振成像系统，该系统采用G-M制冷机制冷，可以产生0.5～0.6T的磁场强度，并获得第一张人类大脑扫描图像。至今为止，它们已生产了26套上述基于MgB_2的磁共振成像系统，但由于场强过低，其性能还不能满足各种医学诊断要求。要想提高基于MgB_2的磁共振成像系统的场强(如达到1～2T)，占领高端产品市场，就必须进一步增强MgB_2磁场下的载流能力，这将是今后MgB_2线带材实用化研究所面临的主要挑战。

3. 铜氧化物高温超导材料

铜氧化物高温超导材料主要包括铋系高温超导带材(BSCCO-2223和

BSCCO-2212,或简称为 Bi-2223 和 Bi-2212,也称为第一代高温超导带材)、钇系高温超导带材(YBCO,也称为第二代高温超导带材)。

1)铋系高温超导带材

Bi-2223/Ag 导线具有较高的临界电流密度($(3\sim7)\times10^4$ A/cm^2),良好的热、机械及电稳定性,并且易于加工成长带,所需设备成本较低,使得其率先进入了产业化生产阶段,是目前世界上高温超导电力应用研究与示范项目的主要用材。

Bi-2223 超导相是一种陶瓷结构,对于超导陶瓷来说,要制备成可以实际应用的形状,如棒、带或线,普通的烧结方法是很难的。通常用粉末套管法将脆性的超导材料包裹在金属套管里制备成带材。致密化的超导芯以及良好的微观晶粒排布是获得高 J_c 带材的关键因素。然而在常压条件下制备的带材中仍然存在一定量的裂纹和孔洞,再加上常规工艺所无法完全去除的第二相粒子等,这些都会使带材织构变差、超导芯密度降低、超导连接性能受破坏等。如果采用高压热处理(hot isostatic pressing,HIP;也被称为 over pressure,OP)技术,可以使超导芯中的裂纹减少、密度增加,并且超导晶粒连接变好,最终实现超导导线临界电流密度的提高。国际上,威斯康星大学的 Yuan 等[6]利用高压热处理技术成功将 Bi-2223/Ag 超导带材的 J_c 提高 40%(达到 77K、自场下 70kA/cm^2)。日本住友电气公司建立了 30MPa 的热等静压系统,成功制备临界电流达到 200A 的 Bi 系超导长带[7]。这一成果大大超过一般人们对 Bi 系高温超导带材性能的预期,得到了世界同行的极大关注。近来,日本住友电气公司与东京大学合作,进一步将 Bi-2223/Ag 高温超导导线短样的临界电流提高到了 250A 以上(77K,自场)。

Bi-2212 带(线)材高场超导磁体方面具有重要的应用前景。在 4.2K 时,Bi-2212 带(线)在高达 35T 的外磁场下,依然能够承载具有实际应用意义的工程电流密度,因此在高场和超高场超导磁体应用中具有优势。欧洲、美国、日本对该材料的研究极为重视并取得了显著进展。日本昭和电缆公司研制的多芯 Bi-2212 带材,其临界电流密度在 4.2K 和 10T 下达到 500kA/cm^2。美国牛津仪器公司研制的 Bi-2212 线材,其临界电流密度在高达 45T 的磁场中仍达到 26.6kA/cm^2。在 Bi-2212 线带材的应用方面,美国牛津仪器公司在 2003 年将一个 Bi-2212 的内插线圈(所产生的磁场为 5.11T)与水冷磁体(所产生的磁场为 19.94T)组合得到 25.05T 的磁体系统;日本物质科学研究所采用一个 Bi-2212 的内插线圈(所产生的磁场为 5.4T)与一个低温超导磁体(所产生的磁场为 18T)的组合也产生了 23.4T 的高磁场。近年来,美国高场实验室正在研制的世界上首个 30T 的全超导磁体系统,其中的内插线圈也采用 Bi-2212 带材绕制。Bi-2212 材料在高分辨率的核磁共振磁体及要求一定强度磁场的储能磁体及加速器磁体中也具有明确的应用前景。

2)钇系高温超导带材

第一个被发现的临界温度超过 77K 的高温超导体就是 YBCO 超导体[8,9]。它是一种层状钙钛矿结构的超导体，具有正交对称性，空间群为 Pmmm，c 方向的点阵常数约为 a、b 方向的 3 倍。其超导电性呈现出明显的各向异性，电流传输主要在超导体内的 a-b 面内。其相干长度较短：a-b 面相干长度为 1.2 ～ 1.6nm，c 方向的相干长度为 0.15 ～ 0.30nm。而磁场的穿透深度，在 a-b 面约为 140nm，在 c 方向约为 700nm，各向异性比达到了 5～8。

高 T_c 铜氧化物超导体中的超导临界电流密度影响因素比低温超导体要复杂得多。其小的相干长度使得原子尺度的缺陷成为钉扎中心，同时使得大的缺陷如大角度晶界成为弱连接。外延生长的 YBCO 超导薄膜的临界电流密度 J_c(77K、0T)一般都达到了 10^6 A/cm^2，最好的已经达到了 10^9 A/cm^2，相当于 Cooper 对被拆散所对应的理论上限 J_c值。试验发现，薄膜的质量严重影响着 J_c的大小，其中螺旋位错、小的析出相、原子的缺位等是其钉扎中心。而钉扎中心的密度和分布影响着 J_c的大小。一般薄膜里钉扎中心的密度远没有饱和，表明 J_c仍有很大的提升空间。但是，多晶样品的输运临界电流密度很低。由于输运电流必须通过晶界，因此晶界成为影响超导体材和线带材输运性质的关键。

研究发现，多晶样品的输运性质表现出 Josephson 电流的性质，即随很小的外场变化而迅速变化，表明晶界成为高温超导材料的弱连接。Dimos 等[10]采用双晶的方法研究了晶界角 θ 对输运临界电流 J_c的影响，发现对于每一超导系统都存在一个临界值 θ_c，当晶界角大于这个临界值 θ_c 时 J_c会迅速下降，而小于时 J_c 变化不大。对于 YBCO 来讲，$\theta_c = 4°$。

YBCO 超导体具有更为优异的磁场下性能，它在 77K 下的不可逆场达到了 7T，高出 Bi-2223 一个量级，是真正的液氮温区下强电应用的超导材料。获得高性能的第二代高温超导(Y 系)带材的主要障碍是弱连接问题。相邻的 YBCO 晶粒间的晶界角是决定超导体能否承载无阻大电流的关键。另外，由于 YBCO 的电流传输主要在其 a-b 面内。因此要获得高性能的第二代高温超导带材，必须首先在柔性的金属基带上制备出 c 轴垂直于基带表面的强立方织构的 YBCO 层。要在柔性基带上制备出具有立方织构的超导层，首先要获得具有类似立方织构的基带，然后外延生长超导层。基带织构以及表面状况的好坏是制备涂层导体的关键。目前主要有三种工艺路线来制备这样的基带：轧制辅助双轴织构基带技术[11]、离子束辅助沉积技术[12]、倾斜衬底技术[13]。

截至 2014 年，美国 SuperPower 公司已经制备出长度达 1065m 的 YBCO 超导带材，按照带材的宽度为 1cm 计算(下同)，其最小临界电流 I_c 为 282A。韩国 SuNAM 公司制备出 I_c 达 421.7A、长度为 1000m 的第二代高温超导带材。日本藤仓公司研制出长度为 1000m、平均电流高于 600A 的 YBCO 涂层导体。在国内，上海交通大学联合赣商集团、苏州新材料研究所有限公司联合中科院电工所都已实现了 YBCO 带材的小批量制备。2014 年，苏州新材料研究所实现了千米级带材的制备,临界电流达到 280A,进入国际先进行列。

4. 铁基超导材料

2008 年发现的铁基超导体,是继 1986 年发现的铜氧化物超导体之后的第二个高温超导体系。由于其具有临界转变温度高(T_c= 55K)、各向异性较小(γ< 2)以及上临界场极高(>200T)等优点,在高场领域具有独特的应用优势,如高场磁共振成像、核磁共振、超导磁储能、核聚变磁体等。目前所发现的铁基超导体研究较多的主要有以下四个体系:1111 体系(如 SmOFeAsF、NdOFeAsF 等),122 体系(如 BaKFeAs、SrKFeAs 等),111 体系(如 LiFeAs)以及 11 体系(如 FeSe 和 FeSeTe)。其中,122 体系是目前最有实用化前景的铁基线带材,也是当前国际上的研究热点。

由于铁基超导材料硬度高,塑性加工比较困难,因此采用粉末装管法是首选的技术途径。2008 年,中科院电工所采用粉末装管法研制出国际第一根铁基超导线材,试验结果表明 122 铁基超导体晶界弱连接效应的临界角约为 9°,远大于 YBCO 超导体中的 3°～5°。由此可见,与铜氧化物超导体相比,铁基超导体的晶界弱连接效应较小,能够采用成本较低的粉末装管法制备线带材,应用前景较为乐观。

目前,粉末装管先位法已成为铁基超导线带材实用化研究的重点,与 Bi-2223 相似,十分容易加工。在包套材料方面,采用 Ag 包套,有效避免了反应层的生成;如果热处理时间短,Fe 和 Cu 管也是可考虑的包套材料。在元素掺杂方面,Ag、Pb 和 Sn 掺杂改善了超导芯的微观形貌,其中 Ag 和 Sn 掺杂有效提高了线带材在整个磁场下的传输性能,而 Pb 掺杂只对低场下的传输电流有改善作用。在塑性形变方面,轧制织构化工艺使晶粒发生一定程度取向,减少大晶界角(> 9°),有效解决了晶界弱连接问题。此外,热压、热等静压、多步轧制加冷压等新方法极大地提高了超导芯致密度,传输性能获得大幅度提升,如 2014 年制备的铁基带材传输电流 J_c达到 100kA/cm^2(4.2K、10T),标志着铁基超导材料已迈入实用化门槛。国内外铁基超导线带材的主要研究单位为中科院电工所、日本国立物质科学研究所和东京大学、美国国家高场实验室、意大利热那亚大学等,其中我国在高性能铁基超导材料的研制中一直走在世界前列,最近又成功研制出世界上第一根 10m 量级的高性能 122 型铁基超导长线,从而为后续的批量化生产奠定了坚实的基础,被誉为铁基超导材料实用化进程中的里程碑。

目前,铁基超导线带材正处于快速发展的研发阶段[14]。铁基超导体的突出优点是上临界磁场极高、强磁场下电流大、各向异性较小等,有望成为 4.2～30K 温区超高场磁体应用的主要实用超导材料,具有一定的市场潜力。

5. 超导电力技术及其应用[15,16]

超导电力应用研究始于 20 世纪五六十年代 NbTi 和 Nb_3Sn 被发现以后。但是，由于这类超导材料研制的超导电力设备需要运行在极低的温度——液氦温度(4.2K)，因此其研发和应用均受到限制。这个时期的超导电力技术的发展，基本上仅限于原理研究，仅有少量的原理样机进行过试验。1986 年，铜氧化物高温超导体的发现，引起了世界范围内的高温超导研究热潮。高温超导设备可以在液氮温度(77K)运行，使超导电力应用具备了一定的现实性。

自从 20 世纪 90 年代铜氧化物高温超导材料逐渐形成小批量生产能力以来，超导电力技术研究开发得以全面开展，国际上在高温超导带材的电磁特性、交流高温超导线圈的稳定性、超导电力技术应用的原理和关键技术、低温与制冷技术等方面取得了系统性的进展。通过以上各个方面的基础研究，超导电力技术在近 10 年得到了很大的发展，主要国家和地区都相继开展了超导电力技术的示范应用。表 10.1 列出了各种超导电力装置的应用发展情况。

表 10.1　近年国际超导电力技术研发的典型事例

应用	研究开发单位	主要技术参数	状况
超导电缆	美国 AMSC/Pirelli 公司	三相 600m，138kV/2.4kA	2008 年投入运行
	美国 Southwire 公司	三相 1760m，13.8kV/2kA	2011 年 3 月投入运行
	荷兰 NKT 公司	三相 6000m，50kV/3kA	2007 年开始实施
	韩国 LS 电缆公司(首尔)	三相 800m，22.9kV/1.25kA	2010 年投入运行
	日本中部大学	直流 200m，10kV/40MW	2011 年完成试验
	德国 AmpaCity 工程	三相 1000m，10kV/2.3kA	2016 年投入运行
	俄罗斯电力公司及其开发部门	直流 2500m，20kV/2.5kA	2014 年安装调试
	中科院电工所	三相 75m，10.5kV/1.5kA	2004 年投入试验运行
	中科院电工所	直流 360m，10kA	2010 年投入工程示范
	云电英纳超导电缆公司	三相 30m，35kV/2kA	2004 年投入运行
	上海电缆研究所	三相 50m，35kV/2kA	2013 年投入运行
超导限流器	日本东京电力公司	三相电抗器型，66kV/750A	2004 年完成研制
	韩国 DAPAS 计划	三相电阻型，22.9kV/630A	2007 年研制成功
	美国 SuperPower 公司	三相矩阵型，138kV/1.2kA	2011 年投入运行
	美国 AMSC 公司	三相电阻型，115kV/1.2kA	2012 年投入运行
	中科院电工所	三相改进桥路型，10.5kV/1.5kA	2006 年试验运行
	云电英纳超导电缆公司	三相饱和铁心型，220kV/0.8kA	2013 年投入运行

续表

应用	研究开发单位	主要技术参数	状况
超导变压器	日本铁路科学研究所	25kV/1200V,3.5MVA@77K	2005年完成研制
	美国Waukesha公司	138/13.8kV,10MVA@20-30K	2005年完成测试
	韩国DAPAS计划	154kV/22.9kV,100MVA@77K	2007年开始研制
	中科院电工所	10.5kV/0.4kV,1250kVA@77K	2014年并网示范
	中国株洲电力机车厂	25kV/860V,315kVA@77K	2006年完成试验
超导储能系统	美国超导公司/IGC公司	1～10MJ/1～4MW(低温超导)	1999年开始少量商品供应
	德国ACCEL公司	4MJ/6MW(低温超导)	2003年试验运行
	中科院电工所	10.5kV/1MJ/0.5MVA	2011年并网试运行
	中科院电工所	100kJ/25kVA,世界首套超导限流-储能功能集成系统	2005年完成研制和测试
	清华大学	500kJ/150kVA(低温超导)	2005年完成研制
	华中科技大学	250V/35kJ/7kVA	2005年完成示范
超导电机	日本Super G-M计划	79MW发电机(低温超导)	2001年完成试验
	美国超导公司	8MW超导同步调相机(订货)	2007年投入电网运行
	美国超导公司	36.5MW电动机	2009年2月载荷调试
	美国超导公司	10MW风力发电机	2012年投入运行
	中国712研究所	1MW超导船舶电机	2010年试验运行

注:表中除注明为低温超导外,其余均为高温超导装置。

此外,超导电力技术集成研究与示范在近年来也取得积极进展。2011年,德国启动了一项超导电力技术集成项目(Ampacity),计划由Nexan公司在埃森市建设一个10kV、1km高温超导交流电缆和一台10kV高温超导限流器,以替代市中心一个正在老化的常规110kV/10kV配电系统(一条110kV地下输电线和一台110kV/10kV变压器),在保持原有地下电缆沟道不变的情况下,实现以10kV超导电缆与原有110kV常规电缆相同的输电容量,并将两个变电站联系起来。2014年该项目中的超导电缆和超导限流器均已投入运行。中科院电工所完成了世界首座10kV级超导变电站的研制和建设[17],该超导变电站包括高温超导电缆、高温超导限流器、高温超导变压器、超导储能系统等多种超导电力装置,并且于2011年2月初在甘肃省白银市投入工程示范运行,为下游多家企业提供高质量的电力供应。

近年来,可再生能源取得了飞速发展并孕育着一场新的能源革命,从而对未来电网的发展提出了一系列重大挑战。与此同时,科学家在新超导体的发现、超导物理机制的认识、超导材料的制备和超导技术的发展等方面取得了长足的进步,从而使得超导技术在未来电网中的应用变得更加可期,也为人类应对新能源革命对电网带来的重大挑战提供了一条可能的技术途径。从近年发展来看,超导电力技术的发展主要呈现以下发展趋势。

(1)向更高电压等级或更大容量方向发展。由于低压配电系统的容量较小,难以全面展现超导电力技术的优势,超导电力技术向更高电压等级或更大电流容量方向发展就成为必然的趋势。

(2)应用原理向多样化和功能集成化方向发展。如超导限流器已从最初的电阻型,发展到磁屏蔽型、桥路型、饱和铁心电抗器型、混合型等。近年来,美国、日本、德国和我国也在新型限流器的原理方面有诸多创新。与此同时,超导装置呈现多功能集成化趋势。如中科院电工所实现了限流与储能功能集成的超导限流-储能系统;日本完成了限流功能和电压变换功能集成的超导限流-变压器的概念设计;美国正在研制将大容量电能传输与限流功能集成的超导限流-电缆,并在纽约曼哈顿运行。

(3)与智能电网技术的发展需求相结合。超导电力技术在智能电网中可以发挥多方面的作用。超导储能系统可用于电网稳定性调节,以提高电网的稳定性、改善电力质量;超导限流器既可降低短路电流、减少大面积停电的概率、降低对设备的破坏,还可用于潮流控制;超导电缆可提高输送能力,实现输送功率控制;超导灵活交流输电及多功能装置还可以综合发挥更大的作用。

(4)开始更多面向直流电网发展需求。直流电网是未来电网的发展趋势,由于在直流下,超导材料没有交流损耗,因此可以进一步体现超导电力技术的优势。因此,近年来,超导直流输电、超导直流限流器和超导直流电力电子变压器的研究开始受到广泛关注。

6. 超导磁体技术及其应用

20世纪60年代,实用化超导材料的发现为超导磁体研究发展奠定了基础,目前,通用超导磁体技术已经相当成熟。实用化超导材料的重大进展推动了超导磁体在电工装备、大科学工程、科学仪器、生物医学和工业装备等领域发挥着重要的作用。自从高温超导体发现以来,超导磁体进入了一个新的阶段。目前实用化铋系线材已实现批量生产,以钇系带材为代表的第二代高温超导线材已经具备批量生产的水平,也推动了高温超导磁体技术的发展。

在磁共振成像超导磁体技术方面,要求超导磁体在直径30～50cm的球形范围内产生1.5～3T的磁场,在均匀区域内,磁场不均匀度应该小于10^{-6}。自1980年开始,人体核磁共振技术在医学诊断方面已取得了连续的进展。早期的磁共振成像超导磁体设计是采用4～8个同半径的线圈组成,不能满足医学成像和介入治疗技术的开放性要求,因此,磁共振成像超导磁体系统的发展趋势是超短腔、高磁场和完全开方式的磁体结构。目前最短的线圈长度为1.5m,超短线圈有利于减小液氦的消耗和减轻患者的幽闭症。随着科学研究的深入,探测生命的奥秘、认识思维的起源和发现新型的药物,需要更高磁场的超导磁体。因此,磁场高于11.75T以上,口径在600～900mm范围的磁体系统是未来成像的重要发展趋势。高精度设计与制造等科学问题的解决,为实现大口径、高磁场的磁体奠定了理论与技术基础[18]。

核磁共振是超导磁体的另一重要应用领域。目前普遍使用的核磁共振磁体具有标准孔径54～89mm,磁场为2.35～23.1T,对应频率为200～1000MHz。高磁场核磁共振磁体要求磁场稳定度达到10^{-8}/h,0.2cm^3的球形范围内磁场均匀度达到10^{-9}。核磁共振高场超导磁体采用高性能的低温超导材料如Nb_3Sn和三元化合物$(Nb,Ta)_3Sn$。此外,新型实用化的高温超导材料,如YBCO、Bi-2223和Bi-2212为高场核磁共振磁体提供了重要的基础。目前,超导磁体科学发展的最明显标志是950MHz～1GHz核磁共振达到了商业应用水平,对于分析和确定蛋白质和其他大分子的结构,提高了共振谱线的分辨率。目前,世界范围内正在开发1.25GHz核磁共振系统以发现新型的药物和解开遗传变异之谜。

在高场磁体设计与建造技术方面,对于中等规模的超导磁体,国内已有相当的技术储备。其中,具有代表性的是中国科学院所属的研究所,例如,中科院电工所先后研制成功各种用于不同科学仪器、医疗和特种装备的超导强磁系统,磁场强度为5～16T和温孔Φ80～330mm以及400～500MHz的核磁共振谱仪系统;目前,正在开展1.05GHz谱仪和9.4T、800mm全身核磁共振成像超导磁体系统的研制。中科院电工所等科研院所以及国内高技术公司等分别研制成功了1.5T圆柱形和0.7T开放式全身人体成像超导磁体系统。

在高能加速器与探测器超导磁体技术方面,大型高能加速器中使用的超导磁体的磁场在不断提高(10～15T),从而极大地减小了电磁储能环半径和系统的运行费用。高能加速器磁体系统,如欧洲的大型强子对撞机、美国的相对论重离子对撞加速器以及德国的电子同步加速器、重离子研究中心等高磁场加速器磁体系统已相继建成和投入运行。我国中科院高能物理研究所、兰州近代物理所、中科院等离子所、上海应用物理研究所围绕加速器驱动临界系统和高能探测器等开展了系列研究与开发。中科院高能物理所已经建成长3m、直径为1m的1T探测器磁体系统。在高能物理、重离子加速器和医学应用领域的复杂结构磁体技术的设计理论和大型复杂结构磁体低温冷却和失超保护技术的发展,为更高磁场、更复杂系统和更高磁场梯度磁场的研究提供了有效的技术解决方案。

在大科学工程研究平台中,散射中子源装置和超导强磁场装置的结合,使散射中子源的使用能力进一步扩展。超导磁体提供的极高磁场,导致凝聚态物理学许多新的发现,包括磁性材料、软物质和生物材料。洛斯阿拉莫斯国家实验室的散射中子源装置电子科学研究中心,结合强磁场和散射中子源进行材料科学的研究,提出并建造了强磁场装置,其磁体系统提供的磁场强度为30T。目前,世界上进行的强磁场和散射中子源相结合的研究机构包括日本高能加速器研究机构脉冲散裂中子装置,磁场强度达到26T,美国电子科学研究中心,其磁场强度达到30T,德国的BENSC-HMI,其磁场强度达到30~40T。在日本JRR3M中子源上,装备有高磁场的超导和水冷Bitter磁体。目前,JRR3M正在计划发展50T的混合磁体系统,配置在现在的散射中子源上。位于德国HMI的散射中子源BENSC,目前装备有5~17.5T磁场的超导磁体系统。为了使散射中子源的使用范围进一步扩展,HMI已经建议在中子源试验站上发展40T直流稳态磁体系统,结合两种装置用来研究材料的磁和相关现象。

在磁约束聚变用超导磁体技术方面,世界上已经建成的超导托卡马克系统主要包括:法国的Tore Supra、俄罗斯库尔恰托夫研究所原子能研究所的T15和T7。1982年日本日立公司为九州大学建造了Triam-1M超导托卡马克,最大磁场为11T。目前,已经建造成功的超导托卡马克包括韩国大田研究基地国家聚变研究所的超导托卡马克核聚变装置,采用Nb_3Sn超导线圈;中国的先进试验超导托卡马克试验装置,采用NbTi超导线圈。印度正在建造SST-1超导托卡马克。美国的TPX超导托卡马克完成了系统的概念和工程设计后,最终停止执行,之后麻省理工学院发展了漂浮偶极试验装置受控热核聚变装置。1992年9月11日,美国、欧洲、日本和俄罗斯联邦决定开始国际热核聚变试验反应堆工程设计,该工程中由多个国家参加,历时多年的ITER托卡马克选址问题也在2005年正式落下帷幕,国际热核聚变试验反应堆国际组织将国际热核聚变试验反应堆选址在法国的卡达拉舍核中心,最大磁场达到13T,不同用途的反应装置也相继建成并投入运行,未来的聚变装置,如中国聚变工程试验堆、韩国示范堆概念项目等也在计划之中。

我国中科院等离子所、理化所、电工所、西南物理研究院、西北院和一些高等院校在国家漂浮偶极试验装置专项的支持下,开展了Nb_3Al高磁场磁体系统的研究,围绕漂浮偶极试验装置的需求开展了不同程度的复杂构形的超导线圈与部件的研究和开发,为国内相关的装置、漂浮偶极试验装置整机系统提供了相关的超导磁体系统。取决于高温超导导体、稳定性和建造技术的解决,未来希望将中心磁场提高到超过20T。

在高超场超导磁体技术方面,超高磁场超导磁体主要用于提供极端强磁场条件以及科学设施,用于揭示低维凝聚态特性。世界上第一个极高磁场45T混合磁体系统已经建成,并稳定运行在美国国立高磁场实验室。日本筑波国立高磁场实验室采用超导磁体系统产生了23.4T的中心磁场,混合磁体的最高磁场可以达到37.3T。中国科学院强磁场中心、欧洲强磁场实验室正在建造40T的混合磁体系统。

在高温超导内插磁体方面,日本东北大学与住友电气合作以 Bi-2223 为内插建成 18T 高磁场磁体,之后使用 YBCO 升级形成 25～30T 全超导制冷机冷却系统。欧洲正在启动高温超导内插项目,同时德国 ITP 启动 5T 高磁场内插形成 25T 超导内插。欧洲、美国、中国、韩国和日本采用 Bi-2223、Bi-2212 和 YBCO 导体作为高场超导磁体的内插线圈,形成 25～30T 的高磁场磁体系统。美国高场实验室正在研制 32T/32mm 的高低温超导磁体系统。

在工业用超导磁体技术方面,由于工业、其他科学研究以及国防科学研究的需求,复杂电磁结构的高磁场超导磁体技术近年来发展较快。在工业应用方面,磁选矿、工业污水处理、核废料处理、血液分离、特种电工装备以及新型的强磁装备应用日益广泛。国际上有关工业研究近年来主要集中在不同结构核功能的工业分离技术,包括美国 Erize 公司、杜邦公司、英国牛津公司已经发展成功磁场为1～5T,口径为 300～500mm 的高磁场系统。在我国,包括中科院等离子所、电工所、强磁场中心和高能物理研究所等相继开发了不同用途的系统并应用于工业规模,一些公司在国内研究所的支持下开展了产业化的研究。

10.2.2 新型导电材料的研究进展与发展趋势

在材料学研究领域,对导电铜合金提出越来越高的性能要求,需要对金属的变形行为、强化机制及强度/电导率关系有更深入的理解。近年来,在以纯铜为代表的一系列铜合金中的研究结果表明,在合金内引入高密度纳米尺寸孪晶结构或在纯铜中引入碳纳米管是有效提高电导率和机械强度的方法。以下重点对孪晶结构进行简要介绍,并讨论不同的孪晶结构和材料制备方法对提高高强度高电导率铜合金综合性能的作用。

1. 纳米孪晶结构高强度高电导率铜

在对金属的电导率有较高要求的领域,通常使用纯铜。对纯铜的强化通常使用塑性变形细化其显微结构,减小晶粒尺寸,利用晶界强化,避免引入固溶合金元素,以减少对电导率的影响。近年来快速发展的严重塑性变形方法进一步将纯铜晶粒尺寸减小到亚微米尺度,例如,等通道角挤压纯铜可将晶粒尺寸降至 200nm 左右,强度可达 380MPa[19]。然而,继续减小结构尺寸提高强度非常困难,且随着晶粒尺寸的减小,纳米金属的电阻率显著增加。当晶粒尺寸小于 10nm 时,其电阻率是粗晶 Cu 的数倍[20]。这是由于在纳米晶体材料中其晶界体积百分数显著增加,晶界对电子的散射起主导作用,从而造成电阻率的大幅度增加。这种强度与导电性的倒置关系也制约了纳米金属材料在相关领域的应用。

利用脉冲电解沉积技术,中科院金属所获得了层片厚度在纳米尺度的高密度生长孪晶纯 Cu 薄膜[21]。利用分布在亚微米晶粒内的层片厚度可控的孪晶结构(图 10.1(a)),在保持电导率的不低于 96%IACS 的情况下,这种孪晶铜的强度可超过 1GPa(图 10.1(b))。其高强度源于孪晶界对位错滑移的阻碍作用与普通大角晶界相似。利用脉冲电解沉积的方式可以获得常规方法难以达到的纳米尺寸显微结构。而孪晶界引入的电导率比普通大角晶界低一个数量级,保证了其高的电导率。

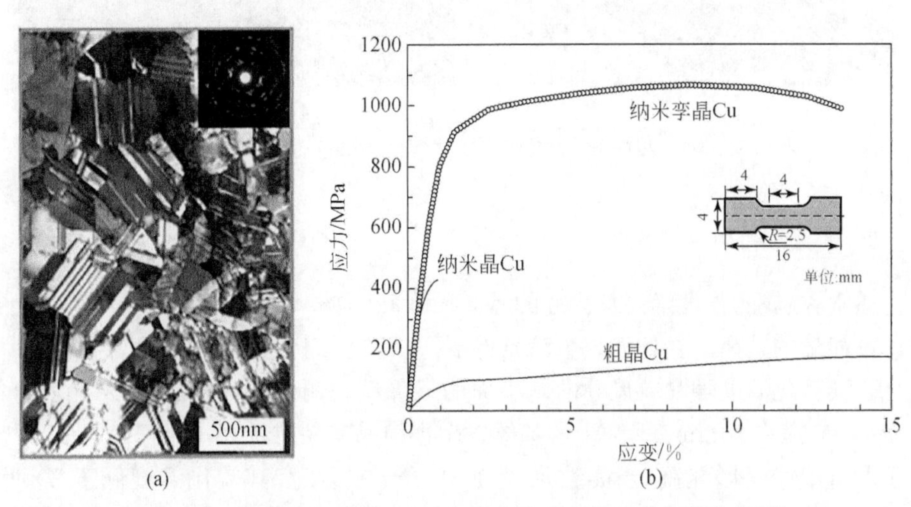

图 10.1 脉冲电沉积纳米孪晶铜中的孪晶结构和其拉伸曲线[21]

2. 利用塑性变形获得纳米孪晶结构高强高电导率的铜及铜合金

利用动态塑性变形技术,在低温、高应变速率变形条件下可在块体纯铜中获得纳米孪晶/纳米晶混合结构,这种块体纳米孪晶铜可以在电导率不低于 95% IACS 时,达到 600MPa 的高强度。塑性变形方法可以获得大尺寸的块体样品,使孪晶结构铜及其合金距离工程应用更近一步。动态塑性变形中铜的孪晶形貌和孪晶界面处的高分辨率像如图 10.2 所示[22]。

对变形孪生机制和影响因素的系统研究表明,在 fcc 结构单相金属中,孪生机制和滑移机制同时存在,并互相竞争。层错能是影响孪生能力的内因,层错能越低,金属在变形中越倾向于孪生主导的结构细化过程。变形条件是影响孪生能力的外因,变形温度越低、应变速率越高,金属越倾向于孪生主导的结构细化过程。而形成纳米孪晶的方式相比通过位错结构细化的传统变形方法在结构细化和强化方面都具有更高的效率,能达到更小的结构尺寸。在含有第二相的 CuCrZr 合金中的研究表明,这种利用变形孪生细化结构的机制在含有弥散分布的第二相的情况下仍然有效[23]。

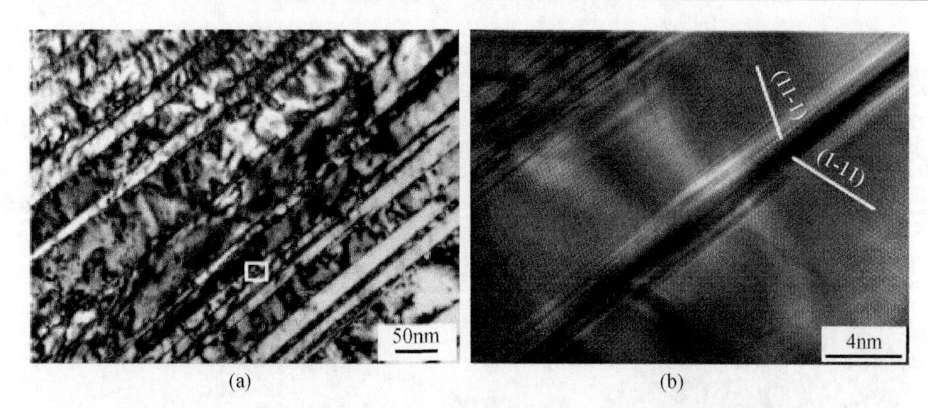

图 10.2　动态塑性变形中铜的孪晶形貌和孪晶界面处的高分辨像[22]

3. 孪晶结构的热稳定性

通常,金属的强度随晶粒尺寸的减小而提高,但金属内部晶界比例的增加会带来体系能量的升高。在外界热激活条件下,金属倾向于发生结构粗化,导致金属的软化。其软化温度随晶粒尺寸的减小而明显降低。铜中纳米孪晶/纳米晶混合结构在140℃退火10min后,纳米晶基体发生再结晶在晶粒长大,如图10.3所示[24]。对于严重塑性变形纯铜,当晶粒尺寸为200nm左右时,其软化温度低于200℃。而纳米晶纯铜的软化温度更低。对动态塑性变形获得的纳米孪晶/纳米晶混合结构纯铜的研究发现,在退火过程中,在孪晶区域基本保持不变的情况下,纳米晶区域优先发生粗化。这显示了在纳米尺度高变形缺陷密度的情况下,孪晶界作为低能界面具有比普通大角晶界更高的热稳定性。

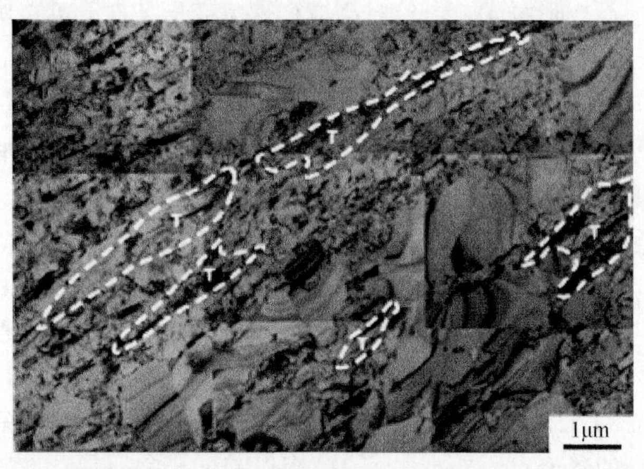

图 10.3　铜中纳米孪晶/纳米晶混合结构在140℃退火10min后,纳米晶基体发生再结晶和晶粒长大[24]

虚线处“T”为未粗化的纳米孪晶束

4. 变形纳米结构与沉淀相复合强化

作为导电材料使用的铜及铜合金在很多情况下会作为良导体被通以大电流，这时合金会由于焦耳热产生温升。升温条件下结构和力学性能的热稳定性在很多时候成为其主要制约因素。例如，电阻焊过程，使用两个铜合金电极对两片钢板以一定的压力压合，同时通过瞬间大电流，使钢板间接触点由于焦耳热局部熔化焊合。这要求铜合金电极触头具有足够高的强度和电导率的同时，还要能在通电和焊接的温升中保持力学性能。由于形变强化金属的变形结构在升温时倾向发生结构粗化导致软化，这种应用领域的合金通常使用弥散或沉淀强化合金。

利用塑性变形方法获得纳米结构强化可与沉淀强化相结合，除可以得到强化效果的叠加，还可以显著改善纳米结构铜合金热稳定性差的问题。在动态塑性变形700MPa级CuCrZr合金中，经过400℃保温40h后，合金仍保持变形态的高强度，这远高于同样处理方法得到的纳米结构600MPa级纯铜的软化温度（100℃）。纳米尺寸变形结构改变了时效过程中沉淀相析出的热力学和动力学，促进析出相以更小更弥散的方式析出，获得纳米结构强化和沉淀强化的叠加。同时，沉淀相优先在变形缺陷如位错、晶界处形核，能有效地钉扎位错滑移和晶界迁移，抑制基体在较高温度下发生软化。对沉淀强化型铜合金进行控制条件的大塑性变形与时效处理，将是获得高强度高电导率铜合金的重要方法。

5. 纳米孪晶结构减弱纯铜轧制过程中的轧制织构

在微电子行业，产品的轻量化和运算能力的不断提高是长期的发展方向。更小的器件尺寸要求元件支撑和连接零件尺寸继续减小，形状更加复杂。这需要强度更高的导电合金。通常集成电路的引线框架使用铜及铜合金经过轧制成厚度为数百微米的薄带，经冲压和蚀刻获得复杂的形状。然而大轧制变形通常导致严重的轧制织构，即金属内晶粒在特定宏观取向上定向排列，导致板带材力学上的各向异性。这导致不同方向弯折性能差异较大，甚至在冲裁加工时导致开裂等。对于薄带轧制织构的控制通常采用轧制和中间退火工艺的严密配合，通过轧制织构和退火织构的平衡来消除宏观意义上的变形各向异性。而这需要对退火温度、退火时间和每道次轧制变形量的精确控制才能实现。

在合金中引入特殊的第二相或显微结构将是高效低成本控制轧制织构的有效手段。而对块体纳米孪晶铜的研究发现，在纯铜中引入高体积分数纳米孪晶束后再进行室温冷轧处理，获得的纯铜薄带具有500MPa级强度的同时，铜型轧制织构被极大减弱。对孪晶结构在轧制中的演化行为研究表明，孪晶特殊的二维结构限制了其中位错的均匀滑移行为。这种特殊的结构抑制了孪晶区域晶体在轧制中的晶体转动，同时延缓了其他区域晶粒的定向转动。这种方法大大缩短了工艺流程，并对工艺参数的选择范围更宽容,将是一种非常有潜力的控制薄带材轧制织构的方法,在微电子领域有巨大的应用潜力。

10.2.3 先进电工磁性材料研究现状及发展趋势

电气装备中所涉及的磁性材料具有特定的磁学性能。所谓先进电工磁性材料既包括传统磁材料在电工装备中的创新应用、新型磁材料在传统装备中的创新应用,也包括由新型磁材料催生的新型电工装备。电工磁性材料广泛应用于电气工程领域,如电力变压器、电机等铁心部件,是直接影响电工装备电气性能的最关键部分。目前我国容量在280kW以下的中小型电机的设计平均效率为87%,比国际先进水平低3%～5%,提高变压器、电机等电工装备的设计水平和电能利用率十分迫切,因此研究和推广先进电工磁性材料的应用成为一个现实需求。目前,非晶合金变压器、永磁电机等已经得到广泛应用。

1. 软磁材料

在非晶合金磁性材料方面,1960年首次利用快速冷却的方法,制备出20μm厚的$Au_{75}Si_{25}$非晶合金薄带试样;1979年Fe基、Co基和Fe-Ni基系列非晶合金带材诞生;1988年做出多种软磁性Fe基块体非晶合金;2012年,直径可达85mm Pd基大块非晶合金研制成功。从早期的Pd、Au基等贵金属体系到现如今的Fe、Al基等常见金属体系。从早期尺寸较小的带材,目前已发展到块体非晶合金。

在纳米晶磁性材料方面,20世纪80年代,科学家Gleiter[25]提出了纳米晶材料的概念,这在材料研究领域具有里程碑式的意义。1988年,日本日立金属公司的Yoshizawa等[26]在非晶合金的基础上,加入了元素Cu和Nb(铌),通过晶化处理的方法,率先成功研制出了商品号为FINEMET的纳米晶软磁合金,其性能优于非晶合金。迄今为止,已发现的纳米晶软磁合金主要分为三大类:Finemet的FeCuNbSiB系合金、Nanoperm的FeMB(Cu)系合金和Hitperm的FeCoZrSiB系合金(Zr是锆)。

2. 永磁材料

永磁材料主要包括稀土永磁材料和纳米复合永磁材料。稀土永磁材料自20世纪60年代问世以来,凭借非常优异的性能,在科研、生产和应用领域一直高速发展[27]。稀土永磁主要包括钐钴永磁体、钕铁硼永磁体。

1970年以来,烧结钐钴永磁体的研究基本都是围绕$Sm(Co、Cu、Fe、Zr)_z$高温磁体。北京钢铁研究总院2012年已研发成功在500℃时$H_{cj}=5.5kOe$,$(BH)_{max}=12.5MGOe$的高温磁体。2012年8月,日本东芝公司开发了电机用烧结钐钴永磁体,把磁体的铁含量从一般的15%提高到25%(质量分数),提高了磁体的剩磁。

目前,钐钴永磁体(2∶17型Sm-Co为主)因具有独特的优势(如工作温度高、温度系数小、抗腐蚀强等),仍然在军工、航空航天等方面占据牢固的地位。

1983年,日本住友特殊金属公司和美国通用汽车公司分别报道了一个含有钕(Nd)、铁(Fe)和硼(B)的新型永磁体的制备和性能,从而产生了第三代稀土永磁材料——钕铁硼永磁体。进入21世纪后,烧结钕铁硼的工艺技术有了长足发展。2008年,美国启动了500万美元的磁能积大于或等于717kJ/m^{3}的新型永磁材料研究项目,推动并掀起了新一轮的研究热潮。近年来,许多新应用要求磁体具有高的内禀矫顽H_{cj},同时还要求保持较高的最大磁能积$(BH)_{max}$。2013年4月,中科三环发表文章宣布,通过对烧结钕铁硼常规工艺的全面优化,结合新型晶界扩散工艺的采用,研制出在20℃,H_{cj}高达35.2kOe的同时$(BH)_{max}$能保持在40.4MGOe的高性能烧结钕铁硼永磁体。目前,各国的主要研究目标是双高磁性能磁体(高磁能积$(BH)_{max}$和高内禀矫顽力H_{cj})的制备和如何降低生产成本,以适应烧结钕铁硼永磁体在风力发电、混合动力汽车/纯电动汽车和节能家电等低碳经济领域中的应用要求及原材料价格上涨的新形势,也是为了促进稀土资源的高效应用。

在纳米复合永磁材料方面,1988年首次用熔体快淬方法制备出$Nd_4Fe_{78}B_{18}$非晶薄带,得到由纳米尺寸的$Nd_2Fe_{14}B$和Fe_3B组成的各向同性磁粉,具有显著的剩磁增强效应。从试验上拉开了研究纳米复合稀土永磁材料的研究序幕。目前已制备出磁能积为440kJ/m^{3}的各向异性全致密纳米复合磁体,这与烧结磁体处于同一水平。1991年研究人员从理论上阐述了软、硬磁性晶粒间的交换耦合相互作用可使纳米复合永磁材料具有硬磁特征,软磁相可以提供更高的磁化强度,可获得比单相纳米晶材料更高的磁能积。

相关研究指出:取向排列的纳米复合永磁材料的理论磁能积可达1MJ/m^3,远高于目前性能最好的NdFeB永磁材料的磁能积,说明纳米复合永磁材料的磁能积还有很大的提高空间。此外,通过调整硬磁和软磁相的比率,可以调整材料的综合磁性能。由于减少了合金中稀土的含量,该材料的成本大大降低。因此,许多研究者认为,纳米复合材料是硬磁材料的主要发展方向,有望发展成为新一代稀土永磁材料。

目前,纳米复合永磁材料存在的主要问题是试验值与理论值差距太大,块体纳米晶复合永磁材料的最大磁能积还没有达到当前各向异性单相永磁材料的水平[28]。基于纳米复合永磁材料自身的特点,近年来,科学工作者从合金成分优化和工艺改进入手,力求获得尽可能满足条件的组织结构,从而进一步获得潜在的高性能。

3. 特殊功能磁性材料

在磁性液体研究方面,1965年,美国国家航空航天局研制了磁性液体,并应用于失重下输送液体和宇航服密封。1970年,中国几所高校和单位开始研究磁流变液。1990年,日本研制出第三代氮化铁磁性液体,具有良好的抗腐蚀性和较高的磁性能。同期,北京交通大学首次制备出耐酸碱的氟碳化合物基氟醚油磁性液体。现在主要是不断发现新的应用领域,提出新的应用技术。磁性液体作为新型功能材料,呈现出许多特殊的磁、光、电现象,已在航天航空、冶金机械、化工环保、仪器仪表、医疗卫生、国防军工等领域获得广泛的应用。

在超磁致伸缩材料方面,20 世纪 60 年代初发现了稀土金属 Tb 和 Dy 在低温下磁致伸缩系数非常大,但是有序化温度很低。到 20 世纪 80 年代中期,开始出现了商品化的稀土超磁致伸缩材料,主要的代表为美国 Edge Technologies 公司生产的 Terfenol-D 和瑞典 FeredynAB 公司生产的 Magmek 86。在巨磁致伸缩材料应用方面,主要有美国海军开发的高灵敏磁致伸缩应变计、日本东芝公司设计的精度达到纳米级的超磁致伸缩制动器、美国 Vranish 公司利用蠕动原理研制的步进式微型马达、瑞典公司开发的高精度燃料喷射阀、日本用 Terfenol-D 棒制成的微型隔膜泵等。20 世纪 80 年代中期,我国有关单位和院校就开始着手研究超磁致伸缩材料,以及设备方面的研究,但与国际先进行列相比,我国在此材料应用研究方面整体还处于比较落后的位置。

在巨磁电阻材料方面,1988 年 Baibich 等[29] 发现(Fe/Cr)多层膜的磁电阻效应比坡莫合金的各相异性磁电阻效应约大一个数量级,立即引起了全世界的轰动。材料在外磁场的作用下电阻发生显著变化的现象为巨磁电阻效应,当该类材料的电阻随外磁场的变化十分大时,也被称为超磁电阻材料。1997 年,IBM 公司研制出巨磁电阻效应的读出磁头,将磁盘记录密度一下提高了 17 倍,达到了 5Gbit/in^2。2007 年诺贝尔物理学奖授予了发现“巨磁电阻效应”的法国物理学家阿贝尔•费尔和德国科学家彼得•格伦贝格尔。目前研究热点的几类巨磁电阻材料各有特点。已发现具有巨磁电阻效应的材料主要有多层膜、自旋阀、纳米颗粒膜、磁性隧道结、非连续多层膜、氧化物陶瓷、熔淬薄带等。

10.3 今后发展目标、重点研究领域和交叉研究领域

先进电工新材料及其应用广泛涉及电气工程、材料科学、物理学、热力学等多个学科领域,交叉性强。今后的发展重点主要在于提高材料的综合性能、研究材料与电工学应用相关的物理特性及变化规律与机理、探索材料的应用新原理、研究突破电工学典型应用中的关键技术等,以促进我国电气科学与工程的学科发展,并为能源的发展提供科技支撑。

10.3.1 发展目标

1. 超导材料及其应用研究方向

从电工学应用出发,着重研究新型实用高温超导体的体材、带材、膜材及缆材

的电、磁、热和机械的物理特性，研究进一步提高实用超导材料的载流能力、降低交流损耗以及实现各种特殊的实用导线。

结合新能源和智能电网的发展需求，在超导技术的能源电力应用的新原理取得创新和突破，在高压大容量超导电力装置的基础科学、含超导电力装置的电力系统基础科学、超导电力设备制造技术等方面取得系统性创新突破，促进超导电力技术的实用化进程。

在超导磁体技术方面，重点解决超高场超导磁体和特种结构超导磁体系统的稳定性问题，复杂结构的力学问题，复杂结构超导磁体的设计方法、建造工艺，均匀磁场、梯度场以及射频场等设计与建造技术。

2. 新型导电材料及其应用研究方向

研究方向为深入理解金属材料的强化机制，尤其是铜及铜合金中对电导率影响较小的强化机制。发展新的铜合金加工制造技术，通过将显微结构推向新的极端，实现强度/电导率综合性能的继续提升。结合合金设计和加工技术，提高导电铜合金材料和器件的加工能力、抗蠕变、抗疲劳、抗应力松弛、耐磨损等综合性能。

3. 先进电工磁性材料及其应用研究方向

研究方向为优化成分设计以提高现有磁性材料的制备技术水平，探索出新工艺、新方法，以提高先进电工磁性材料的综合性能，降低生产成本；基于先进电工磁性材料，在先进电工装备的新原理、新应用及智能设计方法取得新突破，促进先进电工磁性材料的应用发展。

4. 新型电磁功能材料及其应用

研究方向为提升电磁功能材料的性能，开发出具有新型电磁功能的新材料或电磁功能材料的新体系，探索其在电工技术领域应用的新原理、新技术。

10.3.2　重点研究领域与交叉研究领域

1. 超导材料及其应用研究方向

研究改进工艺，提高 MgB_2 超导线带材在磁场下的临界电流密度和上临界场，研究开发高稳定 MgB_2 长线的均匀化批量制备工艺；研究铁基材料电流受限的物理机制，进一步提高其磁场下的临界电流密度；开发出低成本、高性能铁基超导圆线导体；研究多层金属包套材料复合多芯线材的加工技术，提高超导材料的热稳定性；进一步优化第一代和第二代高温超导材料成相机理和制备工艺问题，提高带材的载流性能、均匀性和成品率。

研究多场下高温超导带材的交流损耗、冲击电流作用下高温超导线圈的稳定性、疲劳失效机理与抗疲劳方法、超导电力装置的电磁暂态过程与动力学建模、低温高电压放电机理;探索超导电力装置新原理及多功能超导电力装置原理;围绕直流电网发展需求,研究液化天然气温区的超导直流输电-输气能源管道及超导直流限流器的原理、结构与关键技术。

开展超高场(25T 及以上)超导磁体的应用基础和关键技术,重点研究高温超导内插磁体的稳定性、设计方法和关键制造技术;进一步研究传导冷却超导磁体系统的传热结构和系统设计方法;研究特种超导磁体的设计方法和制造技术,探索超导磁体系统在科学仪器等领域中的新应用。

2. 新型导电材料及其应用研究方向

以电解沉积生长孪晶铜为模型材料,系统研究外加载荷下,纳米尺寸孪晶结构中的位错行为。以不同取向单晶铜为模型材料进行塑性变形,系统研究不同孪生系与滑移系在以铜为代表的面心立方结构金属变形中的竞争关系,以及由此发展的控制变形孪晶含量的方法。系统研究具有不同孪晶特点的纯铜在轧制过程中的结构演化和织构演化规律,并将其推广至其他铜合金及塑性加工方法。

以纯铜和单相铜合金中的结果为基础,系统研究含有第二相的铜合金在变形过程中的孪生行为,比较不同形状和类型第二相的引入对孪生能力和孪晶体积分数的影响规律,以及塑性变形条件对含有第二相的铜合金变形孪生能力、结构细化效率和应变硬化能力的影响。

选择或设计合适的兼具变形孪生能力和时效硬化的模型铜合金,系统研究纳米孪晶/纳米晶结构对沉淀相析出热力学和动力学的影响规律,比较纳米尺寸孪晶界和普通大角晶界对沉淀相形核和长大过程的影响。与单相纳米结构铜合金对比,深入研究不同类型沉淀相对纳米尺寸孪晶界/晶界在热激活或应力/应变下的迁移行为,进而得出时效处理和沉淀相析出对抑制铜合金纳米结构粗化的规律和方法。在现有的时效硬化型导电铜合金中通过塑性变形引入高密度纳米孪晶或纳米孪晶/纳米晶混合结构,研究不同体系中纳米结构强化与沉淀强化的相互作用规律,发展适合通过纳米结构强化与沉淀强化复合作用的高强度高电导率合金体系。

针对不同领域对导电铜合金性能的需求,改进原有纳米孪晶铜合金的制备方法,或尝试发展新的更高效、可连续生产、对合金宽容度高的制备纳米孪晶结构铜合金的方法。结合应用需求,调整或设计新的适合纳米孪晶强化或纳米结构/沉淀复合强化的导电合金系。

针对在铜中引入碳纳米管的高导电材料,研究铜和碳纳米管复合界面形成及作用机制,研究铜/碳纳米管高导材料制备和加工成形中组织形成机制及演化规律,以及服役条件下铜/碳纳米管高导材料界面、组织与性能耦合响应机制。

3. 先进电工磁性材料及其应用研究方向

在非晶、纳米晶软磁材料的中高频特性及其应用研究方面，如非晶合金配电变压器，开展铁心材料磁特性的改性研究并探索新型的纳米晶软磁材料；根据应用需求，研究多种铁心材料的尺寸和结构的优化设计方法。

稀土永磁材料应用在电机铁心中可极大地提高其工作效率，特别是稀土永磁无铁心电机是一种新型特种电机，发展应用前景广阔，重点探索制备纳米复合材料新工艺，研究纳米复合磁性材料的抗氧化性、抗腐蚀性和功能退化、结构稳定性及性能可靠性，为制备结构和性能可靠的纳米复合磁性材料和装备提供技术支持。

开展功能磁性材料在先进电工装备制造领域的应用研究，研究磁性材料与其他材料的复合材料，探索复合磁性材料的磁特性，研究复合磁性材料在能量转换和传感等领域的新应用。

4. 其他电磁功能材料方向

研究探索电磁功能材料的新体系，从根本上改善电磁功能材料的性能，或研究改进现有电磁功能材料的性能，使之更好地适应电工技术的应用需求；研究探索具有新的电磁功能的材料体系及其应用；基于现有电磁功能材料，探索新的电工技术应用的原理并研究应用所涉及的关键技术。

参考文献

[1] 马衍伟．实用化超导材料研究进展与展望．物理，2015，44：674.

[2] Rogalla H，Kes P H. One Hundred Years of Superconductivity. New York：CRC Press，2011.

[3] Nagamatsu J，Nakagawa N，Muranka T，et al. Superconductivity at 39K in magnesium diboride. Nature，2001，410(6824)：63.

[4] Häβler W，Herrmann M，Rodig C，et al. Further increase of the critical current density of MgB_2 tapes with nanocarbon-doped mechanically alloyed precursor. Superconductor Science & Technology，2008，21(6)：062001.

[5] Li G Z，Sumption M D，Zwayer J B，et al. Effects of carbon concentration and filament number on advanced internal Mg infiltration-processed MgB_2 strands. Superconductor Science & Technology，2013，26(9)：095007.

[6] Yuan Y，Jiang J，Cai X Y，et al. Significantly enhanced critical current density in Ag sheathed(Bi，Pb)$_2Sr_2Ca_2Cu_3O_x$ composite conductors prepared by overpressure processing in final heat treatment. Applied Physics Letter，2004，84(12)：2127.

[7] Sato K，Kobayashi S，Nakashima T. Present status and future perspective of bismuth-based high-temperature superconducting wires realizing application systems. Japanese Journal of Applied Physics，2012，51(1R)：010006.

[8] Wu M K, Ashburn J R, Torng C J, et al. Superconductivity at 93K in a new mixed-phase Y-Ba-Cu-O Compound system at ambient pressure. Physical Review Letters, 1987, 58(9): 908.
[9] 赵忠贤,陈立泉,杨乾声,等. Ba-Y-Cu 氧化物液氮温区的超导电性. 科学通报,1987,32(6):412.
[10] Dimos D, Chaudhari P, Mannhart J, et al. Orientation dependence of grain-boundary critical currents in $YBa_2Cu_3O_{7-\delta}$ bicrystals. Physical Review B, 1988, 61(2): 219.
[11] Wu X D, Foltyn S R, Arendt P N, et al. Properties of $YBa_2Cu_3O_{7-\delta}$ thick films on flexible buffered metallic substrates. Applied Physics Letters, 1995, 67(16): 2397.
[12] Iijima Y, Tanabe N, Kohno O, et al. In-plane aligned $YBa_2Cu_3O_{7-x}$ thin films deposited on polycrystalline metallic substrates. Applied Physics Letters, 1992, 60(6): 769.
[13] Hasegawa K, Fujino K, Mukai H, et al. Biaxially aligned YBCO film tapes fabricated by all pulsed laser deposition. IEEE Transactions on Applied Superconductivity, 1996, 4(10): 487.
[14] Ma Y W. Development of high-performance iron-based superconducting wires and tapes. Physica C, 2015, 516: 17.
[15] 肖立业,林良真. 超导输电技术发展现状与趋势. 电工技术学报,2015,30(7):1－9.
[16] 肖立业. 超导技术在未来电网中的应用. 科学通报,2015,60(25):2367－2375.
[17] Xiao L Y, Dai S T, Lin L Z, et al. Development of the world's first HTS power substation. IEEE Transactions on Applied Superconductivity, 2012, 22(3): 5000104.
[18] Jin J X, Xin Y, Wang Q L, et al. Enabling high-temperature superconducting technologies toward practical applications. IEEE Transactions on Applied Superconductivity, 2014, 24(5): 5400712.
[19] Valiev R Z, Alexandrova I V, Zhua Y T, et al. Paradox of strength and ductility in metals processed by severe plastic deformation. Journal of Materials Research, 2002, 17(1): 5.
[20] Huang Y K, Menovsky A A, de Boer F R. Electrical resistivity of nanocrystalline copper. Nanostructured Materials, 1993, 2(5): 505.
[21] Lu, L, Shen Y, Chen X, et al. Ultrahigh strength and high electrical conductivity in copper. Science, 2004, 304(5669): 422.
[22] Li Y S, Tao N R, Lu K. Microstructural evolution and nanostructure formation in copper during dynamic plastic deformation at cryogenic temperatures. Acta Materialia, 2008, 56(2): 230.
[23] Sun L X, Tao N R, Lu K. A high strength and high electrical conductivity bulk CuCrZr alloy with nanotwins. Scripta Materialia, 2015, 99: 73.
[24] Li Y S, Zhang Y, Tao N R, et al. Effect of thermal annealing on mechanical properties of a nanostructured copper prepared by means of dynamic plastic deformation. Scripta Materialia, 2008, 59(4): 475.
[25] Gleiter H. Nanocrystalline materials. Progress in Materials Science, 1989, 33: 223.
[26] Yoshizawa Y, Oguma S, Yamauchi K. New Fe-based soft magnetic alloys composed of ultrafine grain structure. Journal of Applied Physics, 1988, 64(10): 6044.
[27] 王祥生,王志强,陈德宏,等. 稀土金属制备技术发展及现状. 稀土,2015,36(5):123.
[28] 张湘义. 纳米晶复合永磁材料的结构控制和性能研究. 中国材料进展,2015,34(11):41.
[29] Baibich M N, Broto J M, Fert A, et al. Giant magnetoresistance of (001)Fe/(001)Cr magnetic superlattices. Physical Review Letters, 1988, 61(21): 2472.

第 11 章　极端条件下的电工装备基础

11.1　科学内涵与研究范围

极端条件下的电工装备主要是指极端环境条件、极端使用条件和产生极端试验条件的电工装备，已成为电气科学与工程学科一个新的发展方向。近年来，电工装备技术已越来越多地应用于资源开发、国防建设和高新技术基础研究。为了赢得未来发展的战略主动权、抢占国际科技竞争制高点，我国积极拓展资源开发领域，探索极端环境条件（高海拔、极低温、强辐射、空气稀薄等）下的资源开发技术与装备，如三极（南极、北极、青藏高原）、三深（深空、深海、深地）装备等；更新武器装备发展思路和科学研究试验手段，研制极端使用条件（超高速、高压、大电流、短时脉冲功率、小型化等）下的新概念武器装备和特种电工装备，如电磁炮、强激光、微波装备、核聚变、加速器等，研究极端试验条件（强磁场、零磁空间等）的物质与生命的效应。为适应国家发展战略转型，电工装备技术应加强极端环境条件下的适应性、极端使用和试验条件下的运行可靠性基础研究，满足不同行业的发展需求。

电工装备在极端环境下的适用面极广，门类繁多，为突出重点，后面仅以深空、深海、脉冲强磁场、零磁环境模拟、电磁发射等极端条件下的电工装备基础为例，阐述其科学意义与国家战略需求。

11.1.1　深空电工装备的科学内涵与研究范围

航天技术是探索、开发和利用外太空的综合技术。航天技术发展，关乎国家安全、军事发展与国民经济，是一个国家综合国力的重要体现。我国在神舟系列载人飞船、嫦娥系列探测器、天宫空间站等方面开展的大量工作，为进一步开展深空探测和太空能源利用奠定了坚实的基础，也为发展太空电工装备提供了良好的发展契机。然而，受到空间环境中真空、强辐射、高低温的综合影响[1]，太空电工装备的工作特性、材料选用、设计方法等存在较强的特殊性。

“航天发展、动力先行”，先进的推进技术是支撑和推动深空探测和卫星技术发展的关键因素。离子电推进技术是一种先进的深空推进技术[2]，具有高比冲、高性能、长寿命等优势。实践表明：卫星中应用离子电推进技术，能够显著降低发射成本，有效提升通信卫星[3]、科学试验卫星[4]、小卫星星座[5]性能。以通信卫星为例，是否应用电推进技术，已经是衡量通信卫星技术水平的关键指标。在深空推进中采用离子电推进技术,可以大幅提高深空探测器的末速度,缩短任务周期,提高探测范围。因此,离子电推进技术也是一个国家航天技术发展水平的衡量指标之一。

离子推力器是典型的电真空器件,研制强空间环境耐受性、高性能离子推力器,关键在于掌握空间环境对材料、离子推力器工作特性的影响机制[6]。通过开展空间环境因素对离子推力器影响机理、空间环境对电工材料影响机理、基于第一性原理、分子动力学模拟的材料特性精细模拟等研究,从机理层面突破高性能电工材料制备、等离子体环境下材料特性及其防护策略、新功能材料应用等难题,能够有效促进材料科学、真空电子学学科发展,拓宽研究与应用范围,具有重要的科学意义。

2012年,我国有关部门针对空间太阳能电站技术的发展中提出了“四步走”战略,认为2030～2050年我国有可能研发出第一个商业化空间太阳能发电系统,“十三五”期间将突破相关关键技术,踏出关键的第一步。高效率、轻量化、高可靠性的太空发电和能量传输装备是空间光伏电站等大型空间应用的核心部件,对其前瞻研究的布局已迫在眉睫,将为这些计划的顺利执行提供核心技术储备,符合国家重大战略需求。

11.1.2 深海电工装备的科学内涵与研究范围

党的十八大工作报告中明确提出了“提高海洋资源开发能力,发展海洋经济,保护海洋生态环境,坚决维护国家海洋权益,建设海洋强国”的战略目标,突显了海洋对扩大我国生存发展空间的重要性,是党中央在我国全面建成小康社会决定性阶段做出的重大决策。建设海洋强国是实现“中国梦”的一个重要组成部分。我国的海洋调查、科研、勘探、开发和战略利用,需要从浅海向深海推进、从近海向远洋和两极拓展,因此我国必须加快发展能够到达深海,进行高效探测与作业的先进深海装备和技术能力。

在海洋资源开发领域,海底原油增压站和海底天然气压缩站能大幅提升油气田的可采储量,提高生产效率,降低生产成本,已成为海上油气开发的重要趋势,其对保证我国能源安全的作用不言而喻。高可靠、大潜深(3000m)、大容量(≥10MW)、长部署距离(≥120km)、高速(6500r/min)的油气增压电机系统及变配电系统是海底原油和天然气开采的核心设备。上述设备长期被美国和北欧等的个别国家垄断,研制门槛极高,涉及高压应力下电工材料的特性与失效机理、电磁-流-温度-应力多物理场耦合设计、高可靠轴承(水润滑轴承、磁轴承)与旋转密封,海底长距离馈电(低频交流、高压直流输电)与运动控制,智能状态监测与健康管理等。

在深海探测领域,深海推进电机作为深海探测与作业平台、载人潜水器、缆控作业潜器和无缆自治潜器等航行器的关键核心部件,按照航行操控的要求将平台携带的电能转换为机械能,驱动螺旋桨等推进器提供各向推力,用于实现各类探测与作业潜器在水下调速航行、转向侧移、变深潜浮等航行机动,抗流悬停定位及位置姿态调控等能力[7]。由于深海环境条件和潜器总体性能的要求与传统水面舰船和潜艇的推进电机不同,深海推进电机一般直接浸泡在海水环境中工作;推进电机的运行工况相当复杂,尤其是在自动航行控制和抗流悬停定位过程中,不但要求推进系统在一定的速度范围内平稳调速,而且要求频繁启停、正反切换,这对推进电机的可靠性和动态响应能力均提出了很高的要求[8]。

11.1.3　极端试验条件下电工装备的科学内涵与研究范围

磁性是物质的基本属性,磁场是物质存在的一种重要形式,因此,极端磁环境成为人们认知物质、生命和宇宙的必备试验条件。其中,强磁和零磁电工装备作为一种必要的极端磁试验条件,在基础物理、航空航天、生命科学、国防军事、古地磁学、空间物理、高端探测仪器等领域的研究中成为重要的使能技术。

强磁场就如同放大镜,在前沿基础研究领域,能将物质的微观世界清楚地呈现在人们眼前,是最强有效的研究工具之一。据美国国家研究委员会统计,自 1913 年以来,以强磁场为研究工具或明显受强磁场发展影响的诺贝尔奖有 19 项[9]。大量的理论与试验证明,磁场越高,对物质作用的效果就越明显,发现新现象的可能性也越大。随着科学研究的深入,许多领域所要求的磁场都达到甚至超过 100T。科学家坚信,100T 磁场将对许多学科的发展产生极其深远的影响,并可能带来激动人心的新发现。

受限于材料性能等方面的制约,目前稳态磁场只能达到 45T,预计未来也不会超过 60T;单匝线圈、磁通压缩等破坏性方法虽然可以实现 100T 以上的磁场,但对试验条件要求苛刻、磁场重复性差,而且磁场脉宽只有微秒,不适合开展科学研究[10,11]。因此,一直以来,脉冲磁场被认为是最适合、也是最有希望用于 100T 科学研究的技术。

在航空航天领域中,利用零磁环境模拟装置的极低近零磁场和高精度空间磁场模拟环境可准确地探测航天器关键部件的磁特性和磁矩,进而评价航天器磁清洁度与稳定性,提高航天器的可靠性。在生命科学领域中,依托零磁环境模拟装置可开展弱磁环境作用下的生物学效应规律和机制研究,为航天事业和人类及地球生物在宇宙空间的长期活动提供基础保障;可开展地磁场在生命进化过程中作用的研究,促进地球生命的起源和地外生命的探索;可从生物大分子、细胞、组织、器官、系统以及个体等多个层面研究弱磁、零磁环境下的生命过程,为人们在新的环境中利用新的手段认识、改造和利用生命进程提供支持。在国防军事领域中,零磁环境模拟装置可为战场磁探测及数据分析策略以及实时高精度地磁导航与定位技术的研制提供相应的地磁场环境模型。在高端探测仪器领域中,零磁环境模拟装置可实现高端磁力仪的测量零点和多维测量轴正交性的标定。

目前,我国的零磁环境模拟装置的环境尺度偏小,内部磁环境幅值偏大且均匀度不足,不足以支撑科学研究方向及国家战略对零磁环境的新需求。

11.1.4 电磁发射电工装备的科学内涵与研究范围

电磁发射装置是一种利用电磁力推动负载达到一定速度的发射装置,它的本质是将电能变换为动能的一类能量变换装置。根据载荷和末速度的不同,电磁发射装置可分为电磁能武器发射、电磁弹射、电磁推射三种类型[12～14]。与传统的化学燃料、蒸汽、液压发射方式相比,电磁发射装置具有以下优点[15,16]:①发射载荷的种类多,发射质量覆盖的范围大;②能量利用效率高,可重复快速发射,发射成本低;③发射过程可控性好,发射过程平稳;④安全性和可维护性好,环境污染小;⑤体积重量较小;⑥隐身性能好,布置灵活机动。电磁发射具有突出的优点,可将其应用到高能武器发射、导弹发射、舰载机弹射[17]、航天发射、民用轨道交通等领域。电磁发射技术涉及多学科、多行业、多领域的交叉融合,能够显著地推动相关学科、产业的发展,具有重要的军事和经济效益。

电磁发射装置工作在极端条件下,归纳起来为:①发射速度高;②电压高,电流大;③瞬时功率高;④发射装置的体积重量受限;⑤装置瞬时应力负荷大,因此对装置的材料特性、机构强度和电气性能提出了极高的要求,具体体现在储能装置、电能变换装置、抗烧蚀材料、发射机构的要求上。

储能装置的作用是为电磁发射装置提供发射能量,在发射过程中能够在极短的时间内将电能以超大功率输出至发射执行机构,是电磁发射装置的核心部件。依据储能原理,储能装置可分为:化学储能,如铅酸蓄电池、锂离子电池等;机械储能,如飞轮储能[18];电磁储能,如超导线圈储能、超级电容器储能等。

飞轮储能的实质是利用飞轮的大惯性来存储能量,所以也可称为惯性储能。飞轮储能具有储能密度高、功率等级覆盖宽的优点。在电磁发射过程中,通过与飞轮同轴的发电机将飞轮的动能变换成电能,输出至发射执行机构。以某电磁发射装置为例,飞轮储能装置的能量存储和释放过程均处于非周期暂态运行状态,电磁暂态与机械动态过程耦合在一起。为了减小体积和重量,多个部件高度集成化在一起,由此对总体设计、转子轴系计算、材料选择和冷却系统设计带来巨大的挑战。

为了满足不同发射功率及发射频率的需求,往往需要采用混合储能的方式。混合储能常采用的可行做法是电网先将能量传递给初级能源储存起来,初级能源再给脉冲储能装置充电,后者在适当的时机以适当的方式将能量转换到脉冲成形网络中,以适应负载的要求。在电网与脉冲储能间增加了初级能源作为缓冲,从而减小对电网的瞬时功率需求[19]。初级能源形式有很多,有以电场形式储能的电容器、具有磁场能的电感器或脉冲变压器、具有一定转动惯量的各类机械能发电机以及各类化学能、核能装置。针对不同能量和功率的脉冲电容器,对初级能源的要求也不一样。超级电容器的功率密度高,但储能密度很低,存储足够的能量需要很大的体积,很难满足小型化的要求。电感储能方式对断路开关的要求特别苛刻,而目前超导技术成本很高。利用惯性储能,难以瞬间将全部能量取出,不能实现高功率。蓄电池储能密度很高,功率密度也较高,能满足目前现今大部分设备的需求[20]。目前蓄电池储能主要分为铅酸电池、锂离子电池和其他电池。

电能变换装置将储能装置输出的电能变换为发射机构所要求的电能形式,从而产生电磁力推动负载加速至目标速度。储能装置输出能量的调节以及发射机构的大功率需求,对电能变换装置的容量等级、功率密度和可靠性提出了更高的要求。大功率电力电子器件是电能变换装置的核心,其发展水平直接决定了装置的技术水平。目前,基于硅材料的器件已经达到其材料极限,宽禁带(碳化硅、砷化镓等)材料的新型功率器件的发展是提高电能变换装置容量等级的有效手段。采用器件串并联技术和新型电路拓扑结构是解决器件发展水平缓慢和装置高输出容量需求之间矛盾的核心关键技术。以某电磁发射装置为例,储能装置输出电能为秒级数百兆伏安的交流电。为了满足该要求,基于现有电力电子器件的发展水平,一般需要采用大功率晶闸管整流装置将储能输出的交流电变换为多组直流电,然后采用器件并联、装置并联以及多电平级联的逆变装置将直流电变换为特定的交流电才能满足要求。为了提高装置的功率密度,考虑到在电磁发射系统的短时脉冲间歇工作条件下,需要将功率器件进行尽限使用,才能满足装置适装性的要求。因此如何进行合理的结构设计及散热设计是电能变换装置设计的重点、难点;储能装置输出交流电压频率处于动态变化过程中,传统的带大电感负载的双脉冲触发方案根本难以适用这种特殊情况,为此,必须对带容性负载的、输入电压频率大范围变换的晶闸管可控整流控制技术进行研究;实现电磁发射对短时高压大电流输出的目标,给大容量脉冲式逆变装置的器件并联均流控制技术、装置并联均流控制技术和多电平级联拓扑结构的PWM控制技术带来新的挑战。

耐烧蚀导电材料主要用于传导电能,在电磁发射系统中占有极其重要的地位,直接决定了系统的性能、效率及安全系数。以某电磁发射装置为例,电枢与导轨高速摩擦,同时通过巨大的电流,电枢与轨道接触面上的导电材料会发生局部熔化、气化以至最终产生电弧,如果接触材料的耐烧蚀性能不好,会导致导轨材料严重损伤,引起电枢与导轨接触状况的进一步恶化,使导轨失效。

在电磁发射领域中,耐烧蚀导电材料主要作为能量传递的关键环节,对电磁发射系统的安全、稳定、高效运行起着重要的作用。目前高强度、高导耐烧蚀导电材料还面临着生产加工困难、生存周期短、资源利用率低等诸多困难,亟须从成分和结构设计、设计制造工艺等方面的全面突破。

电磁发射系统需要满足不同应用领域的要求。根据发射距离的不同,一般分为长度十米级的超高速电磁能武器、百米级的电磁弹射装置、千米级的航天电磁推射装置,这些不同发射距离对发射机构的结构形式和供电方式要求不同。应用环境又可分为陆上、水面、水下、太空等,要求发射机构的材料能够适应不同的温度、压力、电气绝缘、振动冲击等。储能系统需满足不同发射能级和峰值脉冲功率的要求,从而选择不同的电源系统方案,如采用脉冲电容器、电池、储能电机等形式。根据发射末速度和发射质量,选择不同的电磁发射类型,进而又影响了馈电方式的选择,涉及固态开关技术、分段供电技术、电刷供电技术。因此电磁发射系统各组成部分在结构形式上应具有较高的灵活性,在接口关系上具有良好的匹配性,这对电磁发射系统的总体设计和综合运用提出了很高的要求。目前电磁发射技术已经取得了较大的突破,为了加快电磁发射技术的推广应用,需要进一步丰富和完善电磁发射电工技术装备的种类和形式,从而加快电磁发射技术的工程化应用,对电磁发射技术的全面推广有重要的意义。

11.2 国内外研究现状和发展趋势

国外在极端条件下的电工装备研究起步较早,技术水平和应用程度领先我国。近年来,我国积极开展该领域的探索研究,取得了诸如极地船舶、青藏铁路、神州系列载人飞船、天宫一号目标飞行器、“蛟龙号”深潜器等标志性的技术成果,使我国在三极、三深装备技术领域达到了国际先进水平;形成了百特斯拉级峰值脉冲强磁场、40T级高磁场稳态磁体系统,为科学试验研究提供了技术支撑。

11.2.1 深空电工装备的国内外研究现状和发展趋势

目前,国际电推进技术领域的研究主要聚焦于超大功率(≥10kW)与微小功率(≤500W)两个方向。在超大功率电推进技术领域,重点开展耐高压、耐溅射腐蚀电工材料特性的研究,等离子体与新型电工材料相互作用机理的研究,高温、高功率对离子推力器工作性能影响机理的研究,高温环境薄板材料形变机理及其控制方法的研究;在微小功率电推进技术领域,重点开展碳纳米管电子发射机理与性能改进的研究,基于微机电系统技术的微型组件特性的研究,微小功率离子推力器工作机理仿真与数字化设计理论的研究,空间环境对低压放电等离子体影响机理的研究。

我国超大功率与微小功率离子电推进基础研究尚处于起步阶段,对制约超大功率与微小功率离子电推进技术发展的关键技术、机理尚不清晰。研究手段以试验探索、调研分析为主,成本高、效果差。因此,“十三五”期间亟待梳理关键基础科学问题,开展相关研究,从机理层面突破离子电推进技术的发展瓶颈。

1. 美国 1979 SPS 基准系统[21]

这是第一个比较完整的空间太阳能电站的系统设计方案，由美国在 1979 年完成，以全美国一半的发电量为目标进行设计。其设计方案为在地球静止轨道上布置 60 个发电能力各为 5GW 的发电卫星。集成对称聚光系统是 NASA 在 20 世纪 90 年代末的 SERT 研究计划[22]中提出的方案，采用位于桅杆两边的大型蚌壳状聚光器将太阳能反射到两个位于中央的光伏阵列。聚光器面向太阳，桅杆、电池阵、发射阵作为一体，旋转对地。聚光器与桅杆间相互旋转以应对每天的轨道变化和季节变化。

2. 日本分布式绳系卫星系统

其基本单元由尺寸为 100m×95m 的单元板和卫星平台组成。单元板和卫星平台间采用 4 根 2～10km 的绳系悬挂在一起。单元板是由太阳能电池、微波转换装置和发射天线组成的夹层结构板，共包含 3800 个模块。每个单元板的总重约为 42.5t，微波能量传输功率为 2.1MW。由 25 块单元板组成子板，25 块子板组成整个系统。该设计方案的模块化设计思想非常清晰，有利于系统的组装、维护。但系统的质量仍显巨大，特别是利用效率较低。

3. 欧洲太阳帆塔

欧洲在 1998 年“空间及探索利用的系统概念、结构和技术研究”计划中提出了欧洲太阳帆塔的概念。该方案基于美国提出的太阳塔概念，采用了许多新技术，其中最主要的是采用了可展开的轻型结构——太阳帆。其可以大大降低系统的总重量、减小系统的装配难度。其中每一块太阳帆电池阵为一个模块，尺寸为 150m×150m，发射入轨后自动展开，在低地轨道进行系统组装，再通过电推力器转移至地球同步轨道。由于该方案采用梯度稳定方式实现发射天线对地球定向，所以太阳帆板无法实现持续对日定向。

目前，国内空间太阳能电站的研究还处于刚刚起步的阶段。神舟系列载人飞船、嫦娥系列探测器、天宫空间站等方面开展的大量工作，为进一步建设空间光伏电站等大型空间应用奠定了坚实的基础，也为发展太空电工装备提供了良好的发展契机。

11.2.2　深海电工装备的国内外研究现状和发展趋势

海洋油气正经历着从浅海到深海，从海上到海底的技术变革。特别是海底原油增压站和海底天然气压缩站能大幅提升油气田的可采储量，提高生产效率，降低生产成本。

目前,海底油气增压电机系统的相关技术长期被美国和挪威等个别国家垄断。美国FMC公司研制的海底增压油泵,采用3.2MW、6500r/min的高速永磁电动机。挪威Aker Solution公司研制的2台11.5MW磁轴承高速永磁电机系统现在用于世界上功率最大的海底天然气压缩站。以上述设备为核心的海底原油增压站和海底天然气压缩站能大幅提升油气田的可采储量,提高生产效率,降低生产成本。

我国起步较晚,目前在上述高端深海资源开发电工装备领域尚属空白。

我国的深海探测和筹划中的深海空间站,需要特殊的深海推进电机,其主要具有如下技术特征:

(1)深海推进电机充分利用舷外,释放耐压结构的舱室空间,取消了复杂的推进轴系、轴系穿舱、机械密封机构和推进电机的冷却、润滑等辅助系统,体积小、重量轻。

(2)采用浸水式推进电机,冷却环境好、效率高、功率密度大,进一步减小了体积和重量,有利于推进电机低速大扭矩化,匹配低速推进器,降低推进器噪声。

(3)安全可靠。在潜水深度大的应用中避免了耐压结构的轴系穿舱和机械密封,提高了安全性,维护时可整体拆装、更换维修,无须在耐压结构上附加可拆板结构。

(4)深海推进电机取消了传统的轴系系统,增加了推进器的整体刚度,消除了旋转轴的偏心力以及轴系对中不良等因素引起的机械振动,也不存在轴系冷却系统的泵、阀组和管路引起的振动噪声。但是深海推进电机的电磁和机械振动,不经过耐压结构传递,直接引起水下声辐射噪声,因此深海推进电机的减振降噪是亟待解决的关键问题。

在深海推进电机领域,国外也一直处于领先地位。目前能够提供成熟深海推进产品的公司主要有美国的Tecnadyne、DSSI,加拿大的Cyvect,英国的Sub-Atlantic、Seaeye Maring,以及新加坡的Engtek等公司,涵盖了数种产品规格和宽广的海洋深度,产品广泛地应用于各类载人潜器、缆控作业潜水器和无缆自制潜器[23～25]。国外主流推进装置的技术特征见表11.1,其各种实物见图11.1。

表11.1　国外载人潜器用推进装置及其主要技术特征

国外推进装置	最大工作深度/m	产品规格/种	承压方式	传动方式	是否带减速器
Tecnadyne	11000	20	压力补偿	磁性耦合器	带
Sub-Atlantic	3000	3	压力补偿	直接输出	否
Seaeye Maring	3000	6	压力补偿	直接输出	否
DSSI	6000	2	压力补偿	直接输出	否
Cyvect	3500	4	压力补偿	直接输出	—
Engtek	6000	20	压力补偿	直接输出	否

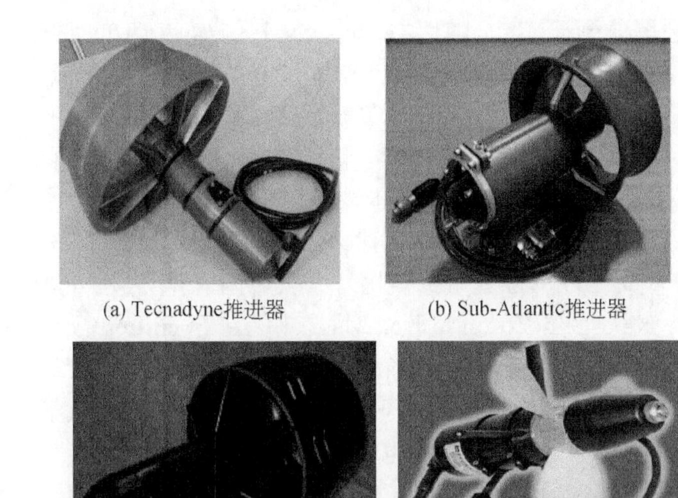

(a) Tecnadyne推进器　(b) Sub-Atlantic推进器　(c) Seaeye Maring推进装置

(d) DSSI推进装置　(e) Cyvect推进装置　(f) Engtek推进装置

图 11.1　国外载人潜器用推进装置

其中较为典型的是 Tecnadyne 的推进装置，曾成功应用于“蛟龙号”载人潜器 7000m 海试，其最大功率的 MODEL 8020DC 推进装置，额定功率为 12.9kW，但深度超过 1000m 以上出口需经过美政府批准。

美国 ENTEK 公司的 SPM 系列水下推进装置主要用于载人潜水器、海豹运输载具和改进型海豹运输载具等水下航行体推进，推进装置采用永磁无刷直流电机直接驱动，电机采用双绕组和双控制器设计，因此具有较高的容错能力和安全性。目前该公司对中国暂无出口限制，且可以根据要求定制设计。

目前，我国的深海推进电机技术还处于起步阶段，尤其是对大功率深海推进电机的应用需求主要依赖进口。国内多家科研机构及高校，如海军工程大学、中船重工 712 所、哈尔滨工业大学、浙江大学等单位，投入研究较早、基础较好，部分单位已研制出一些适用于深海的小功率推进装置样机，但是大功率的深海推进系统还处于研发阶段[26]。

目前深海推进电机技术已成为国内海洋工程领域研究的热点和焦点，总结深海推进电机的技术发展趋势是大容量、大潜深、高效率、高功率密度、低振动噪声和高可靠性。

11.2.3　极端试验条件下电工装备的国内外研究现状和发展趋势

早在 1988 年，英国、法国、德国、荷兰、比利时等国家的 7 个实验室就在欧盟委员会的资助下开展 100T 磁场的预研工作,随后在 1992 年、1994 年又两度召开 100T 强磁场研究的研讨会;与此同时,美国国家强磁场实验室也在美国能源部、洛斯-阿拉莫斯实验室以及国家自然科学基金的资助下开展 100T 磁场研究;1997 年,欧洲科学基金会召开 100T 强磁场科学的研讨会,来自物理、化学、生命、材料科学等不同领域的 80 余名科学家建议尽快在欧洲建设 100T 的大型强磁场实验室;2003 年,德国首期投资 2500 万欧元在德累斯顿建设 100T 强磁场装置;2005 年欧盟又在“第六框架计划”投资 189 万欧元资助英国、法国、德国、荷兰四国开展“DeNUF”(Design Study for Next Generation Pulsed Magnet User Facilities)项目研究,目标是开发出具有更高磁场强度、更长使用寿命、更短冷却时间和更高可靠性的下一代脉冲磁体,并实现与美国在该领域的竞争;2006 年,日本重组东京大学强磁场实验室,开始 100T 脉冲磁场的研究;我国也于 2007 年批准了国家“十一五”重大科技基础设施——脉冲强磁场实验装置,其中一个目标是在 2012 年前实现 80T 的磁场,并逐步提高磁场强度,达到欧美国家水平;2009 年,法国、德国、荷兰三国强磁场实验室在欧盟“第七框架计划”的资助下开始“EuroMagNET II”项目,并组建欧洲磁场实验室,其中脉冲磁场仍定位于 100T。由此可见,一直以来世界各国对 100T 超强磁场的重视程度和实现这一目标的决心。经过多年的努力,美国于 2012 年实现了 100.7T 的世界纪录。德国德累斯顿强磁场实验室也实现了 94.2T 的磁场,仅次于美国。2013 年,武汉国家脉冲强磁场科学中心也采用 12.6MJ 电容器和双线圈磁体实现了 90.6T 的磁场。

早期的零磁环境模拟装置多采用屏蔽方式屏蔽电磁场。近年来的零磁环境模拟装置建造多采用屏蔽与补偿线圈结合的方式,可以获得更好的效果。

零磁环境模拟装置的低频屏蔽特性是性能优劣极为重要的评价指标。以该指标为评价依据,世界上著名的零磁装置排列顺序如下:①德国 BMSR-2 屏蔽因子为 75000(@0.01Hz);②日本 COSMOS 屏蔽因子为 16000(@0.01Hz);③德国 BMSR-1 屏蔽因子为 10000(@0.01Hz);④瑞士 Imedco 公司的 MSR 屏蔽因子为 1630(@0.01Hz);⑤芬兰的赫尔辛基大学的磁屏蔽室屏蔽因子为 500(@0.01Hz)。

另外,通过上述典型零磁环境模拟装置现有的报告分析结果可以发现,该类装置的纳特级屏蔽需求及大尺度多气隙的磁路特点,导致设计方法尚不健全,无法依据需求准确完成设计、建造工作,带来巨大的建设风险及成本上的浪费。图 11.2 为目前知名零磁环境模拟装置的设计值与实测值的柱状图,从中可以看出该类装置的设计精度远不及其他电磁装置的设计精度。

我国最早的零磁环境模拟装置是中国计量科学研究院于 1982 年建立的弱磁场标准装置。在 1988 年 7 月,我国地震局地球物理所与钢铁研究总院联合设计建造的零磁环境模拟装置竣工。该零磁环境模拟装置的外形为类球面体,四壁均用

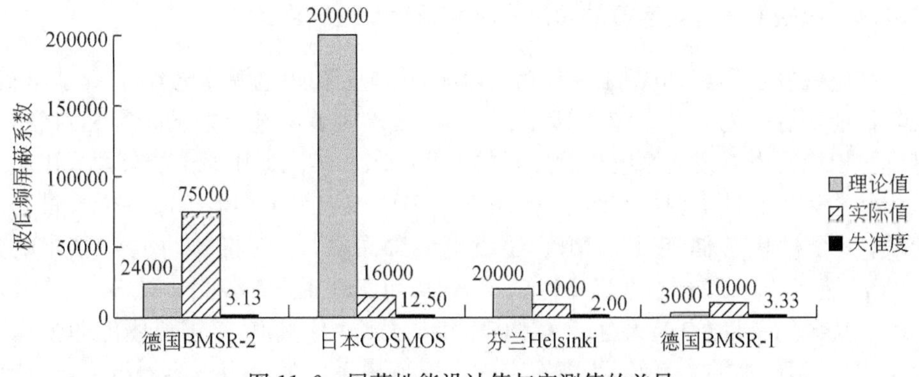

图11.2　屏蔽性能设计值与实测值的差异

高磁导率的坡莫合金屏蔽，总重量约为6t，内部可供活动的空间直径为2m。内部磁场可在20nT量级。

相关研究领域对零磁环境模拟装置的需求越来越紧迫，北京语言大学、中科院生物物理研究所和北京大学为实现弱磁环境和脑磁图检测环境分别建造了小型或微型零磁环境模拟装置。

我国“十二五”国家重大科技基础设施建设项目“空间环境地面模拟装置”中安排了纳特级、大尺度零磁环境模拟装置的建设任务，其预期指标和空间尺度均略高于德国联邦物理技术研究院BMSR-2的参数，该项目预计于“十三五”期间完成建设、验收工作。

总结国内零磁环境模拟装置的现状，并与国际先进零磁弱磁装置进行对比可知：

(1)我国零磁环境模拟装置的性能参数测量与评价体系还不健全，未能对零磁环境模拟装置的性能进行全面描述，如屏蔽因子、磁场均匀度这类重要参数还没有全面科学的测评规范。

(2)零磁环境模拟装置已测得的参数磁场噪声值相比国际先进零磁环境模拟装置相差三个数量级，零磁环境模拟装置的设计、建设水平还有待进一步提高。

(3)零磁环境模拟装置存在设计方法不健全、理论值与设计值出入较大的问题。

(4)针对零磁、弱磁领域的科学问题还缺乏系统深入的研究成果。

随着各研究领域对零磁环境模拟装置需求的增加，我国建设有自主知识产权的大型零磁环境模拟装置是必然趋势。而由于被测物体的体积不断增大，如动物、航天器部件等，对零磁环境模拟装置的内部有效空间尺寸需求也将越来越大，并且在尺寸增大的基础上，对磁环境的近零程度追求也将越来越苛刻，所模拟的弱磁环境的范围、精度以及均匀度指标也会越来越高。

11.2.4 电磁发射电工装备的国内外研究现状和发展趋势

在电磁发射领域，电源主要包括发电机、电池等初级电源和电容器、储能电机、飞轮储能等脉冲电源[27]。在初级电源方面，国外对蓄电池储能的研究相对领先，基本可以满足电磁发射系统连续发射的电力需求。美国通用原子能公司采用超级电容储能作为脉冲电源的初级能源，由 9 对串联的超级电容器组成一个能量存储模块，12 个模块共储能 42.1MJ。超级电容器可在 1s 内将脉冲电容器充电到 2.8kV，储能 250kJ，充电电流高达 2.5kA，从而实现了电磁发射系统 5s 三连发的目的。美国《军事航空航天电子学》2014 年 7 月 30 日报道，美国凯图能源公司研发了 1∶1 蓄电池储能系统，为海军未来电磁发射系统的电力电容器组供电，依照合同规定，K2 Energy 公司将在 2016 年 12 月完成蓄电池的生产。我国对电磁发射系统用初级电源的研究较少，尤其在高电压大电流的试验条件下进行的研究比较缺乏，与国外相比还有一定差距。2012 年，海军工程大学探索并研制了 9000V 电压多组蓄电池储能系统，并进行了开环时序放电控制策略研究。2011 年，南京理工大学研制了铅酸蓄电池作为初级能源的脉冲电源，蓄电池系统在 30s 内将电容器充电达到 100kJ，充电电流最大为 30A，充电时间长，难以满足电磁发射系统在快速连续发射时的高功率需求。在飞轮储能方面，高速化和大功率化是目前的发展方向。在大容量飞轮储能机组方面，法国、日本、德国、美国和俄罗斯均有大容量储能机组应用，单台储能能量从几十至数千兆焦，峰值功率从几十兆瓦至数千兆瓦，飞轮多采用超高强度合金钢制作，有的也采用高强度复合材料，外形多为圆柱状或纺锤状，机组均采用机械接触式轴承。这类储能机组主要应用于短时大功率放电场合和电力系统调峰领域，如美国德州大学机电中心研制的补偿脉冲发电机，其峰值功率达 10GW，用作轨道炮的毫秒级大功率脉冲电源。目前，仅少数发达国家掌握着中大容量飞轮储能的核心技术，其中美国灯塔电力公司已开发出基于第四代单个 25kW·h/100kW 模块的 5MW·h/20MW 飞轮储能组，飞轮能源系统公司和有效能源公司也均有类似的产品。日本新能源发展与工业技术组织正在开发用于电网调峰的 10MW·h 飞轮系统。美国能源部、桑迪亚国家实验室和灯塔电力公司在灯塔市的 Tingsboro MA 电厂建立了 1MW 的飞轮储能系统，同时并被许可在纽约的斯蒂芬镇建立 20MW 的飞轮储能系统，并网作为备用电源使用。国内用于秒级功率释放的机组虽已有多套系统在运行，如核工业西南物理研究院的三套大型交流脉冲发电机组、中科院等离子体物理研究所的 100MW 交流脉冲发电机组，但大多为进口产品。国内海军工程大学从 2004 年就开始致力于中大容量集成化飞轮储能模块的研发，目前已经完成了百兆焦数十兆瓦级飞轮储能系统。在毫秒级脉冲大功率释放方面，目前也均处于研发阶段，主要研究单位有华中科技大学、中科院等离子体物理研究所等。

目前,大功率储能本体的研究热点主要集中于提高储能机组的集成度、改进轴系的支承方式和降低系统的损耗等方面。应用方面的研究热点主要集中于储能机组与负载或电网构成全系统后的运行稳定性研究和励磁控制研究等方面。飞轮储能技术已从最初仅用于航天领域拓展到电气交通、电力系统、新能源发电和特种大容量脉冲功率电源等领域和场合,单个模块的储能从千瓦时级到兆瓦时级,功率等级涵盖了几百瓦到百千瓦甚至兆瓦级别,飞轮转速从数百转到数十万转不等,释放时间从毫秒级到秒级甚至十几分钟不等。从目前到未来的一段时期,单机储能从几十千瓦至几百千瓦级、功率从几百千瓦至兆瓦级、释放功率以秒级到几十分钟的飞轮储能技术将成为发展的主流。

在大功率电能变换方面,如何利用现有的功率器件满足高压大电流的需求是重点研究内容。世界上各大变频器厂家采用了不同的方式实现,如 Robincon 公司采用单相 H 桥级联多电平拓扑实现的完美无谐波系列变频器,ABB 公司(ACS2000)采用直接三电平 NPC 结构的 ACS2000 系列中压变频器,日本富士电机公司采用 3 个 NPC 级联的 4600FM5e 系列 10kV 变频器等。目前对脉冲式电能变换装置的研究,主要还集中在对单个功率器件的极限特性的研究,对于如何利用目前器件的容量极限构成集成一体化的电能变换装置的研究并不多。在国外,高压大容量变流装置的研制已经有数十年的历史,容量从数千瓦到数十兆瓦范围的单台装置均有产品问世。ABB、富士等大公司均具有相关类型的多电平产品及相应的专利技术。在国内,由于高压变频技术仍没有形成较大规模产业化,总体上落后于发达国家,应用的大容量变流装置大部分依赖进口。近年来,国内一些公司和部分科研院所在大容量变流技术领域也做了一些研究和产品开发工作。研究院所主要包括清华大学、华中科技大学、浙江大学、中科院电工所、冶金自动化研究院、海军工程大学等机构。海军工程大学已研制成功单台 20MW,双机并联 40MW 的电能变换装置,并且具备进一步扩充容量的潜力。

在耐烧蚀导电材料方面,目前基本上为铜基导电材料。对于铜基耐烧蚀导电材料,按照化学组成划分,主要有以下两种:①铜/半难熔金属,如 Cu-Cr。Cu-Cr 合金是目前应用最广泛的导轨材料,这种沉淀硬化合金的第二相含有大量的溶质原子,使其具有良好的高温力学性能,且其耐电弧烧蚀性能和抗熔焊性能较好,基本可以满足使用要求,在此基础上添加新的合金元素如 Zr,形成 Cu-Cr-Zr 合金。②铜/难熔金属,如 Cu-W、Cu-Nb、Cu-Mo。其中 Cu-W 导电材料属 W 和 Cu 组成的既不固熔又不形成化合物的两相双连通复合金属材料。Cu-W 合金兼有 W 的高熔点、高密度、高的高温强度和抗电蚀性、抗熔焊性以及 Cu 的高导电性、导热率、塑性及易加工性。Cu 在电弧高温下可蒸发并吸收大量的能量,从而降低温度,因此被称为金属发汗材料,是工业中广泛应用的抗电弧烧蚀电接触材料。

自 20 世纪 70 年代研究出真空 Cu-Cr 触头至今,除 Cu-W 材料外,并没有研发出新的Cu基电接触材料,但是原有材料的改性和制备工艺取得了较大进步,虽然我国在各种添加物和各种制备工艺上均有所涉及,但是我国原创性的工艺几乎没有,产品质量较低且不稳定。此外,现阶段Cu基电接触材料的添加物还依靠大量的试验来筛选,并无关于基体和添加物成分、组织、相对分布如何影响复合多元耐烧蚀导电材料电、力和热等性能的统一理论,盲目且效率低下。同时,以往的研究对接触材料的性能关注点集中在耐烧蚀性、轻负荷耐磨性、硬度等,但是随着电接触材料向大型化和重装化领域的应用拓展,对材料的强度、高速重载下的耐磨性等其他方面的综合性能要求也在不断提高,各种大型一体化的耐烧蚀导电材料的需求也越来越大,但是目前并无直接可采用的完整解决方案,这极大地限制了相关工业和装备的发展。因此,大力完善关于添加物对复合材料性能以及相互之间如何影响的统一理论并继而建立添加物的选取原则,完善和创新生产工艺是制备出性能更加突出的耐烧蚀导电材料或者耐烧蚀导电涂层的必然趋势。通过发展综合性能优良的耐烧蚀导电材料及相关涂层将极大地促进导轨式电磁能武器的工程化应用进程。

11.3 今后发展目标与重点研究领域

在“十三五”期间,针对交通运输、冶金化工、航空航天等应用环境以及深海、深地、深空等特殊自然环境的苛刻要求,探索极端条件下特种电工装备特性交互作用机理与智能控制策略,提高特种电工装备的环境适应性,满足重大技术装备和重要基础装备的战略需求。

该领域的研究工作重点是要解决两个关键科学问题:①极端条件下先进电工材料及其精细模拟;②极端条件对电工装备的影响机理。主要研究方向包括:①极端条件下的电工装备用新型电工材料;②极端条件下的电工材料特性及失效机理;③极端条件下的电工装备高效、高可靠性拓扑结构;④极端条件下的电工装备的设计理论和方法;⑤极端条件下的电工装备的失效机理与自愈;⑥极端条件下的电工装备的高精度电磁测量与传感。

11.3.1 深空电工装备的今后发展目标与重点研究领域

“十三五”期间,聚焦超大功率与微小功率离子电推进技术存在的基础科学问题,围绕空间环境因素作用下对离子推力器用先进电工材料性能模拟与空间环境因素对离子推力器工作特性的影响机理,重点开展关键科学问题梳理、物理建模与分析、数值仿真与算法改进、电工材料关键特性参数高精度测量四个方面的研究,厘清空间环境因素对离子推力器用先进电工材料、离子推力器工作性能的影响机理,突破高性能电工材料制备、等离子体环境下材料特性及其防护策略、新功能材料应用等难题，从基础层面提升离子电推进核心技术储备，为高性能离子推力器研制奠定科学基础。同时围绕空间太阳能光伏电站，充分分析空间太阳能电站的应用需求，开展系统方案详细设计和关键技术研究，进行关键技术验证。重点验证无线能量传输技术、高效大功率太阳能发电技术、高压供配电系统等。

深空电工装备领域的关键科学问题和主要研究方向如下。

1. 空间环境因素作用下先进电工材料及其精细模拟

空间环境因素作用下先进电工材料及其精细模拟主要包括两个研究方向。

先进电工材料的应用是高性能离子推力器研制的基石。高居里点、耐溅射磁钢，耐高压绝缘陶瓷，阴极触持极与栅极使用的石墨材料都是亟待解决的关键技术。目前，尚无针对离子推力器研制需求开发的特种材料，因此，需要开展相关基础研究，制备离子推力器专用电工材料。

1)空间环境下离子推力器用新型电工材料

该方向重点开展适用于空间环境的高抗折强度、高击穿电压介电陶瓷材料性能机理模型、仿真计算及其性能提升方案研究；离子推力器接插件用耐高温绝缘材料机理分析及其高温耐受性提升方案研究；不同放电电流下碳纳米管电子发射特性研究。

2)空间环境下电工材料特性及其失效机理

该方向重点开展空间环境下空心阴极触持极用石墨材料、栅极用石墨材料溅射失效机理与寿命预估计算研究；高温、高压对空心阴极绝缘材料影响机理研究。

2. 空间环境对离子推力器的影响机理

空间环境对离子推力器影响机理研究主要包括四个研究方向。

空间环境因素主要包括高真空、高能粒子辐射、高低温循环交变等。对离子推力器工作性能的影响主要体现在高低温交变条件对离子推力器工作稳定性的影响、空间高能粒子对离子推力器电特性影响机理上。带来的技术难题主要有：离子推力器工作条件下放电等离子体特性非接触式诊断、微小推力与栅极间距在线测量等。

1)高低温交变条件下离子推力器高效、高可靠拓扑结构

该方向重点开展离子推力器工作状态热物理模型与数值仿真研究；离子推力器耐溅射、耐热变形结构设计研究，离子推力器寿命加速模型与可靠性分析研究。

2)空间环境下离子推力器设计理论与方法

该方向重点开展新功能材料在空间环境下的性能分析研究；基于力热耦合的离子推力器数字化设计技术与软件开发研究；基于低压放电仿真计算的离子推力器缩比设计技术研究。

3)空间环境下离子推力器失效机理

该方向重点开展空间环境下电子反流失效机理与抑制策略研究;空间环境下材料表面闪络放电机理与抑制策略研究;空间环境对稳定放电影响机理的研究。

4)空间环境下离子推力器的高精度电磁测量与传感

该研究方向重点开展非接触式放电室等离子体特性诊断原理与实现途径研究;离子推力器微小推力在线测量原理与实现途径研究;高真空热状态下栅间距在线测量原理与实现途径研究。

11.3.2 深海电工装备的今后发展目标与重点研究领域

针对我国深海探测与资源开发的迫切需求,瞄准21世纪海洋装备的前沿技术,注重自主创新与集成应用,突出实用性,攻克海底原油增压站、海底天然气压缩站、深海推进电机等的核心关键技术,带动我国深海通用技术、设备、材料、元器件和相关产业的发展。通过开展高速、大容量、高转矩密度、低振动噪声推进电机的技术研究,提出适用于深海资源开采和推进设备的可行技术途径,完成相关系统的研究、设计、开发和试验,填补我国千米深海大功率推进技术的空白,促进我国海洋事业的发展,提供具有工程实用价值的深海推进装备,为深海探测与资源开发的发展与进步提供重要技术支持与保障。

深海电工装备领域的关键科学问题和主要研究方向如下:

(1)高压应力下电工材料的特性与失效机理。

(2)电磁-流-温度-应力多物理场耦合设计。

(3)高可靠轴承(水润滑轴承、磁轴承)技术。

(4)高压力旋转密封技术。

(5)海底长距离馈电(低频交流、高压直流输电)与运动控制技术。

(6)智能状态监测与健康管理等。

11.3.3 极端试验条件下电工装备的今后发展目标与重点研究领域

在"十三五"期间,脉冲强磁场发生装置的发展目标是建立多电源、多线圈超高脉冲磁体分析理论与设计方法,掌握超强脉冲磁体结构稳定性、破坏失效机理及失效过程中电、磁、热、力的发展演变规律,实现长寿命100T超强脉冲磁场。

深入挖掘零磁环境装置的科学技术问题,重点开展极低幅值、极低频率下软磁材料导磁微观机理、材料表征、失效机理等方面的研究,为零磁环境模拟装置的设计提供理论依据。针对多物理场条件下,小缝隙、大尺寸的跨尺度磁路特点,开展准确、高效的仿真方法及数学模型的研究。目标为全面解决大型零磁装置设计、制造的底层技术瓶颈,并建立起零磁环境装置的测试方法及评价体系。

极端试验条件下电工装备领域的关键科学问题和主要研究方向如下。

1. 关键科学问题

脉冲磁体的破坏通常是剧烈的爆炸性破坏，在力学破坏的同时伴随复杂电弧、过电压、焦耳热作用，磁体结构完全解体，比较难以通过破坏后的碎片推测破坏的根本原因和发展过程。但要研制出超高场脉冲磁体，必须理解磁体破坏失效的机理并给出对应的解决办法。因此，超强脉冲磁体研制的关键科学问题是建立低温、高应力、强磁场条件下脉冲磁体破坏过程的物理模型，研究由电磁力导致的结构、绝缘损坏以及由绝缘损坏引发的电弧、材料烧蚀过程，从而探寻出超高场脉冲磁体破坏机理。

2. 主要研究方向

(1)超强应力是阻碍磁场水平提高的最大障碍，以前的主要解决方案是开发新的高强度磁体材料，但由于对磁体内部力学问题的研究还不够透彻，磁体设计与加工还有很多缺陷，材料性能并未得到最佳利用，磁体仍然面临可靠性和寿命的问题。为此，首先要研究超强脉冲磁体结构稳定性、破坏失效机理以及失效过程中电、磁、热、力的发展演变过程与规律。

(2)超强脉冲磁体一般为多线圈、多电源供电结构设计，需要研究多线圈系统中不同线圈所产生磁场的最优比例以及磁场时序关系，分析正常工作状态下每个线圈中的电磁、热、力物理过程，寻找最优化磁体结构；研究多电源协同供电的系统方案设计与控制策略，特别是磁体线圈失效后的暂态阶段电源电流、电压的变化过程与电源保护措施。

(3)极端磁环境下，软磁材料磁特性参数测试方法。超强脉冲磁体中所用的导体材料是高强、高导铜铌合金，目前缺乏该材料的弯曲和疲劳特性参数。需要研究高强高导铜铌微观复合导线的力学特性，特别是在高应力载荷下循环加载后的强化与疲劳特性，为磁体力学分析设计提供更加准确的数据。

(4)超强脉冲磁体内部加固材料均采用新一代高性能纤维 Zylon。该纤维强度极大，但属各向异性材料，Zylon/环氧树脂复合材料的弹性模量、泊松比等参数随环氧树脂基体不同差异巨大，对理论分析影响非常大。需要研究不同填充系数、不同加工工艺下 Zylon/环氧树脂复合材料在线圈缠绕结构上的拉、压等方面的性能参数。

(5)温度、应力和振动等因素对软磁材料磁特性影响机理及定性分析。

(6)软磁材料长期失效机理及测评方法。

(7)小气隙、空间大尺寸的跨尺度磁路的分析、计算方法。

(8)多维度磁路退磁方法。

(9)主动屏蔽与被动屏蔽耦合效应的分析、计算方法。

(10)搭接缝隙,通风、数据传输孔洞的影响分析及屏蔽处理方法。

11.3.4 电磁发射电工装备的今后发展目标与重点研究领域

针对我国电磁发射技术的快速发展和推广应用的迫切需求,抢占21世纪相关前沿技术的战略制高点,需要重点在以下几个方面展开研究。

1. 极端条件下电磁发射装置的高功率密度储能技术

开展高强度复合材料的建模和特性分析、复合材料飞轮转子系统的动力学研究等,以进一步提高储能电机的功率密度。开展新型脉冲储能机理和材料研究,提升混合储能的能量密度、放电倍率和系统效率,为进一步解决电源小型化难题提供保障。

2. 极端条件下电磁发射电能变换装置高效、高可靠性拓扑结构

该方向重点开展电能变换装置从器件级到装置级的拓扑结构研究,从器件特性和外围换流电路两方面出发,对导致器件静态电流不均和动态电流不均的机理进行理论分析。研究级联多电平拓扑结构,降低对器件耐压等级的要求,达到较高的等效开关频率。研究电能变换装置的串并联拓扑结构,提高电能变换系统的总容量。研究混合储能的拓扑结构、能量转移控制技术,提高混合储能系统的可靠性。

3. 极端条件下耐烧蚀导电材料特性及失效机理

该方向重点开展耐烧蚀导电材料的力学-温度稳定性、抗熔焊特性以及耐腐蚀特性研究,分析电弧烧蚀机理,摸索不同生产工艺、工作环境、不同电弧能量和烧蚀次数下烧蚀规律的演化特征和失效机理。

4. 极端条件下电磁发射系统的设计理论和方法

该方向重点开展电磁发射各组成系统的组合创新研究,分析电磁发射技术的发展方向、应用领域和关键技术,跟踪各分系统的基础材料、器件、控制技术的发展趋势,制定不同发射能级下各分系统适用的结构形式和接口标准,实现电磁发射技术的快速成型,为电磁发射技术的全面应用提供装备和理论支撑。

参考文献

[1] Bedingfield K L. Spacecraft System Failure and Anomalies Attributed to The Natural Space Environment. Alabama: NASA Reference Publication, 1996: 1390.

[2] Schmidt G R, Patterson M J, Benson S W. The NASA evolutionary xenon thruster: The NEXT step for US deep space propulsion. NASA-CR-047732, 2008.

[3] Casaregola C. Electric propulsion for station keeping and electric orbit raising on eutelsat platform//International Electric Propulsion Conference. Hyogo-Kobe, Japan, 2015: 97.

[4] Canuto E. Attitude and drag control: an application to the GOCE satellite. Space Science Review, 2003, (108): 357-366.

[5] Landis G A, Oleson S R, McGuire M L, et al. A cubesat asteroid mission propulsion trade-offs//AIAA Propulsion and Energy Forum and Exposition. Cleveland, U. S., 2014.

[6] Kim K G D, Bruce A B. NSTAR extended life test discharge chamber flake analyses//The 40th AIAA/ASME/SAE/ASEE Joint Propulsion Conference and Exhibit Fort Lauderdale. Florida, U. S., 2004: 3612.

[7] 刘涛, 王璇, 王帅, 等. 深海载人潜水器发展现状及技术进展. 中国造船, 2012, 53(3): 233-242.

[8] 陈鹰, 杨灿军, 顾临怡, 等. 基于载人潜水器的深海资源勘探作业技术研究. 机械工程学报, 2003, (11): 38-43.

[9] Committee to Assess the Current Status and Future Direction of High Magnetic Field Science in the United States, Board on Physics and Astronomy, Division on Engineering and Physical Sciences, National Research Council. Magnetic Field Science and Its Application in the United States: Current Status and Future Directions. Washington D. C.: The National Academy Press, 2013.

[10] Bykov A I, Dolotenko M I. Reproducible multi-megagauss fields-history of ideas and their realization. IEEE Transactions on Plasma Science, 2015, 43(2): 692-695.

[11] Portugall O, Solane P Y, Plochocka P, et al. Beyong 100 tesla: Scientific experiments using single-turn coils. Comptes Rendus Physique, 2013, (14): 115-120.

[12] Mclean G W. Review of recent progress in linear motors. IEE Proceedings of Electric Power Applications, 1988, 135(6): 380-416.

[13] Fair H D. The science and technology of electric launch. IEEE Transactions on Magnetics, 2001, 37(1): 25-32.

[14] Fair H D. Electric launch science and technology. IEEE Transactions on Magnetics, 2003, 39(1): 11-13.

[15] Bushway R. Electromagnetic aircraft launch system development considerations. IEEE Transactions on Magnetics, 2001, 37(1): 52-54.

[16] Johnson A P. High speed linear induction motor efficiency optimization[PhD Dissertation]. Massachusetts: Massachusetts Institute of Technology, 2005.

[17] 李娜. 建造航母需要攻克哪些技术问题. 科技导报, 2009, 27(14): 11.

[18] Swett D W, Blanche J G. Flywheel charging module for energy storage used in electromagnetic aircraft launch system. IEEE Transactions on Magnetics, 2005, 41(1): 525-528.

[19] 李超, 鲁军勇, 江汉红, 等. 电磁发射用多级混合储能充电方式对比. 强激光与粒子束, 2015, 27(7): 240-245.

[20] 吴海峰. 大功率混合储能装置控制策略研究. 西安交通大学学报, 2015, 101(2): 93-98.

[21] Haley G M. Satellite power system concept definition study//National Aeronautics and Space Administration, Scientific and Technical Information. Washington D. C., U. S., 1981.

[22] Space solar power exploratory research and technology program. https://en. wikipedia. org/wiki/

Space_Solar_Power_Exploratory_Research_and_Technology_program. html[2016-08-28].

[23] Zhang Y, Luo G S, Wang F, et al. Deep-sea pressure adaptive compensation technique for underwater robots. Mechanical & Electrical Engineering Magazine, 2007, 24(4): 10－12, 25.

[24] Hassanniaa A, Darabi A. Design and performance analysis of superconducting rim-driven synchronous motors for marine propulsion. IEEE Transactions on Applied Superconductivity, 2014, 24(1): 40－46.

[25] Dubas A. Robust automated computational fluid dynamics analysis and design optimisation of rim driven thrusters[PhD Dissertation]. Southampton: University of Southampton, 2014.

[26] 倪天，马岭，许可．基于磁力耦合器的载人潜水器电力推进装置研究．海洋工程，2015，33(1)：100－106.

[27] 李军，严萍，袁伟群．电磁轨道炮发射技术的发展与现状．高电压技术，2014，40(4)：1052－1064.

第12章　电磁测量与传感技术

12.1　研究范围与任务

电磁测量与传感技术是根据电路理论和电磁场理论，利用传感器、电工仪表和磁测量仪器实现各种电学量测量、磁学量测量和一些非电量的电测量的技术，主要研究对象是材料、元件、设备及系统，涉及电磁参数和电磁特性的测量原理、方法及其与信息技术的交叉，作为电工学科的共性基础，是研究电现象与磁现象有关物理过程的重要手段。

传感器是实现电磁测量的必要工具，是生产自动化、科学测试、计量核算、监测诊断等系统中必不可少的基础环节。传感器种类非常广泛，如电阻式、电容式、电感式、电涡流式、压电式、磁电式、热电式、霍尔式等，许多传感器测量已经走向工业应用。近年来，陆续发现了许多新的物理效应，并发明了许多新型智能材料。依据新的物理效应和智能材料可以构思出各种新型传感器件和系统，成为电工学科新的研究领域。

电工学科发展新型传感器技术，主要受两个方面需求的驱动。①各工业领域都需要新的测量手段。为了赢得未来发展的战略主动权、抢占国际科技竞争制高点，近年来我国积极拓展新能源与资源勘探开发、国防建设和高新技术领域，常常涉及复杂环境条件甚至极端条件(环境、使用、试验条件)的电磁测量技术和传感技术。②电力领域自身发展的需要。随着新能源的大量接入和新型电力器件的不断应用，电网调控的灵活性和灵活性需求都在不断提高，电力系统对设备的可靠性和要求也越来越高，传感技术是提高新型电力系统运行可靠性的重要保障。

从学科上看，传感器涉及各物理学科、信息技术、计算机技术的广泛交叉，同时，新型传感器技术，可以有效地带动从事新型材料的科研人员转入新型电工材料的研究，有很强的着力点，可以保证相关研究有的放矢。

当前，世界能源短缺危机日益严重，装备制造业的发展正朝着高效率、低能耗的方向发展。电机和电力变压器是装备制造业中的主要耗能装备，提高其工作性能和运行效率并降低能耗的最有效途径是解决铁心材料磁特性的精细测量和建模等问题，这也是国际材料电工领域的前沿和热点问题。电耗过大已经成为我国经济社会发展中面临的一个突出问题，而电力的低效利用与单位产值的高电耗是影响电力供应紧张形势不可忽视的关键因素。开展电工磁性材料的磁特性精细测量与模拟研究工作是电气工程中亟待解决的重点问题,可有助于优化电工装备的结构设计,降低损耗,提高电能利用率;促进新型磁材料的发展,例如,我国自主研发的高磁感、超薄硅钢片已经量产和应用,这也有助于新型高性能电工设备的研发制造;有助于创建磁性材料综合特性数据库,加速建立我国电工磁材料旋转磁特性检测的国家工业标准。

在电力、石油、矿产、环境、海洋、考古、临床医学、食品安全等国家重大战略需求的领域,需要深入了解所关注的目标体的电磁特性,但是所关注的目标体通常不宜直接测量,因为直接测量非常困难(如高空、深海等);或者,虽然直接参数测量在技术上可以实现,但在经济上十分昂贵(如油气资源探测);或者,直接测量对被测体是有损害的(如材料、器件、生物体等)。通常,传感器只能阵列布置在目标体表面,通过复杂的信息处理技术才能获得目标体电磁特性参数。这方面的主要研究任务是针对各类金属容器、金属管道、金属构件等的安全检测与评价需求,研究涡流检测、磁检测、电磁超声检测等各类电磁无损检测技术的高效能化、金属损伤或缺陷与材料电磁参数的关联性、电磁无损检测信号高效处理方法、基于电磁无损检测信号的复杂缺陷反演重构方法、微观损伤/残余应力应变的表征与定量评价方法等。这类集传感器测量与反演的电磁探测与成像技术可以在能源、资源等多个领域发挥重要的作用。

此外,脉冲功率技术发展迅速,在加速器、激光器、等离子体、电磁脉冲模拟、电磁发射、污水处理、灭菌消毒、矿井物探、岩石钻孔、水下探测等方面有广泛的应用前景,涉及对脉冲电流、电压和功率等电量进行精确测量,但现有的交流或直流测量方法不再适用。针对脉冲功率高电压、大电流、高功率、强脉冲的技术特点,针对性地研究新的电量传感器,一方面是对传统电量检测方法的有益补充;另一方面在脉冲功率的研究与推广中发挥重要的作用。

综上所述,本分支方向重点考虑以下几个主要方面:①基于智能材料的传感器技术;②电工材料的电磁特性精细测量技术;③电磁探测与成像技术;④脉冲功率电量精确测量技术与校验方法。

12.2 国内外研究现状及发展趋势

12.2.1 基于智能材料的传感器技术

人们陆续发现了许多物理效应,如电光效应、磁光效应、磁电效应、热电效应、热磁效应、压磁效应、磁致伸缩效应、磁声效应、磁声电效应、磁热声效应等,并陆续发明了力、声、热、电、磁、光等物理量和化学量之间相互耦合实现能量转换的智能材料,如超磁致伸缩、光致伸缩、磁流变液温控和磁控形状记忆合金、巨磁电阻、美特材料等。依据物理效应和智能材料可以研究各种传感器件和系统，涉及物理学各分支学科以及电子、信息、计算机科学等多学科的交叉和融合，不断开拓电工学科新的研究领域。

传感器种类众多，这里重点阐述基于超磁致伸缩原理的传感技术、磁性液体传感技术两个研究方向。

1. 基于超磁致伸缩原理的传感技术

1）概念

磁性物质在磁场中磁化时，在磁化方向发生伸长（或缩短），去掉外磁场后，其又恢复到原来的长度，这种现象称为磁致伸缩现象（或效应）。铁磁材料的另一个重要特性是逆磁致伸缩效应，又称维拉里效应或压磁效应（压磁效应也泛指磁致伸缩效应），它是指在一定的磁场中，铁磁材料的受力后其磁化强度发生变化。基于超磁致伸缩原理的传感技术就是利用磁致伸缩效应或逆磁致伸缩效应研究、开发工程和科技发展迫切需求的多种新型传感器及其信号处理。

2）作用

超磁致伸缩原理的传感技术可用于测量位移、位置、力、加速度、扭矩、振动、电流、磁场等各种电量和非电量，制作出的磁光传感器、磁场传感器、磁通门传感器、自传感执行器、磁弹性传感器等可应用于各种加油系统、液压罐、水处理、称重、减振、电力系统中，涉及力学、电学、磁学、声学、微位移、材料医学等领域。

3）意义

开展超磁致伸缩原理的传感技术研究的意义是：①有助于开发各种新型传感器，提高我国的现代测量技术和信息化程度，应用于制造业和其他行业，支持和促进我国工业、农业和服务业的发展；②有助于促进电磁场与其他多物理场的耦合研究，包括多物理场耦合数学模型理论、数值解法等。

4）发展简史

磁致伸缩现象最早是由英国科学家焦耳于 1842 年首先发现的，所以又称焦耳效应[1]。传统磁致伸缩材料有金属与合金磁致伸缩材料，虽然它们都具有磁致伸缩效应和逆磁致伸缩效应，但数值都较小，从而应用受到限制。20 世纪 70 年代美国的 Clark[2] 发现三元稀土合金材料的磁致伸缩系数为传统磁致伸缩材料的几十倍，所以被称为超磁致伸缩材料或大磁致伸缩材料。继美国的研究之后，瑞典、日本、英国和中国等国也进行了这方面的研究工作。

应用超磁致伸缩材料的这一特性可以制作各种各样的器件，由于超磁致伸缩材料的拉伸屈服应力为 28MPa，材料较脆，抗拉能力较弱，但其压缩屈服应力高达 700MPa，具有很高的承载能力。因此这种传感器具有输出功率大、抗干扰能力强、过载能力强、寿命长、适应恶劣工作环境、工艺简单等特点，特别是寿命长、对运行条件要求低的特点使其很适合在重工业、化学工业等部门应用,有着良好的应用前景。

利用巨磁致伸缩材料的磁致伸缩原理实现某些非电量的测量始于19世纪、发展于20世纪后期,基于磁致伸缩传感器的应用领域也在不断拓展,已有大量的研究成果。

5)研究现状

关于超磁致伸缩传感技术的研究有各种传感器的设计原理、数学模型的建立及试验研究。目前,研究较多的有:压电-磁致伸缩异质结构的传感器[3,4]、电流传感器[5,6]、导波传感器[7]、磁场传感器[8～10]、磁致伸缩力传感器[11～13]、磁光传感器[14]、磁致伸缩应变/位移传感器[15～17]、磁通门传感器[18,19]、加速度传感器[20～22]、冻雨传感器[23,24]等,主要包括传感器结构的设计,磁机械强耦合数值模型的建立中考虑磁滞、涡流等的影响,动静态特性研究以及非线性处理等。

2. *磁性液体传感技术*

1)概念

磁性液体也称为磁流体或铁磁流体,是一种将纳米级铁磁材料颗粒利用表面活性剂均匀稳定地分散在某种液态载体之中,所形成的稳定胶体悬浮液。磁性液体是一种新型的功能材料,在外磁场的作用下,具有很特殊的磁学、力学、热学、光学以及声学性质。

2)作用

基于磁性液体的特殊性质,磁性液体各种传感器可用于测量倾斜角、加速度、微压差、气体流量、磁场、振动、温度等物理量,广泛用于航空航天和国防军事领域,用于解决各种特殊、复杂、高精度、条件恶劣下的测试问题。磁性液体在外加磁场下表现出磁化和超顺磁现象,结合磁性液体的流动性,磁性液体传感器能够在提高灵敏度、简化结构、提升性能、降低造价等方面实现较大突破。磁性液体具有磁-黏特性和二阶浮力原理,同时具有较高的稳定性,使得磁性液体减振器在航空航天领域和节能环保方面具有更大的优势。

3)意义

开展磁性液体传感技术研究的意义是:①有助于开发各种新型性能优越的传感器,提高我国的现代测量技术和信息化程度,应用于制造业和其他行业,支持和促进我国的工业、农业和服务业的发展;②有助于对磁性液体进行更深入的研究,探索磁性液体材料的磁学特性,开发磁性液体在其他领域的应用。

4)发展简史

20世纪末磁性液体的应用研究由密封转向传感技术,1992年Sabata等[25]研制了一种磁性液体气体微流量传感器,用来测量微小流量和控制流量。1999年,Cotae等[26]研究了磁性液体作为电介质的电容式传感器,利用磁性液体在磁场垂直于电场的方向,随着磁场的增大,电介质常数增大,利用该性质检测外磁场的大小。日本 TDK 公司[27]在 2003 年研究成功了机动车用的倾斜角传感器。2011 年,Andò 等[28]设计了一种低成本的流量传感器,取得了较好的效果。2013 年,Chitnis 等[29]设计了一种无线压力传感器,试验结果显示出良好的灵敏度和较高的自振频率。

5)研究现状

关于磁性液体传感技术的应用研究比较多,较少涉及理论研究。利用磁性液体同时具有磁性和流动性的特点可以用于微压差传感器[30]、光纤磁场传感器[31]、定位[32]和减振[33]等。对磁性液体传感器的理论分析主要集中在以下几个方面:磁性液体加速度传感器的磁-机耦合模型的建立和分析[34];磁性液体微压差传感器的动态模型与输出特性分析[35,36]。

12.2.2 电工磁性材料的磁特性精细测量技术

1. 概念

电工磁性材料的磁特性包括导磁特性、磁滞特性、损耗特性和对频率、温度等条件的依赖关系。所谓磁特性测量是指采用间接的方法提取磁材料受外磁场激励后的磁性参数以表征磁材料的磁学量,“磁学量”与“被测量”之间呈现出复杂的函数关系。确定这种磁学关系的过程可简单归纳为:磁材料试样的磁化、磁信号的变换与提取以及数据处理。因此,为了保证磁材料特性建模和工程应用的综合性和准确性,提倡“精细”测量。

2. 作用

提高电力变压器、电机等电工装备的工作性能和运行效率并降低能耗的最有效途径是解决铁心材料磁特性的准确测量和建模等问题。在交变场或旋转场作用下电工磁性材料的动态磁特性测量,不仅关注动态磁化曲线、动态磁滞回线(轨迹)和可变磁导率等,而且必须考虑涡流、磁滞、磁后效等损耗特性;动态特性不仅取决于材料自身的磁性能,还与试样的形状、尺寸、分布参数、磁化经历、外加磁场的大小、频率、波形、外界温度、时间、电磁干扰等因素有关。因此,电工磁性材料磁特性精细测量为电工装备优化设计制造及低损耗运行提供完备的材料模型数据库和物理依据。

3. 意义

随着生产规模的不断扩大,电力变压器和电机的单机容量不断增加,用电量所占比重也在逐渐增大,在我国的电力和装备制造业的建设与发展中发挥着极其重要的作用,但电工装备的电耗过大已经成为我国经济社会发展中面临的一个突出问题,其中电力的低效利用与单位产值的高电耗是影响电力供应紧张形势不可忽视的关键因素,电工装备设计制造方面所出现的容量等级高而磁材料模型计算水平低的"不匹配"问题亟待解决。大型电工装备的设计需要三维电磁场、温度场、应力场等多物理场耦合计算技术的支撑,其中电工材料的精确测试和精细模拟成为关键,决定着计算结果与实际物理过程吻合的程度。开展电工磁材料的磁特性精细测量研究工作可有助于优化电工装备铁心部件的结构设计,降低铁心损耗,提高电能利用率;促进新型磁材料的发展,也有助于新型高性能电工装备的研发制造;有助于创建磁性材料综合特性数据库,加速建立我国电工磁材料旋转磁特性检测的国家工业标准。因此,这方面的研究对我国能源产业结构的调整和优化具有重要的意义,符合我国装备制造业"绿色发展"的战略需求。

4. *发展简史*

基于安培环路定律和法拉第电磁感应定律,电工磁材料磁特性测量技术已经发展了近百年。1936年,Burgwin[37]提出了25cm爱泼斯坦方圈测量方法,搭接处磁场以及等效磁路长度等问题的影响造成这种方法不能精确测量磁特性。1974年,Yamamoto等[38]提出了单片测量的方法,改进了磁路计算,但仍未突破一维测量范畴。1989年,Enokizono等[39]发展了正交双向激励的二维单片磁特性测量装置,测量了硅钢片的旋转铁心损耗特性。1991年,Enokizono等[40]在德国工程物理研究所主持召开了第一届"国际电工钢片二维磁特性研讨会",讨论了硅钢片材料的二维磁特性测量、磁滞模型、铁心损耗模型等难点问题。自此,二维磁特性测量在欧洲和日本迅速发展。我国在磁特性测量和模拟方面的研究起步相对较晚,保变电气应用改进型爱泼斯坦方圈装置研究了大型变压器铁心叠片材料的饱和磁特性和直流偏磁特性[41]。沈阳工业大学已经研制出正交双激励二维单片磁特性测量装置,并研究了改进型矢量 Preisach 磁滞模型[42]。海军工程大学研制了二维磁特性测量装置,用于船舰电机铁心损耗特性模拟计算研究[43]。近二十年来,二维单片测量方法不断改进,成功应用于强磁场检测、旋转铁心损耗模型分析、直流偏磁检测等研究领域。但是,二维测量装置并不能检测垂直于硅钢片的磁场分量,这将对工程上叠置硅钢片铁心损耗计算产生一定的偏差,需要考虑硅钢片的三维磁特性才能进一步减小误差。河北工业大学和天津工业大学近几年对电工磁材料的三维磁特性进行了深入的研究,创建了新型三维磁特性测试装置,测量了常用电工磁材料的宽频率三维磁特性[44]。结合三维磁特性测量试验定量分析了三维磁阻率张量矩阵,通过考虑张量矩阵的非对角线元素的分布以及矩阵的对称性模拟不同材料的三维磁场分布,并初步提出张量磁滞模型的概念。

5. 研究现状

对于磁性材料的磁特性测量与模拟的研究伴随着工业的发展越来越受到国内外学者的关注，已经成为电磁学界研究的热点。从材料的物理特性和结构特性来说，可分为各向异性磁材料和各向同性磁材料，二者的特性不同，应用场合也不同。典型的各向异性电工磁材料如电工硅钢片广泛应用于电机和电力变压器的铁心部件中，但需要叠置使用以减小涡流损耗。典型的各向同性磁材料如铁氧体、软磁复合材料等，广泛应用于中、高频电磁机械设备中，铁心形状可做成复杂的拓扑结构，磁通的流向可以是空间的任意方向，即所谓的三维磁通。当前，针对电工磁材料磁特性精细测量的研究主要有以下几个方面：基于改进型爱泼斯坦方圈组合和损耗加权处理技术的取向电工钢磁特性扩展模拟研究；非正弦或带高次谐波激励下磁性材料磁特性测量与动态磁滞模拟方法；硅钢材料和软磁复合材料宽带磁特性二维测试方法研究[45]；新型宽频带三维磁特性检测技术研究[46]；磁特性精细测量过程中参数辨识方法研究；矢量磁滞特性建模方法研究；考虑工程应用的磁材料损耗特性建模方法研究等。

12.2.3　电磁探测与成像技术

1. 概念

电磁探测与成像问题是指在导电导磁的目标体外施加电磁场或声场，从而在被检物体中感应产生感应电流（涡流）或洛伦兹力，通过检测它们在物体外产生的电磁响应、声学响应来间接判断目标体的介质状态及分布情况，目标体的电磁特性参数常常以图像的形式展现。对于地球物理等应用领域，这类技术通常称为电磁成像技术；对于非生命物体（如材料或器件）而言，常常称为电磁无损检测技术；对于生物体而言，常常称为无创检测技术。

2. 作用

电磁无损检测方法可用来检测金属材料的裂纹、折叠、空洞和夹杂，测量或鉴定材料的电导率、磁导率、晶粒大小、热处理状态、硬度，分选不同的金属材料，检测导电导磁基体上非导电涂层的厚度以及磁性金属基体上非磁性涂层的厚度等[47]，电磁成像方法可用来探测石油、矿产等资源、考古、食品检测、医学诊断等。

3. 意义

开展电磁探测与成像方法研究的意义是：①有助于开发性能更优越的检测仪器、探测设备，促进电磁探测与成像技术的发展，服务工业部门生产更可靠的产品、发现石油矿产资源、早期诊疗疾病等;②有助于促进电磁场理论、电磁场和其他物理场耦合理论的发展,深入了解电磁探测方法的物理本质。电磁探测与成像本质上是导电导磁材料中电磁场的激发、接收、计算和信号处理问题。为了可靠实施电磁探测与成像,需要了解涡流场、电磁与其他物理场耦合的变化规律,例如,了解激励电磁场波形如何选取、涡流在被检物体内的扩散过程、电磁参数对涡流扩散时间的影响、洛伦兹力和磁致伸缩力的声场激发等。

4. 发展现状

电磁无损检测技术是电磁场应用的重要研究领域,主要通过电磁场的激励和测量,检测金属结构中的宏微观缺陷和损伤,主要包括涡流、漏磁、磁记忆、交直流电位、电磁超声等检测方法,在无损检测中得到了广泛应用。近年来,本领域的研究现状和发展趋势可概括如下。①传统涡流检测进一步发展。涡流检测技术作为典型电磁无损检测技术,是被广泛采用的无损检测方法[33]。近年来,阵列化和自动信号处理显著提高了检测效率[48],应力腐蚀裂纹等复杂实际缺陷的理论模型和反问题研究提高了定量涡流检测精度[49,50],还出现了解决深裂纹、微观损伤定量评价的新探头和新方法[51]。②磁检测理论技术不断创新。大通道高精度漏磁检测在油气管道检测中广泛应用,非线性漏磁检测在材料损伤评价中取得进展[52,53],磁记忆和自然磁化方法成为强磁性、不锈钢材料的残余应力和塑性变形检测评价的研究热点[54～56]。③新型电磁无损检测方法不断涌现。出现了高频涡流、非线性涡流、电磁超声、脉冲和远场涡流、脉冲涡流和电磁超声、涡流和红外检测等新型电磁无损检测及复合检测方法,实现了新型复合材料、热障涂层检测等电磁无损检测[57～59]。特别是电磁超声检测技术有效拓展了超声方法的检测能力和应用范围[60,61]。④检测机理和数值模拟方法有了显著的进展。对磁记忆检测、增量磁导率检测等方法的检测信号与材料特性相互作用机理的研究取得了重要进展,揭示了相变和微观结构对材料特性和检测信号的影响,开发了非线性磁性材料无损检测信号计算和损伤与缺陷复合重构方法,实现了复杂缺陷高效反演重构[62～64]。总之,电磁无损检测技术的高效与高精度化以及检测系统的阵列化、图像化、自动化是发展趋势,应用对象也在向微观损伤评价、新型材料和结构复杂缺陷检测拓展,相关研究对确保关键结构和系统的安全与高效起到了越来越重要的作用。

下面主要叙述电磁涡流、电磁超声、电磁声发射三类无损检测技术和电磁成像技术。

1)电磁涡流无损检测

(1)发展简史。电磁涡流检测方法的基本原理是法拉第电磁感应定律。在电磁涡流无损检测的发展过程中,标志性事件如下:开端是 1879 年 Hughes 用麦克风判别是否存在金属线材质;进入实用阶段的装置是 1935 年 Republic Steel 公司的 Farrow 研制的钢管探伤仪;奠定今日电磁无损检测方法基础的是 20 世纪 50 年代初 Förster 基于阻抗分析所开展的基础研究和开发的多种检测仪器。1968 年,Dodd 等[65]发表了线圈阻抗解析式的文章,20 世纪 80 年代初开发的多频涡流检测方法,20 世纪 80 年代美国 ARCO 石油公司开发的可穿透铁磁性大管径油气管道包覆层的脉冲涡流检测系统、后被荷兰 RTD 公司完善的 RTD-INCOTEST 装置[66],Theodoulidis[67]持续三十年在涡流电磁场解析解方面的研究工作等,都是电磁无损检测发展史上的重要事件。大约每经过 20 多年时间,就会出现一次检测方法的重大进展,这是该领域发展的特点。

(2)研究现状。电磁涡流无损检测问题的研究分为两部分,一部分是正问题的研究,包括正问题数学模型的建立与求解;另一部分是反问题的研究,也包括反问题数学模型的建立与求解。目前研究集中在以下几方面:针对二维导体三维场源的涡流电磁场解析方法的研究[68],脉冲涡流法检测铁磁管道壁厚变化的研究[69],正弦涡流场探测导体缺陷尺寸的数值模拟研究,与超声相结合的电磁超声法实用化研究,确定导体电磁参数与尺寸的无损检测方法研究,复合导电材料的无损检测方法研究等。

2)电磁超声无损检测

(1)发展简史。早在 1969 年,Dobbs[70]发现洛伦兹力可能在导体材料中产生横波和纵波,并预言了其无损检测应用前景,其后俄罗斯科学家在 EMAT 无损检测应用中却得了显著进展,到 1989 年,Hirao 等[71]对电磁超声传感器(electromagnetic acoustic transducer,EMAT)的物理模型进行了系统阐述、拓展与完善,进而在 1992 年前后,科学家基于 EMAT 提出了电磁声共振的无损检测方法[72]。近年来,国内外科学家就电磁超声的机理、EMAT 装置和接收信号处理等方面提出了多种不同方法[73]。电磁超声信号的激发和接收机理主要分为洛伦兹力和磁致伸缩效应两种,目前相关基本理论已比较成熟。由于 EMAT 激发信号的强度直接影响了其检测性能,国内外的研究工作早期主要集中在优化 EMAT 激励单元,包括 EMAT 偏置磁场的分布、线圈布置、输入功率和换能器阵列等。偏置磁场强度和指向性直接影响激发超声波信号的幅值和模式,钕铁硼作为目前发现磁性能最高的磁铁已成为提供 EMAT 偏置磁场的主要永磁体材料。

(2)研究现状。进入 2000 年,国外研究者研究了采用永磁铁组合来增强磁场强度和指向性以提高换能效率和检测精度。近年,国内外学者开始研究采用脉冲电磁铁取代永磁铁以克服永磁铁居里效应以及进一步提高磁场强度。激励线圈的形状和布置也直接影响 EMAT 的换能效率,目前激励线圈的形式主要为曲折线圈和螺旋线圈两大类,通过印刷电路和导线绕制技术制作线圈,特别是印刷电路技术可以较好地控制线圈间距,使超声波能量相对更加集中。在研究线圈布置和偏置磁场分布的过程中,有限元数值模拟等方法得到了广泛应用。应用数值模拟方法设计电磁超声探头,可以优化线圈尺寸和磁铁参数,从而提高电磁超声信号的强度和指向性。近年来,研究者还引入了相控阵阵列探头的方法,可大幅度提高EMAT信号的强度,还能实现超声方向和类型的控制,实现自动扫查,提高检测效率。在接收信号处理方面,为了提高检测有效回波信号的能力,国内外学者研究了多种信号处理方法提高超声信号信噪比,包括平均值算法、匹配滤波、自适应降噪、相敏滤波和小波变换等。此外,还研究了利用神经网络等方法对缺陷信号进行识别和分类。

3)电磁声发射无损检测

(1)发展简史。电磁声发射技术是将电磁加载方式应用于声发射检测中,不仅保留了声发射技术检测活性缺陷的优势,而且局部电磁加载可将能量集中并直接作用于金属缺陷,避免了传统声发射对结构长期持续加载以及可能引起附加破坏的弊端。2001年,美国学者Finkel等[74]使用局部动态电磁加载成功地在薄板裂缝处激发了电磁声发射信号,并对加载过程中电流的分布情况进行了有限元模拟,展示了电磁声发射技术用于金属板材无损检测的能力。在国内,河北工业大学工程电磁场课题组对电磁声发射技术进行了系统的研究,基于脉冲电流直接加载和涡流加载方式成功地采集到了电磁声发射信号,并对铝板中的裂纹实现了初步定位[75～77]。

(2)研究现状。金属结构早期损伤评估一直是无损检测领域的研究热点。近年来,力学和声学领域的研究进展表明,结构早期损伤引起的力学性能改变通过非线性声学方法能够得到较好反映[78,79]。但是,被测材料本身及检测仪器也会引起非线性声学效应,如何提高早期损伤导致的非线性响应,是非线性声学技术要解决的关键问题。为了提取到更丰富、更准确的非线性声学信息,国内外研究人员采用了多种技术手段,包括向被测结构辐射足够高的声功率,或者采用外加机械振动载荷等方式,这些加载方式都不可避免地激发了由材料本身所引起的非线性,造成了波形的难以解释和评定。基于电磁加载技术灵活可控、能量集中的加载特点,与非线性声学检测技术的结合将会为金属结构早期损伤检测与评估提供新的发展动力与方向。此外,金属内部的应力集中是早期损伤的表现形式之一,通过电磁加载技术实现对金属结构应力的局部调控和缓解,这对大型金属装备与结构的长期安全运行具有重要的意义。

4)电磁成像

(1)发展简史。电层析成像包括电阻(率)层析成像、电容层析成像和电磁感应层析成像等,是较早被提出的电磁成像技术,主要通过阵列电极或线圈激励测量进行图像重建。20世纪20年代其首次进入地球物理领域的研究范畴[80],1978年该技术进入了生物医学领域[81],80年代,电阻抗技术进入了两相流领域,英国曼彻斯特大学理工学院开展了两相流电磁层析成像研究，并于1988年首先研制成一种8电极电容层析成像系统。电层析成像具有无辐射、响应速度快、非侵入、低成本等优点，可应用于多相流体中连续相为导电介质的可视化参数监测中，或者应用于临床监护中。受限于检测电极、电容传感器或线圈的个数，其成像分辨率较低。为了提高分辨率，近年来，越来越多的研究者投入到多物理场成像或称多波成像[82]研究中，其中微波热声成像、磁声成像方法[83]融合了电磁技术和超声技术，兼具无创、对比度好、灵敏度高等优点，备受关注，在生物医学成像、多相流层析成像等领域具有很好的应用前景。

(2)研究现状。传统电层析成像的发展历史久远，相对成熟，目前主要是针对不同的应用目标(高电导率或低电导率、流体或固体)，重点研究传感器的分布、激励检测模式以及电磁场正反问题和快速重建算法。多物理场耦合成像(如磁声成像)的相关研究在国内外都还处于起步阶段，发展了多种成像模式。按照检测方式划分，可分为超声检测式磁声成像和电磁检测式磁声成像，前者包含注入电流式和感应电流式两种模式，后者包含电压检测式和磁探测式两种模式[84]。目前多种不同成像模式均处于探索研究中。由于多物理场耦合理论及其试验系统的复杂性，磁声成像方法目前还不能应用于实际的工业过程和生物医学成像层析成像当中，还有许多基础科学问题亟待解决，如阵列激励、微弱信号检测、多物理场耦合正逆问题分析、全域电导率重建等。

总之，电磁无损检测技术的高效与高精度化以及检测系统的阵列化、图像化、自动化是发展趋势，应用对象也在向微观损伤评价、新型材料和结构复杂缺陷检测拓展，相关研究对确保关键结构和系统的安全和高效起到了越来越重要的作用。

12.2.4　脉冲功率电量精确测量技术

1. 概念

脉冲功率技术的研究始于20世纪30年代，在20世纪60年代成为了单独的学科并进入黄金发展期，如今在国防科研、现代科学和工业民用领域都有着重要的科学意义与广泛的应用前景，涉及的行业包括加速器、激光器、等离子体、电磁脉冲模拟、电磁发射等高新技术，也包括污水处理、灭菌消毒、矿井物探、岩石钻孔、水下探测等民用技术。脉冲功率技术的进一步发展必然要依赖于装置与系统的精细化控制，脉冲功率电量精确测量技术可为控制策略提供可靠的信息来源。

2. 作用

传统电量的测量已有广泛研究，且方法丰富、手段多样，但脉冲功率技术同时具有高电压、大电流、高功率、强脉冲等特点，不能直接采用常规的交流或直流仪表测量其电流、电压和功率。研究脉冲电量精确测量技术是对现有直流和交流电量测量方法的有效补充,也是脉冲功率技术发展的客观需求。

3. 意义

开展脉冲功率电量精确测量研究的意义是:①有助于拓展电流、电压、电能等电量的检测方法,与电磁相关的物理现象众多,借助不同的传感原理,可将被测的电流、电压、电能等电量转换成不同的物理量,丰富测量手段;②有助于非常规电量传感器的精度检测与标定,常规的电量测量如交流电流互感器、交流电压互感器、交流电能表已有国际和国家标准,按照标准生产的装置有很好的可靠性和互换性,但脉冲电量测量尚无相关标准,缺乏检定的方法;③有助于脉冲功率技术快速有序发展,不论用于军事领域还是民用领域,评估脉冲功率装置的效果都要依据脉冲的相关电量参数,测量系统的精确度和重复性十分重要。

4. 发展简史

脉冲功率技术已广泛应用于科学研究、医学和国防军事等领域,如托卡马克装置、离子加速器技术、电磁炮等。脉冲功率的技术参数越来越高,电压高达几百千伏甚至几兆伏,电流可达数十千安甚至数百万安,持续时间从纳秒到秒级不等,功率可达太瓦级,这些极限电量参数的精确测量日益受到重视。脉冲大电流的测量手段较丰富,主要有分流器法[85～87]、Rogowski 线圈法[88～90]、霍尔电流法、光学传感器法、法拉第筒法[91～95]。分流器法准确度高、结构简单、性能稳定,但不隔离,高频特性差。Rogowski 线圈法高频特性好,但低频特性差,且易受外界磁场干扰。霍尔电流法低频特性好,但对大电流测量不适应。光学传感器法的稳定性和准确性不足。法拉第筒法仅适用于电子束电流测量。脉冲高电压的测量手段比较有限,主要有阻容分压法和光学测量法。

5. 研究现状

脉冲功率强电量参数测量方法的探索还十分有限,受关注较多的是脉冲大电流测量,脉冲电压、脉冲功率的测量方法的研究很少,而与之相关的量值传递与传感器校验方法基本属于空白。随着脉冲功率技术未来在生物、材料、医疗、军事等领域的不断发展与推广,脉冲电量参数的精确测量必然会成为新的技术需求和研究热点。

12.3 今后发展目标、重点研究领域和交叉研究领域

本分支方向今后的发展目标和重点研究领域,一方面体现在对能源物联网等

国民经济影响深远领域的电磁测量与传感器技术的深入和高水平研究;另一方面,体现在对多学科交叉研究领域的创新性研究。旨在鼓励原始性创新,研究基于新材料的传感器技术、电工磁性材料的磁特性精细测量技术、电磁探测与成像技术、脉冲功率电量精确测量技术等。

12.3.1　基于智能材料的传感器技术

1. 基于超磁致伸缩原理的传感技术

随着人们对产品质量的高要求和环保意识的增强,围绕超磁致伸缩传感器的优点,需要拓展超磁致伸缩传感技术新理论和新方法的研究,并将其应用于实际,为解决我国制造、能源可持续发展面临的重大需求等问题奠定理论基础,同时发挥我国某些稀土资源丰富的优势,增加产品附加值。因此,为了满足面向提高我国机电产品的生产质量、改善自然生态环境、提升对自然资源利用效率等需求等方面的需求,开展的研究工作主要有:①不同工况下超磁致伸缩材料特性研究;②新型超磁致伸缩传感技术中的关键问题研究;③超磁致伸缩传感技术在电力系统、直流输电技术中应用的关键问题研究;④超磁致伸缩与其他功能材料结合在传感技术中的关键问题研究;⑤提高传感器的线性度、灵敏度及测量范围,以期更趋合理,并使其商业化等。

2. 磁性液体传感技术

《中国制造 2025》中提到,将大力推动机器人、航空航天装备以及新能源汽车的发展,这势必需要新型的传感器和减振器作为技术支持,以适应更加复杂的工作环境和节能要求。磁性液体传感技术今后的研究内容主要包括如下方面:①磁性液体磁学特性研究。磁性液体有其独特的磁学特性,如磁-黏特性、磁-温特性、磁-光特性等,通过理论分析和试验测试磁性液体的磁学特性,建立磁性液体磁学特性的模型,是磁性液体应用研究的基础。②基于多物理场耦合的磁性液体传感器和阻尼减振器的机理研究。磁性液体传感器和阻尼减振器涉及电磁场、流体场、温度场等多物理场耦合问题,建立多场耦合模型,进而研究传感器和减振器的工作机理,为研发和设计新型传感器提供理论依据。③磁性液体传感器的传感机理、建模和优化将是传感器研究的一个重要方向,基于磁场作用下的磁性液体传感器智能化研究也将是一个重要的研究内容。

12.3.2　电工磁性材料的磁特性精细测量技术

从发展规律来看,电工磁材料特性模拟技术是能源装备制造业发展到一定阶段后必然形成的,体现为计算电磁学、电机学与材料学等多学科的耦合性增强;磁材料测试方法及建模方法向多维度、多尺度的延拓;材料复杂动态磁特性模拟与装备设计制造及运行的结合空间增大。我国必须在充分吸取国外(主要是欧洲和日本)先进经验的同时,需根据我国电工磁材料在电工装备制造业中的实际应用情况确定材料磁特性的研究发展模式,制定中长期发展目标和实施计划,以此引导高校和科研院所深入开展该领域的科学研究和技术开发。

未来,磁材料特性精细测量与模拟技术将成为主导电工装备优化设计及创新型设计的关键技术。建议"十三五"期间及中长期把以下围绕磁材料动态磁特性的测量及模拟基础理论和关键技术作为发展重点,并予以政策及资金方面的优先资助,主要内容包括:①电工磁材料磁特性测量新方法与新装置;②电工磁材料综合磁特性数据库的创建与对比分析;③考虑工程实际的磁特性模拟技术;④电工磁材料在工程应用中磁特性的建模;⑤电工磁材料性能模拟、多物理场仿真和试验验证技术的系统研究;⑥电工装备中磁路振动噪声问题的研究;⑦基于微观磁结构的磁化机理研究。

12.3.3 电磁探测与成像技术

电磁无损检测技术领域的今后发展目标包括:研究包括非线性、履历性磁性结构电磁无损检测信号高效数值模拟方法;基于电磁特性的残余应力应变和微观损伤的定量无损评价方法;复杂环境在线定量电磁无损检测方法和系统;高效高精度电磁无损检测新理论、新方法;电磁无损检测信号处理和缺陷定量反演理论和方法等。具体按照技术分为如下几类。

1. *电磁涡流无损检测*

随着工业装备的发展,特别是航空航天事业的发展,一些迫切需要解决的电磁无损检测问题被提了出来,现在人们已经认识到,一些问题迟迟得不到解决绝不是因为检测设备问题,而是对涡流电磁场变化规律认识不清,尚存在一些无法在理论上有确切描述的问题。这些问题归结到电磁场理论方面有如下几个问题:三维涡流时谐场的解析方法研究,确定缺陷尺寸的半解析方法研究,脉冲涡流场的时域解析方法研究,考虑局部磁滞现象的铁磁物质中涡流场变化规律的研究。

在电磁无损检测装置研制方面,主要有如下几个待解决的问题:微尺度下多层金属材料的电磁参数和尺寸的检测,导磁基体上多层金属曲面及镀层的厚度检测,金属工件内缺陷形状与尺寸的检测、复杂边界复合导电材料的无损检测,铁磁材料电导率与磁导率的无损检测等。

2. *电磁超声无损检测*

为了更好地发展和应用 EMAT 无损检测技术,未来研究的重点除了进一步优化 EMAT 检测系统，提高灵敏度等检测能力外，还包括电磁超声信号的自动识别和缺陷的定量评价、复杂环境下缺陷检测以及材料微观损伤的电磁超声评价新方法、新型电磁超声探头和系统的开发等。具体需开展的研究内容包括：①考虑非线性、非均匀、复杂构件和多场耦合效应的高效、高精度电磁超声信号数值模拟方法和软件开发；②高温、高速、振动等复杂环境条件下的在线电磁超声检测方法和系统；③基于相控阵电磁超声技术、旋转偏置磁场技术等的新型电磁超声探头和系统的开发及应用；④电磁超声-脉冲涡流、激光-电磁超声、电磁超声-声发射、电磁超声-红外等电磁超声复合无损检测方法和系统；⑤阵列电磁超声及成像技术；⑥基于先进信号处理方法的电磁超声检测信号的降噪、自动识别标定、分类以及缺陷评价；⑦电磁超声反问题和缺陷定量反演技术；⑧电磁超声技术在新材料、新结构缺陷检测评价中的应用；⑨基于非线性电磁超声和电磁超声共鸣法等的材料微观损伤的定量评价方法；⑩大数据、云检测等新技术在电磁超声检测中的应用等。

3. 电磁声发射无损检测

无损检测领域的实现目标正在由缺陷检测向缺陷的早期评估与预测方向发展，电磁加载技术的应用范畴也在不断拓宽，而电磁加载精度、加载效率以及对结构力学和声学行为特性的影响等研究亟待深入开展，总体可分为以下两个方面。①电磁加载下金属结构的力学响应机理研究。分析电磁激励下不同金属材料结构中电磁力的空间分布以及所激发应力波的变化规律，研究电磁加载对金属结构局部应力状态的影响特性，给出电磁加载与结构应力、形变之间的对应关系，实现对金属结构的精确加载、有效声源的可控激发以及应力分布的检测与局部调控。②电磁加载下金属结构缺陷的声响应特性研究。研究电磁激励下金属结构损伤的声学动态响应机制，对比线圈结构、激励电流、外部磁场等参数对不同缺陷的加载效果，分析电磁加载下缺陷动态响应对应力波传播的影响规律，研究电磁激励下金属结构损伤的非线性声响应特性，为金属早期损伤的定量评估与寿命预测提供可靠依据。

4. 电磁成像

研究新型电磁成像方法，如磁共振电阻抗成像、磁声成像方法。主要包括：①研究电磁场、声场与复杂介质目标体相互作用产生的多物理场耦合、能量转换等电磁效应机制；②通过检测复杂介质响应开展复杂介质的内部结构、理化特性、活动规律等电磁效应机制研究，进一步研究复杂介质目标体内部结构和功能的动态表征方法；③构建分布式磁场重构和检测技术；④解决目标体内部电导率技术瓶颈问题。

12.3.4 脉冲功率精密测量技术

脉冲功率技术发展迅速,在国防军事、工业应用、环境保护、医学应用、科学研究等领域日益受到重视,给电量的精密测量提出了新的要求。直流和工频电量的测量方法丰富、检定方法健全,已有相关的测量标准,能够方便地实现量值传递,但脉冲型电量的测量方法有限、研究深度不够、校验方法缺失,开展脉冲型电量的精密测量理论研究十分必要。

需要开展的研究内容包括:①脉冲电流、电压的种类划分与特征描述研究;②脉冲电流的传感机理与测量方法研究;③脉冲电压的传感机理与测量方法研究;④脉冲电能计量方法研究。

参考文献

[1] Joule J P. On a new class of magnetic forces. Sturgeon's Annals of Electricity, 1842, 8(219): 1842.

[2] Clark A E. Ferromagnetic Materials. Amsterdam: North Holland Publications, 1980.

[3] Zhang L, Or S W, Leung C M. Voltage-mode direct-current magnetoelectric sensor based on piezoelectric-magnetostrictive heterostructure. Journal of Applied Physics, 2015, 117(17): 149.

[4] Zhang L, Or S W, Leung C M, et al. DC magnetic field sensor based on electric driving and magnetic tuning in piezoelectric/magnetostrictive bilayer. Journal of Applied Physics, 2014, 115(17): 17E520.

[5] Ding Z, Du Y, Liu T, et al. Distributed optical fiber current sensor based on magnetostriction in OFDR. IEEE Photonics Technology Letters, 2015, 27: 1.

[6] de Nazare, Fabio V B, Werneck M M. Efficient magnetic biasing scheme for a Bragg-grating-based magnetostrictive alternating current sensor//Instrumentation and Measurement Technology Conference. Pisa, Italy, 2015: 446—451.

[7] Xu J, Wu X J, Kong D Y, et al. A guided wave sensor based on the inverse magnetostrictive effect for distinguishing symmetric from asymmetric features in pipes. Sensors, 2015, 15(3): 5151—5162.

[8] Nascimento I M, Baptista J M, Jorge P A S, et al. Passive interferometric interrogation of a magnetic field sensor using an erbium doped fiber optic laser with magnetostrictive transducer. Sensors & Actuators A Physical, 2015, 235: 227—233.

[9] Du Y, Liu T, Ding Z, et al. Distributed magnetic field sensor based on magnetostriction using Rayleigh backscattering spectra shift in optical frequency-domain reflectometry. Applied Physics Express, 2014, 8(1). DOI: 10.7567/APEX.8.012401.

[10] Ali M, Newson T P. Distributed optical fiber dynamic magnetic field sensor based on magnetostriction. Applied Optics, 2014, 53(53): 2833.

[11] Chang H C, Liao S C, Hsieh H S, et al. Magnetostrictive type inductive sensing pressure sensor. Sensors & Actuators A Physical, 2015, 238: 25—36.

[12] Ferenc J, Kowalczyk M, Cieślak G, et al. Magnetostrictive iron-based bulk metallic glasses for force sensors. IEEE Transactions on Magnetics, 2014, 50(50): 1—3.

[13] Yang Q, Yan R, Fan C, et al. A magneto-mechanical strongly coupled model for giant magnetostrictive force sensor. IEEE Transactions on Magnetics, 2007, 43(4): 1437−1440.

[14] Amat R, García-Miquel H, Barrera D, et al. Magneto-optical sensor based on fiber bragg gratings and a magnetostrictive material. Key Engineering Materials, 2015, 644: 232−235.

[15] Miwa Y, Shin J, Hayashi Y, et al. Basic study of fabricating high sensitive strain sensor using magnetostrictive thin film on Si wafer. IEEE Transactions on Magnetics, 2015, 51(1): 1−4.

[16] Suwa Y, Agatsuma S, Hashi S, et al. Study of strain sensor using FeSiB magnetostrictive thin film. IEEE Transactions on Magnetics, 2010, 46(2): 666−669.

[17] 张露予, 王博文, 翁玲, 等. 螺旋磁场作用下磁致伸缩位移传感器的输出电压模型及实验. 电工技术学报, 2015, 30(12): 21−26.

[18] Ripka P, Butta M, Pribil M. Magnetostriction offset of fluxgate sensors. IEEE Transactions on Magnetics, 2015, 51(1): 1−4.

[19] Ripka P, Pribil M, Butta M. Fluxgate offset study. IEEE Transactions on Magnetics, 2014, 50(11): 1−4.

[20] Yan R, Yang Q, Yang W, et al. Dynamic model of giant magnetostrictive acceleration sensors including eddy- current effects. IEEE Transactions on Applied Superconductivity, 2010, 20(3): 1874−1877.

[21] Yan R G, Yang Q X, Yang W R, et al. Giant magnetostrictive acceleration sensors. Proceedings of the CSEE, 2009, 29(24): 104−109.

[22] Kaniusas E, Mehnen L, Krell C, et al. A magnetostrictive acceleration sensor for registration of chest wall displacements. Journal of Magnetism & Magnetic Materials, 2000, 215-216(1): 776−778.

[23] Yan R G, Jia Y L, Zhu L H, et al. Giant magnetostrictive freezing rain sensor. Advanced Materials Research, 2014, 902: 163−166.

[24] 雷瑞波, 程言峰, 李志军, 等. 磁致位移传感器冰雪厚度测量仪原理及其应用. 大连理工大学学报, 2010, 50(3): 416−420.

[25] Sabata I D, Popa N C, Potencz I, et al. Inductive transducers with magnetic fluids. Sensors & Actuators A Physical, 1992, 32(1-3): 678−681.

[26] Cotae C, Baltag O, Olaru R, et al. The study of a magnetic fluid-based sensor. Journal of Magnetism & Magnetic Materials, 1999, 201(1): 394−397.

[27] TDK Corp. Inclination angle sensor for motor vehicle. JP2005114674-A, 2005-04-28.

[28] Andò B, Baglio S, Beninato A. A flow sensor exploiting magnetic fluids. Procedia Engineering, 2011, 25: 559-562.

[29] Chitnis G, Ziaie B. A ferrofluid-based wireless pressure sensor. Journal of Micromechanics & Microengineering, 2013, 23(12): 475−487.

[30] Yang W, Yang X, Yang Q, et al. Study on localization with magnetic liquids based on GMR. IEEE Transactions on Applied Superconductivity, 2014, 24(3): 1−4.

[31] Yao J, Li D. Research on a novel magnetic fluid micro- pressure sensor. Measurement Science & Technology, 2015, 26(7): 075−101.

[32] Deng M, Liu D, Li D. Magnetic field sensor based on asymmetric optical fiber taper and magnetic fluid. Sensors & Actuators A Physical, 2014, 211(5): 55−59.

[33] 王强．基于磁性液体的减振技术研究[硕士学位论文]. 天津:河北工业大学,2012.

[34] Yang W, Yang Q, Yan R, et al. Theoretical and experimental researches on magnetic fluid acceleration sensor. International Journal of Applied Electromagnetics and Mechanics, 2010, 33(1-2): 655—663.

[35] Yang W, Yang Q, Yan R, et al. Dynamic response of pressure sensor with magnetic liquids. IEEE Transactions on Applied Superconductivity, 2010, 20(3): 1860—1863.

[36] 刘雪莉,杨庆新,杨文荣．磁性液体微压差传感器动态建模研究．电工技术学报,2015,(A1): 7—12.

[37] Burgwin S L. A method of magnetic testing for sheet material. Review of Scientific Instruments, 1936, 7(7): 272—277.

[38] Yamamoto T, Yoshihiro O. Single sheet tester for measuring core losses and permeabilities in a silicon steel sheet. IEEE Transactions on Magnetics, 1974, 10(2): 157—159.

[39] Enokizono M, Sievert J D. Magnetic field and loss analysis in an apparatus for the determination of rotational loss. Physica Scripta, 1989, 39(3): 356.

[40] Enokizono M G, Shirakawa T S, Sievert J. Two-dimensional magnetic properties of silicon-steel sheet. IEEE Translation Journal on Magnetics in Japan, 1991, 6(11): 937—946.

[41] Cheng Z, Hu Q, Jiao C, et al. Laminated core models for determining exciting power and saturation characteristics//World Automation Congress 2008. Hawaii, U. S., 2008: 1—4.

[42] Zhang Y, Eum Y H, Xie D, et al. An improved engineering model of vector magnetic properties of grain-oriented electrical steels. IEEE Transactions on Magnetics, 2008, 44(11): 3181—3184.

[43] 陈俊全,马伟明,王东,等．磁性材料二维旋转磁化特性测量平台研制．磁性材料及器件,2013,(2): 37—40.

[44] Li Y, Yang Q, Zhu J G, et al. Magnetic properties measurement of soft magnetic composite materials over wide range of excitation frequency. IEEE Transactions on Industry Applications, 2012, 48(1): 2259—2265.

[45] Barrière O D L, Appino C, Fiorillo F, et al. A novel magnetizer for 2D broadband characterization of steel sheets and soft magnetic composites. International Journal of Applied Electromagnetics & Mechanics, 2015, 48(2-3): 239—245.

[46] Yang Q, Li Y, Zhao Z, et al. Design of a 3-D rotational magnetic properties measurement structure for soft magnetic materials. IEEE Transactions on Applied Superconductivity, 2014, 24(3): 1—4.

[47] 美国金属学会．金属手册．9 版．北京:机械工业出版社,1994: 1255.

[48] Yusa N, Janousek L, Chen Z, et al. Diagnostics of stress corrosion and fatigue cracks using 3 benchmark signals. Materials Letters, 2005, 59: 3656—3659.

[49] Zeng Z, Udpa S, Udpa L. An efficient finite element method for modeling ferrite core eddy current probe. International Journal of Applied Electromagnetics and Mechanics, 2010, 33(1-2): 481—486.

[50] Cheng W, Kanemoto S, Komura I, et al. Depth sizing of partial contact SCC from ECT signals. NDT & E International, 2006, 39: 374—383.

[51] Zuo Y, Chen Z. Enhancement of sizing capability of ECT for deep cracks by using split TR probes. International Journal of Applied Electromagnetics and Mechanics, 2010, 33(3-4): 1157—1164.

[52] Huang S, Tong Y, Zhao W. An adaptive compression algorithm for pipeline EMAT inspection data. International Journal of Applied Electromagnetics and Mechanics, 2010, 33(3-4): 1095－1100.

[53] Chen H E, Xie S, Chen Z, et al. Quantitative nondestructive evaluation of plastic deformation in carbon steel based on electromagnetic NDE methods. Material Transcations, 2014, 55(12): 1806－1815.

[54] Doubov A A. Problems in estimating the remain life of ageing equipments. Thermal Engineering, 2003, 50(11): 935－938.

[55] Mumtaz K, Takahashi S, Echigoya J, et al. Detection of martensitic transformation in high temperature compressively deformed austenitic stainless steel by magnetic NDE technique. Journal of Materials Science, 2003, 38(14): 3037－3050.

[56] Zhong L, Li L, Chen X. Simulation of magnetic field abnormalities caused by stress concentrations. IEEE Transactions on Magnetics, 2013, 49(3): 1128－1134.

[57] Xie S, Chen Z, Takagi T, et al. Development of efficient numerical solver for simulation of pulsed eddy current testing signals. IEEE Transactions on Magnetics, 2011, 47(11): 4582－4591.

[58] Li Y, Tian G Y, Simm A. Fast analytical modeling for pulsed eddy current evaluation. NDT & E International, 2008, 41(6): 477－483.

[59] Vertesy G, Tomas I, Meszaros I. Nondestructive indication of plastic deformation of cold-rolled stainless steel by magnetic adaptive testing. Journal of Magnetism and Magnetic Materials, 2007, 310(1): 76－82.

[60] Hirao M, Ogi H. EMATs for Science and Industry: Noncontacting Ultrasonic Measurements. New York: Springer, Central Book Services, 2010: 392.

[61] Pei C, Chen Z, Wu W. Development of simulation method for EMAT signals and applications to TBC inspection. International Journal of Applied Electromagnetics and Mechanics, 2010, 33(3-4): 1077－1085.

[62] Chen Z, Yusa N, Miya K. Some advances in numerical analysis techniques for quantitative electromagnetic nondestructive evaluation. Nondestructive Testing and Evaluation, 2009, 24(1-2): 69－102.

[63] Yusa N, Uchimoto T, Takagi T, et al. An accurately controllable imitative stress corrosion cracking for electromagnetic nondestructive testing and evaluations. Nuclear Engineering and Design, 2013, 245: 1－7.

[64] Li H, Chen Z, Li Y. Characterization of damage-induced magnetization for 304 austenitic stainless steel. Journal of Applied Physics, 2011, 110(11): 114907.

[65] Dodd C V, Deeds W E. Analytical solutions to eddy-current probe-coil problems. Journal of Applied Physics, 1968, 39(6): 2829－2838.

[66] Brett C R, Raad J A D. Validation of a pulsed eddy current system for measuring wall thinning through insulation//Conference on Nondestructive Evaluation of Utilities and Pipelines. Scottsdale, U. S., 1996: 211－222.

[67] Theodoulidis T. Analytical modeling of wobble in eddy current tube testing with bobbin coils. Research in Nondestructive Evaluation, 2002, 14(2): 111－126.

[68] Mao X, Lei Y. Analytical solutions to eddy current field excited by a probe coil near a conductive

pipe. NDT & E International, 2013, 5(3): 69－74.

[69] Chen X, Lei Y. Time-domain analytical solutions to pulsed eddy current field excited by a probe coil outside a conducting ferromagnetic pipe. NDT & E International, 2014, 68(24): 22－27.

[70] Dobbs E R. Electromagnetic generation of ultrasonic waves. Journal of Physics & Chemistry of Solids, 1969, 31(8): 1657－1667.

[71] Hirao M, Fukuoka H, Fujisawa K, et al. Characterization of formability in cold-rolled steel sheets using electromagnetic acoustic tranducers. Metallurgical Transactions A, 1989, 20(11): 2385－2392.

[72] Johnson W L, Norton S J, Bendec F, et al. Ultrasonic spectroscopy of metallic spheres using electromagnetic-acoustic transduction. Journal of the Acoustical Society of America, 1992, 91(5): 2637－2642.

[73] Pei C, Chen Z, Wu W. Development of simulation method for EMAT signals and applications to TBC inspection. International Journal of Applied Electromagnetics and Mechanics, 2010, 33: 1077－1085.

[74] Finkel P, Godinez V, Miller R, et al. Electromagnetically induced acoustic emission-novel NDT technique for damage evaluation. American Institute of Physics Conference Series, 2001, 577(1): 1747－1754.

[75] 刘素贞，杨庆新，金亮，等．电磁声发射技术在无损检测中的应用．电工技术学报，2009，24(1)：23－27.

[76] Jin L, Liu S, Zhang C, et al. Amplitude characteristics of acoustic emission signals induced by electromagnetic exciting. IEEE Transactions on Magnetics, 2012, 48(11): 2953－2956.

[77] 张闯，刘素贞，杨庆新，等．基于 FFT 和小波包变换的电磁声发射信号处理研究//2009 年全国电工理论与新技术年会．杭州，中国，2009.

[78] Balasubramaniam K, Valluri J S, Prakash R V. Creep damage characterization using a low amplitude nonlinear ultrasonic technique. Materials Characterization, 2011, 62(3): 275－286.

[79] Kumar A, Torbet C J, Pollock T M, et al. In situ characterization of fatigue damage evolution in a cast Al alloy via nonlinear ultrasonic measurements. Acta Materialia, 2010, 58(58): 2143－2154.

[80] Gish O H, Rooney W J. Measurement of resistivity of large masses of undisturbed earth. Journal of Geophysical Research, 1926, 202(1): 161－188.

[81] Henderson R P, Webster J G. An impedance camera for spatially specific measurements of the thorax. IEEE Transactions on Biomedical Engineering, 1978, 25(3): 250－254.

[82] Fink M, Tanter M. Multiwave imaging and super resolution. Physics Today, 2010, 63(2): 28－33.

[83] Yuan X, Bin H. Magnetoacoustic tomography with magnetic induction. Physics in Medicine & Biology, 2005, 50(21): 5175－5187.

[84] 刘国强．磁声成像技术上册——超声检测式磁声成像．北京：科学出版社，2014：284.

[85] Malewski R, Nguyen C T, Feser K, et al. Elimination of the skin effect error in heavy-current shunts. IEEE Transactions on Power Apparatus and Systems, 1981, (3): 1333－1340.

[86] Castelli F. The flat strap sandwich shunt. IEEE Transactions on Instrumentation and Measurement, 1999, 48(5): 894－898.

[87] Ferrero R, Marracci M, Tellini B. Analytical study of impulse current measuring shunts with cage configuration. IEEE Transactions on Instrumentation and Measurement, 2012, 61(5): 1260－1267.

[88] Ward D A, Exon J L T. Using Rogowski coils for transient current measurements. Engineering Science and Education Journal, 1993, 2(3): 105—113.

[89] Argüeso M, Robles G, Sanz J. Implementation of a Rogowski coil for the measurement of partial discharges. Review of Scientific Instruments, 2005, 76(6): 065107.

[90] Zhang Z S, Xiao D M, Li Y. Rogowski air coil sensor technique for on-line partial discharge measurement of power cables. Science, Measurement and Technology, IEE Proceedings, 2009, 3(3): 187—196.

[91] Poulichet P, Costa F, Labouré É. A new high-current large-bandwidth DC active current probe for power electronics measurements. IEEE Transactions on Industrial Electronics, 2005, 52(1): 243—254.

[92] Chen K L, Chen N. A new method for power current measurement using a coreless Hall effect current transformer. IEEE Transactions on Instrumentation and Measurement, 2011, 60(1): 158—169.

[93] Bohnert K, Gabus P, Nehring J, et al. Fiber-optic current sensor for electrowinning of metals. Journal of Lightwave Technology, 2007, 25(11): 3602—3609.

[94] Peng N, Huang Y, Wang S, et al. Fiber optic current sensor based on special spun highly birefringent fiber. IEEE Transactions on Photonics Technology Letters, 2013, 25(17): 1668—1671.

[95] Pahari S, Lachhvani L, Bajpai M, et al. Design, development, and results from a charge-collector diagnostic for a toroidal electron plasma experiment. Review of Scientific Instruments, 2015, 86(8): 083504.

第 13 章 生物电磁学

生物电磁学运用电工学的原理和方法,研究生命活动本身产生的电磁现象、特征及规律,外加电磁场对生物体作用产生的反应及规律,并将这些规律应用于生物技术、医疗诊断和治疗技术中。本章介绍生物电磁领域的研究范围和任务,阐述生物电磁学的研究方向和国内外的研究现状,并对今后该领域的发展目标和重点研究领域进行归纳和总结,为"十三五"期间生物电磁学研究的发展布局提供参考。

13.1 研究范围与任务

生物电磁学主要研究和解决生物学、医学科学中的相关电磁问题,是一门综合生物学、医学和电气科学的交叉学科。其目标是研究生命活动本身所产生的电磁场和外加电磁场对生物与环境的影响,以及与电磁相关的医疗仪器、生命科学仪器中的电气科学基础问题。其研究内容主要包括:生物电磁干预技术、生物电磁特性与电磁信息检测技术、生物医学中的电工技术等。

生物电磁干预技术根据干预对象的不同可以分为神经电磁调控技术和细胞电磁场处理技术。在神经科学层面,利用植入性和非植入性技术,依靠电或磁的手段来改善人类生命质量的医学和生物工程技术被称为神经调控技术。它重点强调的是调控,也就是该过程是有一定可逆性的,治疗参数是可被体外调整的。在细胞层面,细胞电磁场处理技术可以利用脉冲电场影响细胞膜的通透性和流动性,使细胞膜发生穿孔,可在临床中用于肿瘤的治疗。

生物电磁特性与电磁信息检测技术以人体介电特性为基础。基于人体介电特性基础的电阻抗成像及医学应用研究,是根据人体内不同组织具有不同的介电特性以及同一组织在不同生理、病理状态下具有不同介电特性的原理,建立可用于医学检测与监测的电磁成像新技术,同时为解决电磁场生物效应定量计算提供基础。另外,许多微观和宏观生命过程都伴随着大量的电磁活动;细胞电极化效应的综合作用在组织层次上产生诸如心电、脑电、脑磁、肌电等生理电磁现象,携带有生物活体的各种生理、病理信息,检测这些生物电磁信号并据此分析其内部电磁过程,以及这些电磁过程和生命活动的关系,对于揭示生命活动本质和医学诊断治疗都具有重要的意义。

在生物医学中的电工技术涉及多个方面,除了各种医用电源技术外,还涉及磁体技术、脉冲功率技术、等离子体技术等。随着材料和纳米技术的发展,磁性颗粒在生物医学中的应用越来越受到关注，除涉及材料和生物技术外，也涉及大量的电工技术。

对生物电磁学的研究可以促进我国在新型生物电磁治疗技术和新型生物医学成像技术等方面的发展，为我国生命科学仪器、医疗设备的源头创新提供不竭的动力。

13.2　国内外研究现状及发展趋势

13.2.1　生物电磁特性与电磁信息检测技术

1. 生物电磁特性及应用

生物组织的电磁特性(电导率、介电常量、磁导率及其频率谱)是生物电磁技术研究的基础[1~3]。最早研究生物组织电磁特性的是德国科学家Hermann[4]，他于1872年测量了骨骼肌的电阻，并发现电流沿不同方向通过骨骼肌时呈现不同的电阻抗。1941年，Cole等[5]提出了Cole-Cole理论，并建立了生物组织的三元件模型。1957年，Schwan[6]提出频散理论，表明生物组织电特性随频率在不同频段呈显著变化。

Gabriel等[7]在20世纪90年代较系统地研究了绵羊主要组织和部分人尸体组织的介电特性，意大利应用物理学会以此为基础建立了计算模型，并在网站上提供，可估算55种人体组织的介电特性，为全球从事生物电磁效应的相关研究者提供参考。国内在“十一五”、“十二五”期间在国家自然科学基金的支持下开展了这一领域的研究，并在人体组织介电特性研究方面取得突破并处于领先：发现实测活性人体组织介电特性与国际网站估算有很大差异，同时发现人体组织在体、离体、失活过程中介电特性变化与组织活性丧失密切相关。目前活体组织电磁参数的测量技术是研究的热点[8]。

生物电磁特性的重要应用之一是电磁生物医学成像技术。它的基本原理是根据人体内不同组织在不同的生理、病理状态下具有不同的电阻、电导率，采用各种方法给人体施加安全驱动电流、电压，利用测量的响应信息，重建人体内部的电阻率分布或其变化的图像。注入电流电阻抗成像是最早提出且研究历史最长的成像方法，许多早期的文献将其称为电阻抗成像。第一幅电阻抗图像结果是由Henderson等[9]于1978年报道的，他们得到可以显示人体肺、心脏的图像，但还不是断层图像，而是类似X胸片的透射图像。1984年，英国谢菲尔德大学的Barber研究组[10]报道了电导率断层成像的尝试，并应用模拟数据，获得了单一的电导率分布图像。目前颅脑电阻抗成像是电阻抗成像领域的研究热点之一。这一方向以英国伦敦大学和第四军医大学为代表，还有美国、澳大利亚、欧洲等多个研究团队从事相关研究。我国在颅脑电阻抗动态图像监测研究方向形成优势,率先应用于临床脑水肿患者治疗的监测。国内第四军医大学、重庆大学、天津大学等小组近年来一直坚持研究,突破脑颅骨成像的难题,并提出床旁实时动态图像监测研究,形成以脑部连续实时动态图像监测的研究特色。在电阻抗呼吸功能监测方面,德国德尔格研究团队处于领先地位,率先实现了电阻抗成像对机械通气效能的监测,美国、加拿大、澳大利亚、欧洲等多个团队也在从事相关基础及应用研究。国内的天津大学、第四军医大学也开展相关研究并形成了自身特色。乳腺癌检测也是电阻抗成像领域的热点之一,国外多个研究团队研究了用于乳腺癌检测的电阻抗扫描成像和断层成像方法,国内以第四军医大学为代表的研究团队率先将这一技术推向临床研究,在应用基础研究方面处于领先地位。

2. 生物电磁信息检测与利用

生物体是复杂的电磁系统,生命活动本身伴随着电磁信号的产生、传输与控制[11]。为了利用电磁原理研究生命的信息或探讨外界电磁场对生命的影响、调理和干预,首先必须揭示生物组织本身所具有的电磁特性。实际上,直至 19 世纪中叶,大多数电磁研究都与生物体有关,并且很多高灵敏的测试仪器也是为了进行生物电磁检测而发展起来的。

1791 年,意大利科学家 Galvani[12]通过将青蛙的坐骨神经放置在肌肉的切口上观察到了肌肉的颤搐,从而首次观察到生物电现象。1842 年,Matteucci[13]发现一切收缩中的肌肉都可以产生电流。1887 年,法国的 Waller[14]记录了历史上第一张人类心电图。心脏在人体生命活动中占有重要的地位,对心电的研究一直都是各国相关科学家研究的热点。目前心电图仪已成为常规的医疗仪器,非接触多导心内心电图也已临床使用多年。1929 年,德国的 Berger[15]记录到脑电图,自此脑电检测技术得到了全面的发展和利用,为临床诊断和脑认知研究做出了巨大贡献。最近发展的高分辨率脑电通道数可达 256 道,采样频率可以在 1kHz 以上。高分辨率脑电与其他结构成像技术(如 CT、MRI、PET)融合为神经科学研究提供了更加有力的手段。目前,对人体电活动的研究进入了高峰期,从而取得了一系列重要成果,且成功地应用于临床诊疗。

既然生物电现象如此多,根据电磁理论,生物体内必然存在诸多生物磁特性[16]。1963 年,Baule 等[17]首次成功地利用梯度仪记录了人体心脏的磁场分布;Cohen 等[18,19]分别于 1968 年和 1970 年采用刚刚发明的超导量子干涉装置记录了脑磁图和心磁图。虽然心磁图和脑磁图的灵敏度和准确度都比心电图和脑电图高,但是由于需要用到昂贵的超导量子干涉装置而影响了其发展。随着超导技术设备的进步和发展,生物磁特性检测有望像心电和脑电测量一样获得广泛的应用。

现在生物电磁信息利用的研究主要集中在电磁逆问题方面,即指根据生物电、磁的测量结果来推断相应的组织活动过程[20,21]。例如,根据体表电位计算出心外膜电位,进而推断心脏电源激动点状态;通过皮层成像技术获得头皮电位分布后映射出脑电活动的空间分布。基于生物电磁信息的逆问题主要包括模型构建和求解算法两个方面。模型构建向着真实化和精细化方向发展。求解算法则以数值计算为主,注重结构信息对求得有效解的约束和贡献以及多种信号的融合。同时,通过融合电磁正逆问题、电磁参数的检测以及高精度结构成像技术,人们已经可以构建更加真实的人体电磁仿真模型,进行三维的电磁成像仿真,如脑电、脑磁和心电的3D成像。

国内大部分高校都涉及脑电、心电、肌电等生物电的研究。清华大学、中国科学院苏州生物医学工程技术研究所等单位在开展脑深部刺激术中场电位的记录研究。中科院电工所正在从事损伤电位研究,损伤电位是神经细胞正常处与损伤处之间的电位差,可反映损伤程度,这是除脑电、心电等常规生物电信号外的一种特色的生物电信号。由于生物磁信号较弱,检测设备昂贵,国内开展此项研究的单位较少,远不及生物电研究的普及程度,国内的北京大学、中科院物理研究所、中科院电工所均从事基于超导量子干涉装置的弱磁检测系统的研制与应用研究,国家科技支撑项目也在支持心磁图仪开发的相关工作。在生物电磁信息的逆问题研究领域,清华大学、浙江大学、天津大学、河北工业大学、电子科技大学、中科院电工所等诸多研究机构都在从事脑电和脑磁逆问题的研究,以期得到准确可行的源定位方法。

目前,脑机接口技术是生物电磁信息领域最具特色的研究方向之一,脑机接口技术通过检测大脑的电活动来获得运动意图,然后将其转化成运动指令来控制外部设备,如光标或者机械手等[22~25]。因此,脑机接口在大脑与外部设备之间建立起一条新型信息交流与控制的通道,从而绕过常规的外周神经和肌肉组织,实现大脑与外部环境之间的直接通信。脑机接口分为非植入式和植入式两大类。非植入式脑机接口主要是通过记录头皮脑电实现对外部设备的控制。其成本较低,没有创伤及手术风险,生态性好,但信号信息量有限,空间分辨率不足,在控制的实时性和复杂度方面存在瓶颈。植入式脑机接口是指通过深入到颅骨以下的组织记录到的信号,来实现外部设备的控制。特别是深入到大脑皮层,可以记录到神经元水平的电信号,包括单个神经元的动作电位和局部场电位。其记录的信号时空分辨率高、信息量大,能够实现对复杂任务的实时、精确控制,近年来受到众多研究者的关注,缺点是其有创伤,难以开展志愿者试验。目前,国内在脑机接口技术领域发展很快,清华大学和浙江大学分别在基于头皮脑电和植入式脑电的脑机接口技术领域处于领先地位,天津大学等诸多研究机构的脑机接口工作也各具特色。

13.2.2 生物电磁干预技术

1. 神经电磁调控技术

从电气科学角度看,神经系统是复杂的电磁控制系统,利用电气科学的原理和方法系统地研究人体神经系统生理和病理状态下电磁信息的相关性,将对脑高级认知活动研究、神经系统疾病的检测和治疗等起重要的推动作用,但是其中的问题非常复杂,研究非常具有挑战性,值得逐步开展[26]。近年来,深脑部电刺激技术在顽固性癫痫和帕金森综合征的治疗中取得了确定性的疗效[27,28];采用人工电刺激神经的方法也已经使数万聋人复聪[29];使用功能性电刺激方法使瘫痪患者恢复肢体控制功能的研究也已经取得了明显的进展[30]。

以脑起搏器为代表的植入式神经电磁调控工具经过20多年的发展已被证明能够长期安全有效地对大脑施加干预,并已被广泛接受。其中脑深部刺激器产品已经获得临床应用,有效地改善帕金森患者的病症;此外,迷走神经刺激器、脊髓刺激器等产品也已进入临床。另外,经颅磁刺激作为一种无创、无痛的刺激工具也开始在临床治疗上应用,美国食品药品管理局已经批准重复经颅磁刺激用于难治性抑郁症和偏头痛的治疗,临床医生也热衷于研究重复经颅磁刺激对帕金森综合征、癫痫等神经功能障碍疾病的治疗作用。经颅磁刺激结合高分辨率脑电或功能成像技术(如功能性磁共振成像、正电子发射计算机断层显像等)进行脑功能研究是目前国际上的热点。

在神经电磁调控技术领域,清华大学、中科院电工所、中国医学科学院生物医学工程研究所、西安交通大学、上海交通大学、解放军总医院、天津大学、华中科技大学、东南大学和重庆大学等单位近年来都在开展生物电磁干预研究工作。由清华大学与北京品驰医疗设备公司合作研发的脑起搏器产品已经获得生产许可,成为国内第一个植入式脑起搏器产品,为我国人口老龄化过程中出现的诸多神经退行性疾病提供了应对方法[31]。国产脑起搏器的上市也增加了国内科研单位在国际交流与合作中的话语权。此外,国产迷走神经刺激器、脊髓刺激器等产品也即将进入市场,国产神经电刺激器不仅能够用于疾病治疗,也可以脑疾病为切入点研究脑疾病相关的功能环路,给神经电磁调控领域的发展带来了新的机遇。但目前神经电磁调控技术的疾病治疗机理有待进一步深入研究。目前的脑起搏器若能增加记录功能,从而通过前端电极获取脑电信息,并长期监测大脑活动,将对脑科学研究产生革命性的影响,为深入认识大脑的工作机制打开新的窗口。在采集脑内信号的基础上,通过探索合适的生物标记,还可开发闭环控制技术和装置,如基于局部场电位的闭环刺激器等,形成优化治疗,并能够开发针对患者的个体化治疗方案。

生物电磁调控技术的发展应以建立在实时的脑功能信息采集与分析基础上的

闭环干预为途径，以疾病治疗为切入点，以理解大脑工作原理为最终目标。因此需要加强闭环控制的脑起搏器的研发与临床试验、精确靶点导航系统的经颅磁刺激等优势方向，扶持离子与神经递质浓度检测与电磁调控的基础研究、经颅磁刺激治疗机理等薄弱方向，鼓励神经电磁调控技术与影像学、材料科学、神经科学及临床医学的交叉，促进电磁调控可视化的发展。

2. 细胞电磁场处理技术

从电磁场的角度来看，人体生命活动是由一系列复杂而有序的电信号和磁信号来表征的，外加电磁刺激通过场路耦合的方式能够改变人体电磁信号的分布及其传递，因此，电磁场作为一种有效的物理干预治疗方法在人类健康和疾病预防特别是肿瘤治疗领域发挥着重要而积极的作用。当前经济社会的发展以及人们生活水平的提高，肿瘤的多学科综合治疗以及个性化医疗已成为各领域科学家的共识，这就为电磁场干预肿瘤生长机理及其精确治疗方法的深入研究提出了更高的期望和要求。

电磁脉冲对诸如癌症综合治疗[32]、心脑血管疾病防治、康复治疗、创伤修复、骨折修复、慢性溃疡等疾病治疗有一定的疗效，在临床中得到了大量的应用[33]。利用脉冲电场的电穿孔仪已成为基因转染技术中的常规设备。近年来发现了纳秒级强脉冲电场可以对细胞进行内处理并可能导致细胞程序化死亡，由此带动了脉冲功率技术在生物医学中应用研究的热潮。当前的研究热点是陡脉冲下的细胞不可逆电击穿和陡脉冲作用的细胞内处理技术，主要通过研究微秒和纳秒级电磁功率脉冲场生物学效应的机制来探索对不同病态细胞进行治疗的“窗口参数”或医学上的“脉冲计量”，同时研制相关的脉冲治疗仪。1993 年，美国麻省理工大学的 Weaver[33] 利用电穿孔的方法对分子量为 623Da 的钙黄绿素进行了经皮促渗试验，促渗率比被动扩散提高了 4 个数量级。目前，皮肤电穿孔是一种促进大分子药物经皮渗透的潜在技术，其主要发展趋势是研究蛋白质和基因药物的经皮促渗效应和皮肤电穿孔机理。

我国的重庆大学、第四军医大学、浙江大学等单位长期从事电磁场干预治疗肿瘤领域的基础及临床应用研究，取得了一批具有国际影响力的研究成果。国内学者在国际上首次提出微秒脉冲不可逆电穿孔消融技术并成功地在胰腺癌、肝癌、肾癌等病例实现了临床应用；率先开展了纳秒脉冲诱导凋亡效应消融技术的研究并积极探索其临床应用；提出了超宽带皮秒脉冲辐射无创消融技术并应用于神经胶质瘤的临床治疗。我国的研究团队与加利福尼亚大学伯克利分校、弗吉尼亚理工学院、熊本大学等著名大学的相关研究团队开展了深入的国际交流与合作。在国家自然科学基金的持续资助下，我国在电磁场干预治疗领域的研究得到了较快的发展并在国际生物电磁学领域占据了一席之地，但是目前开展的相关研究工作以应用基础研究为主。研究成果逐渐向临床推进的过程中面临着新问题,亟须从电磁场与生命体相互作用本质的角度进一步开展深入的基础科学问题研究。

经过多年的努力,我国在电磁场干预治疗领域的研究取得了一定的成绩,但是和国外相关的生物电磁技术研究团队相比还有较大的差距,原创性的研究成果还很少,当前的研究仍然以跟踪模仿为主,并且研究内容以生物医学效应为主,电磁场与生命体作用的电磁科学核心问题探索不够。应当积极重视电磁场干预治疗方法在应用中存在的临床问题,从中提炼出相关的基础科学问题,加强生物效应及疗效与电磁作用机理之间沟通联系的深入探索,从电气科学的角度提出电磁场干预治疗模型及方法,最终应用于指导临床。

13.2.3 生物医学中的电工技术

电工技术在生物医学中的应用涉及方方面面。除电机、电源等常规电工技术在生物医学研究中有广泛应用外,一些电工新技术的应用研究也逐渐受到关注。目前,脉冲功率技术在生命科学仪器和医疗设备中已有广泛的应用。磁技术在新型医疗仪器中发挥着重要的作用。磁定位技术在介入治疗方面已有广泛的应用,如 1995 年 BIOSENS 公司研制出一种顶端埋置有磁性定位传感器的标测消融大头导管,并于同年年底首次应用于人体。磁性药物靶向治疗是利用外加磁场将磁性药物运送到靶部位的一种新型的肿瘤治疗方法,可以提高靶部位的药物浓度,减少药物对全身正常组织的毒副作用。如何利用磁场高效地将微米甚至纳米级磁性颗粒聚集在深部肿瘤部位是其中的关键问题,目前尚未很好地解决。随着纳米技术的发展,一些基于磁性颗粒的新型电磁成像技术得到迅猛发展,其在生物医学中的应用也越来越受到关注[34,35]。由于磁电子学和纳米加工技术的发展,一些新型的磁检测技术获得突破,其在生物分子识别系统中的应用越来越受到人们的关注,例如,基于巨磁电阻效应、霍尔效应的生物芯片的研究得到广泛开展,并逐步走向产业化[36]。生物医学成像系统中的电源技术、磁共振成像系统中的磁体和线圈技术等在生物医学成像技术中起着重要的作用。近年来,在电工技术人员的努力下,这些技术取得较大突破,为医学成像技术的发展做出了重要贡献。

新型电磁驱动和能量传输技术也在医学领域发挥独特的作用。由于医疗设备的特殊性,植入或进入体内的装置(如人工心脏、智能药丸、体内微型诊疗机器人等)均需要能量供给或体外非接触驱动,这为电工技术提供了一个新天地[37]。采用磁耦合技术的磁力驱动式人工心脏血流泵已有产品,目的是更好地解决能量供给问题。

生物医学仪器的电器安全问题也是一项重要的研究内容:一方面,涉及电磁场的生物学效应问题;另一方面,从工程角度降低了仪器的电磁辐射,提高其安全性也有重要的意义。当前,一些新型的电磁医疗仪器的安全性是关注的热点。

在生物医学中的电工技术领域，核心是电磁装置的设计和研制、电磁检测技术和电磁场综合问题。国内从事相关研究的人员较多，中国科学院生物物理研究所、中科院电工所、高能物理研究所等多家研究所合作开展超高场磁共振成像系统研究；中科院电工所、华中科技大学、中国人民解放军总医院、天津大学等机构开展了磁性纳米药物在磁场作用下的定向和分布以及应用探索研究；此外，在人工心脏、磁定位、磁导航、磁标记与磁分离技术、电源和电机技术等方面，国内也有多家单位开展研究。总体来看，目前国内研制的医疗仪器主要还是以模仿、跟踪为主。

13.3 今后发展目标、重点研究领域和交叉研究领域

生物电磁技术主要研究生物、医学与电气科学交叉的问题，其中许多问题涉及生物（特别是生物物理学）、医学和环境学的前沿问题，因此发挥电气科学和电工技术领域人才的特长，从电气科学角度出发，与生物、医学等领域学者紧密配合，无论是从理论研究还是从实际应用方面，都可以取得重大成果。

生物电磁学领域的发展目标是：提出生物组织电磁特性实时检测新方法，获得更加精细的人体组织电磁特性分布参数，为新型电磁成像、电磁干预、电磁调控及电磁靶向治疗提供坚实的理论基础。研发基于生物电磁新技术的医疗设备、新型生命科学仪器，推动对诸如生命活动中电磁现象的深刻本质和电磁场对生物体起作用的内在机理、疾病诊断与治疗等问题的深入研究。

该领域的研究工作将重点解决如下三个关键科学问题：

(1)生理及病理条件下人体活性组织电磁特性参数的变化规律和机制。

(2)基于多物理场综合效应的生物电磁成像理论和方法。

(3)电磁场与生物相互作用的原初物理过程。

13.3.1 生物电磁特性与电磁信息检测技术

当今人类生活在各种自然及人造电磁场环境中，人体组织介电特性参数作为基本的物理参数，一方面，本领域的研究是准确量化评估外界电磁场影响的重要依据，进而有望推进长期困扰电力及通信领域中电磁场生物效应量化评价问题的解决；另一方面，本领域将深入研究与疾病发生发展和人体介电参数（特别是电阻抗参数）的变化关系，推进电阻抗成像技术的发展，为医学提供一种新型的无损伤、低成本的实时成像技术。

生物电磁特性与电磁信息检测技术的发展目标是：

(1)推进医学电阻抗成像应用的基础研究，争取为医疗器械产业提供原创性技术和新技术，为生物医学研究提供新的原理方法突破；完成重大进展性疾病（脑卒中、脑创伤、脑水肿、肺功能障碍等）的电阻抗图像表征与解析。

(2)系统研究各种人体活性组织介电参数,为电磁场生物效应相关研究的深入开展提供准确参考。

(3)开展乳腺癌的电阻抗扫描成像表征,完善磁感应成像技术方法的相关研究。

(4)探索生物电磁逆问题计算的有效方法。

重点研究领域为基于人体介电特性基础的电阻抗成像及医学应用研究,促进生物电磁信息检测技术与图像处理技术、临床医学研究的交叉结合。

13.3.2 生物电磁调控技术

我国脑疾病患者众多,对患者疾病、诊治等信息进行采集记录,能够形成大规模患者数据库,结合大数据分析技术,对了解医疗供需、优化医疗资源配置、促进脑疾病诊治水平提高都有巨大的帮助。此外,还可以将脑科学研究融合到这一信息平台中,使分散的研究资源集中,通过规范的数据筛选,将使患者数据库中的数据资源为脑科学研究提供基础,从而对其产生极大的促进作用。此外,通过建立适当的合作机制,形成规范的数据接口,还能够与欧美探讨相关的合作和交流,进一步促进脑疾病的诊治与脑科学的发展。

我国在该领域应以建立神经电磁调控同步信息采集系统为发展目标,在细胞电磁场处理方向应进一步加强在复合波形特征的脉冲电场消融肿瘤机理及模型等优势方向的研究,保持在该领域的领先地位;积极扶持磁场生物医学效应等薄弱方向的研究;鼓励脉冲功率技术结合电磁波聚焦理论在无创治疗领域的探索研究。

重点研究领域为闭环神经调控和植入式神经调控设备的磁共振兼容。闭环神经电磁调控技术需要神经电磁调控技术与传感器技术的交叉与结合;植入式神经调控设备的磁共振兼容则要求神经电磁调控与影像学研究的交叉结合。

13.3.3 生物医学中的电工技术领域

电工技术在生命科学仪器和医疗设备中的应用涉及多个方面,在国内都有相关研究。该领域的发展目标是:

(1)推进超高场超导磁共振成像技术的发展与应用。

(2)发展电场、磁场对带电物体、磁性物质的非接触操控或驱动技术。

(3)将电磁定位与导航技术应用于临床。

(4)发展高效的磁标记与磁分离技术。

重点研究领域为基于磁性纳米颗粒的生物医学应用研究。与纳米生物技术交叉的电气科学研究是生物电磁学今后的一个重点交叉研究领域,包括电工技术在靶向治疗中的应用、基于磁检测技术的生物芯片等。

参考文献

[1] Polk C, Postow E. Handbook of Biological Effects of Electromagnetic Field. 2nd ed. Boca Raton: CRC Press, 1996: 26—59.

[2] Webster J G. Electrical Impedance Tomography. Bristol, New York: Adam Hilger, 1990: 8—20.

[3] 李缉熙,牛中奇．生物电磁学概论．西安:西安电子科技大学出版社,1990:18,19.

[4] Hermann L. Ueber eine wirkung galvanischer ströme auf muskeln und nervern. Archiv Für Die Gesamte Physiologie des Menschen Und Der Tiere, 1872, 5: 223—275.

[5] Cole K S, Cole R H. Dispersion and absorption in dielectrics I. Alternating current characteristics. The Journal of Chemical Physics, 1941, 9: 341—351.

[6] Schwan H P. Electrical properties of tissue and cell suspensions. Advances in Biological and Medical Physics, 1957, 5: 147—209.

[7] Gabriel C, Gabriel S, Corthout E. The dielectric properties of biological tissues: I. Literature survey. Physics in Medicine and Biology, 1996, 41(11): 2231—2249.

[8] 董秀珍．生物电阻抗技术研究进展．中国医学物理学杂志,2004,21(6):311—317.

[9] Henderson R P, Webster J G. An impedance camera for spatially specific measurements of the thorax. IEEE Transactions on Biomedical Engineering, 1978, 25: 250—254.

[10] Barber D C, Brown B H. Applied potential tomography. Journal of Physics E: Scientific Instruments, 1984, 17: 723—733.

[11] Malmivuo J, Plonsey R. Bioelectromagnetism: Principles and Applications of Bioelectric and Biomagnetic Fields. New York: Oxford University Press, 1995: 33—36.

[12] Galvani L. De viribus electricitatis in motu musculari. Commentarius. De Bononiesi Scientarium et Ertium Instituto atque Academia Commentarii, 1791, 7: 363—418.

[13] Matteucci C. Deuxieme memoire sur le courant electrique propre de la grenouille et sur celui des animaux a sang chaud. Annales de chimieet de physique, 1842, 6: 301—339.

[14] Waller A D. A demonstration on man of electromotive changes accompanying the heart's beat. The Journal of Physiology, 1887, 8: 229—234.

[15] Berger H. Über das Elektroenkephalogram des Menschen I. Archives of Psychiatry, 1929, 87: 527—570.

[16] 郑以勤,姜宗义,小谷诚．磁成像技术及其临床应用．北京:人民卫生出版社,2001:1—10.

[17] Baule G M, McFee R. Detection of the magnetic field of the heart. American Heart Journal, 1963, 55(7): 95, 96.

[18] Cohen D. Magnetoencephalography, evidence of magnetic fields produced by alpha- rhythm currents. Science, 1968, 161: 784—786.

[19] Cohen D, Edelsack E A, Zimmerman J E. Magnetocardiograms taken inside a shielded room with a superconducting point-contact magnetometer. Applied Physics Letters, 1970, 16: 178—280.

[20] He B. Modeling and Imaging of Bioelectric Activity: Principles and Applications. Dordrecht, New York: Kluwer Academic, Plenum Publishers, 2004: 81—114.

[21] 尧德中．脑功能探测的电学理论与方法．北京:科学出版社,2003:85,86.

[22] He B. Neural Engineering. Dordrecht, New York: Kluwer Academic, Plenum Publishers, 2005: 85—118.

[23] 曹艳,郑筱祥．植入式脑机接口发展概况．中国生物医学工程学报,2014,33(6):659—665.

[24] 高上凯．浅谈脑-机接口的发展现状与挑战．中国生物医学工程学报,2007,26(6):801—809.

[25] 隋宝石,万柏坤．功能性电刺激与脑机接口在医学中的应用．中国医疗设备,2011,26(6):63—66.

[26] 徐如祥．神经调控治疗现状及未来．中华神经医学杂志,2013,12(12):1189—1191.

[27] 李路明,郝红伟．植入式神经刺激器的现状与发展趋势．中国医疗器械杂志,2009,33(2):107—111.

[28] 李路明．可充电脑起搏器的研发与产业化．中国医疗器械信息,2015,21(7):39—41.

[29] 吴拥真,迟放鲁．人工耳蜗的技术参数及进展．中国医疗器械信息,2015,2:13—18.

[30] 明东,万柏坤．功能性电刺激技术在截瘫行走中的应用研究进展．生物医学工程学杂志,2007,24(4):932—936.

[31] 李路明,郝红伟,张建国,等．国产脑起搏器的研制与临床试验进展//中国生物医学工程学会成立30周年纪念大会暨2010中国生物医学工程学会学术大会．北京,中国,2010:19—23.

[32] 姚陈果,孙才新,米彦,等．细胞膜电穿孔及其肿瘤治疗的研究．高电压技术,2004,30(1):45—51.

[33] Weaver J C. Electroporation: A general phenomenon for manipulating cells and tissues. Journal of Cellular Biochemistry, 1993, 51(4): 426—435.

[34] Gleich B, Weizenecker J. Tomographic imaging using the nonlinear response of magnetic particles. Nature, 2005, 435(7046): 1214—1217.

[35] Pankhurst Q A, Connolly J, Jones S K, et al. Applications of magnetic nanoparticles in biomedicine. Journal of Physics D Applied Physics, 2003, 36(13): 167—181.

[36] Megens M, Prins M. Magnetic biochips: A new option for sensitive diagnostics. Journal of Magnetism & Magnetic Materials, 2005, 293(1): 702—708.

[37] Gillies G T, Ritter R C, Broaddus W C, et al. Magnetic manipulation instrumentation for medical physics research. Review of Scientific Instruments, 1994, 65(3): 533—562.

第14章　电能存储与应用

14.1　学 科 内 涵

电能存储技术在未来电网及电能应用中具有重要的地位，是保证电网安全高效运行、提高电网对新能源的接纳能力、扩展电能利用领域的重要技术，也是提高能源利用率和利用效率、促进电力市场发展、增强用户用电自主性和经济性的有效手段。电能存储技术的需求主要来源于以下几个方面。

(1)在输电、配电系统中，电能存储技术可提高电力系统的稳定性、改善供电品质、提高供电可靠性、减轻电网负荷曲线中的峰谷差值以提高设备利用率。

(2)在太阳能、风电等新能源发电系统中，电能存储技术能提高电网对新能源的消纳能力、提高新能源发电系统应对功率波动乃至突发故障的能力。

(3)在微网、分布式发电、能源综合利用等新型电能供给和应用系统中，电能存储技术可望能有效地改善系统的技术经济性能，提高能源的综合利用率。

(4)随着分时电价、自主发电等电力市场的发展，电能存储技术能为电能用户提供新的经济性用电方案。

(5)电动汽车的发展急需高性能的电能存储技术。

(6)电能存储技术与大功率脉冲电源密切相关，在工业、科技、军事领域有重要的需求。

电能存储技术种类繁多，性能各异，原理也各不相同，其技术内容涉及化学、材料、机械和电磁等多个学科。在现阶段，电能存储及其应用技术还不能很好地满足电网及电力用户的需求，是需要大力促进、重点支持的领域之一。

为了表述方便，本章将储能技术分为可直接输出电能和非直接输出电能两大类。图14.1给出了本章所涉及的各类储能技术。在上述分类的基础上，电能存储及其应用技术可分为储能器件与储能单元技术、储能和释能过程中的能量变换技术、储能系统应用技术等三个技术环节。

储能器件是指电池、电容器等单体电压低、容量小，在大容量应用时需要串并联大量单体集成为储能单元模块的电能存储技术；储能单元指不需要储能载体串并联集成的超导磁储能技术，以及不能直接输出电能的储能技术。在储能器件与储能单元环节，需进一步提高其技术性能并降低成本。储能器件及储能单元包含但不限于图14.1所列内容，其技术性能主要包括储能容量、储能密度、充放电速

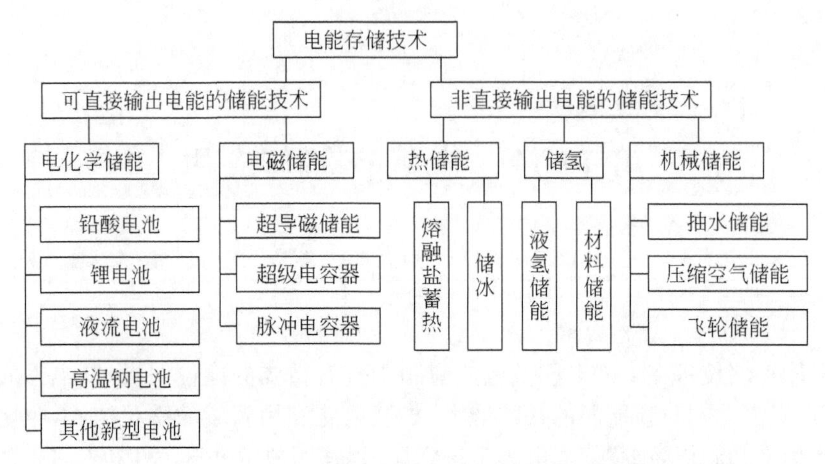

图 14.1 本书所涉及的电能存储技术及其分类

度、充放电循环寿命、电压电流等级、可靠性、使用寿命等。对于单体电压低、容量小的储能器件,还需要研究单体集成为储能单元模块时的均流、均压、状态监控及保护等技术。

在储能和释能过程中的能量变换技术环节,以发电方式输出电能的需要研究能量变换过程中各个环节的相关技术,包括燃料电池、燃气轮机、压缩机、发电机、发电站的相关技术,提高能量的变换效率、可靠性、可控性;以电力电子变流器输出电能的需要研究电力电子变流器的相关技术,包括提高电力电子器件技术的经济性能,以及研究电力电子变流器的高电压、大容量、大功率的拓扑结构、控制等技术问题。

在储能系统应用技术环节,应研究电能存储技术的应用目标、应用方式;开发新的应用模式和应用领域,提高系统的可控性、可靠性、经济性;研究电能存储应用相关的市场、政策、规范等。

由于“非直接输出电能的储能技术”的能量变换(储能与释能)涉及的电动机(抽水)、制氢、电-热转换以及发电机、燃气轮机、燃料电池等有其他一级学科或电工学科的其他二级学科论述,大容量应用“可直接输出电能的储能技术”在储能和能量输出过程中所需的电力电子变流器将有电力电子专题论述,本章将省略或简化能量变换过程的相关技术,仅按储能器件和储能单元技术、储能系统应用技术两个技术层次进行阐述。

14.2 研究范围与任务

14.2.1 可直接输出电能的存储技术

需要通过单体串并联集成方能形成在电力、电工领域可用的储能单元模块的储能器件主要有各类二次电池、超级电容器以及脉冲电容器。为提高电能存储器件的技术性能,其关键问题大多涉及材料、化学等学科。

1. 二次电池的发展概况

相对成熟的二次电池技术包括铅酸(铅炭)、锂离子电池、液流电池和高温钠电池。

铅炭电池储能系统是实现铅酸电池规模储能应用的重要发展方向。其主要问题是引入炭材料后,铅炭电池负极析氢加剧,影响了电池的寿命。需要进一步掌握负极析氢的机制,发展抑制负极析氢的关键材料和技术。

锂离子电池具有电压高、比能量高、比功率高、循环寿命长、内阻小、自放电少、无记忆效应、环境友好等特点。不同材料体系的组合可以构建具有不同性能指标的电池体系,具有广泛的应用前景,为目前二次动力电池的主流选择。要推动锂离子电池的规模储能应用,需要进一步提高锂离子电池的安全特性,提升其能量密度,降低成本。

液流电池要达到实用化要求,需要在高效耐腐蚀电极材料、低成本高性能隔膜、高稳定电堆的设计等方面开展工作,进一步提高系统效率和可靠性,以及功率密度和能量密度,有效降低液流电池储能成本。

高温钠电池包括钠/硫电池(钠硫电池)和钠/金属卤化物电池两类。钠电池具有能量密度高、库伦效率高、无自放电、循环寿命长、易维护等优点,但需要掌握和优化陶瓷电解质的制备工艺,提高产率和产品质量,降低成本,进一步解决高温钠电池的稳定性和安全可靠性问题。

除上述已进入市场应用的二次电池之外,还有若干正在研究和发展的新型电池体系,包括高安全特性的全固态电池、低成本的钠离子电池和廉价、高效、适合规模储能应用的液态金属电池等新体系。需要加大投入,发展高性能的电极材料和电解质问题,解决关键界面问题等,进一步提升新电池体系的性能。

2. 二次电池关键材料的基础科学与关键技术

研究能实现高能量密度、高功率密度、长寿命、高安全、低成本的新型二次电池材料体系,具体包括:①研究二次电池电极材料的新储能机制、电子结构、晶体结构、界面结构的多尺度演化;②研究电子、离子输运特性,电荷转移机制及电极反应过程动力学;③研究能提升材料性能的掺杂、表面修饰、复合结构等方法;④发展从原子尺度到宏观尺度材料的计算与模拟方法;⑤研究二次电池材料服役过程的失效机制;⑥发展二次电池材料的高通量计算、制备、表征、测试方法;⑦研究其在充放电过程中的电、磁、声、热、光等物理特性的演化。

3. 超级电容器

作为储能器件，超级电容器拥有超长的循环寿命、高的功率密度和高的安全特性，也存在着一些缺点：能量密度偏低、端电压不稳定、单体电压较低，需进行串并联组合才能达到一定的电压等级和储能容量要求。

本领域重点研究非对称电容器、锂离子电容器、混合电池电容等。目前，超级电容器需要解决的关键问题有以下几个方面：①从材料体系以及器件结构设计方面提升能量密度、功率密度和循环寿命；②在多尺度上揭示关键材料的结构、表面和界面等与电化学性能的关联和规律，如电容材料的多维结构、纳米组装、介孔、纳米阵列、掺杂、表面修饰、插层复合、层层组装等对电化学性能的影响；③研究尺寸效应、电子输运和离子吸附扩散特性等作用机制；④研究适合超级电容器的电解液、电极材料/电解液界面反应及输运等问题，研究高性能复合电极材料与电解质材料的协同匹配及材料体系的系统集成问题。

4. 脉冲电容器

电容储能是当前脉冲功率输出系统的主要储能方式，一般采用金属化膜电容。

本部分内容可参考“脉冲功率技术”部分。研究内容主要体现在三个方面：①高储能密度、高放电效率储能介质研究；②长脉冲/短脉冲、重复频率下的电介质击穿机理；③高压、大容量电容器可靠性保障技术研究。

5. 超导磁储能

超导磁储能系统利用超导线圈通过变流器将电网能量以电磁能的形式储存起来，需要时再通过变流器馈送给电网或其他装置。超导磁储能系统的主要组成单元有超导储能磁体、低温系统、电力电子控制器和监控保护系统。在当前的技术水平下，超导磁储能系统可实现从兆焦耳级别到吉焦耳级别的储能单元，其最大的优势是响应速度快(小于 10ms)、功率密度高、无循环寿命限制，可实现四象限的有功无功功率补偿。降低成本和进一步提高储能容量、储能密度、储能效率，以及探索模块化应用、分散应用等是其主要的研究和发展目标。研究内容主要有以下几个方面：①高温超导带材性能的提高和成本的降低，这是制约超导磁储能系统发展的重要因素，此外，大电流导线的研制也是超导磁储能系统向大容量发展的技术基础；②超导磁体的电磁热综合设计、场路耦合动态优化设计，以及磁体制作技术都是影响磁体性能的重要因素；③由于超导磁体两端承受的是高频调制电压，超导磁体中各个饼的电压分布特性比较复杂，会对超导磁体的绝缘设计和失超保护产生影响；④提高低温制冷机及低温系统在效率、成本、可靠性等方面的技术经济指标。

6. 储能器件单元集成和能量输出

上述储能器件因个体电压低或容量小，需集成模块化以形成在电力、电工以及电动汽车领域可实用的储能单元。

由于储能器件单体存在不一致性，在集成为可应用储能单元时应研究均压、均流、保护技术，研究电池状态监控、充放电方式、温度控制等技术。

实际应用时所需相应的充放电能量变换装置一般与电力电子技术相关，其研究与发展内容可参照电力电子技术专题部分。

14.2.2　非直接输出电能的存储技术

本小节的储能技术包括储热、储氢、抽水蓄能、压缩空气储能和飞轮储能等。在储能时需要电能变换过程，输出电能时需要经过发电过程，所涉及的相关技术如制热、制氢、压缩机等以及燃料电池、燃气轮机、发电机等的相关研究内容可参考其他报告。

1. 储热

现行的储热方式主要有显热、潜热(相变)和化学储热三种方式。显热储热技术是发展最早、最为成熟的技术，且其储热装置运行和管理也较为方便。潜热储热密度较高，而且储、放热过程近似恒温，特别是固液相变储热，储热系统效率较高，体积较小。化学储热是利用可逆化学反应的反应热来进行储热的，这种储热方式虽然具有储热密度大等独特的优点，但技术复杂并且使用不便，对系统及设备要求较高，目前仅在少数领域受到重视。

针对不同温区，发展具有高比热容、高相变热、高热导率、相变体积变化率低、环境友好、相变点可控的相变储热材料和化学反应储热材料；发展显热储热、潜热储热和化学储热等多种类型的储能材料；发展熔融盐、复合相变材料、相变微胶囊等新型储热材料。

熔融盐储能技术是目前国际上最主流的高温蓄热技术之一，其发展思路是开发高蓄热密度、高使用温度、高蓄/放热速率、低成本、环境友好的蓄热介质材料，研究过程可控的蓄热方法及系统，主要研究内容分为以下几个方面：①新型传热蓄热材料的开发；②新型蓄热储能方法的研究；③蓄热系统的控制策略和集成优化；④在太阳能热发电中的应用。

2. 储氢

氢能作为一种储量丰富、来源广泛、能量密度高、清洁的绿色能源及能源载体，在可再生能源战略中具有重要的地位。要在2030年前后实现规模利用氢能，需解决制氢、储氢和运氢三大问题。经济、安全、高效的氢储存技术仍是现阶段氢能应用的瓶颈之一。根据氢气的存储机制,储氢技术分为物理方法与化学方法。物理储氢的主要研究任务是如何提高储氢密度、降低储氢成本。化学储氢则要求提高制氢率及氢气纯度,开发有效的储氢材料以及发展高效的储氢材料再生过程。

储氢主要研究内容包括:①研究化学储氢(储氢合金、配位氢化物、氨基化合物、有机液体等)和物理储氢(碳基材料、金属有机框架材料)等新材料的设计,发展高密度、安全、高效、快速释氢等综合性能优异的储氢材料;②发展高压储氢容器用材料;③发展原位制氢技术(如铝水制氢)用关键材料。

3. 抽水蓄能

抽水蓄能电站具有容量大(可达百万千瓦级)、寿命长、运行费用低的优点。但是,抽水蓄能电站的建设受地理条件约束,需要有合适的上、下水库。

抽水蓄能电站是目前技术相对成熟、应用广泛的大规模储能技术,其相关的研究内容和水电站的建设、运行及发展途径有类似之处,这里不再详述。

4. 压缩空气储能

压缩空气储能是一种能够实现大容量和长时间电能存储的电力储能系统。压缩空气储能系统的建设和发电成本均低于抽水蓄能电站,储气库开裂的可能性极小,安全系数高、寿命长,可以冷起动、黑起动。但其能量密度低,一般需要与燃气轮机电站配套使用,不能适合其他类型电站,面临着化石燃料价格上涨和污染物控制问题的限制。压缩空气储能系统的关键技术包括高效压缩机技术、膨胀机技术、燃烧室技术、储热技术、储气技术等。

为了解决传统压缩空气储能系统面临的主要问题,国际上先后出现了一些改进的技术,包括先进绝热压缩空气储能系统、小型压缩空气储能系统和微型压缩空气储能系统。我国科学家提出并自主研发了超临界压缩空气储能系统。该技术综合了压缩空气储能系统和液化空气储能系统的优点,具有储能规模大、效率高、投资成本低、能量密度高等优点。

5. 飞轮储能

飞轮储能系统将能量储存在高速旋转的飞轮转子中,其能量变换环节一般由电动机-发电机完成。在飞轮储能中,飞轮、电机、轴承是关键部件。需要发展能提高飞轮储能密度的低密度、高强度飞轮转子材料,研究高强度铝合金、合金钢、纤维/树脂类复合材料,研究复合材料缺陷、微观织构、组成对径向拉伸强度的影响等。同时,研究大功率高速双向电机以提高能量的转换效率,研究飞轮磁悬浮轴承技术,包括超导磁悬浮技术以减小损耗。

14.2.3 电能存储的系统应用技术

在电能存储系统应用层面的研究内容主要包括:①研究提高储能系统自身技术、经济参数的各类关键技术;②研究储能技术应用于电力系统时的相关应用目标、应用方式、控制策略等;③因各种储能技术的技术特性不同,经济性能有别,应研究不同储能技术的分散应用、综合利用、协调应用手段;④研究提高一次能源综合利用、节能减排的储能系统应用模式;⑤研究电能存储技术的新应用途径,拓展储能技术的应用市场;⑥研究与储能技术相关联的能源利用、电力利用的市场、经济政策和规范。

14.3 国内外研究现状及发展趋势

电力储能技术种类繁多,提高电力储能装备的综合性能,很大程度上需要在材料技术方面取得重要突破。近年来,围绕电池、超级电容器、储氢等各个储能方向,在材料体系、材料制备、性能演化等方面取得了显著的进展[1~6]。

14.3.1 可直接输出电能的储能器件及单元集成技术

1. 二次电池关键材料与器件

二次电池主要包括铅酸(铅炭)电池、锂离子电池、钠硫电池、全钒液流电池和其他新型电池体系等[7~13]。

传统的铅酸电池存在循环寿命差、倍率性能差、运行维护不便等缺点。目前,针对大规模储能应用,重要目标是发展铅炭电池和超级电池。在铅炭电池和超级电池技术发展过程中,负极碳材料的析氢机理及析氢抑制技术需要重点研究和突破。

锂离子电池的基础概念于 1972 年由 Armand 提出,1990 年由 SONY 公司首先商业化。目前锂离子电池材料中正极材料包括六方层状结构的钴酸锂($LiCoO_2$)、六方层状结构三元正极材料($Li_{1+x}Ni_xCo_yMn_zO_2$)、立方尖晶石结构的锰酸锂($LiMn_2O_4$)、正交橄榄石结构的磷酸铁锂($LiFePO_4$);负极材料分别为层状结构的石墨、尖晶石结构的钛酸锂($Li_4Ti_5O_{12}$)。这些材料均由西方科学家在 1980～1997 年提出。目前,第三代锂离子电池的正极材料正在发展三元正极材料的下一代富镍层状氧化物(Ni ∶ Co ∶ Mn＝532 ∶ 622 ∶ 811)、富锂富锰层状氧化物材料($xLi_2MnO_3\cdot(1-x)LiNi_xCo_yMn_zO_2$)、高电压尖晶石锂镍锰氧正极材料($LiNi_{0.5}Mn_{1.5}O_4$)、磷酸铁锰锂材料(($LiFe_xMn_{1-x}PO_4$);负极发展碳包覆氧化亚硅(C/SiO$x$)、纳米硅碳复合材料(nano-Si/C)、锡基合金正极材料(Sn-M-X)[14~19]。

钠硫电池的开发始于20世纪60年代的美国福特公司，其能量密度约为150W·h/kg，其正极采用熔融硫，负极为熔融钠，关键材料是钠离子固体电解质陶瓷管(Na-Al_2O_3)。目前世界范围内只有日本NAGAKI永木精械株式会社掌握了制备高强度、高密度、大尺寸、薄壁陶瓷电解质管的技术。钠硫电池的循环寿命可以达到5000次以上，NGK开发的Na-S电池已应用于规模储能技术中。我国目前还处于演示验证阶段。钠硫电池主要的问题是工程化过程中如何保证陶瓷管的一致性，以及封装材料的可靠性等。

钒液流电池的研究自20世纪70年代开始，包括多种不同的液流电池体系，如铈钒体系、全铬体系、溴体系及全钒体系等。目前，全钒液流电池的研究最为深入，能量密度为25～30W·h/kg，循环寿命可以达到5000～10000次，易于大型化，主要用于规模储能。在日本与美国均已开始商业化应用，基于中国科学院大连化学物理研究所(简称中科院大化所)技术的大连融科研制的全钒液流电池储能电站示范规模最大，并参与制定国际标准。全钒液流电池的发展方向是进一步提高功率密度，降低储能单元和器件的成本，这需要发展高性能的离子交换膜，以及高性能的电极材料。目前主要使用的离子交换膜仍然是全氟磺酸膜(Nafion膜)，成本较高，国内外已经开展了替代Nafion膜的大量研究，但综合性能指标尚无法超越。电极材料主要是石墨毡、石墨板等材料，此类材料的表面预处理将有利于提高反应活性。液流电池的发展目标是功率密度从现在的80～120mA/cm^2提高到240mA/cm^2，可以显著降低电池的成本。液流电池近年来还在发展如半固态液流、锂液流等新型液流电池。

为了进一步提高二次电池的能量密度、降低成本，其他新型电池，包括基于聚合物或无机陶瓷固体电解质的可充放金属锂电池、锂硫电池、锂空气电池、钠离子电池、钠空气电池、室温钠硫电池、镁离子电池、镁空气电池、铝空气电池已经引起了广泛关注[20]；此外，其他电池结构设计，如非对称电解质双液流电池、半液流电池、固液混合型液流电池、可机械更换电极材料的电池和新型液态金属电池等也开始与各类化学体系结合，形成了更为广泛的二次电池新体系。各类新型电池的关键材料、电化学、电荷输运、结构演化等问题都需要细致的研究。

德国蜂鸟阿尔法聚合物技术电池公司为奥迪汽车开发出一款大容量的聚合物固态锂电池，电池里的单层组件呈片状，电池负极是石墨，正极是锂金属氧化物，电解质为PEO基高分子固体电解质。该电池充电一次后，在时速90km时，行驶距离达到600km。国内在无机全固态锂电池领域的研究已经开展了很多年，主要集中在微型器件使用的薄膜固态锂电池方面。在无法借鉴目前常规电池生产工艺的情况下，发展易于规模放大的全固态电池组装方法，尤其是高导电材料和界面技术的发展显得尤为重要且紧迫。同时还需要考虑电极与电解质材料间的应力匹配问题、全固态锂电池的热管理与控温问题及电池的安全性评估。

钠离子正极材料主要集中在几类层状过渡金属氧化物(Na_xCoO_2、Na_xMnO_2等)、过渡金属氟化物(MF_x等)、聚阴离子型化合物($NaMPO_4$、$NaMPO_4F$ 等),以及近年来报道的过渡金属六氰基配合物等。这类无机材料的储钠机理都是钠离子在刚性晶格中的嵌入脱出反应;负极材料大多数为无定型碳和合金类负极。钠离子电池相对于锂离子电池具有资源与成本的优势。作为一种新兴的储能技术,钠离子电池还处于实验室研究阶段。

液态金属电池的原始模型可以追溯到 20 世纪 60 年代美国通用汽车公司和阿贡国家实验室短暂研发的热致再生金属电池和双金属电池等高温熔盐电池。2014 年,美国麻省理工大学报道了有可能实现电网储能应用的 Li-Sb-Pb 液态金属电池。通过金属 Pb 与 Sb 的合金化,降低了储能电极材料的成本(65 美元/(kW·h)),同时有效降低了电池操作温度(450℃),延长了电池储能寿命(15 年以上)[8]。基于 Li-Sb-Pb 的新型液态金属电池技术的 Ambri 公司(前称 Liquid Metal Battery 公司)已经建立了生产车间,相关产品将会在美国麻省和夏威夷装机试运行。国内的华中科技大学进一步发展了下一代环境友好的高性能 Sn 基液态金属电池系统,目前正在和有关企业合作,推动液态金属电池在我国的应用。

在基础研究方面,我国电池材料的研究已经处于世界先进水平,发表的 SCI 文章数量占据世界的 46%。从制造能力来看,我国企业目前在锂电池负极材料方面,产能世界第一;正极材料方面,处于 4~8 位;电解质材料,处于世界第一;隔膜材料,处于 4~10 位。锂电池产能在国家方面处于世界第三,占 22%;在企业方面,分别占据第 4~8 位。钒液流电池方面,我国示范规模世界第一;Na-S 电池方面,成为世界范围内仅有的两个国家,但尚未进入商业化运行阶段。我国在新电池材料及电池体系的研究方面十分活跃,处于世界前列。

2. 超级电容器

电化学超级电容器是 1980 年由 Conway 提出并发展的,具有高功率密度(1~10kW/kg)、长循环寿命(>10000 次)、高能量效率(>95%)等优点,与燃料电池、锂离子电池等能量供给器件相结合或独立使用,能够满足瞬时高功率需求,可延长能量型电池的循环使用寿命,实现电动车动力系统性能的最优化。在电动车辆、高功率脉冲电源、计算机后备电源、工业节能、轨道交通、国防安全、航空航天等诸多领域具有广泛的应用前景[21~24]。

在产业化方面,目前广泛使用的电化学超级电容器材料主要是高性能活性炭材料,要求其具有高比表面、高中孔率、高电导率、高堆积比重、高纯度、高性价比。我国尚未完全掌握超级电容器用高质量碳材料,但已经接近掌握的程度。在工业规模方面,我国与世界先进制造企业相比,有较大的差距,已面临技术突破的最后阶段。超级电容器的核心技术还包括高电导率电解液材料。目前,超级电容器所用电解质主要为四氟硼酸四乙基铵和甲基三乙基四氟硼酸铵材料,溶剂普遍使用乙腈,其黏度低、电导率高。但乙腈毒性较大,沸点很低、易燃烧,电动车使用超级电容器中出现过燃烧等安全事故。日本等一些发达国家已禁止乙腈体系超级电容器用于电动车。目前,国内外正在加紧开发如 γ-丁内酯(GBL)、乙酸乙酯(EA)、碳酸丙烯酯(PC)等新型溶剂。在提高超级电容器的储能容量、保持高功率密度的同时实现高能量密度、改善循环和安全特性、降低成本是超级电容器发展的主要课题[25,26]。

3. 超导磁储能

在超导磁储能方面,限于超导导线和低温技术的技术水平和经济成本,除美国、日本研制了大型投资的 100MJ 的超导磁储能系统外,多以中小型超导磁储能系统的研究开发为主,目的是掌握关键技术。随着高温超导技术和低温技术的进步,近年来,高温超导磁储能系统的研究也取得了较大的进展。

2004 年,日本中部电力公司研制了 1MJ/1MV·A 超导磁储能系统(Bi-2223、5K、螺管形)补偿暂态电压跌落,进行了挂网试验运行。2007 年,法国武器装备总署研制了 800kJ 超导磁储能系统(Bi-2212、20K、螺管形)用于电磁发射。2008 年,韩国研制 600kJ 超导磁储能系统(Bi-2223、5K、螺管形)用于补偿暂态电压跌落,完成试验测试。2009 年,日本开展了 2.4GJ/100MV·A 超导磁储能系统(YBCO、20K、环形)的研制,目前已完成其中的一个磁体模块(13.4MJ/560kVA),并进行试验测试。2010 年,美国能源部先进能源研究计划署(ARPA-E)联合多家公司开展 2.5MJ/20kW 超导磁储能系统(REBCO、4K、环形)的研制工作,最终目标实现 1～2MW·h 超导磁储能系统商业化产品,成本可以与铅酸电池竞争。

在我国,中科院电工所、清华大学、华中科技大学等单位均在从事超导磁储能系统的研究工作。2008 年,中科院电工所研发 1MJ/500kV·A 超导磁储能系统(Bi-2223、4.2K、螺管形),在甘肃白银超导变电站挂网运行。2006 年和 2014 年,华中科技大学分别研制了 35kJ/7kW(Bi-2223、20K、螺管形)和 150kJ/100kW(Bi-2223/YBCO、20K、螺管形)超导磁储能系统直接冷却高温超导磁储能系统,在小水电站进行提高电站运行特性的现场测试。

4. 储能器件的单元集成和能量输出技术

大容量应用电池类以及超级电容器等电能存储器件时,需要将电压低、容量小的单体串并联集成为储能模块以形成可连接电网和负载的储能单元。

这里以锂离子电池的集成储能单元为例,介绍其基本结构与功能。

电池储能系统(battery energy storage system,BESS)主要由电池集成单元(battery system,BS)、PCS、电池管理系统(battery management system,BMS)等

几部分组成；同时，在实际应用中，为便于设计、管理及控制，通常将电池系统、PCS、BMS 重新组合成模块化 BESS，而监控系统主要用于监测、管理与控制一个或多个模块化 BESS。图 14.2 为 BESS 的系统结构示意图。

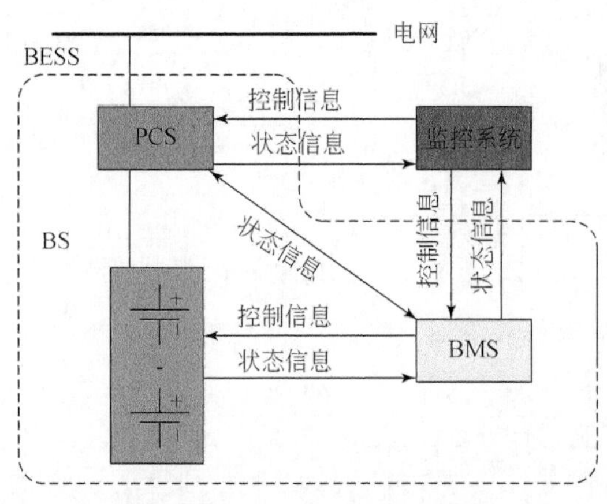

图 14.2　BESS 的结构示意图

1)电池集成单元

电池集成单元是实现电能存储和释放的主要载体，其容量的大小及运行状态直接关系着 BESS 的能量转换能力及其安全可靠性。储能电池受单体端电压低、比能量及比功率有限、充放电倍率不高等因素的制约。储能电站一般由成千上万个电池单体经串并联组成储能系统后组成。

2)电池管理系统

电池管理系统是由电子电路设备构成的实时监测系统，能有效地监测电池系统的各种状态(电压、电流、温度、荷电状态、健康状态等)、对电池系统充电与放电过程进行安全管理(如防止过充、过放管理)、对电池系统可能出现的故障进行报警和应急保护处理以及对电池系统的运行进行优化控制，并保证电池系统安全、可靠、稳定的运行。

3)功率转换系统

PCS 一般由电力电子变流器构成，其主要功能包括：一是两种不同工作模式下(并网模式、孤网模式)对电池系统的充放电功能，并实现两种工作模式的切换；二是通过控制策略实现 BESS 的四象限运行，为系统提供双向可控的有功、无功功率补偿；三是通过相关控制策略实现系统高级应用功能，如黑起动、削峰填谷、功率平滑、低电压穿越等；四是根据 PCS 拓扑结构，通过相关控制策略实现对电池系统电压和荷电状态的均衡管理等。

储能变流器的拓扑结构可以分为单级型和多级型两类，典型电路如图 14.3 与

图 14.4 所示。

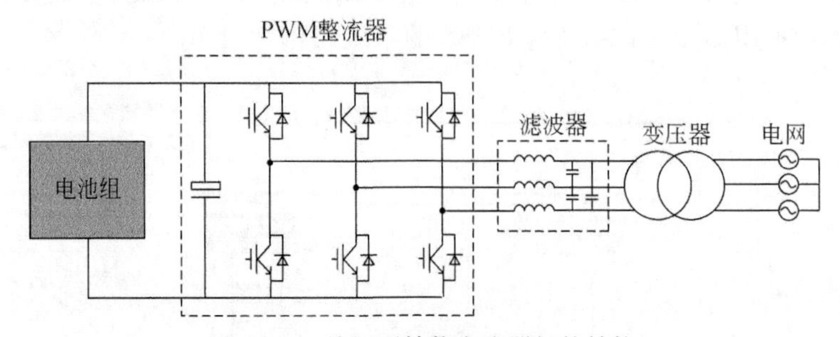

图 14.3　单级型储能变流器拓扑结构

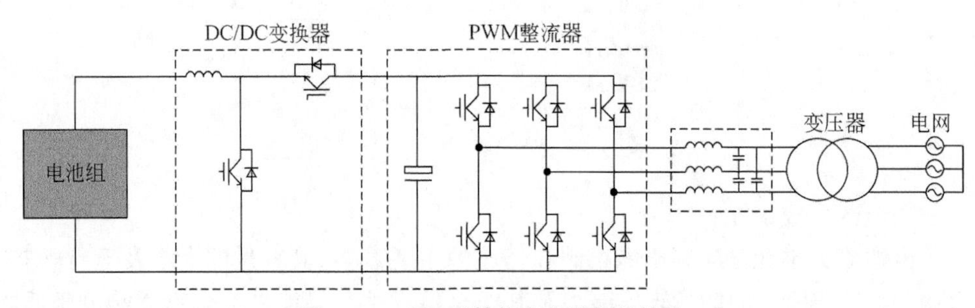

图 14.4　多级型储能变流器拓扑结构

单级型拓扑结构的优点是结构简单、控制方法简便,储能变流器的损耗低,能量转换效率高。但是在实际应用中,单级型拓扑结构还存在如下一些缺点:

(1)储能系统的容量配置缺乏灵活性。

一旦储能电池组的容量配好以后就无法随时调整,而且在需要多组储能电池运行的环境下,需要配备多个储能变流器,造成成本增加。

(2)储能电池的电压工作范围较小。

为了保证 PWM 整流器的正常工作,储能电池组的电压不能太低,要保持在一个相对较高的范围,限制了储能电池的电压工作范围。

多级储能变流器拓扑的优点是储能电池组的电压工作范围较宽。储能电池电压先经 DC/DC 变换器进行电压等级变换,对储能电池的工作电压范围要求降低,储能电池可以实现宽范围运行。与单级型相比,多级型拓扑也存在一些弱点,主要包括:变流器增加一个 DC/DC 环节后,整个系统的能量转换效率有所降低;同时由于设备增多,需要考虑 DC/DC 变换器、PWM 整流器之间的协调配合问题,增加了控制的复杂性。

目前,BESS 的研究与开发还处于初级阶段,并未存在完全统一、成熟的系统结构形式，但其系统结构形式与容量扩大方式有关。当前 BESS 容量扩大主要有两种方式：第一种方式是从扩大单个 PCS 容量角度出发，通过采用高压、大电流变换器或级联多电平技术实现 BESS 的扩容；第二种方式是从系统角度出发，采用多个模块化 BESS 并联运行来实现 BESS 的扩容。

从储能系统的工作模式及其控制策略方面来看，在实际应用过程中，一般有两种工作模式：并网运行模式和孤网运行模式。当储能系统与大电网相连时，即工作于并网运行模式，储能系统通常被视作 PQ 节点，多采用简单易行的有功无功 PQ 控制策略。当储能系统工作于孤网运行模式时，常用的控制方法有恒定电压控制和下垂控制。

14.3.2　非直接输出电能的储能单元技术

1. 相变储热材料

相变储热将热量以显热、潜热及化学反应热的方式储存起来，在绿色建筑、分散式能源系统、太阳能利用、电网调峰等方面有重要的用途，相变储热材料已获得一些应用。相变储热材料的研究，可以追溯至 20 世纪 40 年代。相变储热材料包括有机、无机以及复合材料。我国发表的相变储热材料的论文占全球发表 SCI 文章的 31%，机构方面，中科院排在世界第一。相变储热材料已获得广泛的应用，特别是在节能建筑、太阳能热发电、居民家庭保暖、电子设备冷却、航空航天等领域。近年来，能在不同温度范围内工作，具有较高的热容和响应速度、耐腐蚀、循环稳定性好的相变储热材料还需要大量研究，包括中低温蓄热熔融盐、相变微胶囊、有机无机复合、混合等新型材料。

熔融盐储能技术是目前国际上最为主流的高温蓄热技术之一，主要分为熔融盐的潜热蓄热和显热蓄热。熔融盐潜热蓄热主要是利用蓄热材料发生相变时吸收或放出的热量来实现能量的储存和释放，蓄热或放热时的温度波动幅度小，一般仅在 2～3℃范围内。但熔盐相变蓄热最大的问题就是熔盐的导热系数低，因此相变蓄热所需的管束密度大、成本高，此外，熔盐也存在过冷现象。而显热蓄热主要是通过蓄热材料温度的上升或下降来储存和释放热能，在蓄热和放热过程中，蓄热材料本身不发生相变或化学变化。熔融盐的显热蓄热技术是两种热能存储方式中原理最简单、技术最成熟、蓄热方式最灵活、成本最低廉的一种，并已具备大规模商业应用的能力，目前在太阳能热发电领域，熔融盐的显热蓄热技术已经得到了应用[27～29]。

目前，世界上商业化运行的太阳能热发电电站大规模使用的熔融盐主要是二元硝酸盐（60%+40%，质量分数）。该混合熔融盐的熔点为 220℃，最高使用温度为 565℃。为了降低熔点，提高其最高使用温度，一般通过加入添加剂的方法来达到该目的。

美国桑迪亚国家实验室开发了一种新型混合硝酸盐，其熔点降到了100℃以下。Raade等[30]开发出了熔点为65℃，最高使用温度为500℃的新型五元混合硝酸盐。国内，北京工业大学配制出了熔点在100℃左右的低熔点熔融盐，其最高使用温度超过600℃。Peng等[31]通过在三元硝酸熔融盐的基础上添加多种添加剂显著提高了三元硝酸熔融盐的最高使用温度。

而未来蓄热储能技术发展的核心和基础是蓄热材料根据蓄热材料的使用特点，一般都要满足以下几点要求。①蓄热密度大:对于显热蓄热材料，要求材料的热容大;对于潜热蓄热材料，要求相变潜热大;对于化学反应蓄热材料，要求反应的热效应大。②稳定性好:对于单组分材料，要求不易挥发和分解;对于多组分材料，要求各组分间结合牢固，不能发生离析现象。③无毒、无腐蚀、不易燃易爆，且价格低廉。④导热系数大，能量可以及时储存或取出。⑤不同状态间转化时，材料体积变化要小。⑥具有合适的使用温度[32,33]。

2. 储氢

经济、安全、高效的氢储存技术仍是现阶段氢能应用的瓶颈之一。对于车用氢气储存系统，要求实际储氢能力大于3.1kg(相当于小汽车行驶500km所需的燃料)。国际能源署提出的目标是质量储氢密度大于5%(质量分数)、体积储氢密度大于50kgH_2/m^3，并且放氢温度低于353K，循环寿命超过1000次。

氢的储存方法有高压气态储存、低温液态储存和固态储存等三种，其中高压气态储存或低温液态储存不能满足将来的储氢目标。固态储氢是通过化学或物理吸附将氢气储存于固态材料中，其能量密度高且安全性好，被认为是最有发展前景的一种氢气储存方式。高密度储氢材料由轻元素构成，自20世纪60年代开始研究，包括铝氰化物、硼氢化物、氨基氢化物、氨硼烷、金属有机网络、碳基储氢材料等，理论储氢容量均达到5%(质量分数)以上。除了稀土合金储氢材料大量应用于镍氢电池，目前应用于燃料电池汽车的还是高压气态储氢技术。日本目前已经实现了70MPa的储氢技术，并且储氢罐完成了碰撞、挤压、耐火等试验。储氢罐的材料由碳纤维缠绕复合材料及铝合金组成，能够防止氢脆及氢泄漏。我国浙江大学目前也已经研制成功70MPa储氢罐技术，尚未进入量产阶段。继续发展高性能的新型固态储氢材料仍然是未来的重要发展方向。

3. 抽水蓄能电站

抽水储能技术相对成熟，美国、欧洲、日本均建成了大量的抽水储能电站。目前，日本有抽水蓄能电站45座，总装机容量为25756MW，占电力系统总装机容量的10.99%;法国抽水蓄能电站主要是为了配合核电运行，抽水蓄能电站占总装机的比重约为 13%，目前装机容量为 15100MW。

近年来，我国抽水蓄能电站的建设步伐呈现加快趋势，至 2010 年年底投产的抽水蓄能电站共 25 座，投产总容量为 17245MW，在建抽水蓄能电站 10 座，总容量为 10400MW。2014 年，全国新增投产抽水蓄能规模 300MW，到 2014 年年底总装机容量已达到 21810MW。

在抽水蓄能电站机组设备技术水平的发展方面，2004 年，国家发改委采取"以市场换技术"方针，采取国际竞争式招标一次采购，中标的国外厂商必须向我国哈尔滨、东方两大厂转让关键技术，哈尔滨电机厂已经掌握了 300MW 级及以上抽水蓄能机组的关键核心技术[34,35]。

抽水蓄能发电站的关键技术与水电站类似，这里不再详述。

4. 压缩空气储能

目前世界上已有两座大规模压缩空气储能电站投入了商业运行。第一座是 1978 年投入商业运行的德国洪托夫电站，目前仍在运行中。机组的压缩机功率为 60MW，释能输出功率为 290MW。第二座是于 1991 年投入商业运行的美国阿拉巴马州的麦金托什压缩空气储能电站。其地下储气洞穴在地下 450m，压缩空气储气压力为 7.5MPa。该储能电站压缩机组功率为 50MW，发电功率为 110MW，可以实现连续 41h 空气压缩和 26h 发电，机组从起动到满负荷约需 9min。

美国俄亥俄州诺顿市从 2001 年起开始建造的一座 2700MW 的大型压缩空气储能商业电站，该电站由 9 台 300MW 的机组组成。压缩空气存储于地下 670m 的岩盐层洞穴内，其设计发电热耗为 4558kJ/(kW·h)，压缩空气耗电 0.7kW·h/(kW·h)。

美国爱荷华州的压缩空气储能电站也正在规划建设中，它是世界上最大风电厂的组成部分，风电厂的总发电能力将达到 3000MW，该压缩空气储能系统将针对 75～150MW 的风电场进行设计，系统将能够在 2～300MW 的范围内工作，从而使风电厂在无风状态下仍能正常工作。

瑞士 ABB 公司（现已并入阿尔斯通公司）正在开发联合循环压缩空气储能发电系统，该项目发电机用同轴的燃气轮机和汽轮机驱动。储能系统发电功率为 422MW，空气压力为 3.3MPa，系统充气时间为 8h，储气洞穴为硬岩地质，采用水封方式。该系统的燃烧室和燃气透平都分别由高压和低压两部分构成，采用同轴的高、中、低压三个透平，机组效率可达 70.1%。

目前，除德国、美国、日本、瑞士外，俄罗斯、法国、意大利、卢森堡、南非、以色列和韩国等也在积极开发压缩空气储能电站。而我国对压缩空气储能系统的研究开发开始较晚，但随着电力储能需求的快速增加，相关研究逐渐被一些大学和科研机构重视。2012 年，中国科学院工程热物理研究所建成了首套 1.5MW 级先进压缩空气储能示范系统,并获得2014年北京市科技进步一等奖。2015年,清华大学在芜湖大学科技园院士工作站建成了世界上首套“500kW非补燃压缩空气储能发电示范系统”,试验实现了百千瓦级的储能和发电,验证了技术方案的可行性和高效性。

5. 飞轮储能

美国、英国、德国、日本均有多家研究所、大学或公司进行了飞轮储能技术的开发和应用。从整个飞轮技术发展来说,经历了从钢材料飞轮到复合材料、从机械轴承到电磁轴承再到高温超导磁悬浮轴承的发展。

在美国有多家公司参与飞轮储能技术的制造和生产。目前,灯塔电力公司的飞轮单体能量已经达到25kW·h,转速达16000r/min,设计寿命为20年,可实现多个飞轮的并联运行。

欧洲Urenco公司飞轮储能系统转速能够达到42000r/min,并储存5kW·h的能量,飞轮转子由磁化加载的高强度碳纤维和玻璃纤维复合材料制成。其技术指标为:工作转速3600～120000r/min,放电深度90%,全程效率大于90%,储能5kW·h;输出功率为100kW,输出直流电压为650～700V,最大功率放电时间为30s,设计寿命20年,循环1000万次,转子部分免维修。

日本高温超导飞轮储能技术处于世界前列,其飞轮装置的主要用途是平抑电力复合波动。日本四国综合研究所开发完成了采用高温超导磁悬浮轴承装置的立式飞轮蓄能系统,用于负荷电平衡,储能8kW·h,效率为84%。日本超导技术研究所成功制造了一个储能为1kW·h的超导磁悬浮飞轮储能系统,其飞轮转速为628m/s,直径为60mm,内外径之比为0.75,高为70mm。飞轮所用材料为碳-光纤树脂复合材料。

我国在飞轮储能方面的研究起步较晚。清华大学、华中科技大学、东南大学和郑州大学等单位进行了飞轮技术的研究,并取得了可喜的成果。中科院电工所、北京航空航天大学、西安交通大学、西安理工大学等单位在磁悬浮轴承方面进行了大量的研究,并取得了阶段性的成果。

1995年,清华大学工程物理系建立了专门的飞轮储能技术实验室,2012年7月成功开发出100kW充电/500kW发电运行的飞轮储能工程样机。该系统在能量存储量以及充放电效率等方面都达到了较高的技术水平。

海军工程大学从2004年开始致力于中大规模的飞轮储能系统的研究,以满足船舶电力系统调峰及高性能武器的要求,已于2010年研制出50MW/120MJ的储能样机。

华北电力大学的主要研究方向为飞轮储能系统在电力调峰中的应用;武汉理工大学的主要研究方向为飞轮储能系统在电动车上的应用;华中科技大学、中科院等离子体物理研究所在毫秒级脉冲大功率释放方面有所研究;北京航空航天大学主要针对航天领域开展飞轮储能在卫星控制上的相关研究并获得了国家技术发明一等奖。

14.3.3 储能系统应用技术

1. 电能存储系统的主要用途

(1)在输电、配电系统中,电能存储技术可提高电力系统的稳定性、改善供电品质、提高供电可靠性、减轻电网负荷曲线中的峰谷差值以提高设备利用率。

(2)在太阳能、风电等新能源发电系统中,电能存储技术能提高电网对新能源的消纳能力,提高新能源发电系统应对功率波动乃至突发故障的能力。

(3)在微网、分布式发电、能源综合利用等新型电能供给和应用系统中,电能存储技术可望能有效地改善系统技术经济性能,提高能源的综合利用率。

(4)随着阶梯电价、分时电价、自主发电等电力市场的发展,电能存储技术能为电能用户提供新的经济性用电方案。

(5)电动汽车的发展急需高性能的电能存储技术。

(6)电能存储技术与大功率脉冲电源密切相关,在工业、科技、军事领域有重要的需求。

2. 电能存储系统的应用模式

(1)从电能输出接线方式上,可通过变流器实现 DC/AC 接线和 DC/DC 接线。

(2)根据用途、目标以及应用对象系统的规模不同,可采用集中应用和分散应用。

(3)从储能器件层面,还可分为单一储能应用和多元复合储能的应用模式。

3. 其他相关课题

(1)应用储能系统时应综合考虑电力系统规划,进行储能系统的选型及技术经济性分析。

(2)储能技术应用于电力系统中的相关经济政策及规范研究。

4. 部分电能存储系统应用工程

国内外储能技术在微电网中应用的典型示范工程如表 14.1 和表 14.2 所示。

表 14.1　国外部分微电网示范工程

序号	工程名称	能源种类	储能系统	主要特点
1	NREL Microgrid (美国)	柴油机:125kW 燃气轮机:30kW 光伏:10kW 风机:100kW	蓄电池	分布式发电系统可靠性测试,电源形式较多
2	Sandia DETL Microrid (美国)	光伏、燃气轮机	电池储能	分析分布式发、微网稳态运行
3	CERTS Microgrid (美国)	燃气轮机:60kW×3	蓄电池	电源类型单一,没有考虑光伏、风机等分布式能源
4	Waitsfield Microgrid Project (美国)	光伏 燃气轮机:30kW 柴油机:380kW	计划后期增加风机和飞轮储能	分布式发电、微网上层监控研究
5	Distributed Utility Integration Test Project (美国)	光伏:150kW 微型燃气轮机:90kW 柴油机:300kW	电池储能:500kW 液流电池:1MW	微网
6	Palmdale,Calif. City Microgrid Project(美国)	风电:950kW 水轮机:250kW 汽轮机:200kW 备用柴油机:800kW	超级电容器:2×225kW	改善电能质量
7	Santa Rita Prison Microgrid Project (美国)	太阳能发电板:275kW	锂离子电池:2MW/4MW·h	低储高发,可孤岛运行8h
8	Power Stream Microgrid (美国)	风电 光伏 天然气	电池储能	微网,调控照明、空调、制冷和电动车充电等负载
9	DOD Marine Corps Air Station Miramar Microgrid (美国)	光伏:230kW	锌溴电池:250kW	平衡复合、提供紧急电源
10	PSU GridSTAR Microgrid Test Center (美国)	—	锂离子电池:250kW	集成可再生能源与能源存储、电动汽车充电等

续表

序号	工程名称	能源种类	储能系统	主要特点
11	NREL & American Vanadium CellCube Test Site (美国)	风电 光伏	锂离子电池:250kW 全钒氧化还原液流电池:20kW	平抑可再生能源发电功率波动
12	Scripps Ranch Community Center BESS (美国)	PV:30kW	锂离子电池:100kW·h	平抑可再生能源发电功率波动，后备电源
13	CODA Energy Project (美国)	光伏发电	锂离子电池:1000kW·h	平抑可再生能源发电功率波动，电动汽车充电
14	Rose City Lights Project (美国)	光伏 热电联产	电池储能	平抑可再生能源发电功率波动
15	EnerDel Mobile Hybrid Power System (美国)	—	锂离子电池:15kW	调节电力供需
16	BCIT Microgrid Demonstration Site (加拿大)	光伏:27kW 柴油:300kW、500kW、125kW 天然气:15kW	电池储能	校园智能微网示范
17	Bronsbergen Holiday Park Microgrid (荷兰)	光伏:335kW	电池储能	200幢别墅微网，可孤岛运行，黑起动
18	AM Steinweg Residential Microgrid Project (德国)	光伏:35kW 热电联产:28kW	铅酸电池:50kW·h	可孤岛运行
19	CESI RICERCA DER Test Microgrid (意大利)	燃气轮机:150kW 光伏:24kW 模拟风机:8kW 柴油发电机:7kW	飞轮:100kW/30s 蓄电池:110kW 全钒氧化还原液流电池:42kW 钠氯化镍电池:64kW	进行稳态、暂态运行过程测试和电能质量分析

续表

序号	工程名称	能源种类	储能系统	主要特点
20	Kythnos Islands Microgrid (希腊)	6台光伏发电单元:11kW 柴油机:5kW	电池储能:3.3kW/50kW·h	微电网运行控制以提高系统满足峰荷能力和改善可靠性,目前只能独立运行
21	Labein Microgrid Project (西班牙)	光伏:0.6kW、1.6kW、3.6kW 柴油机:2×55kW 微型燃气轮机:50kW 风电:6kW	飞轮:250kW 超级电容器:5kW/5min 电池储能:11.8kW·h	并网集中和分散控制策略分析、需求侧管理、电力市场交易
22	DeMoTec Test Microgrid System (德国)	光伏 柴油发电 燃气轮机 风电	电池储能	电源类型多样,借助线路模拟、电网模拟和微型电网模拟装置,设置外延网络运行状态
23	MVV Residential Microgrid Demonstration Project (德国)	燃气轮机 光伏:23.5kW	电池储能:6kW/18kW·h	微网性能测试、经济效益评估
24	NTUA Microgrid System (希腊)	光伏:1.1kW、110W 风机:2.5kW	电池储能:15kW·h	微网经济评估,分层控制策略、联网和孤岛模式切换研究
25	Armines Microgrid (法国)	3.1kW光伏、1.2kW燃料电池和3.2kW柴油发电机	电池储能:18.7kW·h	微网的上层调度管理和联网及孤岛运行控制
26	Aegean Islands Microgrid System (希腊)	12kW光伏、9kV·A柴油机、5kW风机	电池储能:85kW·h	通过微网运行控制以提高系统满足峰荷能力和改善可靠性。目前只能孤网运行
27	Hachinohe Project (日本)	沼气内燃机:3台170kW 光伏:80kW 风电:20kW	铅酸电池:100kW	供需平衡研究

续表

序号	工程名称	能源种类	储能系统	主要特点
28	Aichi Project (日本)	光伏:330kW 燃气轮机:130kW 磷酸型燃料电池:800kW 固体氧化物燃料电池:25kW 熔融碳酸盐燃料电池:440kW	钠硫电池:500kW	多种分布式能源的区域供电系统及对大电网的影响研究
29	Sendai Microgrid Project (日本)	燃料电池:250kW 内燃机:2×350kW 光伏:50kW	电池储能	分布式电源和无功补偿、动态电压调节装置的研究与示范
30	Kyotango Microgrid Project (日本)	光伏:50kW 内燃机:400kW 燃料电池:250kW 风机:50kW	铅酸电池:100kW	微网能量管理、电能质量控制研究
31	Tokyo Shimizu Construction Company Microgrid Project (日本)	内燃机:90kW、350kW 燃气轮机:27kW 光伏:10kW	超级电容:100kW 电池储能:420kW·h	负荷预测、负荷跟踪、优化调度、热电联产控制的研究
32	Tokyo Gas Microgrid Projects (日本)	光伏:10kW 内燃机:2×25kW、9.9kW 风机:6kW	电池储能	保证微电网内电力供需平衡,实现本地电压控制,保证电能质量,减少温室气体排放
33	ERI Microgrid (韩国)	光伏:20kW 风电:10kW 柴油:70kW	电池储能	—
34	Central India System(印度)	风电:2×7.5kW 光伏:5kW 柴油:2kW、5kW	电池储能	为移动电话基站持续提供电力,减少柴油发电机的燃料成本,减少二氧化碳排放
35	Bulyansungwe Microgrid (非洲)	光伏:2×3.6kW 柴油机:4.6kW	电池储能:21.6kW·h	为两所宾馆、学校和修道院供电
36	lencois Island Microgrid (巴西)	光伏:21kW 风电:3×7.5kW 柴油:53kW	电池储能	风光柴储独立微网系统

表 14.2 我国部分联网微电网示范工程

序号	名称/地点	能源种类	储能系统	主要特点
1	内蒙古呼伦贝尔市陈巴尔虎旗赫尔洪德村分布式电源接入风光储微电网项目	光伏:100kW 风电:75kW	磷酸铁锂电池:25kW×2h	新建的移民村,并网型微电网
2	浙江鹿西岛并网型微网示范工程项目	光伏:300kW 风电:1.56MW 柴油:1.2MW	铅酸电池:4MW·h 超级电容:500kW×15s	具备微电网并网与离网模式的灵活切换功能
3	天津生态城二号能源站综合微电网	光伏:400kW 燃气:1489kW 地源热泵机组:2340kW 电制冷机组:1636kW	300kW·h	灵活多变的运行模式,电冷热协调综合利用
4	中新天津生态城公屋展示中心项目	光伏:300kW	锂离子电池:648kW·h 超级电容:2×50kW×60s	“零能耗”建筑,全年发用电量总体平衡
5	中新天津生态城智能营业厅项目	光伏:30kW 风电:6kW 负荷:10kW 照明、充电桩:5kW	锂离子电池:35kW×2h	既可与外部电网并网运行,也可孤立运行
6	南京供电公司微网接入及风光储系统	光伏:50kW 风电:15kW	铅酸蓄电池:50kW	储能系统可平滑风光出力波动;可实现并网/离网模式的无缝切换
7	浙江南都电源动力公司微电网	光伏:55kW	铅酸蓄电池/锂电池:1.92MW·h 超级电容:100kW×60s	电池储能主要用于“削峰填谷”;采用集装箱式,功能模块化,可实现即插即用
8	河北承德御道口村分布式发电/储能及微电网接入控制项目	光伏:50kW 风电:60kW	锂电池:128kW·h	为该地区广大农户提供电源保障,实现双电源供电,提高用电电压质量
9	北京新能源产业基地智能微电网示范项目(简称北京延庆微电网项目)	光伏:1.8MW 风电:60kW	3.7MW·h	结合我国配网结构设计,多级微电网架构,分级管理,平滑实现并网/离网切换

续表

序号	名称/地点	能源种类	储能系统	主要特点
10	河北省电力科学研究院园区“光、储、热一体化协调运行控制技术研究及微电网示范工程”	光伏:190kW 地源热泵	磷酸铁锂电池:250kW·h 超级电容:100kW·h	接入地源热泵,解决其起动冲击性问题;交直流混合微电网;电动汽车充电桩
11	河南分布式光伏发电及微网运行控制试点工程	光伏:350kW 负荷:45kW	锂离子电池:100kW×2h	国家电网公司智能电网微电网领域 2010 年唯一的试点工程,基本满足学校 7 栋宿舍楼和学生食堂的日常用电;该微电网可实现双向潮流调控功能,但储能技术功能单一、系统功能有限,不能充分凸显储能实现智能微网能量优化效果
12	杭州电子科技大学“现进稳定并网光伏发电微电网系统”	光伏:120kW(728 块光伏板) 柴油:120kW 负荷:200kW	超级电容器:100kW×(±2s) 铅酸电池:50kW×1h	中日双方共同实施,国内第一个光伏发电微型电网试验研究系统,光伏发电比例高达 50%;储能昼充夜放,提高供电质量。铅酸电池能量利用率较低,寿命有限
13	山东长岛“间歇式可再生能源海岛电网运行技术研究及工程示范”项目	风电:62MW 光伏:200kW	电池储能系统:1MW·h	我国北方第一个岛屿微电网;储能平抑风电波动,提高供电可靠性,增强电网结构,促进可再生能源的高效利用。储能选型单一,能量管理简单

续表

序号	名称/地点	能源种类	储能系统	主要特点
14	浙江大学风光流储混合微电网示范工程	风能:3400kW 光伏:500kW 潮汐能:300kW 柴油机:200kW	锂离子电池:1MW/500kW·h	能够运行于并网模式(最大功率跟踪模式和可调度模式)和孤网模式,实现两种模式间的无缝切换;储能平抑风光波动,提高系统电能质量。储能系统类型单一、功能简单,能源利用率不高,运行成本较高
15	未来科技城国电研发楼风光储能建筑一体化示范项目	光伏:2.58MWp 风电:1.5MW	磷酸铁锂储能装置:500kW×2h	风光储微网系统实现了间歇电源发电功率的稳定输出,有效解决了当前风电、光伏发电发展中面临的电能质量低下,电压波动、闪变、频率波动、谐波污染问题,减少电网设备投资
16	“微网群高效可靠运行关键技术及示范”课题示范工程	光伏 风电 柴油应急发电	4×230kW·h	国家首个智能微网群工程
17	西藏阿里地区狮泉河水光储互补微电网项目	光伏:10MW 水电:6.4MW 柴油:10MW	5.2MW·h	光电、水电、火电多能互补;海拔高、气候恶劣
18	西藏日喀则地区吉角村微电网项目	水电、光伏发电、风电、柴油应急发电 总装机1.4MW	电池储能	风光互补,海拔高、自然条件艰苦
19	西藏那曲地区丁俄崩贡寺微电网项目	光伏:6kW 风电:15kW	储能系统	风光互补,西藏首个村庄微电网
20	青海玉树藏族自治州玉树县巴塘乡10MW级水光互补微电网项目	光伏:2MW(单轴跟踪光伏发电) 水电:12.8MW	15.2MW	兆瓦级水光互补,全国规模最大的光伏微电网电站之一
21	青海玉树藏族自治州杂多县大型独立光伏储能微电网项目	光伏:3MW	双向储能系统:3MW/12MW·h	多台储能变流器并联,光储互补协调控制

续表

序号	名称/地点	能源种类	储能系统	主要特点
22	青海海北州门源县智能光储路灯微电网项目	集中式光伏发电	锂电池储能	高原农牧地区首个此类系统，改变了目前户外铅酸电池使用寿命为两年的状况
23	新疆吐鲁番新城新能源微电网示范区项目	光伏（包括光伏和光热）:13.4MW	储能系统	当前国内规模最大、技术应用最全面的太阳能利用与建筑一体化项目
24	内蒙古额尔古纳太平林场风光储微电网项目	光伏:200kW 风电:20kW 柴油:80kW	铅酸蓄电池:100kW·h	边远地区林场可再生能源供电解决方案
25	广东珠海市东澳岛兆瓦级智能微电网项目	光伏:1MW 风电:50kW	铅酸蓄电池:2MW·h	柴油发电机和输配系统组成智能微电网，提升全岛可再生能源比例至 70% 以上
26	广东珠海市担杆岛微电网	光伏:5kW 风电:90kW 柴油:100kW 波浪发电:10kW	442kW·h	拥有我国首座可再生独立能源电站;能利用波浪能;具有 60t/天的海水淡化能力
27	浙江东福山岛风光储柴及海水综合新能源微电网项目	光伏:100kW 风电:210kW 柴油:200kW 负荷:240kW 海水淡化:24kW	铅酸蓄电池:1MW·h 单体 2V/1000AH,共 2×240 节	我国最东端的有人岛屿;具有 50t/ 天的海水淡化能力，储能平抑风光波动，提高新能源利用率，辅助柴油发电机维持微网稳定，储能类型单一、功能单一

续表

序号	名称/地点	能源种类	储能系统	主要特点
28	浙江南麂岛离网型微电网示范工程项目	光伏:545kW 风电:1MW 柴油:1MW 海流能:30kW	铅酸蓄电池:1MW·h	全国首个兆瓦级离网型微网示范工程;能够利用海洋能;引入了电动汽车充换电站、智能电能表、用户交互等先进技术;储能用以平抑风光流波动,提高可再生能源利用率,减少柴油机发电机运行时间,储能系统功率较小,能量结构单一
29	海南省三沙市500kW独立光伏发电示范项目	光伏:500kW	磷酸铁锂电池:1MW·h	我国最南方的微电网
30	江苏大丰风柴储海水淡化独立微电网项目	风电:2.5MW 柴油:1.2MW 海水淡化负荷:1.8MW	铅碳蓄电池:1.8MW·h	研发并应用了世界首台大规模风电直接提供负载的孤岛运行控制系统

电能存储的国际发展态势可概括如下:

(1)储能方式日新月异、竞相突破,抽水蓄能、压缩空气储能、惯性储能、超导储能、超级电容储能以及种类繁多的电池储能等都得以持续发展,尤其是锂离子电池进展迅猛,2014年已成为装机比例最高的电化学电池。

(2)储能产业持续增长,2014年储能总装机容量已达到184GW(美国能源部国际储能数据库)。

(3)储能应用领域日益广泛,涵盖发、输、配、用电各个环节和能源、交通、制造、信息、军工等各产业领域。

(4)对储能技术创新的重视度持续上升,已成为多个国家智能电网战略的核心要素。

14.4 今后发展目标、重点研究领域和交叉研究领域

14.4.1 发展目标

研发出新型储能材料,掌握储能材料的构效关系及物理与化学特性的演化机

制、储能材料的服役及失效机制；发展储能材料高通量计算、制备、表征、测试方法。基于先进电力储能材料，开发出技术经济性更好，满足不同储能需求的储能器件，显著提升服役寿命、安全性、可靠性、响应速率、能量转换效率等性能。大幅缩减当前储能系统技术指标与应用需求目标之间的技术差距。探讨新的储能应用目标、应用模式、应用领域。

在储能器件与储能单元的技术性能指标上有长足的进步，在应用方面获得一批能用于大电网、微网、新能源发电、能源综合利用系统的新理论、新方法、新技术；在多元复合储能、分散储能应用中获得技术性能更好(如协调控制性能)、经济性能及可靠性更高的应用手段；在储能技术的应用领域上有明显的拓展。

14.4.2　重点研究领域

电能存储大体上分为(上游)储能原材料及组件、(中游)储能生产系统及(下游)储能市场三个环节。本学科要面向应用，重视基础，同时主要关注上、中、下游环节。

(1)在二次电池材料研究方面，将重点发展高能量密度、低成本、安全性高的第三代锂离子电池、固态金属锂电池、锂硫电池的新型高容量电极、耐受高电压的液态及固态电解质、高安全高电压高功率隔膜、高稳定性的封装材料；发展高能量转换效率、高功率密度、高能量密度的新型液流电池关键材料；发展新型低成本、长寿命液态金属电池关键材料与技术。在电化学超级电容器关键材料方面，发展非对称电容器、锂离子电容器、混合电池电容的高功率电力储能器件用关键材料。在储氢材料方面，进一步研究化学储氢和物理储氢等新材料，发展高密度、安全、高效、快速释氢的综合性能优异的储氢材料，发展能提供原位制氢技术的材料体系。

(2)大容量、高功率密度电能存储系统的基础理论，在储能的容量、密度、效率、寿命、经济性、安全性和环保性等综合指标上取得突破；储能器件的单元集成和储能单元的协调应用。高效转换技术：结合储能本体、电力电子器件/拓扑的最新进展，研发电能与其他能源形式之间大规模、低损耗和经济性的正反向转换关键技术与系统。

(3)分散储能应用、多元复合电能存储技术。综合应用多元储能技术，通过系统集成、复合或阶梯储能方式，兼顾功率型与容量型储能需求，大幅提升储能系统整体的规模、效率和经济性。储能应用系统关键技术包括储能在电力系统(特别是在新能源发电、能源综合利用系统)、电力用户、舰船、高性能武器等系统中高效应用的规划、分析、控制理论与方法。电能存储技术的新应用途径及应用模式的拓展。

14.4.3　交叉研究领域

电能存储技术和诸多领域交叉，学科应敞开大门，支持领域交叉研究。

电化学主要与各类电池、电容器及相关电极过程相关。

材料包括与各类电池相关的电极、电解质材料,与电容器相关的电介质材料,以及超导材料、储热储氢材料,与飞轮储能相关的高抗拉材料等。在提升材料性能的同时,关注材料服役特性和失效机制。

在其他领域,储热、储氢、压缩空气等还与热发电、燃料电池、压缩机、燃气轮机等的技术进步密切相关;在应用方面,与电力、电动汽车、高端科研装置以及军事装置等有关;电能存储技术应用还与电力市场、经济政策等相关。

参考文献

[1] Armand M,Tarascon J M. Building better batteries. Nature,2008,451:652－657.

[2] Dunn B, Kamath H, Tarascon J M. Electrical energy storage for the grid a battery of choices. Science,2011,334:928－935.

[3] 蒋凯,李浩秒,李威,等. 几类面向电网的储能电池介绍. 电力系统自动化,2013,37(1):47－53.

[4] 程时杰,文劲宇,孙海顺. 储能技术及其在现代电力系统中的应用. 电气应用,2005,04:1－8.

[5] 袁小明,程时杰,文劲宇. 储能技术在解决大规模风电并网问题中的应用前景分析. 电力系统自动化,2013,37(1):14－18.

[6] Akinyele D O, Rayudu R K. Review of energy storage technologies for sustainable power networks. Sustainable Energy Technologies & Assessments,2014,8:74－91.

[7] Tarascon J M, Armand M. Issues and challenges facing rechargeable lithium batteries. Nature, 2001,414:359－367.

[8] Wang K,Jiang K,Chung B,et al. Lithium-antimony-lead liquid metal battery for grid-level energy storage. Nature,2014,514:348－350.

[9] Zhu Y, Murali S, Stoller M D, et al. Carbon-based supercapacitors produced by activation of graphene. Science,2011,332:1537.

[10] Viswanathan V V,Salkind A J,Kelley J J,et al. Effect of state of charge on impedance spectrum of sealed cells part II: Lead acid batteries. Journal of Applied Electrochemistry, 1995, 25(8): 729－739.

[11] 王宇翔,余晴春. 新型聚合物电解质膜在液流电池中的应用. 电源技术,2015,04:696－752.

[12] Crowther O,Keeny D,Moureau D M,et al. Electrolyte optimization for the primary lithium metal air battery using an oxygen selective membrane. Journal of Power Sources, 2012, 202(1): 347－351.

[13] Teng J H,Luan S W,Lee D J,et al. Optimal charging/dischargingscheduling of battery storage systems for distribution systemsinterconnected with sizeable PV generation systems. IEEE Transactions on Power System,2013,28(2):1425－1433.

[14] Li W,Zhou M,Li H,et al. A high performance sulfur-doped disordered carbon anode for sodium ion batteries. Energy& Environmental Science,2015,8:2916－2921.

[15] 彭佳悦,祖晨曦,李泓. 锂电池基础科学问题(Ⅰ)——化学储能电池理论能量密度的估算. 储能科学与技术,2013,2:55.

[16] 李泓. 锂电池基础科学问题(XV)——总结和展望. 储能科学与技术,2015,4:306.

[17] Zu C X, Li H. Thermodynamic analysis on energy densities of batteries. Energy & Environmental Science, 2011, 4: 2614.

[18] 马璨, 吕迎春, 李泓. 锂电池基础科学问题(Ⅶ)——正极材料. 储能科学与技术, 2014, 3: 53.

[19] 罗飞, 褚赓, 黄杰, 等. 锂电池基础科学问题(Ⅷ)——负极材料. 储能科学与技术, 2014, 3: 146.

[20] Yang Z G, Zhang J L, Kintner-Meyer M C W, et al. Electrochemical energy storage for green grid. Chemical Reviews, 2011, 111: 3577.

[21] Patrice S, Yury G. Materials for electrochemical capacitors. Nature Materials, 2008, 7: 845.

[22] Wang G P, Zhang L, Zhang J J. A review of electrode materials for electrochemical supercapacitors. Chemical Society Reviews, 2012, 41: 797.

[23] Alon K, Ilan A. Battery-ultracapacitor hybrids for pulsed current loads: A review. Renewable & Sustainable Energy Reviews, 2011, 15: 981.

[24] Dubal D P, Ayyad O, Ruiz V, et al. Hybrid energy storage: The merging of battery and supercapacitor chemistries. Chemical Society Review S, 2015, 44: 1777.

[25] Faraji S, Ani F N. The development supercapacitor from activated carbon by electroless plating—A review. Renewable & Sustainable Energy Reviews, 2014, 42: 823－834.

[26] Wee K W, Choi S S, Vilathgamuwa D M. Design of a least-cost battery-supercapacitor energy storage system for realizing dispatchable wind power. IEEE Transactions on Sustainable Energy, 2013, 4(3): 786－796.

[27] Mastani J M, Fariborz H, Jeff M, et al. Heat and cold storage using phase change materials in domestic refrigeration systems: The state-of-the-art review. Energy and Buildings, 2015, 106: 111.

[28] Su W G, Jo D, Georgios K. Review of solid-liquid phase change materials and their encapsulation technologies. Renewable & Sustainable Energy Reviews, 2015, 48: 373.

[29] Kinga P, Krzysztof P. Phase change materials for thermal energy storage. Progress in Materials Science, 2014, 65: 67.

[30] Raade J W, Padowitz D. Development of molten salt heat transfer fluid with low melting point and high thermal stability. Journal of Solar Energy Engineering- Transactions of the ASME, 2011, 133(3): 1－6.

[31] Peng Q, Ding J, Wei X L, et al. The preparation and properties of multi-component molten salts. Applied Energy, 2010, 87(9): 2812－2817.

[32] Zhang P, Ma F, Xiao X. Thermal energy storage and retrieval characteristics of a molten-salt latent heat thermal energy storage system. Applied Energy, 2016, 173: 255－271.

[33] Doerte L, Wolf-Dieter S, Rainer T, et al. Advances in thermal energy storage development at the German Aerospace Center(DLR). Energy Storage Science and Technology, 2012, 1(1): 13－25.

[34] Heydari A, Askarzadeh A. Optimization of a biomass-based photovoltaic power plant for an off-grid application subject to loss of power supply probability concept. Applied Energy, 2016, 165: 601－611.

[35] Brighenti F, Ramalingam R, Neumann H. A conceptual study on the use of a regenerator in a hybrid energy storage unit(LIQHYSMES)//IOP Conference Series: Materials Science and Engineering. Tucson, U. S., 2015: 012087.

第 15 章　能源电工新技术

15.1　学科内涵与研究范围

能源电工新技术主要研究能源开发利用、能量转换与传输以及节电中涉及的新原理、新方法和新技术，主要涵盖太阳能、风能、海洋能等新能源转换成电能、杂散能发电、微型电源、无线电能传输，以及发、输、配、用等环节中的节电等方面，广泛涉及电气工程与科学、材料科学、工程热物理、信息与自动化等多门学科，属于多学科交叉研究领域。本章重点关注太阳能、风能、海洋能等新能源发电、无线电能传输以及电气节能方面的新原理、新方法和新技术，而杂散能发电和微型电源等涉及的方向多而繁杂，在本章难以进行系统性的阐述，因此只简单提及其概念和研究内容。

近年来，以上技术不断取得新的进步和突破，世界各国都加快了能源电工新技术的研究步伐。目前，新能源发电、无线电能传输、电气节能等已经进入商业化运行或试验运行与工程示范阶段，在能源技术中日益扮演着重要的角色。

15.1.1　新能源发电

我国“十二五”规划明确“绿色发展，建设资源节约型、环境友好型社会”的发展主题。我国实施的《可再生能源法》以及我国为实现节能减排目标实施的相关政策法规将大大推进对新能源的研究开发和应用。目前，进入商业化运行或试验运行的主要包括太阳能发电、风力发电和海洋能发电。

1. 太阳能发电

太阳能是非常重要的可再生能源。太阳辐射到地球大气层的能量高达173000TW，即太阳每秒钟照射到地球上的能量就相当于500万吨标准煤。太阳能资源总量大、分布广泛、使用清洁。太阳能的开发与利用主要包括太阳能光伏发电、太阳能热发电与太阳能光伏-热电耦合发电。

(1)光伏发电技术是新能源领域中重要的组成部分，对社会经济发展产生了深刻的影响[1,2]。在光伏集中式发电应用领域，“十二五”期间建成的大型集中式光伏电站，可以清楚地看到未来新能源发展的格局。在分布式和移动能源领域，从天上各种卫星飞行器的正常运转，到地面全球网络和通信系统的运行，到处都有光伏发电的身影。近年来,技术进步对光伏产业发展的推动作用尤为明显,作为光伏发电系统主体部件的太阳能电池,其技术创新不断取得跨越式发展。2015 年,我国不仅是全球光伏产品制造业大国及光伏发电的市场大国,而且在技术进步方面同样取得了令世人瞩目的进展。这些技术进步有力地支撑了我国光伏发电产业的快速、健康发展。

光伏发电技术包括光伏材料、新型光电转换机制、新概念电池、光伏电力变换、大型光伏电力汇集和输送、光伏分布式利用、光伏利用的环境和气候影响等。不仅涉及的学科广泛,而且涉及多学科的交叉。只有多学科的平衡协调发展,才能使光伏发电技术充分发挥作用。

其主要的研究任务与范围包括如下几个方面:①新型高效光伏电能捕获和电力变换研究以提高电力变换效率、设备功率密度及可靠性为主要目标,研究光伏功率高效捕获技术,大功率光伏逆变技术,大功率光伏直流升压变流技术,基于新材料、新器件的光伏电力变换器拓扑结构、分析设计和控制技术。②光伏规模化利用技术是针对多种类地域、气候、环境、电网等条件,为提高光伏利用水平、降低发电成本所需研究的技术,是规模化开发利用太阳能光伏发电的重要支撑技术。近年来,随着我国光伏发电开发利用规模的迅速扩大,“弃光”问题将会非常突出。如何提高光伏发电的利用率是光伏规模化利用技术亟待解决的核心问题,同时要达到降低发电成本、提高系统能效比的效果。学科方向以电工学科为主,并与能源科学技术、自动控制技术、半导体技术、计算机软件、气象学、环境学等众多学科交叉,学科综合性强、涉及面广、学科集成度高。

(2)太阳能热发电是太阳能高效利用的重要方式之一。太阳能热发电的研究领域广,研究对象复杂,其应用研究涉及工程热物理各个分支学科及外延的材料、化学、光学和电磁场理论等多个学科,具有鲜明的多学科交叉与耦合的特性。关系最密切的是工程热力学、传热传质学、热物性学和电磁场理论。太阳能热发电已经成为太阳能利用的重要组成部分,是我国能源发展的重要战略目标之一[3]。

太阳能热发电的主要过程是太阳能的光热电转换。将太阳能转化为高品位热能,再通过热功转换发电或材料技术实现热电直接转换,精准的太阳能捕获收集与高效的系统热管理是其中的关键环节。这个过程中包含光学、工程热力学、传热传质过程、流体科学、光学分析、材料性能和寿命预测等方面。涉及的学科包括工程热物理、化学、材料科学、光学和电磁场理论等。具有学科综合性强、涉及面广、研究对象复杂多变、学科集成度高的特点。

本领域主要的研究任务与范围包括高效聚集太阳能、高效光热转换过程,以及高温储热技术等。①在高效聚集太阳能研究方面:研究聚光器优化技术,运用微分几何学、拓扑学和三维精细结构可视化的研究成果,发展太阳能聚光的自适应光学,开发新型的高效光学计算方法,提出新一代高效聚光器设计方法。利用植物接受阳光最多的形态仿生学原理,开发特殊镜面外形轮廓的新型聚光器;研究聚光场优化技术,通过将聚光器与聚光场效率相耦合建立聚光器设计的理论体系,提出新一代高效聚光场的设计方法,突破聚光效率提高的瓶颈。基于新的聚光场布置理论,最大限度地提高聚光场的余弦效率;研究风沙条件下的经济运行,为了减轻镜面的光学像散和像差,伴随着材料和工艺的进步,非球面的纠像差曲面可选做镜面的光学表面。研究适应风沙环境的聚光器优化设计方法,提高定日镜的跟踪精度,研发基于先进跟踪算法、聚光场快速检测和纠偏系统以及智能传感器的新一代定日镜场跟踪控制系统。②在高效光热转换过程方面:为了动态调控聚光场在吸热表面的聚光能流密度分布,满足吸热装置的安全和高效运行,基于先进光学计算方法和高性能计算服务器实时模拟聚光器在不同工作姿态下的聚光能流密度分布。为了提高整个聚光-集热过程的效率,吸热表面增加吸收比的耐高温涂层,且吸热可能会采用更有利于吸热性能的异形结构,吸热表面也有特殊的形貌处理。为了实现高效集热,需要开发更合适的新型流体材料及其流动、传热系统。为了实现聚光场和吸热装置的协调设计运行,云计算技术、人机界面交互、实时监测等技术得到了应用。③在高温储热技术方面:可以实现低成本、长生命周期和快速储释热量的能量存储是太阳能热发电技术的核心优势,低成本固体储热技术、相变储热技术、显热-潜热复合储热技术、基于化学反应的热能存储技术等是研究的重点。

(3)太阳能光伏-热电耦合发电是实现全光谱高效利用太阳能的有效方式之一。太阳能具有辐射能量频谱分布宽、分布不均匀等特点,无法有效利用全光谱太阳辐射能量是制约太阳能高效利用的关键因素[4]。太阳能光伏-热电耦合发电是基于光-热-电耦合原理,将光伏电池与热电直接转换器件两种能源器件耦合使用,构建太阳能光伏-热电耦合发电系统,实现全光谱太阳能的梯级高效利用。光伏电池基于光伏效应,可利用光子能量大于半导体带隙的光子;热电器件基于热电效应,可利用光子能量小于半导体带隙的光子能量以及光伏转换过程中由于热化效应而产生的废热。因此,两种组成的耦合系统可全光谱利用太阳能。太阳能光伏-热电耦合发电涉及领域广泛,是一个交叉性很强的研究领域,涉及材料学、光学、工程热力学、传热传质学、电磁场理论等众多学科。太阳能光伏-热电耦合发电为高效利用太阳能提供了一条新颖的技术途径。

太阳能光伏-热电耦合发电是将光伏电池与热电器件耦合起来的复合发电系统,目前主要有两种耦合方式:方式一,通过光谱分光模式(即分频模式,如棱镜式波长分光器),将入射太阳光分离成不同的波长,能量高于光伏材料禁带宽度值的太阳光由光伏电池吸收利用,而低于光伏材料禁带宽度值的太阳光射到热电转换器件的集热端,转换成热再由热电器件完成热-电直接转换利用;方式二,将太阳能电池与太阳能热电器件直接叠加,太阳辐射能量全部由太阳能电池吸收,其中,能量高于光伏材料禁带宽度值的太阳光,激发产生电子-空穴对,通过光电转换利用,而低于光伏材料禁带宽度值的太阳辐射能量被电池吸收后转变成热，传递给热电器件，通过热电直接转换方式利用。

具体研究任务与范围包括如下几方面：①太阳能的高效捕获与吸收研究。太阳能的高效捕获与吸收是实现全光谱利用太阳辐射能量的基础，是研究光伏-热电耦合发电首要解决的难题。高效捕获与吸收太阳能的主要研究内容包括：光子与物质相互作用机理、太阳能高效吸收与波长选择性调控机制、太阳辐射能流密度对吸收与波长选择特性的影响等。探究光子吸收特性与光伏电池表面结构特征、材料属性间的本构关系，阐明太阳光与结构表面相互作用的机制，从微/纳尺度揭示太阳辐射光子的强化吸收机理，建立太阳能的高效捕获与吸收方法。②系统内部能量载流子的输运与转换机制研究，从微/纳尺度研究光伏电池与热电器件内部载流子的输运过程，阐明光子、电子、声子等能量载流子的传输、转换规律，诠释能量载流子与光伏-热电耦合系统结构、材料之间的作用机制，从而建立系统内部能量载流子高效输运与转换的调控方法。③研究光伏和热电单元温度水平、能量匹配关系与系统效率的变化关系，合理匹配系统组成单元的温度水平，揭示太阳能光伏-热电耦合利用系统的能量匹配机制。分析界面接触热阻、热电单元冷却条件等因素对系统能量传递与转换过程的影响，研究耦合系统内部热阻调控方法，研究耦合系统的瞬态特性、调控或自适应方法，构建系统的一体化设计理论。

2. 风力发电

地球上的风能资源十分丰富。根据相关资料统计，每年来自外层空间的辐射能为 1.5×10^{18}kW·h，其中 2.5%即 3.8×10^{16}kW·h 的能量被大气吸收，产生大约 4.3×10^{12}kW·h 的风能。据世界能源理事会估计，在地球 1.07×10^{8}km^{2}的陆地面积中有 27%的地区年平均风速高于 5m/s(距地面 10m 处)。我国风能资源的潜力在 30 亿 kW 以上，主要集中在“三北”地区，其中陆上风电 70m 高度的潜在开发量在 26kW，海上(5～50m 水深)100m 高度的潜在开发量在 5 亿 kW 左右。在现有风电技术条件下，中国风能资源足够支撑 20 亿 kW 以上的风电装机。风能利用主要以风力发电为主，即通过风电机组捕获风能并将其转换成电能后并网发电或者供给负荷。风力发电是一门交叉性很强的学科，涉及空气动力学、结构力学、大气物理学、工程热物理学、机械、电机、自动控制、电力电子、电力系统、信息技术与材料科学等众多学科。

风力发电研究任务和范围主要包括[5,6]：风能能量转换基础理论、风电场优化设计、风力发电系统的优化运行与控制技术等。①风力发电高效能量转换机理的研究包括：风力发电的风能-机械能-电能的高效能量转换机理，提高能量转换效率的新理论与新方法，探索新型风能捕获原理及能量变换方法。②风电场优化设计的研究包括：基于大数据，研究适合我国气象条件的风力发电场的优化设计方法，提高风资源的利用效率。③风力发电系统的优化运行与控制的研究包括:风力发电系统的智能控制技术,风能利用效率,提高机组发电量,减少或避免风电机组运行过程中的极限载荷和疲劳载荷,提高机组使用寿命,降低运行维护成本。

3. 海洋能发电

海洋覆盖了地球约71%的表面,全球的海洋可再生能源丰富,其理论总量达7.66×10^{5}GW。据世界能源委员会统计,全世界仅沿海地带便于开发的波浪能为2.0×10^{10}kW,沿岸和近海区的潮汐能为1×10^{8}kW,可开发的海流和潮流资源大约为3×10^{8}kW。海洋能源作为一种绿色清洁、储量丰富的可再生能源,具有十分可观的开发前景。海洋能发电技术包括潮汐能发电技术、波浪能发电技术、潮流能发电技术、温差能发电技术、盐差能发电技术,以及生物质能技术等。广义的海洋能还包括海洋上空的风能和太阳能等。目前的主要研究工作集中在潮汐能、波浪能、潮流能和海上风能发电技术领域,海洋能发电涉及海洋、生态、能源等多个领域,不仅覆盖电工学科,同时涉及海洋环境、海洋工程、海洋生物、流体、机械、材料、力学、船舶工程等众多学科,学科综合性强,涉及面广,学科集成度高。海洋占据地球最广阔的表面,蕴涵着巨大的能量,海洋能具有能够满足全部人类需求的能力,而人类从发电或能源的角度认识海洋的工作做得很少,也可以说刚刚开始,因此,海洋能发电领域有大量的基础性科学问题和核心关键技术需要深入研究。能源电工新技术学科在海洋能发电领域拥有巨大的创新和发展空间。

海洋能发电技术是利用海洋中蕴涵的各种形式的物理能量进行发电而发展起来的可再生能源发电新技术,包括潮汐能、波浪能、潮流能发电技术,温差能、盐差能以及生物质能发电技术等。海洋能发电技术是海洋科学、流体力学、机械工程、材料科学与工程、电机与电器、电力系统及其自动化、电力电子与电力传动、船舶与海洋工程等多学科的交叉,涉及海洋能量捕获装置、新型电能转换机构及控制装置、监控和能效管理输电系统等基础研究内容[7]。

海洋能发电的研究任务和范围主要包括如下几方面:①新型电能转换机构及控制装置的研究。电能转换机构是将海洋能转变为电能的核心部件。由于海洋环境和海洋能形式的特殊性,传统的各类发电机直接或简单改装应用于海洋能发电领域,被发现越来越多的缺陷,因此需要针对不同形式的海洋能开展新型发电机拓扑设计技术的研究,探索高效发电机的设计及控制方法。②海洋输电系统及能效管理的研究。海洋能发电具有获得成本高、电能小且分散、海洋环境恶劣等特性,海洋发电设备监控、海洋电能变换输送、海洋电能能效管理等需要深入研究。需要研究海洋发电系统关键运行参数的监控方法及极端工况下的有效保护措施;探索建立阵列式海洋能发电装置的理论模型及能效管理方法,为海洋发电能量的高效利用奠定基础。

15.1.2　无线电能传输

无线电能传输技术是一种利用空间中电磁场的耦合实现电能由发射端到接收端无接触传递的输电技术。该技术与传统供电技术的最大区别是电源侧与负载侧之间不存在导线直接接触[8]。该技术不仅提供了极为灵活的无线供电方式,而且可以实现电能的高效传输与利用,是目前电气工程领域最活跃的热点研究方向之一,是集成了电磁场、电力电子技术、控制技术、电力系统、材料科学、信息技术等多学科、强交叉的研究领域,被中国科学技术协会列为十项引领未来的科学技术之一,具有广阔的发展应用前景。近年来,随着无线电能传输技术不断取得新的进步和突破,世界各国都加快了无线电能传输技术的研究步伐,并从不同应用角度提出了无线电能传输的发展计划,如美国、欧洲等地持续推进太阳能发电卫星计划的各项研究,成立国际无线电科学联盟并展开了一系列远距离输电试验。美国汽车工程师协会专门针对小型电动汽车无线充电,正在积极制定 J2954TM 标准。丰田、本田、宝马、沃尔沃等汽车公司在其新能源汽车产品上增加了无线充电功能。国内外大型手机与芯片厂商分别组建联盟并推出 Qi、PMA 与 A4WP 等中小型电子产品无线充电标准及相关产品。韩国科学技术院将无线电能传输技术列为重点研究方向之一,并研制搭建了兆瓦级无线供电高铁列车测试线路。目前,基于无线电能传输技术的相关产品已经进入市场并得到消费者的认可,不同功率级别的电动汽车无线充电样车已经进入试验运行或工程示范阶段,无线电能传输技术正向更大规模和更高功率等级应用发展,在未来电气技术中将扮演重要的角色。

无线电能传输技术是基于空间电磁场耦合与现代电力电子技术等特性发展起来的电力应用新技术,包括电磁场与电磁波技术、天线理论、高频逆变技术、自动控制理论等。该技术也是电磁场与电磁波、电力电子与控制技术、电力系统、材料科学等多学科的交叉。

无线电能传输技术的研究任务和范围主要包括:

(1)无线电能传输模式与电磁耦合方式的研究。无线电能传输技术的工作距离覆盖范围从毫米级至千米级。功率范围覆盖毫瓦级至兆瓦级,频率范围覆盖千赫兹至吉赫兹级。为准确描述其特性,需要针对数学物理建模方法展开研究。对于电磁波近场区域内的中短距离耦合问题,涉及电能耦合能效分析、耦合机构设计与优化、空间电磁能量分布、负载阻抗匹配等方面。对于电磁波远场区域内的长距离耦合问题,涉及电磁波高效、大功率的发射、传输,电磁波能量聚焦,接收端整流天线优化设计,高效电磁波能量收集等技术。

(2)高效大功率高频无线输电电源系统的研究。在中短距离的无线电能的传输方面,高效率、大功率的应用不仅要求电源拥有足够的高频电能转换能力,还要具有稳定可控的输出频率,这给电源的设计提出了巨大的难题。长距离、大容量的长距离无线电能传输技术更是要求相关器件在设计方法、基础材料理论和机理等方面具有重大的创新。因此,大功率高频逆变拓扑结构设计是需要重点研究的科学问题。同时,中短距离无线电能传输系统时常伴随频率漂移和频率分裂现象,负载特性与电气参数在运行时会发生波动或改变。因此,需要开展跟踪系统传输效率峰值控制理论与方法研究,从而保持传输系统始终处于稳定高效的运行状态。长距离无线电能传输系统从安全性和高效率的角度都要求微波波束保持非常高的指向性。天线抖动、电离层闪烁、大气湍流均会直接影响高精度波束指向,依靠传统的机械控制极难实现如此高的精度,有必要展开相关高精确度的波束指向控制理论与方法研究。

(3)多场耦合理论和计算。为了提高无线电能的传输能效,需要对系统参数进行整体把握,综合考虑电路参数对传输效果的影响,将电路约束、电磁场和温度场有机结合,准确描述耦合机构在三维空间不同位置处的磁场与电场分布情况。长距离微波功率发射阵列天线的多场问题表现为结构位移场、电磁场、温度场三场的双向及强耦合关系。因此,需要深入研究多物理场之间的耦合关系,挖掘多场之间的物理联系参数及影响因素,提出多场耦合理论模型的数学表达方法,寻求系统设计的最优平衡点,用以解决无线电能传输多物理场的耦合、计算复杂性等问题。

(4)含无线电能传输负载的电力系统控制研究。随着各种无线充电产品的不断增多、充电持续时间不断增长、充电功率的不断上升,规模化无线充电负载为充电用户带来灵活用电体验的同时也对电网控制提出了新的要求。需要解决电力系统中无线电能传输负载模型搭建,无线输电负载对电网冲击影响的分析,多无线充电负载的协调控制,无线充电负载接入电网的电能质量问题等。

(5)无线电能传输系统新型材料研究。为了提高无线电能传输的能效特性,合理控制电磁场能量在空间中的分布,可以在系统中加入人工超材料,本方向涉及如下研究:①超材料相关基础理论研究。构建合理的数学模型以准确反映超材料自身具备的左手特性、后向波特性、负折射率特性、胞元超特性及其他相关的超常物理特性,采用解析或者数值方法准确模拟超材料的各种特性,为超材料的设计与应用提供理论依据。②超材料构造方法研究。根据高频电磁波传播特性,采用不同属性的材料进行配合、结合特有的加工工艺,设计合理的超材料基础结构单元并形成一维、二维和三维超材料结构,研究如何提高超材料的超常物理属性,并使其在预设频段获得特有的电磁特性。③含有超材料的特殊应用基础研究。以超材料自身特性为基础,针对不同的无线电能传输应用场合,针对具体应用进行设计与优化,使包含超材料的功能机构具备实际应用的需求。

(6)对电磁环境的影响与电磁兼容研究。无线电能传输系统工作在各种用电设备的电磁环境中,易受外界电磁源的干扰。尤其对于高品质因数无线电能传输系统,干扰源频率越接近传输系统的共振频率,对传输系统的影响越大。电磁环境问题不仅是中短距离无线电能传输技术研究的重大问题，较大功率的微波辐射对地面生物体和环境的长期影响效应也是需要开展深入研究的问题。还需要特别关注考虑大功率微波传输对通信等应用的干扰影响、对误进入该区域的飞行器等的安全性研究。

15.1.3　电气节能

电气节能是提高工业用能效率的重要手段，是工业节能产业的重中之重。电气节能是我国社会和经济发展的一个重大战略问题，是实现节能减排和建设“两型”社会的重要途径。而当前我国的电能损失严重，据美国电子工业协会统计，电能从发电到最终被有效使用，损耗高达 50%。工业企业作为电能消耗的主要领域，仅 2013 年，共消耗了 38471 亿度电，约占全国用电总量的 73.8%，相当于消耗了全国 40.7%的煤炭，能源损失严重。目前，我国的输配电线损率为 6.72%左右，若能达到西方发达国家的 4.7%左右，每年可节约电能 740 亿度以上。我国单位国内生产总值电耗是世界平均水平的 2.65 倍，美国的 3.9 倍，欧盟的 4.32 倍，日本的 8.2 倍。我国工业企业电耗占总电耗的 70%以上，能源利用效率比发达国家落后 20 年，我国许多工业生产的耗电量高于发达国家 10%左右。因此，开展配电网电气节能将会给企业和社会带来很好的经济和社会效益，是实现节能减排的重要途径之一。

电能变换与控制技术是实现工业配电网电气节能的有效手段。我国工业负载中的 60%～70%为电动机，全国电动机总容量为 6 亿 kW 左右，而电能变换与控制技术使用率不到 40%，具有节能潜力的可改造电机超过 2 亿 kW[9]。在中大功率电化学领域，主要以高能耗的可控硅整流电源为主，电源转换效率在 70%左右。如果采用高频开关变换技术，电源转换效率可以提高到 85%以上，节能效果显著[10]。开展电力节能在提高电能利用率的同时，也可提高企业配电网电能质量和供电可靠性。工业企业的大量非线性负载和冲击性负荷给电力系统引入了大量的谐波，并造成电压偏低、跌落和波动等严重的电能质量问题，严重影响企业生产和居民用电。在对供配电系统采取节能措施的同时，可有效抑制配电网突出的电压波动、谐波污染等电能质量问题，提高供配电网的电能质量。

近年来，随着电力电子技术和信息技术的发展，各种新型、高效的电能变换拓扑、控制技术和装置不断涌现，为柔性功率变换与新能源等领域提供技术支撑，拓展了传统的电气工程学科。综上所述，电气节能的主要研究范围为：高效电能变换拓扑与控制技术、高效电能质量治理技术、电能监控和优化管理技术等几个方面。

1. 高效电能变换拓扑与控制技术

工业电气节能被看成节能潜力最大的领域，因为能耗的 70%集中在钢铁、电解电镀、石油加工及炼焦、化工等工业领域,这些领域存在大量的用电负荷,如大功率整流器、电弧炉、电解电镀槽及大功率电动机等,作为电能的消费载体,能源损失严重。

其主要研究任务和范围是:根据工业企业中各种用电负荷和需求,研究新型高效电力电子变换拓扑及控制技术,如大功率多功能 PWM 整流拓扑及控制技术、电磁搅拌用两相正交逆变拓扑及控制技术、电解电镀大电流直流电源拓扑及控制技术、感应加热电能变换拓扑及控制技术、大功率电力电子变频拓扑及控制技术等。该项研究是针对工业企业中的各种用电负荷,研究新型高效电力电子变换拓扑及控制技术,同时研究新型电力电子变换拓扑及控制技术实现与新能源技术的对接,满足未来智能电网的发展需求。

2. 高效电能质量治理技术

工业企业配电网存在大量低功率因数的工业设备,如冶炼厂的晶闸管可控整流设备、电气化铁道的交-直型机车、油田开采用的抽油机等造成无功功率补偿不足,是引起配电网线损过高的主要原因之一。此外,随着电力系统中非线性负载的不断增加,如晶闸管整流设备、电弧炉、中频炉、电机调速拖动系统等谐波源负载,谐波污染越来越严重,这将增大线路损耗,导致部分电气设备无法正常工作,降低了供电的可靠性。因此,对配电网进行无功补偿与谐波抑制势在必行,将有效降低电能损耗,提高配电网的可靠性[11]。

其主要研究任务和范围是:研究配电网有源电力滤波器、静止无功补偿器、混合型有源电力滤波器和静止无功发射器等装置的功率补偿技术及其协同控制技术,尤其是研究高压混合补偿系统和低压混合补偿系统技术,以及高效无功和谐波综合控制技术,进行配电网无功补偿与谐波的动态综合治理,实现功率就地补偿,降低企业配电网的大量电能损耗;同时研究新能源微网的电能质量特征,研究集成新能源发电的高效电能质量补偿技术,满足未来智能电网的发展需求。

3. 电能监控和优化管理技术

配电网电能质量控制技术是从工业配电网层面来考虑节电技术,而企业用电优化与协调控制技术则是从企业用电全局根据能效分析结果来优化用电生产设备的工作模式和协调控制电能质量补偿装置。

其主要研究任务和范围是:研究钢铁、石化、冶金等不同工业企业的能耗特点,利用数据挖掘技术处理企业历史用电数据,挖掘节能空间,形成电能变换装备的协调控制决策;研究不同类型工业企业能耗分析及评估方法,建立不同类型工业企业节能方案,为企业提供节能优化方案及企业电能变换装备的协调控制方案;开发企业用电网络优化调控的整体运行架构与集成平台,实时分析技术,研发在线能效分析与协同控制技术。

15.2　国内外研究现状及发展趋势

15.2.1　新能源发电

1. 太阳能发电

1)太阳能光伏发电

目前,现有的光伏电池技术日趋成熟,已经开展了一定规模的电站建设,同时暴露出使用端的问题,出现了“弃光”、“弃风”的问题。“十二五”期间发展出若干光伏规模化开发利用的创新技术,如集散式并网光伏系统通过解耦光伏功率捕获和并网逆变两大功能,可实现更高的系统转换效率;光伏直流升压和输送技术可显著减少大规模光伏电力输送的成本和损耗,并彻底解决交流同步、无功传输等交流输电问题;主动调节式分布式光伏并网系统可给电网提供一定的支撑能力,改善配电网的电能质量和故障响应特性。光伏发电将成为未来全球主导能源之一,欧盟提出 2030 年光伏发电量占比达到 15%,美国提出 2050 年光伏发电量占比达到 38%,我国 2030 年光伏发电量占比预计达到 9%。

2)太阳能热发电

聚光型太阳能热发电技术利用反射镜将太阳光进行聚集并产生热量,通过加热传热流体获得高温高压蒸汽或燃气通过传统的热力循环进行发电。由于带有大量的储热,输出电力稳定。该技术在市场上已经有大规模的使用,充分显示了该技术能承担大容量供电的能力。目前国际上主流的聚光型太阳能热发电技术包括槽式、塔式、线性菲涅耳式和碟式。自 2006 年以来,由于有良好的政策支持,太阳能热发电站的装机容量一直保持稳步增长。在运行的电站中,60.1%在西班牙,31.2%在美国,阿尔及利亚、澳大利亚、埃及、法国、德国、印度、以色列、意大利、摩洛哥、南非、泰国、中国境内均建有或在建太阳能热发电站。目前在商业运行的太阳能热发电站有西班牙的 PS10、PS20、Gemasolar 电站,美国的 Ivanpah 电站、星月沙丘电站等塔式电站,也有 Andasol 等数十座槽式电站。其中 Gemasolar 电站采用二元熔融盐为传热流体和储热介质,带有可供汽轮机满负荷发电 15h 的储热系统,可实现 24h 不间断发电。

随着技术的发展,太阳能热发电系统的效率不断提高。不断提高太阳能热发电站的系统效率是降低发电成本的重要途径之一。目前广泛采用的以导热油为传热流体的槽式太阳能热发电站正在向不断提高系统参数、增大槽式聚光器开口面积等方向发展,在槽式系统中采用熔融盐等高温传热流体是重要的发展趋势之一。线性菲涅耳式和塔式太阳能热发电站均在不断提高集热过程中传热工质的工作温度。超临界水蒸气发电和超临界二氧化碳发电日益得到重视。采用高温气体介质的布雷顿循环发电技术由于具有明显的高效率发电特征而持续受到关注。太阳能热发电站的单机发电功率也逐渐增大。提高太阳能热发电中蒸汽轮机或者燃气轮机、斯特林机的额定发电功率可以显著提高发电过程的效率。美国2013年投入运行的Ivanpah塔式电站单个汽轮机组的额定发电功率已经达到135MW,2015年投入运行的Crescent Dunes熔融盐塔式电站的汽轮机组额定发电功率为110MW。为了增强太阳能热发电的可调度性,使其具有承担基础负荷电源的能力,太阳能热发电站的储热时长不断增加,2011年和2015年投运的塔式熔融盐电站的储热时间为满足汽轮机发电15h和10h,具备24h连续发电能力。

3)太阳能光伏-热电耦合发电

目前,太阳能光伏-热电耦合发电处于起步阶段,国内主要有中国科学院、南京理工大学、南京航空航天大学、厦门大学等单位开展了初步研究,国外主要集中在美国、英国、日本、西班牙等发达国家,主要从理论上证明了如何合理设计光伏-热电耦合系统能够保证复合系统效率高于单一系统的效率,试验研究都还有所欠缺。目前太阳能光伏-热电耦合发电仍停留于实验室研究阶段,尚没有达到产业化与商品化的规模。对于太阳能的捕获与吸收,目前缺乏对微结构内太阳辐射光子传播的物理机制、光子与微结构或纳米粒子相互作用机制的深入分析,亟须建立宽光谱、广角度、偏振不敏感的太阳能高效吸收表面的设计方法。对于系统内部载流子的输运与转换机制,存在一些重要机制问题尚未完全明晰,例如,载流子输运与转换过程的理论描述方法,与光伏材料、表面相貌的相互作用机制、调控方法等,研究工作亟须进一步深化。对于耦合发电系统能量利用的匹配机制,尚未深入研究系统效率与系统结构、能量匹配关系、组成单元温度水平等因素的变化规律,亟待需要根据太阳能全频谱能量分布特性和综合利用的要求,建立太阳能光伏-热电耦合系统能量传递与转换过程的理论描述方法,合理匹配系统各组成单元的温度水平,揭示系统各组成单元的能量匹配机制,形成耦合系统一体化的设计理论。

系统输出效率与输出功率之间的平衡是太阳能热发电的发展趋势。太阳能光伏-热电耦合发电系统性能与系统结构、太阳光能流密度、聚焦光斑均匀性等息息相关,需要优化设计系统结构,选择合适聚光比、聚焦光斑均匀性良好的透镜,在系统输出效率与输出功率之间找到平衡点,实现太阳能光伏-热电耦合发电系统的最佳性能。为了加快推进太阳能光伏-热电耦合发电的产业化与商品化进程,适应市场化需求,需要对耦合系统进行经济性分析,发展出一系列光伏-热电耦合发电的评估机制,从经济上验证光伏-热电耦合系统的发展前景。发展空间环境下太阳能光伏-热电耦合发电新技术为航天器以及空间太阳能电站提供了一条新的技术路径。

2. 风力发电

在风力发电基础研究方面，我国与国际先进水平有明显的差距，虽然已开展全国风资源普查，但 300m 高度下不同区域、地形、下垫面和台风影响下的风特性尚不清楚，风电机组设计主要采用国际标准；已初步具备风电机组叶片翼型开发技术，但反映中国风特性并考虑叶片多尺度流场特征的翼型优化设计理论和方法尚不成熟。在技术方面，国内 1.5～2.5MW 风电机组技术与国外先进国家水平接近，已建立较为完整的产业链条，主流产品性能与世界同步；3～5MW 风电机组技术基本成熟，但性能与可靠性仍落后于国外先进水平；5MW 以上风电机组的研发与国际先进水平仍有较大差距；陆上风电场已经积累了丰富的设计、施工和建设经验，但精细化、智能化、信息化等运维水平仍与国际上存在较大差距；海上风电开发建设经验不足，整体技术水平落后于欧洲国家。我国已累计发布几十项风电标准，并依托企业建立了一批国家级实验室和工程研发中心，但共性技术研究及公共试验平台建设落后于先进国家，尚没有与产业发展规模相匹配、具有国际影响力的国家级风电公共研发服务平台。

在风电技术研究方面，风电机组继续向大型化、智能化和高可靠性方向发展，全功率变流技术成为主要趋势，欧美整机设计公司均进入 10MW 级整机设计阶段。陆上风电场向更大型发展，应用环境更加多元化，在丘陵、山区等复杂地形和低温、低风速等特殊环境的应用越来越多。海上风电场向大型化、深海(水深大于 50m)领域发展，施工、运维装备专业化程度不断提高。风电场运维在物联网、大数据、故障预测诊断等技术的推动下，继续沿着智能化、信息化的方向发展。在共性技术研发和公共技术研发服务方面，国外风电强国一直高度重视这个问题，国际知名风电研究机构都建有国家级大功率风电机组传动链地面公共试验测试系统，并且不断向更大容量发展。其中，美国、德国、英国建设的传动链地面测试系统功率等级高达 10～15MW。

3. 海洋能发电

1)波浪能发电技术

国际上的波浪发电技术种类多、涉及面广、装机容量跨度大，并在波浪能示范工程中得到较好的应用。目前，国际上建成的波浪能发电装置有英国的 LIMPET 500kW 固定式电站、葡萄牙的 400kW 固定式电站、澳大利亚的 500kW 离岸固定式装置、日本的 5kW 悬挂摆式机组、英国的 400kW 海底铰接摆 Oyster 机组、750kW 阀式发电装置海蛇 Pelamis 机组、挪威的 350kW 固定式收缩波道装置、丹麦的离岸漂浮式波能装置 Wave Dragon(> 1MW)、英国的 AquaBuoy 点吸收装置和美国的 PowerBuoy 点吸收装置。我国在波浪能发电技术研究方面主要开展了功率在 100kW 以下装置的研发试验，目前有超过 15 个波浪能装置开展了海试。国家海洋技术中心研发的 30kW 重力摆、100kW 浮力摆波浪能装置均已开展示范运行。中国科学院广州能源研究所目前已建成 100kW 固定振荡水翼式电站，在研发 5kW 鸭式系列波浪能装置的基础上开展了鹰式波浪能装置研发并进行了 1 年多的海试，还研发了哪吒系列的点吸式波浪能装置并成功开展了海试。中国船舶重工集团公司第 710 研究所的 150kW 阀式液压波浪发电装置“海龙”在广东万山海域开展了海试。集美大学研发的 10kW 浮式波浪能装置“集大 1 号”在福建小澄岛海域开展了海试。

2)潮流能发电技术

国际上的潮流能发电技术研究始于 20 世纪 70 年代，英国在发电设备等关键技术方面处于国际领先地位，达到兆瓦级装机容量。例如，英国 MCT 公司研发的 SeaGen 1.2MW 潮流能水轮机于 2009 年在北爱尔兰成功满负荷运转，目前该公司正在全力推进 SeaGen S(＞2MW)、SeaGen U(＞3MW)系列机组。加拿大 Nova Scotia 电力公司设计了 1MW 商业型示范样机，并成功安装于芬迪湾。作为目前全球规模最大的潮流能发电计划，MeyGen 潮流能示范工程安装 269 台水轮机，装机总容量达到 398MW，完工后可满足 17.5 万户家庭的用电需求。近年来，我国研发了 10 余项潮流能试验装置，主要潮流能发电技术已全面进入海试阶段，基本解决了潮流能发电的关键技术问题，发电机组的关键部件已基本实现了国产化。哈尔滨工程大学研发的“海能 I 号”(总装机容量 300kW)和浙江大学研制的 60kW 水平轴潮流能发电机组都进行了海试。中科院电工所、中国海洋大学、河海大学等相关院所也开展了许多研究工作。

3)其他海洋能发电技术

其他比较具有代表性的海洋能发电技术还包括温差能发电、盐差能发电等。温差能发电是利用海洋中受太阳能加热的暖和表层水与较冷深层水之间的温差进行发电。目前，国外正在实施和计划实施的温差能发电项目主要在日本、荷兰和英国等。我国的温差能研究处在起步阶段。国家海洋局第一海洋研究所研发了 15kW 温差能发电装置并开展了电厂温排水试验，同时进行了温差能技术为海洋观测仪器供电的相关研究。虽然温差能发电的总体规模较小，但是温差能发电技术的研究与发展较为活跃，我国南海西沙群岛被认为是最适合开展温差能开发试验的场地。盐差能发电的主要工作原理是将不同盐浓度海水之间的化学电位差能转换成水的势能，再驱动水轮机发电。盐差能的研究以美国、以色列的研究较为领先，中国、瑞典和日本等也开展了一些研究。相比其他海洋能而言，盐差能利用技术还处于实验室原理研究阶段。

海洋能发电技术将向实用高效的电能转换机构及控制技术方向发展。传统的各类发电机直接或简单改装应用于海洋能发电领域，被发现有越来越多的缺陷。

结合海洋环境情况和海洋能源特点，设计开发新型高效实用的电机拓扑及其控制策略是海洋能发电技术发展的一个必然趋势。在这一方向上，新型直线电机、低速直驱电机、横向磁场电机、磁流体发电电机等得到探索并逐渐趋于实用，而最具有发展前景的捕获装置和电机一体化技术，如轮缘驱动潮流能发电机等，也逐渐开始在大型海洋能发电设备中得到应用。海洋能发电技术将向局域性微网供电方向发展。海洋能发电技术投入较大，发电成本相对较高，并网使用与传统火电、水电相比没有太大优势。就近利用沿海地区或远洋海域的海洋能资源，结合实用高效的发电装置，形成局域性供电的微网系统，解决当地的生产作业用电需求，是海洋能发电技术发展的一个必然趋势。现在应向多能源综合利用方向发展。目前，国内外在单一的可再生能源发电方面已经取得了许多实质性的成果，部分应用已经比较成熟。但由于发电系统的单一性，其发电效果很大程度上受到环境的制约。此外，由于海洋能输出功率受自然资源特性，如潮流流速流向、波浪浪高等的限制，具有很强的随机变化性、间歇性、波动性等特点，输出功率变化大。集多种海洋可再生资源发电系统于一体，结合多能源综合控制、交互性影响分析、能量管理等技术，实现多能源发电系统的相互补充，保证电能的持续稳定供应，是海洋能发电技术发展的一个重要方向。海洋能发电技术将向满足海洋分散独立设备供能方向发展。海洋能发电技术在解决海洋分散独立设备如海洋信息电子设备、海洋测控设备、航标等的能量限制问题上可以发挥重要的作用。根据海洋能资源的特点，研发小型微能源供电系统，与海洋分散独立设备进行一体化设计，原位捕获海洋可再生资源，提供源源不断的稳定电能供给，延长其工作寿命，大幅提高海洋分散独立设备的可靠性。

15.2.2 无线电能传输

20 世纪 90 年代以后，电磁感应型无线电能传输技术在民用领域得到应用。在新西兰、德国、美国以及日本，都有一定的商业产品问世，但主要局限于交通运输行业。例如，日本大阪富库公司的单轨行车和无电瓶自动运货车，德国 Wampeler 公司的 200kW 载人电动火车；新西兰奥克兰大学所属 Uniservices 公司开发的高速公路发光分道猫眼系统和用于 Rotorua 国家地热公园的 30kW 感应电动汽车；美国通用汽车公司推出的 EVI 型电动汽车无接触感应充电系统。近年来，我国在这一领域的相关理论与应用研究也陆续开展。2001 年，西安石油学院首先在国内期刊中系统地介绍了无接触感应电能传输技术的原理及应用。重庆大学从 2001 年开始对非接触式感应电能传输技术的基础理论及工程应用进行研究，并申请或授权了多项专利。中科院基于带气隙变压器模型对感应耦合系统进行了很多基础性的研究工作，包括系统传输性能及稳定性分析。浙江大学针对系统不同补偿结构、频率特性等进行了深入的分析。哈尔滨工业大学于 2009 年完成感应式非接触充电装置,并在 2011 年成功研制了能够在 12mm 的空气隙下传输 25kW 的试验装置。此外,西安交通大学电气学院、南京航空航天大学、华南理工大学等科研机构在基础理论和相应的应用领域内也做了大量的研究工作。基于磁共振的中距离无线电能传输技术是当前能量传输领域的研究热点。自从 2007 年 MIT 的 Kurs 在 *Science* 上发表论文提出基于磁共振的中距离无线能量传输技术之后,世界各地的专家学者针对这项技术进行了研究,从不同角度研究了该技术的共振频率分叉、传输距离、传输效率、阻抗匹配等理论问题,以及该技术在医疗植入、电动汽车方面的应用。国内的专家学者在相关研究领域也取得了一定的研究成果。天津工业大学实现了间隔 2.5m 点亮两盏 60W 电灯,将磁耦合无线输电的距离及功率提升到新的高度,同时提出了电磁-机械同步共振传能方式,研究了电能与机械能相互转换的模式。武汉大学完成了基于磁共振的多负载中距离无线能量传输原型系统,还验证了该系统同时给 5 个负载供电的情况。哈尔滨工业大学采用螺旋铜线圈串接电容的方式构成谐振器,实现 0.5m 距离传输 60W 的能量。华南理工大学分析了共振耦合无线电能传输效率与距离、线圈尺寸等之间的关系。东南大学研究了无线能量传输在电动汽车充电中的应用。河北工业大学针对体内植入电子器件的无线电能传输技术进行了系统研究。清华大学提出了磁电复合材料应用于无线电能传输的新方式。中科院电工所采用场路综合分析手段研究复杂环境下的无线电能传输机制。1968 年,美国的 Glaser 首次提出建立空间太阳能电站的构想,之后空间太阳能电站概念得到国际各发达国家的广泛关注,最新的进展包括:2007 年,美国国防部国家安全办公室正式发表"空间太阳能电站——战略安全的机遇",开始强调空间太阳能电站的军事意义和战略价值,引起新一轮空间太阳能电站研究的热潮。2009 年,美国太平洋天然气与电力公司宣布,与 Solaren 公司签署协议,正式向 Solaren 公司购买 20 万 kW 的空间太阳能电力。同年,四川大学开展了国内最大规模的微波无线输能外场试验,在百米量级的距离上传输百瓦量级的微波。日本已将发展空间太阳能电站纳入国家重大计划中,特别是在无线输电技术(微波/激光)方面重点开展研究工作。2010 年,在中国科学院院士工作局的支持下,我国开展了空间太阳能电站技术发展预测和对策研究,认为空间太阳能电站可以推动一次技术革命。2011 年,中国空间技术研究院牵头在国家民用航天项目的支持下,围绕空间太阳能电站开展微波无线输能和激光无线能量传输技术的系统方案设计和论证以及相关关键技术的研究。

随着无线输电技术的深入研究和关键技术突破,无线输电技术向效率等级更高及容量更大的方向发展。对于中小功率短距离无线输电设备,其充电效率一般为 70%～80%;对于大功率短距离无线充电设备,其充电效率一般可达 85%～90%。近年来,厂商联盟对中小功率无线充电标准进行进一步完善和扩展,整体效率已经达到 90%。同时,研究人员对大功率高频逆变电源拓扑进行进一步研究,清华大学、天津工业大学和重庆大学等国内研究院所已经研制出传输效率为 95% 的试验样机。目前,无线输电电源采用 IGBT 和 MOSFET 管构成桥式拓扑结构,并配合不同软开关算法及频率跟踪控制算法实现电能的无线传输,可提高单一模块功率并通过并联实现扩容。随着能源交通、电力系统和军事国防等领域需求的不断增大,无线电能传输功率级别将不断提高。现阶段,民用电动汽车无线充电功率等级一般为 5～10kW,未来将扩展至 30～100kW 级别,一些特殊大功率电力负载(如高铁列车等)的无线充电功率级别将达 3～5MW。微波无线输电传输可利用空间站,开展空间对地面微波无线输电试验,距离将扩展至 1～5km,传输功率为 5～100kW,能量传输效率大于 20%。

小功率无线充电装置模块化、集成化程度更高,应用领域更为广阔。目前,支持无线充电的产品已经在该领域得到一定的应用和推广,随着家用电器品种和使用量的增加,具有无线充电功能的产品数量更多、品种更加多样化;新型智能穿戴设备将更多地集成无线充电功能,以避免充电接口暴露在外,从而获得更好的防水性;无线充电的相关标准更加完善,对充电过程的管理更为细致,对线圈结构设计与电路拓扑设计更为合理;支持无线充电的芯片集成化程度更高、体积更小,更方便地集成到电路中;充电方式更加多样,支持一对一、一对多等模式。无线输电技术在微型机器人供电方面将越来越多地体现出它的应用价值和优越性。家庭用小型机器人在检测到电量不足时可以自动寻道至无线充电区域,通过通信协议完成数据交换及充电过程。工业生产线上不易拖带导线的机械臂或机器人将更多地采用无线充电的方式。采用无线输电方式实现一定传输距离内为传感器节点提供能量,可以延长无线传感器网络的使用寿命,解决影响无线传感器网络发展的多节点能量供应瓶颈问题。

无线电能传输除了通过磁场耦合实现外,近年又出现了很多新型的电能传输模式。基于电场耦合的无线电能传输方式通过正对放置的送电侧电极与受电侧电极,利用两电极间产生的感应电场来供电,具有抗水平错位能力强的特点。日本村田制作所已试制完成了为手机、平板电脑等便携终端进行无线充电的样机。重庆大学也获得国家自然科学基金立项。该技术具有充电时"位置自由"的特点。另外,由于可将电极减薄,相对于其他类似产品,可以更方便地嵌入需要充电的设备。基于压电材料的超声波无线电能传输系统包括电源变换电路、超声波发射振子、机械振动激发电路、接收振子、整流电路、功率调节电路。超声波发射振子和电源变换电路发生机电共振将电能转化为声场能量,声场能量在超声波接收发射振子中先被转化为机械能再被转化为交流电,交流电经过整流后传输给负载。该方式解决了现有电磁耦合及磁共振方式无线输电技术存在电磁干扰的问题,电磁辐射对人体的影响小。基于飞秒激光的无线电能传输技术利用超强超快激光在大气中传输时的非线性效应,将空气分子电离后形成克尔自聚焦与等离子体散焦平衡,产生可长达十几公里传输的等离子体通道。等离子体通道内存在大量电子,通道具备良好的电学特性,使得其相当于在空气中架设的一条虚拟导线,等离子体通道内的电子作为载流子,为电能的转移提供媒介;进而利用等离子体通道在供能装置与储能装置间形成导电回路,可以实现供能装置向储能装置的电能释放。该项技术能够实现几十公里距离的高效无线能量传输,传输的功率和可靠性有待进一步深入研究,适合地面的大功率无线能量传输。超材料是指一些具有天然材料所不具备的超常物理性质的人工复合结构或复合材料。通过在材料的关键物理尺度上的结构进行有序设计,可以突破某些表观自然规律的限制,从而获得超出自然界固有的普通性质的常材料功能。采用双负材料、磁单负材料、各向异性材料三种超材料制成薄片状,用于放大特定的电磁波,从而达到增强共振耦合模式下无线电能传输效率的目的。可以根据电磁波的应用需求,制造相应功能的材料。利用这几种超材料的多层结构使特定波长的电磁波形成近场聚焦,像透镜一样增强接收端的磁场。

无线电能传输技术与电力系统发展结合更加紧密。无线电能传输技术的发展与普及,会使电力设备制造商在制造时更多地考虑采用无线供电的方式或者有线无线相结合的供电方式,提供安装维护更为便捷、工作时长更稳定的电力设备。对于配电网,越来越多的电动汽车、高铁列车采用无线的方式逐步接入电网,无线充电方式在实现了用电灵活性的同时,其充电需求在时间和空间上将具有更为随机、分散等特点,需要对不同类型无线充电负载的控制与管理进行研究。对于智能电网发展,变电站巡检机器人可通过无线充电方式克服原有有线充电方式充电定位精度要求高、安全性差的缺点。无线充电技术的应用可以大大提高电动汽车电网间的互动能力,对智能电网的积极作用更显著:①可更好地抑制可再生能源的输出波动;②可更好地减少对电网的冲击影响;③可更好地发挥削峰填谷作用;④降低对电池容量的要求。在新能源的利用方面,无线电能传输是空间太阳能电站实现的核心技术。天地之间的无线能量传输可以采用微波或激光的方式,可对一些偏远山区、牧区、高原、海岛等居住分散、缺乏常规能源又远离大电网的区域实现远距离输电。需要结合应用加强无线电能传输系统和关键技术的研究,突破核心技术,逐步开展试验验证,为未来空间太阳能电站的应用奠定基础。

15.2.3 电气节能

在冶金、石油、电解、电泳和电镀等工业中,生产过程中需要用到各种大功率整流器。整流器是一种将交流电转换为直流电的装置。传统大功率整流器一般采用晶闸管相控整流器,具有体积大、损耗大和谐波污染的缺陷。随着电力技术的进步,基于现代电力电子技术的变换器在如开关电源、大功率变频驱动器、光伏发电设备等重要领域中得到了迅速的发展和应用。该装置利用现代电力电子技术,通过控制半导体功率开关器件开通和关断的时间,控制输出电压和网侧电流波形,同时能够实现能量的双向传输。

工业配电网电气节能技术的核心为 PWM 变换器及控制技术。20 世纪 70 年代末期，PWM 控制技术开始应用于整流装置，随着自关断功率器件的进步，PWM 控制技术的研究得到了进一步发展。Alfred 等[12]率先提出了基于可关断器件的全桥 PWM 整流器结构，可以通过控制输入电流的幅值和相位来实现装置高功率因数运行。然后，Akagi 等[13]提出以 PWM 整流器拓扑为基础的功率补偿器，为后来 PWM 整流器的进一步设计奠定了基础。PWM 整流器的交流侧受控源特性拓展了其控制技术的应用范围。功率因数校正、有源电力滤波器、静止无功补偿器以及四象限交流电机驱动等均是以 PWM 整流器拓扑及其控制技术为基础发展起来的。

PWM 变流器是一种全控型变换器，能够灵活控制变换器输入侧的交流电流，实现高功率因数和低谐波运行，故又称为功率因数校正电路。目前，PWM 整流器的研究主要集中于拓扑结构及控制策略的研究。三相功率因数校正电路拓扑结构先后经历了三相单开关、三相双开关、三相三开关三电平等经典结构的发展。特别是三相六开关 PWM 整流器通过采用 PWM 调制技术实现了输入电流的连续控制，具有精度高、响应速度快等优点。为了满足不同功率等级情况下的需要，国内外学者对不同拓扑结构的 PWM 整流器进行了研究。其中，在中小功率应用场合，拓扑结构的研究主要集中在如何减少开关个数和提高输出电压质量上。Shied 等[14]对四开关三相电压型 PWM 整流器进行了建模和研究，并讨论了该电路的工作特点。在大电流、大功率的场合，拓扑结构的研究则是在多电平、变流器的组合上。在 1981 年，Nabae 等[15]提出了中点箝位式三电平变换器，具有器件承压低、开关频率低、输出谐波小和 du/dt 小等优点，成为高压大容量应用场合的研究热点之一。后来，有很多学者在三电平 PWM 变换器的建模、闭环控制、矢量调制和直流侧电压平衡控制上进行了深入的研究。在高压大容量场合，多电平技术应用于 PWM 整流器无疑具有吸引力，后来法国学者 Meynard 等[16]又提出了飞跨电容箝位式三电平变换器，利用电容取代二极管来实现开关器件的箝位。为了减少开关器件的数量，中国台湾的学者提出了三相两臂式三电平变换器，减少一个开关臂，降低装置的成本，同时能实现 PWM 的变换功能。为了提高装置的输出电流容量，有学者通过使用变流器组合的方法，即将两个或以上的三相 PWM 整流器进行并联组合，使用 PWM 移相控制技术在较低的开关频率下控制能够获得与高开关频率下控制同等的效果，这种方法能有效降低开关损耗，同时可提高整流器的交流侧输出波形品质。

1. 高效电能变换与控制技术

高效电能变换与控制技术源自电力电子技术的发展，核心为电力电子变换器，该技术的研究和开发有利于企业提高产品品质,促进我国经济和国防建设发展。比如,以电能变换技术为核心的电磁搅拌两相正交逆变电源是我国高品质特殊钢冶炼亟须的关键装备,可大幅提高钢材的纯净度和晶粒度等品质指标,是我国生产超大方圆坯(直径为 900～1100mm)、超宽(≥2.5m)厚(≥360mm)连铸板坯的关键装备,对我国高端军舰、坦克、核电等行业的发展有着重要的影响。低纹波大电流直流电源系统是生产超薄铜箔的关键装备,可大幅提升超薄铜箔的延伸率和抗拉强度等品质指标,是我国生产 9～16μm 超薄电解铜箔的关键装备,对我国国防先进武器、航空航天、电子集成技术等战略性新兴产业的发展有着重要的影响。这里将着重介绍两种冶金特种电源:电磁搅拌用两相正交逆变电源和电解电镀大电流直流电源。

1)电磁搅拌用两相正交逆变电源

在交流传动领域,变频电源可以按设计要求方便地改变输出电源的电压、电流和频率来驱动感应电机等负荷。变频电源技术的发展是基于电力电子技术而不断发展进步的。由于不断涌现的电力电子器件,变频电源技术得到了飞速发展。在传统上,变频电源采用晶闸管式直接 AC/AC 周波变换技术,将三相交流电直接转化为某一频率和电压的交流电,其控制性能较差、损耗大。然而,随着电力电子开关技术的进步,间接式 AC/DC/AC 变换的逆变电源被开发和采用,首先将三相交流电转化为直流电,然后将直流电转化为交流电,具有控制灵活、响应速度快等特点。在工业和居民用电中,驱动负荷大多为三相负载和单相负载。但在一些特殊的工业场合,存在两相负荷。例如,在冶金连铸行业中,冶金连铸电磁搅拌器需要两相正交电源供给励磁形成两相旋转磁场;单相异步电动机有两个正交的定子绕组,也需要两相逆变电源进行变频调速进行控制等,这种单相电源通常称为两相逆变电源。两相逆变电源所作用的两相电机在应用转子磁场定向控制时,由于其定子两相绕组自然正交,所以与三相电机应用矢量控制相比,它减少了一个从三相坐标系到两相坐标系的变换,减少了计算量。尤其是在电磁搅拌领域,要求两相电源输出电流大,且需要进行频繁的正反向切换,响应速度要快,对两相正交逆变器提出了更高的要求,因此,研究高性能两相逆变电源及其控制技术具有重要意义。

2)电解电镀大电流直流电源

近年来,国内外相继研制出各种类型的高频开关电源,在电解、电镀等电化学行业尤其需要超大功率直流电源。为了提高电源输出容量,一般采用多个电源模块并联输出形式。高频开关电源普遍采用两级工作方式,即前级 AC/DC 变换器和后级 DC/DC 变换器。核心是利用 DC/DC 变换器将电能高频转化,输出高频方波,再经整流和滤波电路得到稳定的直流电压、电流输出。DC/DC 变换器的拓扑结构按照输入输出是否具有电气隔离功能,可以分为隔离型和非隔离型两类。最基本的非隔离型直流变换器有六种:降压式(Buck)、升压式(Boost)、升降压式

(Buck-Boost)、Cuk、Zeta 和 SEPIC 等，还有双管升降压式变换器和全桥变换器。隔离型变换器可以看成由非隔离型直流变换器加入变压器及相关整流电路推导而来。隔离型 Buck 直流变换器包括正激、推挽、半桥和全桥变换器，其中正激变换器包括单管正激和双管正激。隔离型 Boost 类直流变换器包括推挽、半桥和全桥变换器。隔离型 Buck-Boost 类直流变换器即反激变换器，它包括单管反激变换器和双管反激变换器。Cuk、Zeta 和 SEPIC 型变换器也有类似的隔离型电路。各功率开关的额定电压和额定电流相同时，变换器的输出功率与所用功率开关管的数量成正比，故双管隔离型直流变换器(如推挽、半桥和全桥)的输出功率为单管(如单管正激)的 2 倍，为全桥变换器(4 个开关管)的一半。故全桥变换器是直流变换器中功率最大的，在输入高压和中大功率场合得到了广泛应用。

2. 高效电能质量治理技术

近年来，由于电能质量问题(谐波、无功、电压波动)引发的电网大面积停电事故时有发生，造成了重大的经济损失和恶劣的社会影响。电能质量问题已不仅仅是电力系统中的基本技术问题，已成为关系到整个电力系统及设备的安全、经济、可靠运行，关系到电气环境工程保护，关系到整个国民经济的总体效益和发展战略的问题。

电压质量的补偿形式主要是按不同的电压等级进行分类的。在配电网低压系统，主要是对电压波动和谐波进行治理。在配电网高压系统中，主要是利用由电力电子器件构成的电力电子系统根据电网的需要提供适当的无功功率，确保电网电压的稳定，如静止无功补偿器就是利用晶闸管控制电抗器提供连续可调的感性无功，无功补偿电容器组或滤波器组提供容性无功来实现无功功率感性和容性补偿范围内的动态连续调节，从而维持电压稳定。对电流质量的控制，主要是对电网中的谐波电流进行治理，目前采用的主要措施是使用电力滤波器，包括无源电力滤波器、有源电力滤波器和混合型有源电力滤波器等。静止无功发射器也称为静止同步补偿器，具有抑制电网电压波动、消除电网谐波、补偿不平衡等功能，并且性能优良，颇受关注。目前，对静止同步补偿器的研究热点主要是装置的控制方法、无功功率的实时检测方法以及装置的研制等方面。为了实现对配电网电压的动态控制，一种动态电压恢复器的概念被提出，其由一个逆变器通过变压器串联在电网线路中。随后，为了实现电网电压和负载电流同时治理，有学者提出电能质量调节器，由背靠背的两个逆变器组成，一组并联在负载侧，一组串联在电网线路中。尤其是电气化铁路系统是一类特殊的供电系统，负载为单相机车，会给三相配电网带来严重的负序问题。为此，有学者提出了一种铁路功率调机器的概念，其由背靠背的两个逆变器组成，安装在牵引变压器的二次侧，能实现铁路负序补偿。近年来，随着电力电子技术的发展，MMC 的概念被提出，采用多个 H 桥模板串并联实现大功率输出,因此,各种基于 MMC 的大功率有源电力滤波器、静止无功发射器、动态电压恢复器、电能质量调节器和铁路功率调机器结构被提出和研究。

目前,电能质量补偿手段主要是针对电能质量的某一特定问题兼顾其他问题,难以满足企业对电能质量全面提高的要求;受电力电子开关器件电压等级和容量的限制,电力电子系统在电能质量控制领域还未能完全发挥其快速、灵活性的特点;对高效无功与谐波动态控制装置以及无功与谐波综合优化规划方法的研究较少,从而导致补偿装置的工作性能及补偿效果不理想。因此研究如何利用低成本、大容量的无源器件与动态、灵活、可控的电力电子系统构成高效无功与谐波混合、混杂控制系统,实现对电压波动、电流畸变等电能质量问题的综合动态治理,从而显著提高电网的电能质量,符合电力电子技术的发展趋势。

3. 电能监控和优化管理技术

多年以来,我国对企业级用电领域的节电工作重视不够,直至最近才引起政府及各行业的高度关注。大型企业往往占地面积广、输配电线路较长、线路复杂,线路和用电设备的损耗较大。很多生产企业电能管理还处于粗放式阶段,电能集成监控水平和能源管理信息化程度低,限制了企业生产效率的提高。集中表现在如下几个方面。首先,在企业的供电中,供电电源的电能质量问题突出,由谐波超标和无功不足引起的电能损失严重。其次,企业供用电系统底层设备的测量、监控和信息互联等环节互相“孤立”,没有达到集成化和规范化的程度。最后,大部分企业都缺乏统一、集成的全方面电气监控和能量优化管理系统。

管理节能是指利用管理学知识,辅以技术、经济等手段进行科学的计划、组织、协调和监督等手段,使有限的能源得到经济、合理有效的使用,以实现企业经济效益、环境效益和社会效益的提高。管理节能通过节能管理组织的建立和整套节能管理细则的实施实现科学节能。目前,国内一些物业公司通过类似的管理体系帮业主实现节能并从中分成,实现双赢。也有单位通过规定空调温度、开灯数量等手段实现节能,这些也属于管理节能的范畴。但各单位的管理节能措施都只是部分实施,还没有出现专业化、标准化的管理节能系统。

分布式企业级电气控制与能量管理系统以企业的用电设备为监控管理对象,构建电气监控系统实现企业用电系统的自动化控制,并在此基础上通过分析设备的负荷情况和能耗模式,结合电网分时电价政策等,帮助企业提高配电网自动化水平和能源管理水平,降低能耗、提升效率,提高企业的综合竞争力。电气控制与能量管理系统可广泛应用于发电厂、大中型工业企业、市政建设和基础设施等领域,使不易察觉的能源浪费变得易于监测和管理,使提高能效的方案具有可行性。采用多总线混合协议数据采集方法、多层分布式数据库体系以及无缝异构系统互联方法,建立一个企业电气节能集成化监控与信息交互系统,为企业建立稳定、安全的信息高速公路，达到对企业生产用电设备以及节能装置的实时监视和集中管理，为实现配电网各个分布式操作平台的互联、互操作和互协调提供支撑，从而加强企业全局的节能控制与优化管理。在基于科学管理方法的基础上，建立一种“电能理财”长效机制，以便给企业带来更好的电力节能效益。

15.3　今后发展目标和重点研究领域

15.3.1　发展目标

1. 新能源发电

1)太阳能发电

(1)光伏发电。

“十三五”期间的发展目标是：大幅度提高新能源发电在电力市场消费中的比例，用可再生能源最大限度地替代化石能源。为此，不仅要在发电端开展新型高效的光伏电池、光伏系统新拓扑结构和电力变换新技术的研究，还要开展光伏发电、变电、输电和用电过程的新现象、新问题研究。

(2)太阳能热发电。

探索太阳能热发电新方法，发现和解决能量转化过程中的新现象、新问题，特别是开展基于太阳能收集、转化和输运过程的热力学系统优化，将能量收集转换过程的高效化和能量利用装置的经济化结合起来。解决太阳辐射-热能的热力学问题，热能高品位转换储存和传递等过程的强化问题。

(3)太阳能光伏-热电耦合发电。

探索太阳能光伏-热电耦合发电系统设计新方法，从太阳能波段和品位耦合入手，基于太阳能传播路径，从源头上发现和解决太阳能转换过程中的新现象、新问题，特别是开展太阳能高效捕获机理、太阳能转换中的传递规律、太阳能梯级匹配调控机制等科学问题的研究，构建太阳能全光谱耦合利用的能量匹配原理与梯级调控方法。

2)风力发电

风力发电的近期发展目标主要包括如下方面：

(1)大型风电场运行控制技术。大型风电场建设是我国风电开发的需求重点，当前已建设和规划多个千万千瓦级风电基地，国外无法提供直接的经验，因此迫切需要在特大型风电场风资源评估、风电场设计、并网消纳与智能化运营管理和大容量、高可靠性、高效率、低成本的风电机组及其关键部件等方面进行基础理论研究、科技开发和创新，为我国大型风电场建设提供技术保障。

(2)海上风电开发利用技术。我国海上风电已经起步并开始加快发展，潮间带和近海风电将进入快速发展、规模化开发阶段,远海风电场也将逐步开发。因此,需要开展海上风能资源评估、海上风能利用理论与方法研究、海上风电设备研制及产业化推广,加强工程施工与并网接入等海上(潮间带)风电场开发关键技术的研究,为大规模海上风电开发提供技术支撑。

(3)分散式风力发电控制及接入技术。分散式风电是指位于用电负荷中心附近,不以大规模远距离输送电力为目的,所产生的电力就近接入电网,并在当地以消纳的利用形式。近年来,我国积极鼓励和推动分散式风电的开发利用。需要在分散式风电的资源评估、设计方法、控制技术以及电网接入方法等方面开展探索研究和应用推广,提高分散式风电接入比例,与集中型并网风电互为补充。

(4)风力发电与其他能源互补利用技术。为了进一步提高风电开发利用的灵活性并与其他能源形式进行优化配置和协同利用,近年来,风力发电与其他能源形式的互补利用是一个新的增长点,一方面是风力发电与光伏发电、生物质能、海洋能等其他可再生能源的互补利用,另一方面是风力发电与水电、氢能以及常规火电等的综合利用,因此需要在系统运行规律、配置方法、控制和调度方法与策略方面开展研究。

3)海洋能发电

海洋能发电的近期发展目标主要包括如下方面:

(1)以传统电工学理论为基础,结合海洋学科知识建立海洋能发电的核心基础学科。在理论上为海洋能发电提供依据。

(2)针对海洋环境要求,进行适合波浪能、潮流能特点的新型海洋电机拓扑的研究,进行适合海洋能发电应用的电能变换传输技术的研究,进行海洋能发电全过程能效管理技术的研究。

(3)在工程应用中,建立波浪能、潮流能发电样机及示范应用;构建多种海洋能源综合利用平台,建立海岛及海上设备供电演示系统;建立海洋能发电阵列系统的电能变换与传输系统示范;建立海上分散独立设备供电示范。

2. 无线电能传输

无线电能传输的近期发展目标包括如下方面:

(1)开展无线电能传输系统中空间电能分布、耦合机构设计、高频功率转换技术、负载匹配方法、频率跟踪算法、磁场聚焦技术的基础问题研究,获得无线电能传输原理工作特性与传输规律,为该技术在各领域的发展提供理论保障。

(2)结合新能源和智能电网的发展需求,开展高效大功率无线电能传输装置的基础科学、含无线充电负载的电力系统基础科学研究,获得电动汽车、高铁列车无线充电整体解决方案,对远距离大容量无线输电方法进行基础性验证,以降低电网损耗与提高电能质量。

(3)开展无线电能传输新现象、新原理、新规律、新材料及新应用的探索研究，促进无线电能传输技术的商业化进程。

3. 电气节能

“十三五”期间，我国电气节能领域研究的发展目标是，继续面向国际科学技术的发展前沿及国家科学研究、国防和工业企业等重大需求中的特种用电负荷及其高能耗问题，研究新的高效电能变换拓扑及控制技术，为电气科学与工程的技术创新和发展提供重要的理论基础和技术支撑，具体包括如下方面：

(1)高效电能变换及控制技术方面。研究高效工业特种电源技术。为了提高我国高能耗行业中的钢铁冶炼、铝冶炼、电解铜箔等企业所需的大容量特种工业电源的效率，研究大功率高效PWM整流器、大功率感应加热变频电源、电磁搅拌逆变电源和低压大电流铜箔冶炼电源等的新型低功耗拓扑、结构模型、大电流快速跟踪控制方法以及多并联系统的均流控制方法等，满足我国特种冶金工业的迫切需求；研究MMC的电力电子变换技术：主要进行基于MMC的新型功率变换系统(如MMC式高压变频器、高压直流输电及电力电子变压器等)及其拓扑结构研究，包括多电平PWM调制技术、直流侧电压平衡控制原理和方法，有功和无功综合控制技术的研究以及电力电子控制系统硬件模块化集成、散热等技术研究。

(2)高效电能质量治理技术方面。研究适应于某些特种场合的配电网电能质量治理和补偿新型拓扑结构及控制方法，满足特种工业应用需求；研究工业配电网高压系统动态节能的混合补偿系统，实现两种或者多种电能质量补偿器的协同运行；研究配电网高效混杂补偿系统，实现连续补偿型和离散补偿型两种或者多种电能质量补偿器的协同运行；研究混合和混杂补偿系统的运行机理、电气模型及协同控制方法；研究无功与谐波综合优化规划目标函数的最优配置集；研究网络母线电压响应特性，研究高效无功、谐波动态补偿装置的容量设计和补偿位置，实现配电网电能质量治理和补偿效益的最大化。

(3)电能监控和优化管理技术方面。研究企业能耗大数据的数据采集类型和采集点分布优化技术，构建电能分配管网、设备、产品全生产流程、班组、车间以及企业等不同能耗粒度的能耗大数据集；研究线路、设备、产品全生产流程、班组、车间以及企业等不同能耗粒度的能耗数据的可视化呈现技术，支持实时能耗流、平均能耗流、历史能耗流的可视化呈现和异常能耗数据流的自动捕获呈现，为企业建立多粒度能耗成本绩效制度提供支撑；研究多能耗粒度、多时段、多态势的各类能耗数据信息的关联分析方法和对比分析方法等，进行有用信息的挖掘和利用；研究配电网节能降耗综合管理系统，结合管理系统的结构及各节能设备智能体结构模型，构建多智能体系统，能全面考虑造成配电网电能损耗的因素，得出各个节能设备的最佳调节力度，使节能设备以最小的调节代价获得最大的节能效益，实现配电网

“全方位、多方面”的综合节能降耗。

15.3.2 重点研究领域

1. 新能源发电

1)太阳能发电

(1)光伏发电。

应重点开展太阳能光伏发电技术与电网技术交叉领域、与储能技术交叉领域、与气象学和环境学交叉领域、与计算机技术交叉领域的研究，有针对性地开展碎片化能源利用的研究。主要包括：①大型光伏发电基地的电力汇集和输送研究，研究大型光伏发电基地直流汇集升压送出的经济性、可靠性、技术可行性，探索高效率、低成本光伏直流升压系统的新拓扑结构及其设计、控制、保护新方法。研究光伏电站集群交流同步、谐振抑制、无功传输、故障穿越等方面的新方法，发现和解决大型光伏发电基地交流汇集送出的新现象、新问题。研究高准确度的光伏功率预测方法。②光伏发电规模化分布式利用研究。开展高渗透率分布式光伏并网情景分类研究，探索在不同配电网、不同负荷条件下的分布式光伏系统设计、并网控制、能效管理、故障保护的机理及新方法，研究区域性分布式光伏功率预测方法。研究分布式光伏制氢、制燃料、海水淡化等直接利用新技术。③光伏发电大规模利用的环境和气候影响研究。研究大型光伏电站与局地生态、局地气候的交互影响机理，研究区域性高渗透率分布式光伏系统与建筑环境、城市气候的交互影响机理，探索光伏发电与环境、气候和谐发展的新理论。

(2)太阳能热发电。

重点研究领域如下：①研究超临界太阳能热发电技术。采用超临界二氧化碳或水可实现高效太阳能热发电。这种技术是目前欧盟和美国、澳大利亚等都在试验的新技术研究。②粒子吸热器技术。新型高效的太阳能体吸收方法与技术将是太阳能中高温利用技术发展的关键之一。采用耐高温材料制成的粒子，悬浮在不同种类流体中，直接吸收聚集太阳辐射，然后加热工质。被加热的粒子可以储存，也可以用流化床、沸腾床和密实床等实现吸热过程。③研究以太阳能为主的能源网络系统能效提升机理。为了达到稳定，目前出现较多的以太阳能与传统化石能源或其他形式能源的多能源互补耦合利用构成复合能量系统，也包括能的多样化。④研究以太阳能为主的能源网络系统中各种形式能源的合理配置，太阳能利用过程中损失随辐照强度波动的变化规律，太阳能与化石能源利用耦合的相互作用机制及其对系统损失(耗散)的影响，在达到供需匹配基础上的网络系统能源的合理配置，从而使损失最小。⑤研究复合材料的储热释热技术。储热系统发展的重点是很好的放热特性、系统低成本和高可靠性。采用单罐斜温层熔融盐储热，具有高导热系数的陶瓷/金属基的复合储热材料技术是值得讨论的热点问题。这些技术的发展都有助于降低成本和提高性能。⑥研究钙循环化学储热。化学储热的能量密度大、温度高,输运方便,但一次投资大,泄漏后有一定的污染,在成本降低方面已经有了较大的进步。目前在钙循环方面的发展较快,值得注意。⑦研究太阳能光谱控制技术。物体对太阳辐射能量的捕获吸收能力取决于物体的光谱特性,受物体的材料属性、结构特征、周围介电环境等因素的影响。⑧探究太阳辐射光子与物质的相互作用本质,控制太阳能光热器件、光电器件的材料属性和形状特征等参数,对太阳能光谱吸收特性以及表面吸收的广角性和偏振不敏感性进行调控,发展太阳能全光谱高效利用技术。

(3)太阳能光伏-热电耦合发电。应重点开展不同环境下太阳能光伏-热电耦合发电技术,尤其针对空间环境,为空间能源的进一步发展提供一条新的技术路径。开展材料学、电磁场理论、半导体物理、传热学理论等交叉领域的研究,构建研究太阳能光伏-热电耦合发电的光-热-电多物理场耦合理论,发展全光谱太阳能高效利用技术。

2)风力发电

应重点开展风力发电技术与电网技术交叉领域,与储能技术交叉领域,与气象学、材料学、空气动力学、环境学交叉领域,与计算机技术交叉领域的研究。主要包括如下方面:①风电机组智能控制技术。研究适合我国环境、气候与电网条件的风电机组智能控制原理、方法与技术,包括针对不同地域、不同季节的风电机组自适应智能控制技术、独立变桨控制技术、先进变流控制技术、智能在线监测与故障诊断技术等,通过智能控制技术的研究和推广应用提高风能利用效率,提高机组发电量,减少或避免风电机组运行过程中的极限载荷和疲劳载荷,提高机组的使用寿命,降低运行维护成本。②基于大数据的风电场设计及运行优化方法。基于风电大数据的采集及分析,研究风电场设计及运行优化方法,包括不同环境、地形条件尤其是复杂区域条件下风电场的运行规律、不同类型风电场的设计优化方法、提高风电场群协同控制能力的方法与技术、风电场智能化运维方法及技术、大规模风电场群联合调度管理及消纳模式、大规模风电开发对区域气候和环境产生的综合影响及其作用机理等,提高风力发电的接入比例,缓解弃风限电问题。③海上风电设备设计及控制优化技术。研究大型海上风电设备的设计理论、方法以及新型控制理论、方法,包括适合我国海况和海上风资源特点(含台风)的风电机组精确化建模和仿真计算方法、大功率海上风电机组整机一体化优化设计及轻量化设计方法和技术、风电机组新型传动链结构设计与载荷优化技术、新型发电机设计与整机控制、变流器控制技术、海上风电机组运行稳定性分析方法、疲劳寿命评估与预测技术、新型高效冷却技术等,为海上风电的开发利用提供基础理论和技术支撑。④风电设备可靠性技术。大型风电机组的运行环境恶劣,需要承受温度、湿度、载荷的巨大变化，对设备可靠性的要求很高。研究大型风电机组及关键部件可靠性分析和设计方法，从热设计、材料设计、应力设计、电气与控制设计和结构设计等方面提高风电机组及关键零部件的可靠性，研究其可靠性试验测试方法以及可靠性评估方法。

3)海洋能发电

重点研究领域主要包括：①捕获发电一体化轮缘驱动潮流能发电技术。这一技术已经成为潮流能发电的主流技术，国外已经有 1.5MW 机组在海中运行多年的经验。②海洋能发电最大功率跟踪技术。无论是波浪能还是潮流能，都存在功率范围变化大、难以预测等问题。利用海洋水文资料和海洋能趋势预测，结合现代智能控制技术进行海洋能发电最大功率跟踪技术研究，保证海洋能发电的高效率。③移动式海洋能发电平台。进行包含潮流能、波浪能、海上风能、太阳能等多种发电形式的移动式海洋能发电平台技术研究，保证远海荒岛、海洋工程、海洋养殖、远洋捕捞等的电力需求和补充，实现海洋能发电技术的推广应用。④海底变电站研发。包括海底电缆和海洋电力设备的海底变电站是海洋能发电系统的关键，是开发大型海洋能发电场的核心。

2. 无线电能传输

重点研究领域主要包括：近场区域内无线电能传输理论模型指导以及仿真优化；中短距离无线输电高频变换模块及电力电子控制模块能效研究；电磁场耦合机构设计与优化研究；系统外物体对正常工作的扰动影响与检测分析；小型无线充电装置模块化、集成化、智能化研究；无线输电过程中的电磁兼容与生物安全分析。远场区域内高效率微波无线输电系统的收发机理和理论研究；空间用高效率、长寿命微波器件的基础科学问题；高精度、大尺度、轻量化发射天线的机电热多场耦合机理和理论；微波无线输电高精度波束指向控制理论与方法；高功率微波传输穿越电离层和大气层的长期效应研究；高功率微波远距离无线输电工程化研究；电动汽车、高铁列车无线电能传输高效、大功率电源技术研究；静态、动态大功率无线电能耦合过程分析与优化研究；无线电能传输接收端的能量管理与利用研究；规模化无线充电负载接入对电网电能质量冲击影响与应对策略研究；智能化无线充电设备与智能电网的互动关键技术研究；基于电场耦合无线电能传输的传输原理分析问题，耦合机构设计；基于超快激光诱导等离子体无线电能传输技术的高压脉冲电源的研制、能量存储系统的研制、高压源与等离子体通道的耦合接入研究；人工超材料装置结构设计与优化研究，超材料电磁场聚焦作用及最佳介入方式研究。

3. 电气节能

重点研究领域主要包括如下方面:①高效电能变换及控制技术。为了提高我国高能耗行业中的钢铁冶炼、铝冶炼、电解铜箔等的工作效率,研究特种大功率感应加热变频电源、电磁搅拌两相逆变电源、低压大电流铜箔冶炼电源等的新型低功耗拓扑、结构模型、大电流快速控制方法以及并联系统的均流控制方法,研究控制系统硬件模块化集成、散热等技术研究,实现系统的高效集成。②配电网电能质量控制技术研究,主要进行配电网混合补偿系统和混杂补偿系统的研究,包括其电能质量补偿工作原理及其运行机理研究,研究其系统之间的交叉耦合现象及协同控制策略,高效无功和谐波的复合控制方法研究以及三相不平衡补偿控制方法等。③电能监控和优化管理技术。主要进行高电耗工业企业的能耗分析及评估测试的研究,研究基于大数据技术的企业能耗数据采集、挖掘和分析方法,构建电能分配管网、设备、产品全生产流程、班组、车间以及企业等不同能耗粒度的能耗大数据集;研究配电网节能降耗综合管理系统,研究用电网络优化控制与节能装备协调控制技术,实现能量优化管理。

针对配电网电气节能问题,选择具有代表性的高耗电企业,充分调动用户企业的投入和应用积极性,与用户积极互动,积极探索各种合作方式,实现技术创新的最快转化和应用,以此来反馈和调整电气节能技术的研究方向,发掘新型电气节能技术,促进工业企业电气节能技术的创新和进步。

由于电气节能的研究与物理、信息、材料等有广泛深入的交叉,需要研究一些新的更加复杂的问题。为此,建议重点交叉研究领域如下。在大功率高效用电变换和控制技术、高效电能质量治理技术方面,会涉及结构模型、数学描述、电磁干扰和智能控制的问题,会与数学、物理和信息学科交叉,容易形成交叉学科。在电能监控和优化管理技术方面,会涉及大数据、互联网、云计算等数学、物理和信息学科的交叉,也会形成相应的交叉研究领域。

参考文献

[1] 赵争鸣,雷一,贺凡波,等. 大容量并网光伏电站技术综述. 电力系统自动化,2011,35(12):101—107.

[2] 丁明,王伟胜,王秀丽,等. 大规模光伏发电对电力系统影响综述. 中国电机工程学报,2014,34(1):1—14.

[3] 徐二树,胡忠良,翟融融,等. 塔式太阳能热电站系统仿真与分析. 中国电机工程学报,2014,34(11):1799—1806.

[4] 赵佳飞,骆仲泱,蔡洁聪,等. 太阳能电热联产技术研究综述. 中国电机工程学报,2009,29(17):114—121.

[5] 蔡旭,施刚,迟永宁,等．海上全直流型风电场的研究现状与未来发展．中国电机工程学报,2016,36(8):2036－2048.

[6] 尹明,王成山,葛旭波,等．中德风电发展的比较与分析．电工技术学报,2010,25(9):157－182.

[7] 游亚戈,李伟,刘伟民,等．海洋能发电技术的发展现状与前景．电力系统自动化,2010,34(14):1－12.

[8] 范兴明,莫小勇,张鑫．无线电能传输技术的研究现状与应用．中国电机工程学报,2015,35(10):2584－2600.

[9] 徐海,施利春．变频器原理及应用．北京:清华大学出版社,2010:42－76.

[10] 罗安．电能质量治理和高效用能技术与装备．北京:中国电力出版社,2014:95－120.

[11] 王兆安,杨君,刘进军．谐波抑制与无功补偿．北京:机械工业出版社,1998:8－13.

[12] Alfred B, Joachim H. Multiloop control of a unity power factor fast switching AC to DC converter//Power Electronics Specialists Coference. Massachusetts, U. S. ,1982:171－179.

[13] Akagi H, Kanazawa Y, Nabae A, et al. Instantaneous reactive power compensators comprising switching devices without energy storage components. IEEE Transactions on Industry Applications,1984,IA-20(3):625－630.

[14] Shied J J, Pan C T, Cuey Z J. Modeling and design of a reversible three-phase switching mode rectifier. IEE Proceedings-Electric Power Applications,1997,144(6):389－396.

[15] Nabae A, Takahashi I, Akagi H. A new neutral-point-clamped PWM inverter. IEEE Transactions on Industry Applications,1981,IA-17(5):518－523.

[16] Meynard T A, Foch H. Multi-level conversion: High voltage choppers and voltage-source inverters. Annual IEEE Power Electronics Specialists Conference,1992,1:397－403.

第16章　环境电工新技术

环境电工新技术主要研究电磁环境的产生、影响评估、防护和治理技术，以及基于电工方法的环境治理与废物处理等内容。本章介绍环境电工新技术领域的研究范围和任务，阐述电磁环境和环保电工技术的研究方向和国内外研究现状，并对今后该领域的发展目标和重点研究领域进行归纳和总结，为“十三五”期间环境电工新技术研究的发展布局提供参考。

16.1　研究范围和任务

环境电工技术包括两个方面，一是在电工技术的应用中产生电磁环境，二是电工在环境保护方面的应用。其发展规律始终是伴随电工技术的发展超前或同步发展，实践性非常强，同时具有明显的学科交叉特点。其目标是研究各种电磁污染的来源、传播和影响，推动在电工技术向环境友好型发展；研究电磁场对环境污染物处理与资源化的作用规律，以及高活性电磁场源的基础问题，利用电工技术改善自然环境。研究内容主要包括：研究电磁环境的产生机理、影响规律和抑制措施，研究电磁场作用于环境污染物的机制、用于治理环境污染物的电磁场源发生电工技术等，特别是强电磁场环境下等离子体在环保方面的基础与应用研究。

电磁环境是存在于给定场所的电磁现象的总和，它以电磁场理论为基础，研究各种电磁污染的来源及其对人类生活环境的影响，经常与电磁兼容问题并存。室外环境中的高压输电线、工作环境中的电磁设备、家庭环境中的家用电器，使现代人无法回避电磁环境问题。电磁环境技术主要研究存在于给定场所的电磁现象的产生、危害评估及防护技术。由于电力系统空间分布广、频率分布宽、电压高、电流大，因此目前电磁环境的研究主要集中在电力系统电磁环境方面。电力系统电磁环境主要研究输变电设施周围的电磁环境，包括交直流输电线路及变电站、换流站附近的交流电场、直流离子流场、交流磁场、无线电干扰和可听噪声特性与防护措施，以及产生以上问题的电晕放电的机理、规律和影响因素。随着新型输变电技术的发展以及电能应用范围的不断扩大，先进输变电装备、电气化铁路、独立电源系统、广域不同电磁系统、近距大功率无线电能传输以及极端电磁条件、空间电站试验等电磁环境问题已成为新的研究热点。

电工在环保方面的应用旨在研究电场、磁场和电磁场对环境污染物转化影响的问题，是一门综合物理、材料科学、环境科学和电气科学的交叉学科。现代工业中产生的大量废气、废水、废渣,用传统方法往往难以处理,给电气科学与工程学科在环境废物处理方面提供了用武之地。电工在环保方面的主要研究方向包括:燃煤烟气、工业有机废气等气态污染物的净化处理;室内空气净化;毒性工业有机废水的净化处理;饮用水、餐具、医疗器具等的杀菌消毒;固体废物、医疗垃圾等的无害化处理。以上研究方向主要研究有害物质处理装置和设备的设计和研发、有害物质净化的基础研究(包括净化效果的影响因素、有害物质的净化机理等)、有害物质净化过程的建模仿真研究等。通过上述基础及应用研究,为环保电工技术的工业应用提供理论支持和参考。

16.2 国内外研究现状和发展趋势

16.2.1 电磁环境研究

电磁环境与电磁防护在内涵和外延上是一个有机的整体,国内外均开展了大量卓有成效的研究,取得了大量成果。目前,随着我国特高压输电技术的迅速发展,环境友好是特高压输变电系统建设的重要目标。电磁环境问题一直是制约输变电工程建设的关键问题,我国大力支持并推进特高压交直流输电系统的电磁环境研究,取得了一批具有国际影响力的研究成果。

1. 输电线路电磁环境

针对输电线路电磁环境问题以及高压输电线路电晕效应及其电磁环境问题,国际上已经开展了大量的研究工作[1]。对于导线表面电晕起始场强、地面标称电场、合成电场、离子流密度等电磁环境参数,已经有半物理、半经验公式。通过与电磁场数值计算理论相结合,国际上已经可以数值仿真交直流下考虑电晕放电时的空间电场、离子流场等问题。电晕放电所产生无线电干扰的最根本原因是导体附近空气电离出的空间电荷在电场的作用下运动。1956 年,Adams[2]将由电晕流注自身特性决定的那部分称为“激发函数”。1972 年,Gary[3]利用激发函数完善了超高压输电线路无线电干扰的计算方法,并提出基于大雨下的激发函数预测高压输电线路无线电干扰的方法。20 世纪 60 年代末,法国电力公司通过理论建模提出了高压输电线路电晕无线电干扰的预测方法。1967～1971 年,美国完成了特高压五年计划,重点研究了 1000～1500kV 级交流特高压输电线路的电晕损失及可听噪声和无线电干扰等电晕效应问题。以加拿大魁北克水电研究院为代表,加拿大从 20 世纪 70 年代开始结合长期的双极直流试验线段试验研究,给出了±600～±1200kV直流线路电晕效应研究报告。从 20 世纪 70 年代初开始,日本基于超高压线路的试验线段数据并结合理论研究提出了无线电干扰的计算方法,并论证了特高压电晕笼用于预测直流线路可听噪声和无线电干扰的可行性。从 20 世纪 80 年代末开始，韩国利用其电晕笼和试验线段研究 765kV 双回输电线路的电磁环境问题。在试验研究的基础上，从 20 世纪 70 年代起，国外学者提出了大量计算地面标称电场、合成电场、无线电干扰、可听噪声的半物理、半经验公式以及数值计算方法。但是利用国外成果来指导我国线路电磁环境研究是不合适的，其原因在于：①各国对于如可听噪声和无线电干扰等电磁环境的预测公式相差较大，并不统一；②各国输电线路导线结构与生产工艺也不尽相同，因此不同国家的预测公式是利用各自国家的输电导线试验得到的，不可能适用于所有国家；③国外的研究没有考虑高海拔的影响，而我国的特高压电网要经过高海拔地区。

我国在输电线路电磁环境研究方面起步较晚，但在特高压输电工程建设的支持下，相关研究取得了长足进展。中国电力科学研究院、清华大学、华北电力大学等单位结合我国实际，对输电线路的电磁环境特性开展了全面研究。目前，我国已经建成了交直流特高压电晕笼、不同海拔的交直流特高压试验场和试验线段、1000kV 交流特高压试验示范工程，±800kV 直流特高压输电工程也于 2009 年年底投运，这些为交直流特高压线路的电晕机理和电磁环境特性的研究提供了重要的研究手段。在此基上，我国对特高压直流输电线路的电晕特性及其产生的合成电场、离子流密度、无线电干扰与可听噪声以及特高压交流线路的电晕特性及其产生的无线电干扰与可听噪声进行了全面深入的试验研究和理论研究。针对直流输电线路非线性离子流场的计算问题，提出了特高压直流输电线路二维、三维离子流场计算方法。基于交直流特高压电晕笼、试验线段及实际输电线路无线电干扰和可听噪声的长期测量数据，提出了交直流特高压输电线路无线电干扰和可听噪声的预测方法。其中，直流特高压输电线路可听噪声预测方法突破了代表以往国际水平的美国电力科学研究院提出的预测方法仅适用于六分裂以下导线的限制，交流特高压输电线路无线电干扰和可听噪声预测方法比国际上通用的方法精度更高，无线电干扰的计算误差由 3.77dB 降到 1.25dB，可听噪声的计算误差由 3.10dB 降到 0.69dB；基于不同海拔直流试验线路无线电干扰和可听噪声的测试分析，提出了适用于 4300m 及以下直流输电线路无线电干扰和可听噪声的海拔修正方法，获得了不同天气条件下交流特高压线路无线电干扰和可听噪声统计特性，填补了国际空白。依据以上成果，我国主导制定了 IEC 导则（IEC-TR 62681—2014），形成了我国特高压直流和交流输电工程的电磁环境技术标准，推动了输电线路环境效应预测与防护领域的技术进步。

但是，目前国内外输电线路的无线电干扰和可听噪声的计算方法主要采用基于激发函数的经验公式，反映的是线路无线电干扰和可听噪声的外特性，没有反映输电线路无线电干扰和可听噪声的本质特征，针对电磁环境的机理研究还需进一步深入。

2. 变电站(换流站)电磁环境

从 20 世纪 60 年代开始,国外开始了变电站(换流站)电磁环境初步的研究,并逐步由定性研究转为定量研究。最初的研究主要集中在变电站的电磁环境测试和计算方面。自 1973 年开始,在高压直流换流站的试验和建模方面开展了大量工作,提出了换流站无线电干扰等效电路的计算方法。该方法应用于温哥华岛高压直流换流站的无线电干扰计算,并得到一些非常具有价值的结论。美国自 1978 年开展了以变电站瞬态电磁环境为主的专项研究工作,历时十余年。1985 年,美国又测量了不同类型高压直流换流站的电磁环境,对传统高压直流换流站的电磁环境有了全面的了解。

相比而言,我国的研究起步较晚。起初主要对变电站的工频电场、工频磁场、无线电干扰和可听噪声进行测量,研究预测模型。直到 20 世纪 80 年代,才对我国第一个 500kV 直流输电工程换流站的电磁环境进行了系列测试研究。在 20 世纪 90 年代末开始对变电站的瞬态电磁环境进行深入研究。在 2011 年,南方电网、清华大学、华北电力大学对所属的变电站和换流站的电磁环境进行了全面测量,掌握了变电站、换流站电磁环境的基本规律。在 2012 年,对上海柔性直流换流站开展了电磁环境的测试,结果表明柔性直流换流站的电磁环境与传统直流换流站有一定的区别。通过大量的研究,目前我国已有变电站的电磁环境测量和限值标准,并制定了高压直流换流站可听噪声的限值标准。

随着我国特高压工程和柔性直流工程的建设,高压大容量电力设备的可听噪声、更宽频率范围的换流站无线电干扰问题成为变电站和换流站电磁环境中的重点。此外,虽然针对高压直流输电线路的离子流场问题已经进行了大量的测试和计算研究,但是针对计及绝缘子、金具等设备影响的换流站内离子流场的分析研究较少,未形成系统的建模分析与预测方法。同时,我国尚无直流换流站的合成电场、离子流密度和无线电干扰相关标准,一般采用直流输电线路的限值要求。因此相关研究还需深入。

此外,随着近距大功率无线电能传输技术的日益成熟和应用、空间电站试验工程的推进、电磁武器的发展、环境保护与环境治理的日益加强,我国还在近距大功率无线电能传输的电磁环境、未来空间电站太空及地面电磁环境方面开展了研究工作。

16.2.2 环保电工技术研究

电磁场对其内部的荷电粒子和磁性物质有力的作用,荷电粒子在电场驱动下定向移动、加速、积累能量。具有动能的带电粒子与中性物质碰撞,一方面发生吸附使中性物质带电,另一方面可使中性物质的原子或者分子发生电离或者激发,进而发生通过粒子间的碰撞化学反应而生成反应活性强的物质的化学过程。具有磁性的物体通过吸附其他铁磁性物质使物体尺寸增大或增重，在重力和磁场力作用下定向移动或者磁场作用于分子与原子内部的电子，发生改变电子能级等物理过程。利用电磁场的物理与化学过程处理环境污染物或实现资源化的研究成果已有应用，但是在电工环保技术应用的大型化、稳定和高效的电磁场发生方法及其与环境污染物相互作用机制的关键科学与技术问题方面，亟待研究解决。

1. *磁场在环保方面的应用研究*

磁场在环保方面的应用机制主要是利用磁场物理效应和磁场生化效应。磁场物理效应是对磁性物质作用力和运动电荷的洛伦兹力，使带有磁性的物质做定向移动、运动电荷做圆周运动(或螺旋运动)，实现磁分离和对运动电荷的控制约束。磁场生化效应是指利用磁场作用使化学反应与生物生长等过程发生变化，控制反应速率和方向，实现工业污染物治理功能与效果的提升。

目前，磁场在环保方面的应用主要是磁分离及污染物去除效率的强化研究。磁场物质分离技术基于磁场对磁性物质的作用力，利用生物体中的磁性物质或通过在体系中注入磁种(磁性物质)，将有害物质从主体中分离出来，实现环保应用。韩虹等[4]报道了在絮凝剂中加入磁粉实现磁混凝，在磁场作用下实现磁分离，去除率比传统混凝法约高20%，絮团沉降速度增大了64%，污泥体积减小了61%，污泥压缩比为0.39。Gooding 等[5]采用高梯度高磁场强度分离技术处理含铁粉烟气，铁粉除尘率达99%以上。此外，利用磁场的化学与生物效应，强化污染物质的去除效率及调节生物的生长过程。Tomska 等[6]发现磁处理后的活性污泥能够强化硝化菌对氧气的消耗，提高含氮化合物的转化效果。

由于环保处理对象具有气液固三相可同时存在、处理量大、污染物成分复杂等特点，所需磁场尺寸、磁场强度及其分布随着处理对象的不同而不同，因此需要结合多学科先进的研究成果研制高性能的磁场，这对于磁场在环保应用前景方面具有重要影响。

2. *电场在环保方面的应用研究*

电场在环保方面的应用研究包括电化学技术中的低压电场和击穿放电的高压电场。电化学低压电场水处理技术主要是围绕电解或微电解诱导的高级氧化过程，多集中于催化电极的制备及其应用。高压电场是指在两个电极间施加高电压形成的电场，如果当电场强度超过电极间介质的击穿场强(如常压下空气击穿场强为10^6V/m)时，将产生击穿放电形成等离子体，这种情况经常在非均匀电场下发生。相反地，在未达到介质击穿场强时将不发生放电，但是相对于电解电场也属高压电场。高压电场在环保方面的应用研究，又包括高压放电电场(电场强度超过电极间介质的击穿场强,主要涉及放电等离子体)和高压不放电电场(电场强度低于电极间介质的击穿场强)在食品杀菌消毒及环保应用等方面,有时两者同时存在。

1)高压放电电场的研究

高压放电电场在环保方面的应用研究始于静电除尘。目前,静电除尘器(electrostatic precipitator,ESP)已被广泛用于净化气体中的固体颗粒和液体颗粒。ESP净化气体中的颗粒物包括四个过程:气体放电产生离子的过程、颗粒经过电场时的颗粒带电过程、带电颗粒在电场力下在收尘极板沉积的过程以及在机械力等外力作用下清理收尘极板颗粒物的过程。对于电阻率在 $10^5 \sim 10^{10}\ \Omega\cdot cm$ 范围内的颗粒粉尘,ESP 可以正常稳定运行;对于高于 $10^{10}\ \Omega\cdot cm$ 的高电阻率粉尘,ESP 会产生反电晕放电问题,收集效率大幅度下降。抑制 ESP 反电晕现象发生技术[7]主要包括宽间距 ESP 本体设计、烟气调质、湿式 ESP 和脉冲电源供电等。目前已经基本解决 ESP 反电晕问题,但随着 ESP 排放标准不断提高,ESP 技术又面临着对超细粉尘高效收集的新问题。

高压放电等离子体具有强的物理效应和化学效应。高压放电过程中,高能电子与中性分子(H_2O、O_2、N_2等)或原子(金属电极的原子)碰撞,发生电离和激发引发化学链式反应,生成具有强氧化和还原活性的物质,如臭氧(O_3)、原子氧(O)、羟基自由基(·OH)、过氧化氢(H_2O_2)的 ROS,氮激发态(N_2^*)的含氮活性物质(reactive nitrogen species,RNS)和原子氢(H)等,紫外光、冲击波等物理效应。这些活性物质与污染物分子反应,使有毒污染物直接转变为无毒物质,或者低毒且易被其他方法处理的物质,实现污染物彻底处理。放电等离子体技术在环保、化工、材料和电子等学科和行业均为研究者所关注[8]。目前,高压放电等离子体在环保方面的应用研究包括:①气态污染物处理,包括燃煤烟气脱硫、脱硝、脱汞和工业挥发性有机化合物(volatile organic compounds,VOC)的处理,空气杀菌等;②水处理,包括难生化有机废水以及含菌或病毒水体的处理;③固体废物处理,如电子垃圾、核废料、医疗废弃物的处理,土壤有机物降解等。

(1)气态污染物处理。

近30年来,高压放电等离子体燃煤烟气脱硫、脱硝和脱汞技术在等离子体脱硫脱硝反应原理及活性物质诊断、等离子体反应器电极结构[9]、提高能量效率(包括等离子体反应器与电源匹配、添加剂注入及添加剂放电活化[10,11])、等离子催化[14]等方面取得众多基础研究成果。研究结果表明,添加剂注入,尤其是活化后的添加剂能够大大提高等离子体脱除二氧化硫、氮氧化物的效率;γ-Al_2O_3、$BaTiO_3/\gamma$-Al_2O_3、TiO_2/γ-Al_2O_3、Co-ZSM-5 等催化剂被用于提高氮氧化物的还原效率,但催化剂的布置方式影响氮氧化物的去除过程,在单程等离子体协同催化反应器里,氮氧化物的还原率与注入的碳氢化合物呈线性关系,催化剂上等离子体诱导的表面反应在等离子体协同催化脱硝系统中起到重要的作用,当采用双程

PE-SCR 反应器时，氮氧化物中的氧化亚氮首先在等离子体反应器里被氧化成二氧化氮，随后进入选择催化还原反应器被氨气等添加剂还原[12]。基于先期基础研究的成果，意大利、中国、韩国等国先后建造了数千到数万立方米每小时烟气处理量的放电等离子体装置，验证放电等离子体净化工业燃煤烟气的可行性。这些工业验证性试验证明了放电等离子体同时高效净化二氧化硫、氮氧化物是有效的[13,14]。但在大功率脉冲电源研制、放电等离子体稳定性、等离子体与其他烟气治理技术耦合方法等方面需要深入研究。

放电等离子体也是一种氧化去除烟气中单质汞的有效方法，常用的低温等离子体氧化单质汞的放电形式分为脉冲电晕放电、直流电晕放电和介质阻挡放电。自从 1995 年 Masuda 等[15]提出利用脉冲电晕放电和介质阻挡放电氧化燃煤烟气中的单质汞以来，Byun 等[16]从电晕放电极性、电源类型和烟气组分等角度研究了单质汞氧化的影响因素，正脉冲（或直流）电晕放电氧化单质汞的效率高于负脉冲（或负直流）电晕，然而正脉冲电晕放电和负脉冲电晕放电氧化单质汞的能耗是基本相同的；烟气中氧气含量增加、NO 浓度降低等有利于单质汞的氧化，而烟气中存在的氯离子和 HCl 等极大地促进了单质汞的氧化。

高压放电法也被广泛研究用于处理含 VOC 的废气，目前研究的高压放电方法主要包括流光放电、介质阻挡放电和复合放电[17,18]。放电等离子体净化 VOC 技术存在能耗高、生成有害副产物等问题。为了增加高压放电等离子体无害化处理 VOC 的效率，研究者开展了等离子体与催化协同处理 VOC 的方法研究[19]，利用催化剂提高 VOC 的处理效率，同时抑制尾气中 NO_x 和 O_3的生成。常用的催化剂包括沸石、分子筛担载的贵金属催化剂（银、铂、金、钯等）、过渡金属氧化物（MnO_x、CuO、CoO_x 等及其复合催化剂）、$LaCoO_3$、TiO_2等光催化剂[19]。催化剂的存在提高了有机污染物分子的降解效率，抑制了氮氧化物、臭氧等有害副产物的生成，并提高了有机物降解的能量效率。按照催化剂放置位置的不同，可以将等离子体、催化体系分为内置式等离子体、催化（催化剂置于放电区域内）和后置式等离子体、催化（催化剂置于放电区域后）两类。在内置式等离子体、催化体系中，催化剂引入放电区域的方式主要包括填充在放电区域内、负载在放电电极或反应器壁表面及构成催化剂粉末层三种。催化剂引入等离子体反应器能够提高污染物的降解效率，可能与下列因素有关：①催化剂引入沿面放电反应器后导致在催化剂表面生成大量微放电，微放电的生成扩大了等离子体区域的面积、增加放电区域内的平均电子密度，促进活性物质的产生[20]；②等离子体能够降低催化剂表面金属颗粒的粒径，改善金属前驱体的还原性，从而提高催化剂表面活性组分的分散度以及催化剂的稳定性和活性，改变催化剂中金属活性组分的价态或形成新的活性位，进而提高催化剂的催化活性[21]。

(2)水处理。

放电等离子体水处理技术[22]是将高压电极放在水中和气体中，采用直流高压电源、交流高压电源和脉冲高压电源激励，实现水中放电、水面放电和气液联合放电，产生化学效应(ROS、RNS)和物理效应，用于处理常规方法不能处理的毒性有机污染物，如芳香族化合物和多环有机物等。

近30年来，放电等离子体水处理技术研究，主要涉及反应器结构形式、供电方式、等离子体与水相互作用方式等[22]。反应器结构包括针-板、棒-棒、线-板(筒)、介质阻挡等；供电方式包括直流高压电源、交流高压电源和脉冲高压电源等；等离子体与水相互作用形式包括水中放电、鼓泡放电、绝缘隔板微孔放电、水面放电、气液联合放电等。液相放电等离子体状态包括辉光放电、电晕流光放电、弧光放电等，形成的等离子体状态与溶液性质、电源性质等有关。

针对治理传统方法不能有效处理含毒性有机污染物，如芳香族化合物、卤代物和多环有机物等，短时间内放电等离子体具有较高的有机物降解效率，但是要实现污染物彻底矿化需要较长时间，尤其是多环的、分子量大的有机物，更难矿化；同时，在高电导率的废水中，实现液相放电等离子体比较困难，能耗高，同时，废水中的污染物浓度低，也不利于活性物质与液相污染物的碰撞反应。此外，围绕提高放电等离子体水处理效果和能量利用效率，开展了等离子体物化效应的强化研究及液相污染物的异位处理。这里简要介绍等离子体催化方法研究，如等离子体/O_3[23]、等离子体/芬顿[24]、等离子体/TiO_2[25]及活性炭吸附-等离子体处理活性炭的循环工艺[26]。研究成果表明，等离子体促进臭氧分解，能够提高活性氧自由基的生成，提高污染物的降解效率；放电等离子体与二氧化钛构成的流光催化协同体系能够提高 H_2O_2 的量，通过脉冲放电流光对 TiO_2 光催化活性的诱导作用可以产生较多的氧化性物种(H_2O_2、·OH 和·O)，完成对有机污染物的协同降解作用；介质阻挡放电与活性炭吸附相结合用于处理有机废水，可以避免水电导率对放电过程的影响，并且能够将废水中的低浓度有机物富集到吸附剂上，提高等离子体中的活性离子与污染物分子的碰撞反应效率。

为了克服液相放电等离子体产生困难、放电电极腐蚀和微孔鼓泡放电孔径逐渐变大等问题，大连理工大学的李杰教授课题组[27,28]研究了同轴型及沿面型介质阻挡放电等离子体活性物质注入法降解高电导率废水的难题，该方法通过气相放电等离子体产生活性物质，采用曝气装置将气相活性物质注入液相，再通过气液界面和液相的传质过程，活性物质与液相中污染物反应实现废水处理。研究结果证明，气相活性气体中的 O_3 和·O 等活性粒子能够在载气气流带动下，通过底部曝气头喷射进入溶液中，直接作用于废水中的污染物，且活性物质能够在废水中反应生成·OH、H_2O_2 等高活性物质，也可作用于废水中的污染物。该方法能够有效地解决溶液电导率对等离子体生成及有机物降解的影响。

由于水中有机污染物的降解效率与强氧化物的水中传质过程有关，如何有效调控水中自由基的链式反应，增强反应活性物质(如·OH和·O)的传质距离，是提高等离子体水处理效率的重要因素[29]。

(3)固体废物处理。

与传统的燃气、燃油焚烧炉相比，高压弧光放电等离子体温度高、垃圾焚烧彻底、不会产生二噁英、无二次污染，在医疗和工业垃圾焚烧领域达到应用化程度。此外，脉冲放电等离子体产生的活性物质用于处理土壤有害有机污染物也得到了关注[30]。1994年，Heath等[31]提出了原位电晕技术用于土壤修复的可行性。1997年，Peurrung等[32]研究了电晕在土壤中的传播行为。然而，低温等离子体技术用于土壤中有机污染物的降解研究报道甚少。直到2010年，Redolfi等[33]采用介质阻挡放电修复柴油污染土壤，在能量密度为每克土壤960J的条件下，柴油去除率可达90%，显示出该技术快速高效的特点。但是在等离子体与土壤相互作用机理、应用可行性等方面仍需深入研究。

2)高压不放电电场研究

未达击穿放电的高压电场在环保方面的研究主要是利用电场的电穿孔效应，直接作用于液相媒质中的细菌，实现电场灭菌(包括食品杀菌应用)或剩余污泥的无害化处理。相关研究较多集中于高压脉冲电场的发生技术，用于饮用水和废水、污泥的处理，目前已经进入工业化阶段。

从20世纪80年代开始，高压脉冲电场技术一直受到发达国家政府、企业和研究单位的广泛重视。目前，国外研究机构主要集中在美国和欧盟中的德国、法国和荷兰等国家，该技术已经进入工业化试验阶段。国内在20世纪90年代后期开始高压脉冲电场杀菌方面的研究，中国农业大学、清华大学、江南大学、华南理工大学、大连理工大学、福建农林大学等院校都在开展高压脉冲电场方面的研究。目前，我国实验室规模的高压脉冲电场设备已完全成熟，设备在脉冲波形的稳定性、对电导率的适应性、整机稳定性等方面与国外同类品牌相比有较大改进，而在工业化应用方面的研究亟待推进。

不放电电场在环保方面的应用主要集中在粉尘的收集和污泥的处理上。在利用电场技术处理污泥的试验研究上，国内外研究者较多采用直流电场、交流电场或者单极性脉冲电场。电场处理后的污泥经厌氧消化后，明显地提高了污泥厌氧的消化效率，减少消化过程中的臭味和泡沫，甲烷产量大大提高。此外，高压放电电场及未放电电场的联合使用也能提高粉尘的收集效率，在提高微细粉尘收集和解决雾霾问题方面具有应用前景，而且该方法能够抑制反电晕放电现象发生。

总之，利用电场、电场与催化结合能够提高污染物处理的能量利用效率，降低能耗。电场理论及电场高效应用是今后研究的重点方向：①研究高活性电场的电极结构、电极材料和激励电源的基础问题；②电场与其他耦合提高电能利用效率的基础;③电场在工业应用中可能遇到的基础问题;④水中自由基传质过程,链式反应过程的调控方法。

3. 电磁场在环保方面的应用研究

电磁场在环保方面的应用,包括静态电磁场和变化电磁场两个方面。其中,静态电磁场处理环境污染物的研究鲜有报道。变化电磁场传递能量的释放方式分为加热和位能变化,其中加热方式主要以微波技术为代表,而位能变化包括电感耦合等离子体、微波等离子体,这些技术在环保应用方面均多有报道。利用微波选择性加热处理环境污染物基本是用微波热辐射实现相态转变及其与催化剂协同实现污染物脱除、水中灭菌和阻垢的研究,研究结果证明了电磁场处理污染物及阻垢、除垢技术的有效性。

16.3 今后发展目标、重点研究领域和交叉研究领域

16.3.1 电磁环境方面

发展目标是伴随着电工技术应用范围的不断拓展,获得相应电磁污染的来源、特征、传播途径和影响规律,研究改善电磁环境的措施,推动在电工技术向环境友好型发展。

重点研究领域包括:输电线路电磁环境特性及其预测方法:特高压输电线路无线电干扰和可听噪声的产生机理及预测方法;海拔、温度、湿度、空间颗粒物对电磁环境的影响机理及建模分析方法;适用范围更广的特高压输电线路电磁环境预测分析方法;直流离子流场的空间分布测试技术和装置开发。

交叉研究领域包括:①与声学领域的交叉合作,重点研究输电线路电晕放电可听噪声的产生机理、建模计算方法及可听噪声抑制措施;②与材料科学领域交叉合作,重点研究导线上涂覆先进材料以改善对导线电晕放电引起的电磁环境;③与环境领域合作,重点研究空间颗粒物对电磁环境的影响机理及计算模型。

16.3.2 环保电工技术方面

在环保领域,电磁场可以诱发使用常规化学与生物方法所不能发生的过程,对环境污染物有强的脱除作用,且具有无二次污染和运行成本低的优点,因此研究电磁场在未来环保方面的应用是非常必要的。

发展目标是:面向环境污染物超净治理需求,开展电磁场的物理、化学和生物的环保效应基础与技术研究,吸纳环境科学、物理、材料和化学研究的最新成果,重点在大型和超强电磁场稳定发生方法、电磁场在环保方面的应用基础理论问题方

面取得突破性成果。

重点研究领域包括:电磁场环保效应的机理分析与诊断技术、电磁场环保应用数值建模仿真技术、高环保活性电磁场源发生技术、电磁场环保方法与其他方法耦合技术等。

交叉研究领域包括:①与物理领域的交叉合作,重点研究气相和液相中活性粒子的迁移、演化及归趋规律,建立活性粒子的调控方法;②与材料领域合作,重点研究电工催化材料的制备、催化效应机理,建立电工催化方法;③与化学领域的交叉,建立等离子体化学反应模型,调控污染物转化的方向和产物。

参考文献

[1] Maruvada P S, Dallaire R D, Paul H. Bipolar HVDC transmission system study between ±600kV and ±1200kV: Corona studies, Phase I. Electric Power Research Institute Report, EL-1170. Palo Alto, U. S. , 1979.

[2] Adams G E. The calculation of the radio interference level of transmission lines caused by corona discharges. IEEE Transactions on Power Apparatus and Systems, 1956, 75 (3): 411－418.

[3] Gary C H. The theory of the excitation function: a demonstration of its physical meaning. IEEE Transactions on Power Apparatus and Systems, 1972, 91(1): 305－310.

[4] 韩虹,陈文松,韦朝海. 印染废水处理的磁混凝-高梯度磁分离协同作用. 环境工程学报, 2007, 1(1): 64－67.

[5] Gooding C H, Sigmon T W, Monteith L K, et al. Application and modeling of high gradient magnetic filtration in a particulate/gas syst. IEEE Transactions on Magnetics, 1978, 14(5): 407－409.

[6] Tomska A, Wolny L. Enhancement of biological wastewater treatment by magnetic field exposure. Desalination, 2008, 222(1): 368－373.

[7] Mizuno A. Electrostatic precipitation. IEEE Transactions on Dielectrics and Electrical Insulation, 2000, 7(5): 615－624.

[8] 闫克平,李树然,冯卫强,等. 高电压环境工程应用研究关键技术问题及展望. 高电压技术, 2015, 41(8): 2528－2544.

[9] Wu Y, Li J, Wang N H, et al. Industrial experiments on desulfurization of flue gases by pulsed corona induced plasma chemical process. Journal of Electrostatics, 2003, 57: 233－241.

[10] Li J, Wu Y, Sun M, et al. Experimental investigation on activating water vaper and ammonia by DC corona discharge radical shower technology for removal of SO_2 from flue gases. Journal of Advances Oxidation Technologies, 2004, 7(2): 146－153.

[11] Shang K F, Wu Y, Li J, et al. Enhancement of NO_x abatement by advancing initiation of C_3H_6 oxidation chemistry with corona radical shower. Plasma Sources Science and Technology, 2007, 16(1): 104－109.

[12] Kim H H, Takashima K, Katsura S, et al. Low-temperature NO_x reduction processes using combined systems of pulsed corona discharge and catalysts. Journal of Physics D: Applied Physics,

2001,34(4):604－613.

[13] Li J, Wu Y, Wang N, et al. Researches on industrial experiments of desulfuration from flue gas using pulsed corona discharge plasma. IEEE Transactions on Plasma Science, 2003, 31(3): 335－337.

[14] Lee Y H, Jung W S, Choi Y R, et al. Application of pulsed corona induced plasma chemical process to an industrial incinerator. Environmental Science & Technology, 2003, 37(11): 2563－2567.

[15] Masuda S, Hosokawa S, Tu X, et al. Novel plasma chemical technologies-PPCP and SPCP for control of gaseous pollutants and air toxics. Journal of Electrostatics, 1995, 34(4): 415－438.

[16] Byun Y, Koh D J, Shin D N, et al. Polarity effect of pulsed corona discharge for the oxidation of gaseous elemental mercury. Chemosphere, 2011, 84(9): 1285－1289.

[17] Kim H H, Kobara H, Ogata A, et al. Comparative assessment of different nonthermal plasma reactors on energy efficiency and aerosol formation from the decomposition of gas-phase benzene. IEEE Transactions on Industry Applications, 2005, 41: 206－214.

[18] Nan J, Lu N, Shang K F, et al. Innovative approach for benzene degradation using hybrid surface/packed-bed discharge plasmas. Environmental Science & Technology, 2013, 47: 9898－9903.

[19] Van Durme J, Dewulf J, Leys C, et al. Combining non-thermal plasma with heterogeneous catalysis in waste gas treatment: A review. Applied Catalysis B: Environmental, 2008, 78(3-4): 324－333.

[20] Hensel K, Katsura S. DC microdischarges inside porous ceramics. IEEE Transactions on Plasma Science, 2005, 33(2): 574, 575.

[21] Zou J J, Zhang Y P, Liu C J. Reduction of supported noble-metalions using glow discharge plasma. Langmuir, 2006, 22: 11388－11394.

[22] 孙冰. 液相放电等离子体及其应用. 北京:科学出版社, 2013: 27－57.

[23] Wen Y Z, Jiang X Z, Liu W P. Degradation of 4-chlorophenol by high-voltage pulse corona discharges combined with ozone. Plasma Chemistry and Plasma Processing, 2002, 22(1): 175－185.

[24] Grymonpré D R, Sharma A K, Finney W C, et al. The role of Fenton's reaction in aqueous phase pulsed streamer corona reactors. Chemical Engineering Journal, 2001, 82(1): 189－207.

[25] Wang H J, Li J, Quan X, et al. Enhanced generation of oxidative species and phenol degradation in a discharge plasma system coupled with TiO_2 photocatalysis. Applied Catalysis B: Environmental, 2008, 83(1): 72－77.

[26] Qu G Z, Lu N, Li J, et al. Simultaneous pentachlorophenol decomposition and granular activated carbon regeneration assisted by dielectric barrier discharge plasma. Journal of Hazardous Materials, 2009, 172(1): 472－478.

[27] Li J, Song L, Liu Q, et al. Degradation of dyes by active species injected from a gas phase surface discharge. Plasma Science and Technology, 2009, 11(2): 211－215.

[28] Li J, Wang T C, Lu N, et al. Degradation of organic compounds by active species sprayed in a DBCD system. Plasma Science and Technology, 2011, 20: 034019.

[29] 刘坤, 廖华, 郑培超, 等. 氩气等离子体射流诱导水生成 OH 自由基的研究. 光谱学与光谱分析, 2015, 35(7): 1791－1796.

[30] Wang T C, Lu N, Li J, et al. Evaluation of the potential of pentachlorophenol degradation in soil by

pulsed corona discharge plasma from soil characteristics. Environmental Science & Technology, 2010,44(8):3105—3110.

[31] Heath W O, Caley S M, Peurrung L M, et al. Feasibility of in situ electrical corona for soil detoxification. Thirty third hanford symposium on health and the environment//Situ Remediation: Scientific Basis for Current and Future Technologies. Richland Washington D. C.: Battelle Press, 1994.

[32] Peurrung L M, Peurrung A J. The in situ corona for treatment of organic contaminants in soils. Journal of Physics D: Applied Physics, 1997, 30(3): 432—440.

[33] Redolfi M, Makhloufi C, Ognier S, et al. Oxidation of kerosene components in a soil matrix by a dielectric barrier discharge reactor. Process Safety and Environmental Protection, 2010, 88(3): 207—212.